中国石油科技进展丛书（2006—2015年）

中西非被动裂谷盆地石油地质理论与勘探实践

主　编：潘校华
副主编：万仑坤　史卜庆　窦立荣

石油工業出版社

内 容 提 要

本书论述了被动裂谷盆地成因机理、石油地质特征和油气分布规律；介绍了低勘探程度盆地快速评价技术、复杂圈闭勘探评价技术和低电阻率油气层测录试配套技术在中西非裂谷系的穆格莱德、迈卢特、特米特和邦戈尔四大盆地的勘探应用。

本书可供从事油气勘探工作的科研人员与管理人员参考使用。

图书在版编目（CIP）数据

中西非被动裂谷盆地石油地质理论与勘探实践 / 潘校华主编 . —北京 : 石油工业出版社 , 2019.7
（中国石油科技进展丛书 . 2006—2015 年）
ISBN 978-7-5183-3429-2

Ⅰ . ①中… Ⅱ . ①潘… Ⅲ . ①裂谷盆地 – 含油气盆地 – 石油天然气地质 – 地质勘探 Ⅳ . ① P618.130.2

中国版本图书馆 CIP 数据核字（2019）第 098752 号

审图号：GS（2019）3089 号

出版发行：石油工业出版社
（北京安定门外安华里 2 区 1 号　100011）
网　址：www. petropub. com
编辑部：（010）64523543　图书营销中心：（010）64523633
经　销：全国新华书店
印　刷：北京中石油彩色印刷有限责任公司

2019 年 7 月第 1 版　2019 年 7 月第 1 次印刷
787 × 1092 毫米　开本：1/16　印张：15
字数：384 千字

定价：160. 00 元
（如出现印装质量问题，我社图书营销中心负责调换）

《中国石油科技进展丛书（2006—2015年）》

编 委 会

专 家 组

《中西非被动裂谷盆地石油地质理论与勘探实践》
编　写　组

主　　编： 潘校华

副 主 编： 万仑坤　史卜庆　窦立荣

编写人员：

计智锋　李　志　肖坤叶　苏永地　孙志华　刘计国
杜业波　毛凤军　肖高杰　代双河　杨　紫　袁圣强
胡广成　刘爱香　韩宇春　刘　邦　李富恒　许海龙
田中原　李早红　梁巧峰　王国林　汪望泉　王景春
张志伟　陈志刚

序

习近平总书记指出，创新是引领发展的第一动力，是建设现代化经济体系的战略支撑，要瞄准世界科技前沿，拓展实施国家重大科技项目，突出关键共性技术、前沿引领技术、现代工程技术、颠覆性技术创新，建立以企业为主体、市场为导向、产学研深度融合的技术创新体系，加快建设创新型国家。

中国石油认真学习贯彻习近平总书记关于科技创新的一系列重要论述，把创新作为高质量发展的第一驱动力，围绕建设世界一流综合性国际能源公司的战略目标，坚持国家"自主创新、重点跨越、支撑发展、引领未来"的科技工作指导方针，贯彻公司"业务主导、自主创新、强化激励、开放共享"的科技发展理念，全力实施"优势领域持续保持领先、赶超领域跨越式提升、储备领域占领技术制高点"的科技创新三大工程。

"十一五"以来，尤其是"十二五"期间，中国石油坚持"主营业务战略驱动、发展目标导向、顶层设计"的科技工作思路，以国家科技重大专项为龙头、公司重大科技专项为抓手，取得一大批标志性成果，一批新技术实现规模化应用，一批超前储备技术获重要进展，创新能力大幅提升。为了全面系统总结这一时期中国石油在国家和公司层面形成的重大科研创新成果，强化成果的传承、宣传和推广，我们组织编写了《中国石油科技进展丛书（2006—2015年）》（以下简称《丛书》）。

《丛书》是中国石油重大科技成果的集中展示。近些年来，世界能源市场特别是油气市场供需格局发生了深刻变革，企业间围绕资源、市场、技术的竞争日趋激烈。油气资源勘探开发领域不断向低渗透、深层、海洋、非常规扩展，炼油加工资源劣质化、多元化趋势明显，化工新材料、新产品需求持续增长。国际社会更加关注气候变化，各国对生态环境保护、节能减排等方面的监管日益严格，对能源生产和消费的绿色清洁要求不断提高。面对新形势新挑战，能源企业必须将科技创新作为发展战略支点，持续提升自主创新能力，加快构筑竞争新优势。“十一五”以来，中国石油突破了一批制约主营业务发展的关键技术，多项重要技术与产品填补空白，多项重大装备与软件满足国内外生产急需。截至2015年底，共获得国家科技奖励30项、获得授权专利17813项。《丛书》全面系统地梳理了中国石油“十一五”“十二五”期间各专业领域基础研究、技术开发、技术应用中取得的主要创新性成果，总结了中国石油科技创新的成功经验。

《丛书》是中国石油科技发展辉煌历史的高度凝练。中国石油的发展史，就是一部创业创新的历史。建国初期，我国石油工业基础十分薄弱，20世纪50年代以来，随着陆相生油理论和勘探技术的突破，成功发现和开发建设了大庆油田，使我国一举甩掉贫油的帽子；此后随着海相碳酸盐岩、岩性地层理论的创新发展和开发技术的进步，又陆续发现和建成了一批大中型油气田。在炼油化工方面，“五朵金花”炼化技术的开发成功打破了国外技术封锁，相继建成了一个又一个炼化企业，实现了炼化业务的不断发展壮大。重组改制后特别是“十二五”以来，我们将“创新”纳入公司总体发展战略，着力强化创新引领，这是中国石油在深入贯彻落实中央精神、系统总结“十二五”发展经验基础上、根据形势变化和公司发展需要作出的重要战略决策，意义重大而深远。《丛书》从石油地质、物探、测井、钻完井、采油、油气藏工程、提高采收率、地面工程、井下作业、油气储运、石油炼制、石油化工、安全环保、海外油气勘探开发和非常规油气勘探开发等15个方面，记述了中国石油艰难曲折的理论创新、科技进步、推广应用的历史。它的出版真实反映了一个时期中国石油科技工作者百折不挠、顽强拼搏、敢于创新的科学精神，弘扬了中国石油科技人员秉承“我为祖国献石油”的核心价值观和“三老四严”的工作作风。

《丛书》是广大科技工作者的交流平台。创新驱动的实质是人才驱动，人才是创新的第一资源。中国石油拥有21名院士、3万多名科研人员和1.6万名信息技术人员，星光璀璨，人文荟萃、成果斐然。这是我们宝贵的人才资源。我们始终致力于抓好人才培养、引进、使用三个关键环节，打造一支数量充足、结构合理、素质优良的创新型人才队伍。《丛书》的出版搭建了一个展示交流的有形化平台，丰富了中国石油科技知识共享体系，对于科技管理人员系统掌握科技发展情况，做出科学规划和决策具有重要参考价值。同时，便于科研工作者全面把握本领域技术进展现状，准确了解学科前沿技术，明确学科发展方向，更好地指导生产与科研工作，对于提高中国石油科技创新的整体水平，加强科技成果宣传和推广，也具有十分重要的意义。

掩卷沉思，深感创新艰难、良作难得。《丛书》的编写出版是一项规模宏大的科技创新历史编纂工程，参与编写的单位有 60 多家，参加编写的科技人员有 1000 多人，参加审稿的专家学者有 200 多人次。自编写工作启动以来，中国石油党组对这项浩大的出版工程始终非常重视和关注。我高兴地看到，两年来，在各编写单位的精心组织下，在广大科研人员的辛勤付出下，《丛书》得以高质量出版。在此，我真诚地感谢所有参与《丛书》组织、研究、编写、出版工作的广大科技工作者和参编人员，真切地希望这套《丛书》能成为广大科技管理人员和科研工作者的案头必备图书，为中国石油整体科技创新水平的提升发挥应有的作用。我们要以习近平新时代中国特色社会主义思想为指引，认真贯彻落实党中央、国务院的决策部署，坚定信心、改革攻坚，以奋发有为的精神状态、卓有成效的创新成果，不断开创中国石油稳健发展新局面，高质量建设世界一流综合性国际能源公司，为国家推动能源革命和全面建成小康社会作出新贡献。

2018 年 12 月

丛书前言

石油工业的发展史，就是一部科技创新史。“十一五”以来尤其是“十二五”期间，中国石油进一步加大理论创新和各类新技术、新材料的研发与应用，科技贡献率进一步提高，引领和推动了可持续跨越发展。

十余年来，中国石油以国家科技发展规划为统领，坚持国家“自主创新、重点跨越、支撑发展、引领未来”的科技工作指导方针，贯彻公司“主营业务战略驱动、发展目标导向、顶层设计”的科技工作思路，实施“优势领域持续保持领先、赶超领域跨越式提升、储备领域占领技术制高点”科技创新三大工程；以国家重大专项为龙头，以公司重大科技专项为核心，以重大现场试验为抓手，按照“超前储备、技术攻关、试验配套与推广”三个层次，紧紧围绕建设世界一流综合性国际能源公司目标，组织开展了50个重大科技项目，取得一批重大成果和重要突破。

形成40项标志性成果。（1）勘探开发领域：创新发展了深层古老碳酸盐岩、冲断带深层天然气、高原咸化湖盆等地质理论与勘探配套技术，特高含水油田提高采收率技术，低渗透/特低渗透油气田勘探开发理论与配套技术，稠油/超稠油蒸汽驱开采等核心技术，全球资源评价、被动裂谷盆地石油地质理论及勘探、大型碳酸盐岩油气田开发等核心技术。（2）炼油化工领域：创新发展了清洁汽柴油生产、劣质重油加工和环烷基稠油深加工、炼化主体系列催化剂、高附加值聚烯烃和橡胶新产品等技术，千万吨级炼厂、百万吨级乙烯、大氮肥等成套技术。（3）油气储运领域：研发了高钢级大口径天然气管道建设和管网集中调控运行技术、大功率电驱和燃驱压缩机组等16大类国产化管道装备，大型天然气液化工艺和20万立方米低温储罐建设技术。（4）工程技术与装备领域：研发了G3i大型地震仪等核心装备，“两宽一高”地震勘探技术，快速与成像测井装备、大型复杂储层测井处理解释一体化软件等，8000米超深井钻机及9000米四单根立柱钻机等重大装备。（5）安全环保与节能节水领域：

研发了 CO_2 驱油与埋存、钻井液不落地、炼化能量系统优化、烟气脱硫脱硝、挥发性有机物综合管控等核心技术。（6）非常规油气与新能源领域：创新发展了致密油气成藏地质理论，致密气田规模效益开发模式，中低煤阶煤层气勘探理论和开采技术，页岩气勘探开发关键工艺与工具等。

取得 15 项重要进展。（1）上游领域：连续型油气聚集理论和含油气盆地全过程模拟技术创新发展，非常规资源评价与有效动用配套技术初步成型，纳米智能驱油二氧化硅载体制备方法研发形成，稠油火驱技术攻关和试验获得重大突破，井下油水分离同井注采技术系统可靠性、稳定性进一步提高；（2）下游领域：自主研发的新一代炼化催化材料及绿色制备技术、苯甲醇烷基化和甲醇制烯烃芳烃等碳一化工新技术等。

这些创新成果，有力支撑了中国石油的生产经营和各项业务快速发展。为了全面系统反映中国石油 2006—2015 年科技发展和创新成果，总结成功经验，提高整体水平，加强科技成果宣传推广、传承和传播，中国石油决定组织编写《中国石油科技进展丛书（2006—2015 年）》（以下简称《丛书》）。

《丛书》编写工作在编委会统一组织下实施。中国石油集团董事长王宜林担任编委会主任。参与编写的单位有 60 多家，参加编写的科技人员 1000 多人，参加审稿的专家学者 200 多人次。《丛书》各分册编写由相关行政单位牵头，集合学术带头人、知名专家和有学术影响的技术人员组成编写团队。《丛书》编写始终坚持：一是突出站位高度，从石油工业战略发展出发，体现中国石油的最新成果；二是突出组织领导，各单位高度重视，每个分册成立编写组，确保组织架构落实有效；三是突出编写水平，集中一大批高水平专家，基本代表各个专业领域的最高水平；四是突出《丛书》质量，各分册完成初稿后，由编写单位和科技管理部共同推荐审稿专家对稿件审查把关，确保书稿质量。

《丛书》全面系统反映中国石油 2006—2015 年取得的标志性重大科技创新成果，重点突出“十二五”，兼顾“十一五”，以科技计划为基础，以重大研究项目和攻关项目为重点内容。丛书各分册既有重点成果，又形成相对完整的知识体系，具有以下显著特点：一是继承性。《丛书》是《中国石油“十五”科技进展丛书》的延续和发展，凸显中国石油一以贯之的科技发展脉络。二是完整性。《丛书》涵盖中国石油所有科技领域进展，全面反映科技创新成果。三是标志性。《丛书》在综合记述各领域科技发展成果基础上，突出中国石油领先、高端、前沿的标志性重大科技成果，是核心竞争力的集中展示。四是创新性。《丛书》全面梳理中国石油自主创新科技成果，总结成功经验，有助于提高科技创新整体水平。五是前瞻性。《丛书》设置专门章节对世界石油科技中长期发展做出基本预测，有助于石油工业管理者和科技工作者全面了解产业前沿、把握发展机遇。

《丛书》将中国石油技术体系按15个领域进行成果梳理、凝练提升、系统总结，以领域进展和重点专著两个层次的组合模式组织出版，形成专有技术集成和知识共享体系。其中，领域进展图书，综述各领域的科技进展与展望，对技术领域进行全覆盖，包括石油地质、物探、测井、钻完井、采油、油气藏工程、提高采收率、地面工程、井下作业、油气储运、石油炼制、石油化工、安全环保节能、海外油气勘探开发和非常规油气勘探开发等15个领域。31部重点专著图书反映了各领域的重大标志性成果，突出专业深度和学术水平。

《丛书》的组织编写和出版工作任务量浩大，自2016年启动以来，得到了中国石油天然气集团公司党组的高度重视。王宜林董事长对《丛书》出版做了重要批示。在两年多的时间里，编委会组织各分册编写人员，在科研和生产任务十分紧张的情况下，高质量高标准完成了《丛书》的编写工作。在集团公司科技管理部的统一安排下，各分册编写组在完成分册稿件的编写后，进行了多轮次的内部和外部专家审稿，最终达到出版要求。石油工业出版社组织一流的编辑出版力量，将《丛书》打造成精品图书。值此《丛书》出版之际，对所有参与这项工作的院士、专家、科研人员、科技管理人员及出版工作者的辛勤工作表示衷心感谢。

人类总是在不断地创新、总结和进步。这套丛书是对中国石油2006—2015年主要科技创新活动的集中总结和凝练。也由于时间、人力和能力等方面原因，还有许多进展和成果不可能充分全面地吸收到《丛书》中来。我们期盼有更多的科技创新成果不断地出版发行，期望《丛书》对石油行业的同行们起到借鉴学习作用，希望广大科技工作者多提宝贵意见，使中国石油今后的科技创新工作得到更好的总结提升。

2018年12月

前言

裂谷盆地油气资源丰富，已发现油气资源和待发现油气资源分别占全球油气资源总量的22.7%和19.9%。中国石油天然气集团有限公司（以下简称中国石油）在国内东部裂谷盆地的勘探取得了举世瞩目的成就，形成了以陆相湖盆生油理论、复式油气聚集带、岩性油气藏勘探理论为代表的一系列陆相湖盆勘探理论和技术。随着中国石油海外勘探的不断深入，地质家们逐步认识到苏丹、南苏丹、乍得、尼日尔以及哈萨克斯坦的众多裂谷盆地其地质特征和油气成藏特点与国内东部渤海湾等盆地存在明显的差异，具有典型的被动裂谷盆地的特征。经过20年的勘探实践，逐步厘清了被动裂谷盆地成因机理，明确了石油地质特征和油气分布规律，形成低勘探程度盆地快速评价技术、复杂圈闭勘探评价技术和低电阻率油气层测录试配套技术，在中西非裂谷系的穆格莱德（Muglad）、迈卢特（Melut）、特米特（Termit）和邦戈尔（Bongor）等四大盆地勘探效果显著，进一步丰富和发展了全球裂谷盆地石油地质理论。截至2016年底，中国石油在中西非裂谷系累计发现原油地质储量超过30亿吨，建成了年产3300万吨产能，产生了巨大经济和社会效益。《中西非被动裂谷盆地石油地质理论与勘探实践》重点总结了“十一五”和“十二五”期间中国石油海外油气勘探在中西非裂谷系取得的理论技术进展与勘探成果。

《中西非被动裂谷盆地石油地质理论与勘探实践》全书分为六章。前言由潘校华执笔。第一章被动裂谷盆地成因与特征，介绍了裂谷盆地的概念与特点、成因与分布、主要地质特征及油气分布规律，主要执笔人为李志、潘校华、万仑坤和杨紫，由李志统稿。第二章中西非被动裂谷盆地石油地质特征，介绍了中西非被动裂谷盆地区域地质背景与盆地成因、石油地质特征及油气分布规律，主要执笔人为李志、刘计国、杨紫、计智锋，由刘计国统稿。第三章中西非裂谷系主要沉积盆地，分别介绍了穆格莱德盆地、迈卢特盆地、邦戈尔盆地、特米特盆地及青尼罗盆地等被动裂谷盆地的构造与石油地质特征，主要执笔人为肖坤叶、刘计国、刘爱香、杜业波、肖高杰、苏永地、毛凤军、袁圣强、刘邦，由肖坤叶统稿。第四章被动裂谷盆地油气勘探技术，介绍了低勘探程度裂谷盆地快速评价技术、低电阻率油气层测录试配套技术和复杂圈闭勘探评价技术，主要执笔人为计智锋、肖坤叶、代双河、韩宇春、陈志刚、杜业波、肖高杰、田中原、李早红，由计智锋统稿。第五章中西非被动裂谷盆地油气勘探实践，介绍了苏丹穆格莱德盆地、南苏丹迈卢特盆地、乍得邦戈尔盆地和尼日尔特米特盆地勘探实践的典型案例，主要执笔人为万仑坤、李志、史卜庆、窦立荣、汪望泉、苏永地、肖坤叶、杜业波、肖高杰、毛凤军、刘计国，由万仑坤统稿。第六章被动裂谷盆地勘探前景展望，从被动裂谷盆地勘探理论与技术发展趋势、中西非裂谷盆地油气勘探潜力、全球被动裂谷盆地勘探前景与展望三个方面进行了阐述，主要执笔人为万仑坤、李志、杨紫，由万仑坤统稿。无论是中国石油勘探开发研究院的专家、从事相关工作的负责人，还是海外项目现场工作人员，都是中西非被动裂谷盆地石油地质理论发展与勘探实践的亲历者。

本书的编写出版得到了各级领导、专家的大力支持和帮助。胡见义院士、童晓光院士及王武和教授、薛良清教授为本书的统稿与出版提出了大量的宝贵意见。谨向所有为本书出版提供帮助和支持的单位和个人表示衷心感谢！限于笔者水平，书中难免出现不足之处，敬请读者批评指正。

目 录

第一章　被动裂谷盆地成因与特征

裂谷盆地是全球重要的含油气盆地，其油气资源潜力仅次于被动大陆边缘和前陆盆地。国内外学者对裂谷盆地成因和地质特征研究较为深入，但多集中在主动裂谷盆地，对被动裂谷成因机理与分布、地质特征和油气分布规律研究较少。本章基于大量的文献调研和中国石油天然气集团有限公司（以下简称中国石油）在中西非裂谷系（WCARS）的勘探实践，分析了主动裂谷、被动裂谷盆地形成动力学机制和成盆过程的差异，提出了5种被动裂谷盆地的成因类型，剖析了主动裂谷、被动裂谷盆地在地热史、裂陷期沉降史、控盆主断裂构造样式、坳陷构造层结构和沉积体系等地质特征方面的共性和差异，总结了被动裂谷盆地油气分布规律，为被动裂谷盆地油气勘探奠定了坚实的理论基础。

第一节　裂谷盆地概念与特点

一、裂谷盆地基本概念

对裂谷盆地的研究始于1885年，Suess将“地堑”（graben）一词引入构造地质学，用来描述红海和莱茵峡谷。Gregory在研究东非大裂谷时，使用“裂谷”（rift valley）一词来描述东非地区“那些具有陡而长的、平行于正断层之间的狭长沉降带”[1]，这是裂谷概念首次被引入到地质文献中。此后很长一段时间，裂谷和地堑都被认为是非常奇特的地质现象，对其构造成因和演化过程一直不清楚。Closs把地堑的成因归因于地壳上拱作用[2]，E.V.Pavlosky则将与大型地壳隆起伴生的地堑构造称为“地拱作用”，至此学者们开始运用构造地质学和大地构造学解释裂谷的成因。板块构造学说问世以后，地学界掀起了“裂谷”研究热潮，裂谷的概念也随之得到更新和赋予更广泛的内涵。

从20世纪60年代开始，对裂谷成因的认识有了较大发展。Shatsky首次在东欧地台上识别出了“拗拉谷”，被证实为埋葬的古裂谷。此后，几乎在所有克拉通中都找到了不同时代的拗拉谷，学者们也认识到洋中脊本身具有轴向地堑的特点。Khain提出与造山作用同样重要的裂谷作用，即地壳分裂和大陆裂解。Burke将裂谷与地壳的伸展减薄活动联系在一起，赋予了其地球动力学内涵[3]。此后，地学界普遍认为，裂谷是岩石圈伸展作用产生的负向构造单元，广泛分布在与火山和地震活动相关的断裂带内。

20世纪80年代至今，对裂谷的研究主要集中在裂谷成盆机理和动力学方面，尤其进入20世纪90年代以来，研究集中在大陆裂解、深部地质和流变学等研究领域。Ziegler、Farihead和Binks提出三联支裂谷为超大陆裂解初期的产物，拗拉谷实质上是三联支的一个消亡支裂谷[4]。Kusznir提出了有关岩石圈的几何形态、热和挠曲均衡特征及上地壳断裂伸展（简单剪切）和下地壳—岩石圈的塑性变形（纯剪切）的力学模型[5]。学者们在亚丁湾、红海裂谷等典型地区明确了大陆裂谷和大洋裂谷之间的关系，进一步认识到裂谷作用加速了大陆的解体和洋盆的形成[6]。

综上所述，裂谷盆地是整个岩石圈在伸展减薄过程中于破裂的地域上形成的狭长凹陷。裂谷活动主要受三种作用力控制：（1）岩石圈之下的上地幔对流产生的作用于岩石圈底部的摩擦力；（2）软流圈对流系统上升翼之上形成的张应力；（3）驱动岩石圈板块做相向运动的远场应力。

裂谷、古裂谷和被动大陆边缘构成了一个成因上相关的盆地群，在盆地类型中占重要地位[7]。裂谷盆地不仅是地球地质演化史的重要基础，也是烃类聚集的有利区[8]。根据IHS（2016）对全球2P可采储量大于5×10^8bbl（约7000×10^4t）的大型油气田盆地类型的统计，全球发现大型油气田1112个，其中与裂谷相关的盆地占43%、2P可采储量占30%。此外，基于中国石油全球油气资源评价结果（2016），在评价的全球468个沉积盆地中，裂谷盆地个数占比18.4%，已发现和待发现油气资源分别占全球油气资源总量的22.7%和19.9%，裂谷盆地在全球油气勘探中占有重要的地位。

二、裂谷盆地地质特点

在19世纪70年代之前，对大陆裂谷盆地的构造地质学的研究很少，且研究集中于莱茵地堑、东非裂谷系、死海裂谷和苏伊士湾等地区的地面地质和地形上。20世纪50年代以来，由于大量新资料尤其是地震反射资料的获得，对裂谷的研究取得了大量的进展。特别是中国的石油地质工作者针对中国东部裂谷盆地提出了裂谷盆地“牛头”模式双层结构及丰富的构造样式，建立了陆相裂谷盆地“源控论”和“复式油气聚集带”理论。

（1）通常发育前裂谷期、同裂谷期和后裂谷期三个地层单元。

裂谷盆地的沉降可以分为裂陷与坳陷两个阶段。裂陷阶段主要为断层作用所控制的初始沉降，较年轻地层不断向盆地边缘超覆；坳陷阶段主要为挠曲作用所控制的热沉降，受控于挠曲均衡补偿的热收缩作用。岩石圈一般呈弹性，坳陷层序向裂谷层序强烈上超，形成“牛头”模式，显示为上凹沉降曲线[9, 10]。在裂陷层序与坳陷层序之间常出现不整合，称为裂解不整合。

裂谷盆地中通常发育三个地层单元，即前裂谷期层序、同裂谷期层序和后裂谷期层序。前裂谷期沉积为裂陷作用前原生的岩层，可能为裂陷前的结晶基底、变质岩或沉积物。同裂谷期沉积包括沉积岩或火成岩，是与地壳伸展同时沉积或侵入的地层，同裂谷期与前裂谷期地层的界线一般为不整合面。大多数同裂谷期沉积物以碎屑岩为主，沉积一般由粗—细—粗的完整旋回组成，粗粒的冲积扇沉积物在靠近断层边界厚度显著增大，并在侧向上渐变为较细的河流相和湖相或海相沉积体系，在湖相或海相沉积体系中沉积了较细粒沉积物。这些细粒沉积物通常形成于无氧环境中，为有机质的保存和烃源岩的形成提供了良好的条件。后裂谷期沉积物形成于岩石圈冷却和热收缩阶段，沉积物分布面积远超过同裂谷期沉积范围。坳陷期沉积物通常不受与裂谷有关的断层作用影响，一般可形成储层，有些情况下也可形成烃源岩。

（2）裂陷期火山活动强烈，地温梯度普遍较高。

在裂陷作用阶段，当引张应力得到进一步加强时，块断差异活动活跃，沿着主要张裂带有裂隙式的火山岩喷溢活动，主要火山岩为玄武岩和安山岩[11]。断裂火山活动导致上地幔热量散失，逐渐被上部岩石圈所吸收，裂陷期地温梯度一般较高。早断陷期形成的生油岩，经过坳陷期沉积物的压实与下沉被密封在盆地内，有利于烃源岩的成熟和转化。

（3）发育多个单断的箕状式或双断的地堑式凹陷，构造样式丰富。

裂谷盆地一般为隆坳相间、凹凸相间排列，凹陷结构呈单断的箕状式或双断的地堑式。大型裂谷盆地的岩石圈上都相对隆起，上地幔隆起区的范围与盆地大致相当，其隆起的幅度一般为2～8km。在大型幔隆区上部对应部位，发育一系列单断的箕状式凹陷或双断的地堑式凹陷。基底以反向正断层为主，“盆倾”的正断层都呈“座椅式”的缓断面[11]。盆地内的次级构造带都与基底块断活动或盆地周缘的同生断层有关。

盆地的构造活动主要表现为伸展运动，断裂十分发育，主要以正断层为主，通常发育伸展断层、变换断层、滑脱断层、走滑断层和反转断层，主要发育拉张、剪切和反转等构造样式[12]。拉张构造样式包括重力滑塌构造、翘倾断块、潜山构造和底辟构造等；剪切构造样式主要有雁列式构造、帚状构造和花状构造；反转构造样式包括正反转构造和负反转构造。

（4）油气以短距离侧向运移为主，主力生烃凹陷控制了大、中型油气田的分布。

不同时期的生烃凹陷沿着当时的主要断裂带分布，每个深凹陷都是一个独立的成油区。由于裂谷基底结构、构造等条件不同，易于形成多个凹陷，且不同凹陷的生烃条件差异大。一般情况下，主力凹陷具有较强的生烃能力。盆地沉积岩岩相变化大，油气难以大规模、长距离运移，大、中型油气田都围绕着生烃凹陷分布，油气运移距离一般为数千米至数十千米，表现为短距离侧向运移的特点。油气田围绕主生烃中心呈环带状分布，同裂谷期层序是油气聚集的有利层系[13]。

（5）通常具有良好的石油地质条件，形成复式油气聚集区（带）。

裂谷盆地通常具有良好的石油地质条件，能够形成大型油气田。裂陷期深湖相发育，发育腐泥型或腐殖—腐泥型烃源岩。圈闭类型丰富，如可在生长断层的下降盘发育一系列滚动背斜圈闭，在基岩凸起上发育有一系列的披覆构造圈闭，在不整合面下的倾斜断块内常常形成古潜山圈闭或基岩圈闭。断层是油气运移的主要通道，水下扇、三角洲是主要储集体[13, 14]。由于强烈的断块活动和断层发育，沉积物岩性、岩相变化大，地层超覆、不整合和沉积间断多，在二级构造带控制下，除了发育背斜构造或断块圈闭外，还在不同层系中广泛发育岩性—地层圈闭，形成了不同层系、不同圈闭类型相互叠置的复式油气聚集区（带）[15]。

第二节　被动裂谷盆地成因与分布

国内外学者对裂谷盆地基本概念和成因研究较为深入，但多集中在主动裂谷盆地，对被动裂谷成因机理和类型划分研究较少。本书通过主动裂谷盆地和被动裂谷盆地的地球动力学研究，分析了两类裂谷形成的动力学机制和成盆过程的差异，将被动裂谷盆地划分为内克拉通伸展型裂谷盆地、造山后伸展型裂谷盆地、走滑断裂相关的裂谷盆地、碰撞诱导伸展型裂谷盆地和冲断带后缘伸展型裂谷盆地等5类。结合这5类盆地形成的大地构造环境，分析了全球不同类型的被动裂谷盆地分布特点。

一、被动裂谷盆地概念

Sengor 和 Burke 以及 Morgan 和 Baker 根据控制裂谷演化的地球动力将裂谷作用分为两

种类型[16, 17]：一类是在板块演化过程中由差异应力引起的裂谷（被动地幔假说），即被动裂谷；另一类是由于地幔对流上涌产生的裂谷（主动地幔假说），即主动裂谷。在主动裂谷形成过程中，岩石圈发生的裂陷作用起因于软流圈热隆起，而软流圈热隆起引起的底辟作用和岩石圈在隆起过程中的重力侧向扩展作用使整个岩石圈受到水平引张，导致岩石圈发生破裂和下沉，最终形成裂谷盆地和相关的伸展构造；而被动裂谷的形成，则是由于区域张应力作用导致软流圈的减薄和被动上拱，使得地壳发生裂陷伸展。研究认为，被动裂谷是由非地幔上拱导致的地壳拉张而形成的裂陷，其形成过程经历了地壳拉张减薄、地壳均衡上拱和热收缩坳陷等阶段。

由于“主动裂谷”和“被动裂谷”的动力学机制不同，盆地演化过程中出现的构造事件序列存在差异[16]。Rambery 和 Morgan 指出，裂谷作用的主动机制和被动机制不可能是彼此孤立的，两种机制有着密切的联系，在裂谷演化过程中交替发挥作用[18]。因此，按照 Rambery 和 Morgan 的说法，在裂谷盆地形成的动力学过程中，裂陷作用既有“主动”成分，也有“被动”成分，在不同演化阶段表现为以不同的动力学机制占优势[18, 19]。

二、被动裂谷盆地动力学成因

被动裂谷盆地形成的动力学机制研究近 30 年来取得了较大进展。Kusznir 基于岩石圈的几何形态、地热史和挠曲均衡特征提出了上地壳断裂伸展（简单剪切）和下地壳岩石圈塑性变形（纯剪切）的力学模型[20]；Khain 认为控制裂谷演化的地球动力是研究裂谷成因的关键[19]；Ziegler 和 Cloetingh 从地球动力学机制上对主动裂谷和被动裂谷的成因进行了分析，认为主动裂谷形成的内在动力是地幔柱的主动活动，而被动裂谷的内在动力是区域伸展应力作用，地壳与地幔之间不存在地幔柱，仅存在被动的板底垫托作用[21]（图 1–1）。

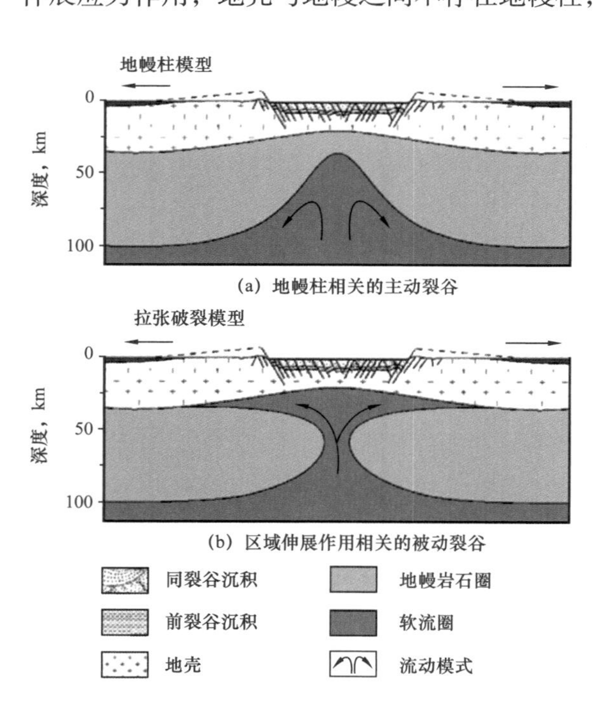

图 1–1 主动裂谷和被动裂谷的动力学模型

张文佑提出中国东部中—新生代裂谷盆地是在亚洲大陆向太平洋蠕散环境下形成的[22]；马杏垣认为中国东部中—新生代裂谷是地壳沿犁式断层拉张减薄形成的裂陷[23]；朱夏将中国东部裂谷盆地的形成机制归纳为挤压与岩石圈隆起、侵蚀与岩石圈断裂、减薄并激发地幔底托、断陷、地幔上隆形成坳陷等阶段[24]；田在艺认为由于太平洋板块俯冲方式的改变，在不同时期和不同地区发生上地幔对流调整、岩石圈拉张减薄和地壳断裂，从而形成中国东部裂谷盆地[25]。

对裂谷形成动力学机制的经典分类主要有：（1）纯剪切模式，该模型能解释对称地堑和地垒成因，在断陷和坳陷沉积厚度最大区域与地幔上拱最高区呈镜像关系（图 1–2a）；（2）简单剪切模式[26]，该模型能解释铲式控盆断裂的形成，揭示了沉降中心与地幔上拱区不协调的成因机制（图 1–2b）；（3）简单剪切—拆离模式[27]，由简单剪切模式发展而来，根据深部地震剖面解释成果在简单剪切模式的基础上增加了拆离面（图 1–2c）；（4）复合模式[28]，由纯剪切模式和简单剪切模式组合而成，即在浅部为简单剪切作用，而在深部为纯剪切，中部为拆离作用（图 1–2d）。

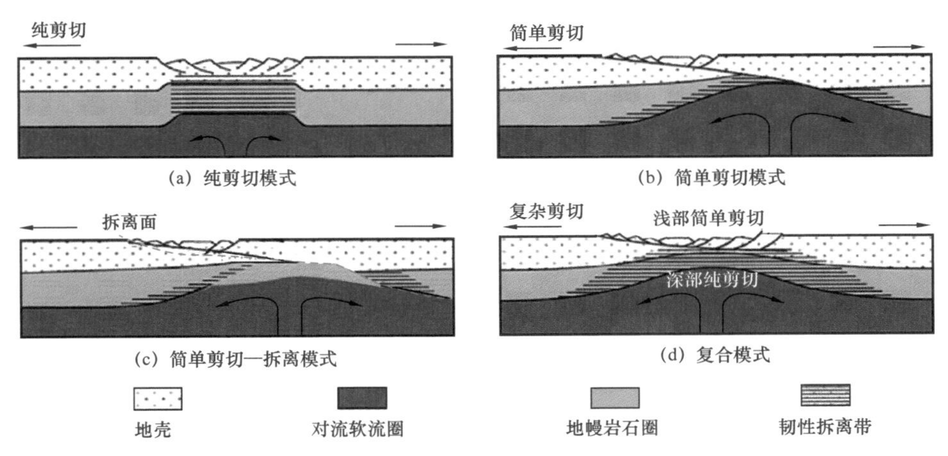

图 1–2 裂谷的地球动力学分类模式

近 20 年来，中国的裂谷盆地研究开始向国外扩展，主要集中在非洲和中亚地区，在被动裂谷成因方面研究取得重要进展[29, 30]。

主动裂谷由地幔上拱形成，经历主动上拱、裂谷初始形成、地壳均衡上拱和热收缩坳陷等阶段，地幔上拱量为主动上拱量和地壳均衡上拱量之和；被动裂谷由非地幔上拱导致的地壳拉张形成，经历了地壳拉张减薄、地壳均衡上拱和热收缩坳陷等阶段，地幔上拱量仅为地壳均衡上拱量（图 1–3）。

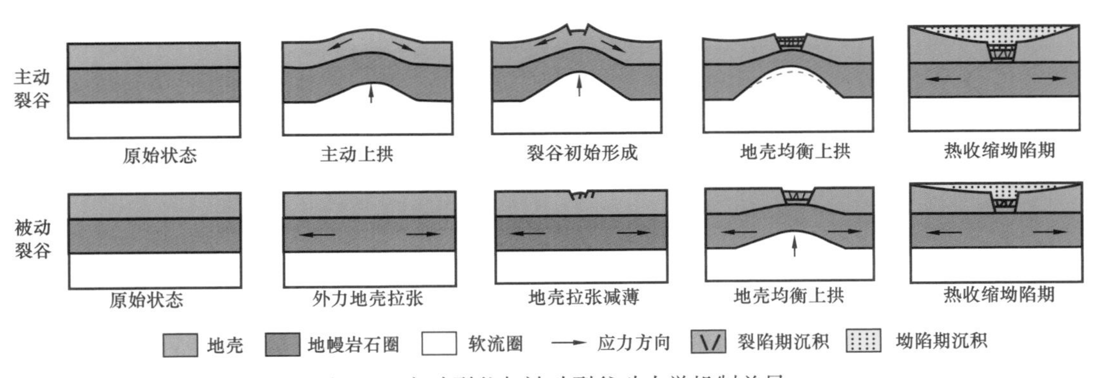

图 1–3 主动裂谷与被动裂谷动力学机制差异

主动裂谷的形成需要热源，如地幔柱、热点或地幔隆起，上升的热对流使岩石圈变弱、变薄而产生拉伸应力。裂谷形成初期常伴随着区域规模的穹隆、拱起和隆升作用。被动裂谷形成起因于板块内部应力，岩石圈被拉伸而减薄，从而引起软流圈的被动上拱，早期的张裂表现为下沉而不是上隆，张裂之后出现热事件、穹隆作用和火山活动。

在主动裂谷形成过程中，岩石圈发生裂陷作用起因于软流圈热隆起，软流圈热隆起的底辟作用以及岩石圈在隆起过程中的重力侧向扩展作用使整个岩石圈发生水平引张，从而发生破裂、下沉并形成裂谷，裂谷的地壳薄（一般厚25～37km），裂陷期间存在多个次级旋回，夹多套火山岩，地温梯度一般在4℃/100m以上。如渤海湾盆地古近纪发育的3个火山活动次级旋回对应孔店组—沙四段沉积时期、沙三段—沙二段沉积时期和沙一段—东营组沉积时期的3期裂陷活动，盆地热流值平均为65mW/m^2。

在被动裂谷形成过程中，导致岩石圈发生裂陷的动力源并非软流圈热隆起，而是由于区域张应力作用下导致软流圈的减薄和被动上拱，使得地壳发生裂陷伸展。裂陷是由地壳引起软流圈减薄并被动上拱造成的，是对区域应力场变化的响应，穹隆和火山活动是次要的。被动裂谷地壳减薄程度较低、地壳较厚（一般厚35～40km），通常只发育一个明显的沉积旋回，热流值平均为50mW/m^2，地温梯度一般小于3℃/100m。

三、被动裂谷盆地成因分类

目前，学术界没有统一的被动裂谷盆地分类方案，常见分类方案有三种：一是按形态学分类，将被动裂谷盆地分为对称盆地、旋转型箕状盆地和非旋转型箕状盆地；二是按构造层分类，将被动裂谷盆地分为两层结构和多层结构；三是按地球动力学分类，将被动裂谷盆地划分为纯剪切被动裂谷盆地、简单剪切被动裂谷盆地和混合剪切被动裂谷盆地[27, 29]。以上三种分类方案都没有体现被动裂谷盆地成因本质和力学机制。本书基于被动裂谷盆地地球动力学成因和大地构造环境分析，提出了被动裂谷盆地构造成因分类方案，将被动裂谷盆地划分为5类，即内克拉通伸展型裂谷盆地、造山后伸展型裂谷盆地、走滑断裂相关的裂谷盆地、碰撞诱导伸展型裂谷盆地和冲断带后缘伸展型裂谷盆地。

1. 内克拉通伸展型裂谷盆地

内克拉通伸展型裂谷盆地位于克拉通内部，为远源区域伸展构造应力场作用下岩石圈减薄的产物。盆地的基底为克拉通结晶基底，裂谷走向垂直于区域伸展方向，发育断陷和坳陷双层结构，断陷期控盆断裂为生长断层（图1–4）。

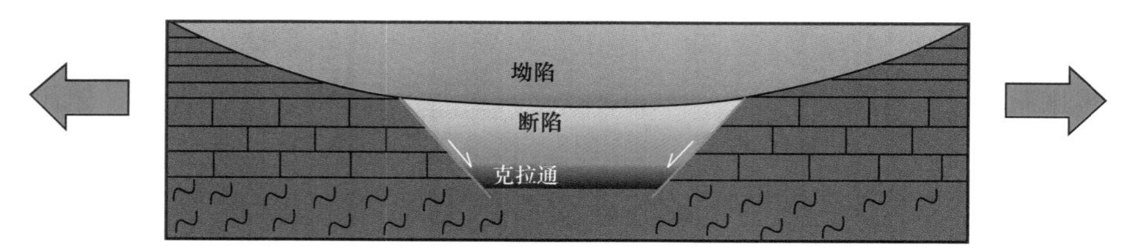

图1–4　内克拉通伸展型裂谷盆地成因模式图

红色箭头代表区域最大拉应力方向

内克拉通伸展型裂谷盆地分布比较广泛，如英国北海北部的东舍特兰盆地（East Shetland basin）。它是在波罗的微板块上发育起来的晚古生代—早中生代内克拉通裂谷盆地，基底为前寒武纪结晶基底和早古生代地层，裂陷期是泥盆纪—侏罗纪，白垩纪为坳陷期，古近纪转变为被动大陆缘盆地。

2. 造山后伸展型裂谷盆地

造山后伸展型裂谷盆地一般位于造山带内，盆地基底为造山带，断陷期与裂谷前的造山期间隔较短，为造山后伸展作用的产物（图1–5）。与克拉通内的裂谷盆地相比，造山后伸展型裂谷的同裂谷阶段与前裂谷阶段的时间间隔很短。

造山后伸展型裂谷盆地在造山后期，有时会伴随有盐构造发育，这些盐构造可以作为大型油气田的圈闭构造和盖层。中亚地区的南图尔盖、田吉兹、北乌斯特丘尔特、曼格什拉克、克孜勒—库姆、楚—萨雷苏和费尔干纳等盆地都属于此类盆地。

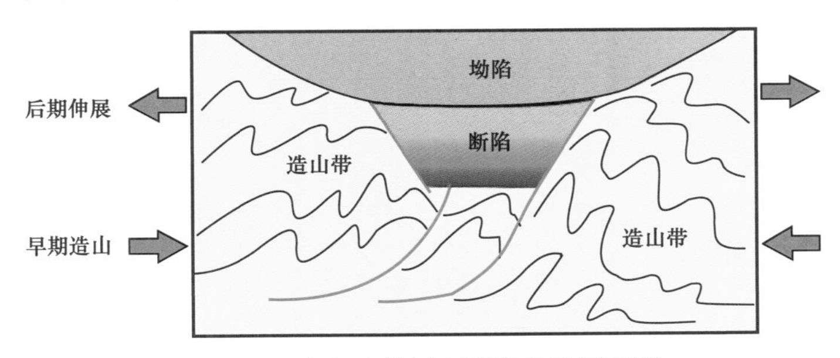

图 1–5 造山后伸展型裂谷盆地模式图
红色箭头代表区域主应力方向

3. 走滑断裂相关的裂谷盆地

走滑断裂相关的裂谷盆地位于走滑断层带内或附近，多发育张扭性盆地或拉分盆地。该类盆地是在走滑断层活动过程中，受派生的张扭性应力场控制而形成的裂谷盆地，裂谷成盆期与走滑断层活动时期基本一致（图 1–6）。

走滑断裂相关的裂谷盆地全球分布相对集中，与走滑断层密切相关。主要集中在非洲的中非走滑断层附近和北美的圣安德烈斯转换断层附近。与走滑断层相关的裂谷盆地，如中西非裂谷系和北美的洛杉矶（Los Angeles）、萨克拉门托（Saramento）和圣华金（San Joaquin）盆地等。

4. 碰撞诱导伸展型裂谷盆地

碰撞诱导伸展型裂谷盆地位于碰撞造山带附近，裂谷的走向与造山带走向垂直，与区域挤压方向一致，裂谷的成盆期与造山时期基本相同（图 1–7）。

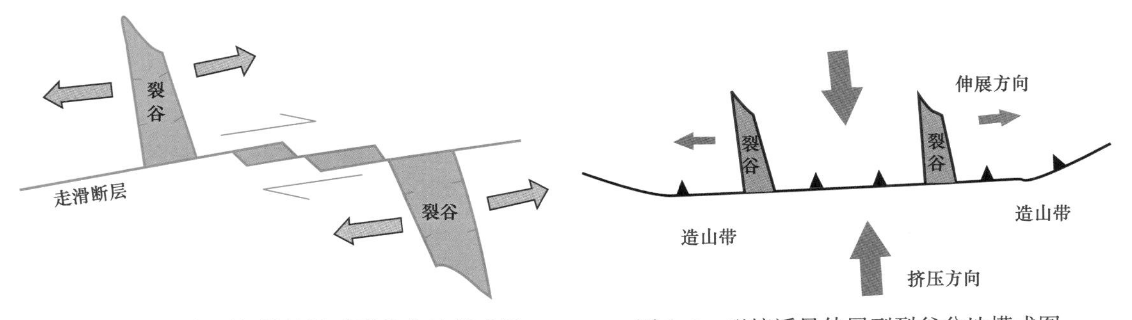

图 1–6 走滑断裂相关的被动裂谷盆地模式图

图 1–7 碰撞诱导伸展型裂谷盆地模式图

碰撞诱导伸展型裂谷盆地通常规模较小，如中国青藏高原近南北向的新生代裂谷和阿尔卑斯山脉北侧的裂谷等。典型的实例为阿尔卑斯山脉北侧莱茵地堑（Rhine Graben），为新生代碰撞诱导形成的裂谷，其走向与阿尔卑斯造山带的走向垂直，主要裂陷期为新近纪，与阿尔卑斯造山带形成时期一致。

5. 冲断带后缘伸展型裂谷盆地

冲断带后缘伸展型裂谷盆地位于造山带或冲断带的后缘，盆地的走向与冲断带走向一致，盆地的成盆期与冲断带活动期基本一致，是冲断带后缘局部伸展环境下形成的盆地，裂陷期沉积物的物源主要来自附近的冲断带。在冲断带的前缘常常会发育前陆盆地，在仰冲或逆冲过程中由于冲断带后缘地块对冲断带的拉扯作用，在冲断带后缘形成局部拉张环境，进而形成冲断带后缘伸展型裂谷（图1-8）。

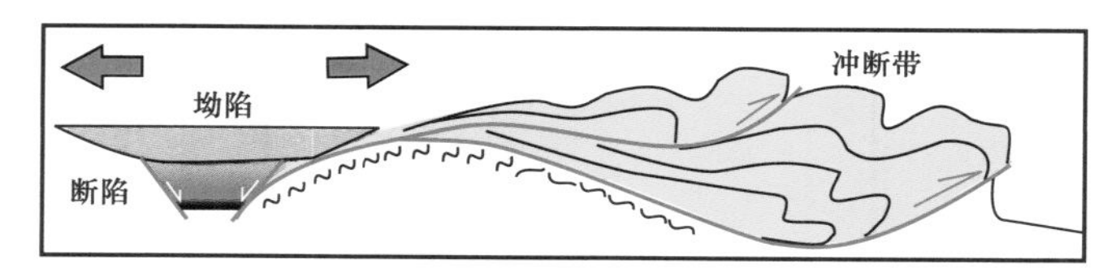

图1-8 冲断带后缘伸展型裂谷盆地模式图

典型实例是北非阿特拉斯造山带附近的切里夫盆地（Cheliff Basin）。该盆地在白垩纪处于被动大陆边缘的拉张构造环境，在渐新世初期发生区域隆升后，伴随南部的造山运动，中上新世发生强烈伸展和断陷，与主要造山活动期是同期的，形成了冲断带后缘伸展型裂谷盆地。

四、全球被动裂谷盆地分布

根据被动裂谷的构造成因分类方案，在全球识别出93个被动裂谷盆地，并编制出全球被动裂谷盆地分布图（图1-9）。

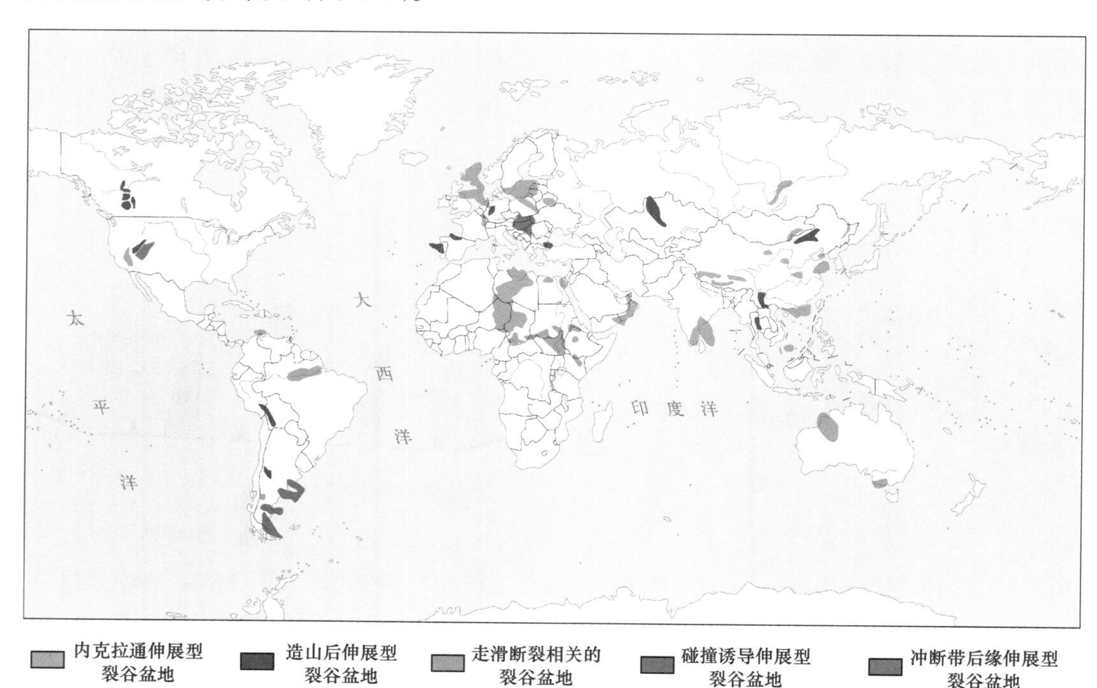

图1-9 全球被动裂谷盆地分布

非洲地区被动裂谷盆地主要为内克拉通伸展型裂谷盆地和走滑断裂相关的裂谷盆地；南美地区被动裂谷盆地主要为造山后伸展型裂谷盆地、碰撞诱导伸展型裂谷盆地和内克拉通伸展型裂谷盆地；北美地区被动裂谷盆地主要为造山后伸展型裂谷盆地和走滑断裂相关的裂谷盆地；欧洲地区被动裂谷盆地主要为内克拉通伸展型裂谷盆地、造山后伸展型裂谷盆地和碰撞诱导伸展型裂谷盆地；亚洲地区被动裂谷盆地主要为内克拉通伸展型裂谷盆地、造山后伸展型裂谷盆地、碰撞诱导伸展型裂谷盆地和冲断带后缘伸展型裂谷盆地。

在全球 93 个被动裂谷盆地中，42 个为内克拉通伸展型裂谷盆地，主要分布在欧洲北海北部、北非等克拉通内部；18 个为造山后伸展型裂谷盆地，主要分布在中亚造山带、特提斯造山带和科迪勒拉造山带内；13 个为走滑断裂相关的裂谷盆地，主要分布在中西非走滑断层和北美的圣安德烈斯走滑断层两侧；10 个为碰撞诱导伸展型裂谷盆地，主要分布在特提斯带及周边；10 个为冲断带后缘伸展型裂谷盆地，主要分布在特提斯带内及其南北两侧。从不同类型被动裂谷数量来看，内克拉通伸展型裂谷最多，占比高达 47%；其次为造山后伸展型裂谷，占比为 19%；走滑断裂相关的裂谷占 14%；碰撞诱导伸展型裂谷和冲断带后缘伸展型裂谷数量较少。

第三节　被动裂谷盆地主要地质特征

由于成因机制不同，主动裂谷盆地、被动裂谷盆地在地热史、裂陷期沉降史、控盆主断裂构造样式、坳陷构造层结构和沉积体系等方面均存在差异，导致盆地的生烃史、断陷期岩性组合、圈闭构造样式和沉积相展布等方面存在不同的特征（表 1–1）。

表 1–1　主动裂谷盆地、被动裂谷盆地地球动力学和地质特征

对比参数		被动裂谷盆地	主动裂谷盆地
地热史	地球动力学特征	呈低—高—逐步降低趋势	呈高—更高—逐步降低趋势
	地质特征	生烃时间晚、持续时间长	生烃时间早、持续时间短
裂陷期沉降史	地球动力学特征	脉冲式快速沉降，间隔期为缓慢收缩沉降，沉降曲线呈锯齿状	快速、持续沉降，沉降速率大，沉降曲线较平滑
	地质特征	湖相和河流相相互叠置	长期发育的湖盆
		裂陷期砂泥岩间互，砂岩厚度稳定	裂陷期湖盆区由大套厚层泥岩构成
		生烃泥岩单层厚度小，累计厚度大，一般发育在断陷中段	烃源岩为大套泥岩，单层厚度较大
		烃源岩排烃效率较高，一般可达 50% 以上	烃源岩排烃效率为 20%～25%
控盆主断裂构造样式	地球动力学特征	无地壳弯曲，层间无滑动，基底滑脱面不明显，控盆主断裂相对陡立	地幔上拱、地壳弯曲，形成易滑面，控盆主断层沿易滑面滑脱形成铲式结构
	地质特征	控盆主断裂多为陡立式深大断裂，滚动背斜不发育，以断块为主	控盆主断裂多为犁式 / 躺椅式断裂，滚动背斜发育，圈闭类型多样
坳陷构造层结构	地球动力学特征	持续时间短，沉降幅度小	持续时间长，沉降幅度大
	地质特征	只发育河流相块状砂岩	既可发育砂岩又可发育泥岩，坳陷期的泥岩也可作为烃源岩

一、地热史

由于成因机制不同，主动裂谷盆地、被动裂谷盆地的热史发育具有明显不同：主动裂谷盆地形成之前地幔先发生上拱，因此初期地温高，主裂陷期由于地壳均衡作用导致地幔上拱，地温进一步升高，后期冷却收缩导致热沉降量大，冷却速快；而被动裂谷盆地裂陷初期无地幔上拱，早期盆地地温低，地温升高幅度比主动裂谷低，地幔小幅上拱，后期冷却收缩慢，较高的地温时期持续时间较长（图 1–10）。

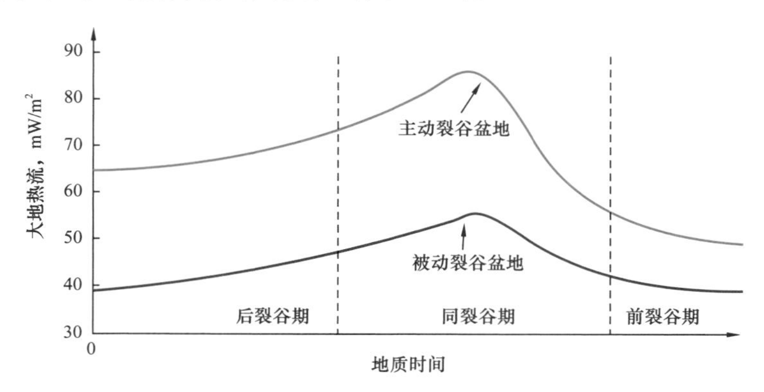

图 1–10　主动裂谷盆地与被动裂谷盆地的热史差异

主动裂谷裂陷早期发育火山岩，而被动裂谷裂陷早期一般不发育火山岩，晚期有时发育火山岩。被动裂谷盆地早期地温低，裂陷期因地壳均衡上拱导致地温上升，后期冷却收缩慢，因此裂陷期烃源岩进入生油窗开始时间晚于主动裂谷盆地，但是生油持续时间长。如苏丹的穆格莱德盆地，因早期地温梯度低（2.8℃/100m），下白垩统裂陷期烃源岩在古近纪早期才开始进入生油窗，一直持续至今。

二、裂陷期沉降史

主动裂谷盆地裂陷期热沉降作用大，表现为快速、持续的沉降，沉降速率大，沉降曲线较平滑。被动裂谷盆地裂陷作用是由于板块内部差异应力场造成的，应力作用具有脉动性，裂陷期沉降表现为脉冲式快速沉降，间隔期为缓慢收缩沉降，沉降曲线呈锯齿状形态（图 1–11）。

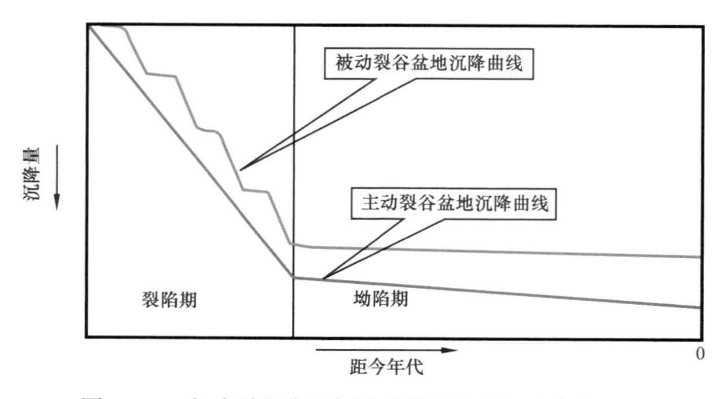

图 1–11　主动裂谷盆地与被动裂谷盆地沉降曲线差异

由于沉降速率的差异，导致主动裂谷盆地、被动裂谷盆地裂陷期岩性组合差异较大（图 1–12）。主动裂谷裂陷期发育大套厚层湖相泥岩，被动裂谷盆地裂陷期发育砂泥岩互层，裂陷间隔期发育砂岩厚度稳定，可连续追踪；主动裂谷裂陷期发育完整湖盆相序；被动裂谷裂陷期短暂湖盆相序和短暂河流相序间互叠置。被动裂谷裂陷期沉积物的砂岩百分比远高于主动裂谷盆地，裂陷期砂泥岩互层沉积有利于烃源岩高效排烃，内部砂层可形成较大规模油气田。

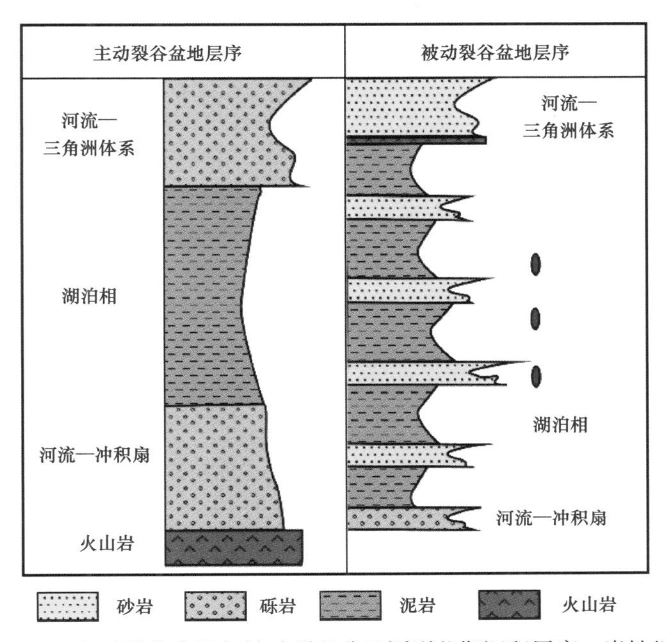

图 1–12　主动裂谷盆地与被动裂谷盆地同裂谷期沉积层序、岩性组合

三、控盆主断裂构造样式

主动裂谷盆地形成之前地幔上拱、地壳弯曲，由于地壳呈层状结构，弯曲过程中地壳层间滑动，形成易滑面，控盆主断层在发育过程中往往沿易滑面滑脱形成铲式结构；而被动裂谷盆地在形成之前无地壳弯曲，层间无滑动，控盆主断层相对陡立，无深层滑脱（图 1–13）。国内渤海湾盆地歧口凹陷典型地震剖面显示其控盆断裂呈铲式和坡坪式，以铲式为主（图 1–14a），而中西非裂谷系穆格莱德盆地凯康（Kaikang）凹陷控盆断裂以直立的

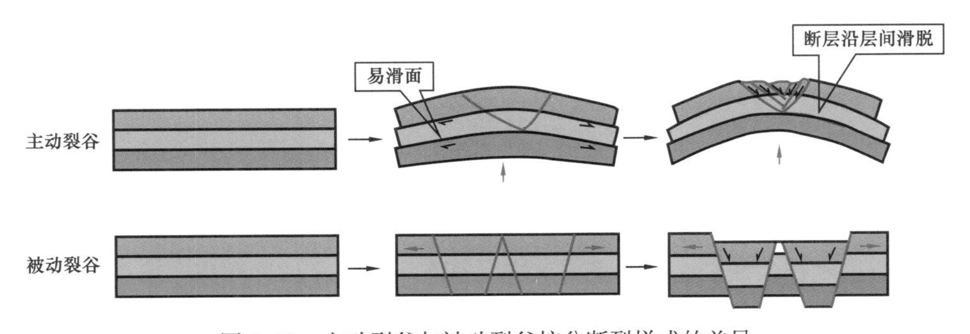

图 1–13　主动裂谷与被动裂谷控盆断裂样式的差异

多米诺式为主（图1–14b）。被动裂谷盆地的控盆断层倾角明显大于主动裂谷盆地，统计表明，渤海湾主动裂谷盆地控盆断层倾角一般在45°左右，而穆格莱德被动裂谷盆地控盆断层倾角全部在60°以上。

被动裂谷盆地的构造圈闭类型以断块和断垒为主，少见与铲式断层伴生的滚动背斜，例如苏丹穆格莱德盆地和南苏丹迈卢特盆地中90%以上的构造圈闭为反向断块圈闭。在主动裂谷盆地中，滚动背斜、断背斜和断块都比较发育。

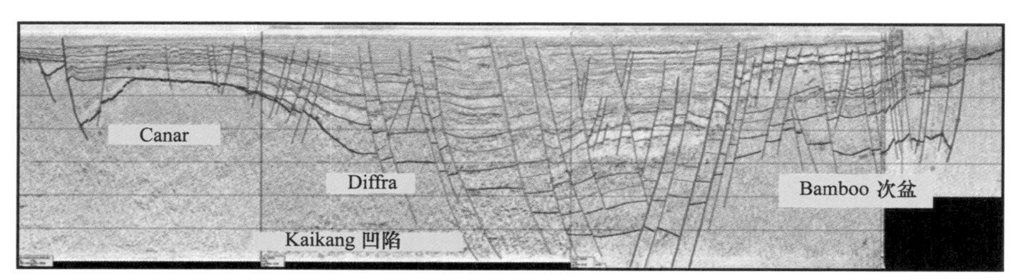

(a) 苏丹穆格莱德Kaikang凹陷

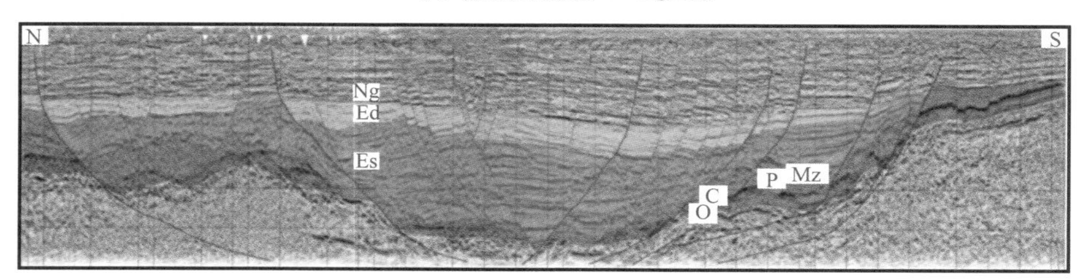

(b) 渤海湾盆地岐口凹陷

图1–14　被动裂谷盆地控盆断裂与主动裂谷盆地控盆断裂

四、坳陷构造层结构

主动裂谷形成过程中岩石圈地幔收缩量为热沉降量和地壳均衡上拱量之和，坳陷构造层持续时间长，沉积厚度大（图1–15a）；被动裂谷形成过程中岩石圈地幔收缩量仅为地壳均衡上拱量，坳陷构造层持续时间短，沉积厚度相对不大。

如苏丹穆格莱德被动裂谷盆地坳陷构造层以大套块状砂岩为主，没有连续分布的泥岩沉积，坳陷期沉积厚度500～1500m，裂陷期沉积厚度2000m以上，一般大于坳陷期沉积厚度；而以松辽盆地为代表的主动裂谷坳陷期沉积物为大套砂岩夹泥岩，泥岩局部分布稳定，坳陷构造层和裂陷构造层沉积厚度基本相同（图1–15b）。

五、沉积体系

主动裂谷盆地、被动裂谷盆地由于受力源不同而造成控盆断裂和次级断裂的差异，导致两类盆地在陡坡带沉积、缓坡带沉积、砂体发育规模和裂谷期汇水系统等方面有较大的差异（表1–2）。

1. 陡坡带沉积特征

主动裂谷盆地控盆断裂一般以铲式为主，其沉积体系多以冲积扇、扇三角洲和辫状河三角洲为主（图1–16）；被动裂谷控盆断裂多以直立的多米诺式主，多发育近岸水下扇和深水浊积扇沉积（图1–17）。

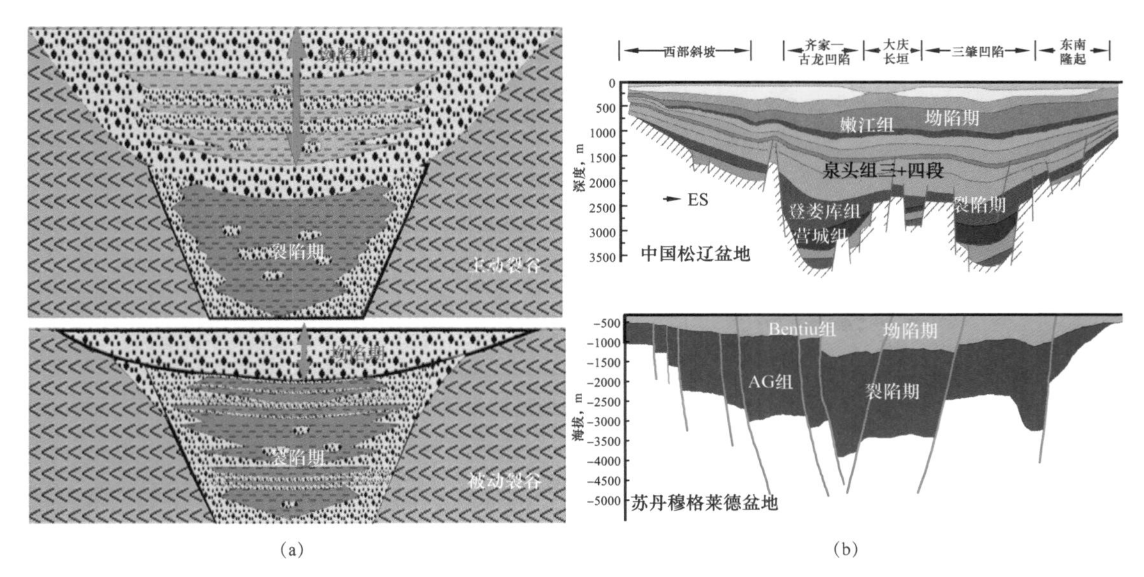

图 1-15 主动裂谷盆地与被动裂谷盆地的坳陷构造层模式

（a）主动裂谷盆地、被动裂谷盆地坳陷和裂陷构造层岩性组合模式，粉色代表盆地基底，黄色代表河流相，蓝色代表湖相，红色箭头代表坳陷最大厚度或岩石圈收缩量；（b）中国松辽盆地和苏丹穆格莱德盆地典型地质剖面，显示出坳陷和裂陷构造层厚度差异

表 1-2 主动裂谷盆地、被动裂谷盆地沉积特征的差异性

对比参数	被动裂谷盆地	主动裂谷盆地
陡坡带沉积	陡立板式和阶梯式为主，多发育近岸水下扇沉积	铲式、坐墩式、马尾式为主，多发育扇三角洲
缓坡带沉积	窄陡型为主，多发育扇三角洲	宽缓型为主，多发育河流—三角洲体系
断层及构造单元控砂模式	转换带和构造调节带控砂，单砂体规模较小	砂体呈环带状分布，单砂体规模较大
裂谷期汇水系统	多为内向型汇水系统	早期发育外向型汇水系统，欠补偿性沉积体系

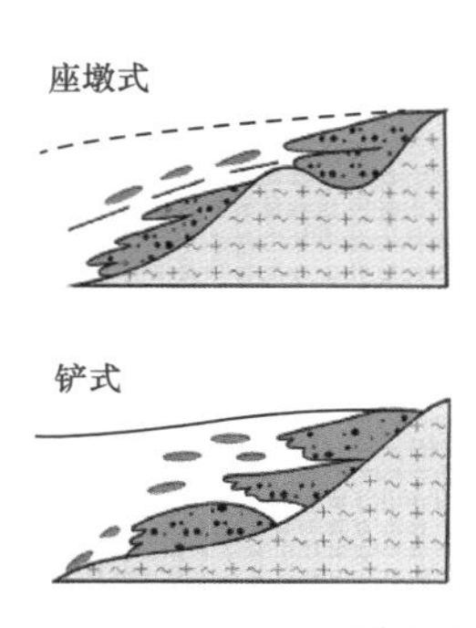

类型	物源	粒径	规模	分选	沉积类型
座墩式	较远	较粗	较小	较差	洪积扇 扇三角洲
铲式	较远	较粗	较大	较差	冲积扇 扇三角洲 辫状河三角洲

图 1-16 主动裂谷盆地陡坡带沉积特征

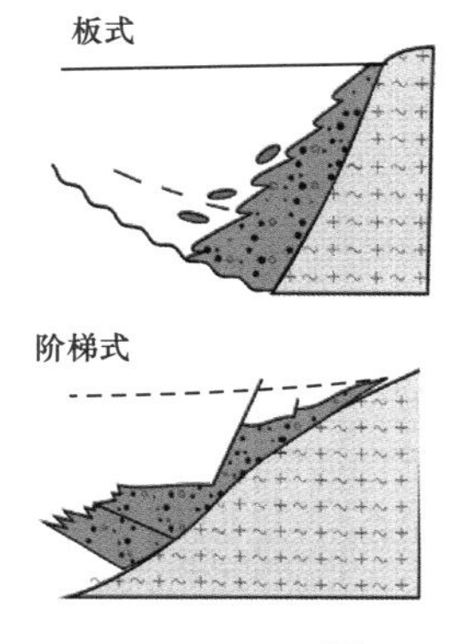

类型	物源	粒径	规模	分选	沉积类型
板式	近	粗	大	极差	近岸水下扇 洪积扇
阶梯式	远	细	较小	较好	滑塌浊积扇 深水浊积扇

图 1-17　被动裂谷盆地陡坡带沉积特征

2. 缓坡带沉积特征

主动裂谷盆地缓坡宽缓，多发育河流—三角洲体系，而被动裂谷盆地缓坡窄，多发育扇三角洲（图 1-18）。

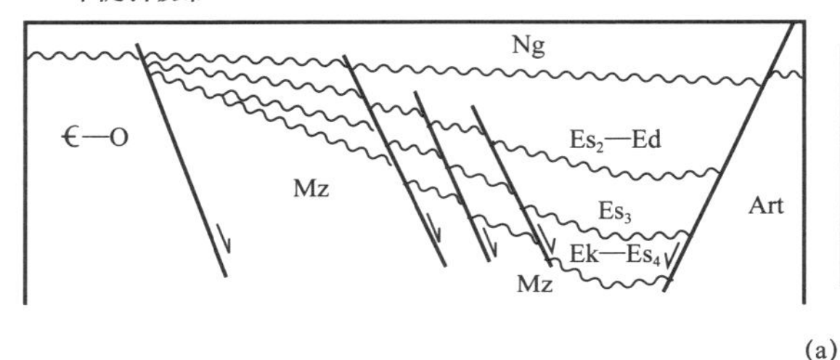

类型	沉积类型	备注
窄陡型	三角洲 扇三角洲	狭长箕状断陷：距深比小于5或地层倾角大于10°

(a)

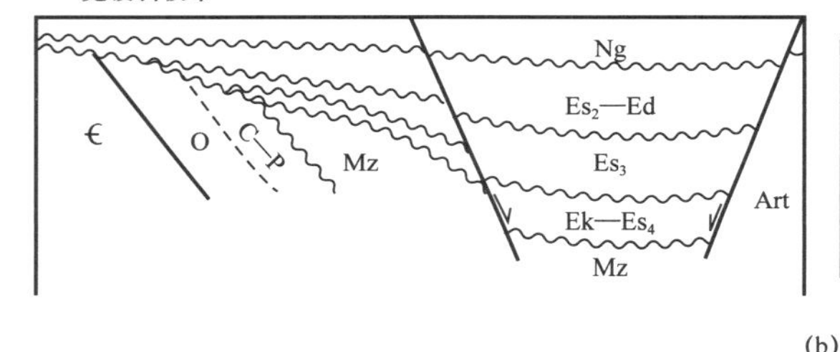

类型	沉积类型	备注
宽缓型	滨浅湖 河流三角洲 湖岸滩坝砂体 泥滩	开阔箕状断陷：距深比大于7；古隆起；地层层序不全

(b)

图 1-18　被动裂谷盆地（a）与主动裂谷盆地（b）缓坡带沉积特征

3. 断层及构造单元控砂模式

主动裂谷盆地砂体呈环带状分布，单砂体规模较大，缓坡坡折带发育，控制砂体的沉积与分布；被动裂谷盆地断层转换带和构造调节带控砂，单砂体规模较小，缓坡构造转换带的控砂作用更加明显，大型砂体基本沿构造转换带展布（图 1-19）。

4. 裂谷期汇水系统

主动裂谷盆地在裂谷早期地势较高，常发育外向性水系，由穹隆区向两侧的低地泄流，导致沉积物缺乏而形成欠补偿性沉积体系；被动裂谷盆地多发育内向性水系，在早期断陷阶段，向心水流导致沉积物供给充足（图 1-20）。

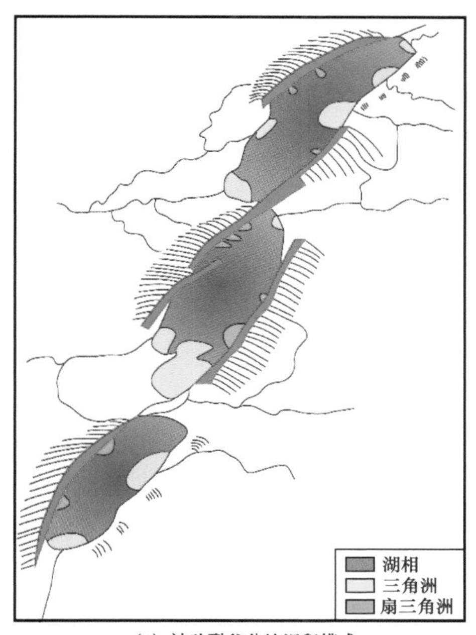

(a) 被动裂谷盆地沉积模式

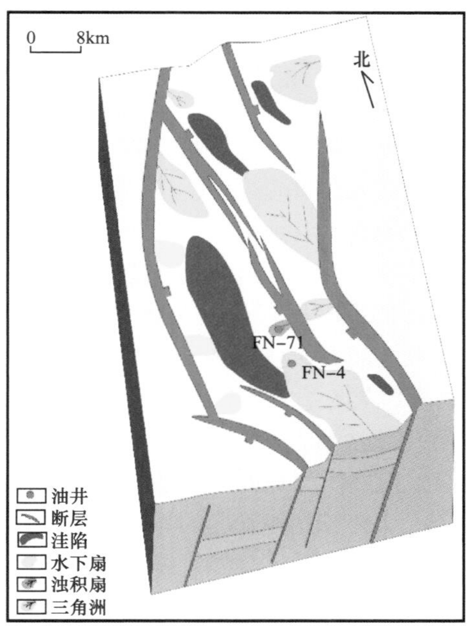

(b) Fula凹陷Abu Gabra组沉积模式

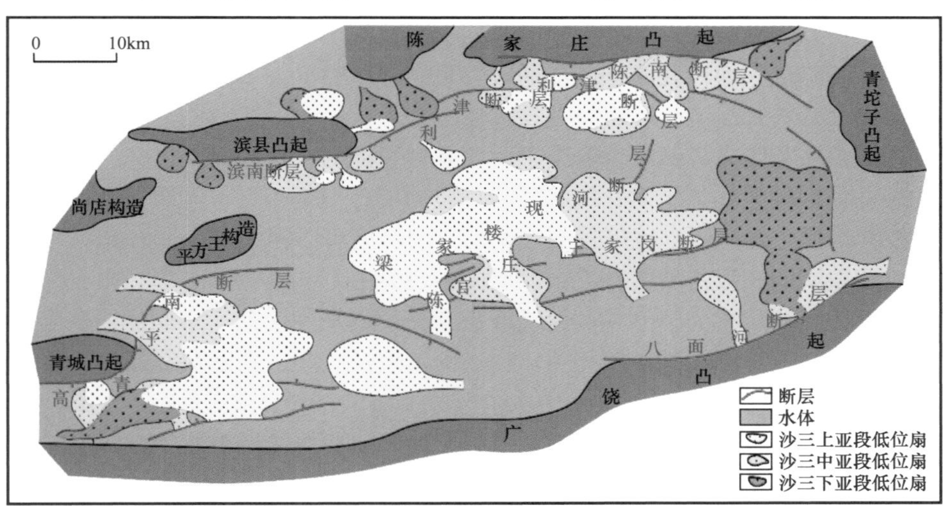

(c) 东营凹陷沙三段沉积时期沉积体系

图 1-19　被动裂谷盆地与主动裂谷盆地断层及构造单元控砂特征

(a)　　(b)

图 1-20　被动裂谷盆地（a）与主动裂谷盆地（b）汇水系统示意图

第四节　被动裂谷盆地油气分布规律

（1）烃源岩单一、生烃时间晚、持续时间长。

主动裂谷盆地坳陷构造层既发育砂岩又发育泥岩，而被动裂谷盆地只发育河流相块状砂岩；主动裂谷盆地除断陷期发育的大套厚层烃源岩外，坳陷期也可能发育烃源岩，而被动裂谷盆地坳陷期不发育烃源岩，只发育断陷期烃源岩，因而具有单一烃源岩的特征。主动裂谷盆地裂陷期烃源岩为大套泥岩，单层厚度较大，而被动裂谷盆地裂陷期发育砂泥岩，且频繁间互，生烃泥岩单层厚度小（2～10m），主要靠相对集中的多层泥岩累积效应，主力烃源岩发育在裂陷沉积中段。

主动裂谷盆地烃源岩沉积后就快速生烃，而被动裂谷盆地生烃时间晚，持续时间长；主动裂谷盆地圈闭形成时间一般早于生油结束时间，而被动裂谷盆地晚期形成圈闭也有聚油机会。主动裂谷盆地烃源岩排烃效率一般在20%～25%之间，被动裂谷盆地烃源岩为砂泥岩互层中的泥岩层，烃源岩排烃效率高，一般可达50%以上。

（2）裂陷期储层以砂泥岩互层中的薄层砂岩为主，坳陷期储层以大套块状砂岩为主。

主动裂谷裂陷期发育大套厚层泥岩，被动裂谷盆地裂陷期发育砂泥岩间互沉积，砂岩厚度稳定。这些差异导致被动裂谷盆地断陷期储层以薄层砂岩为主，储层物性受沉积相控制明显，由于裂陷层序埋藏较深，储层一般较致密，孔隙度大多小于20%。被动裂谷盆地坳陷期储层以大套块状河流相砂岩为主。

（3）区域盖层和主力成藏组合取决于后期叠置裂谷的发育情况。

被动裂谷盆地坳陷构造层发育块状砂岩优质储层，但是否具有区域盖层取决于后期叠置裂谷的发育情况，烃源岩和区域盖层之间的时间跨度可以很大。

（4）构造型圈闭一般与断层有关，以反向断块为主。

被动裂谷边界断层多为陡立式的深大断裂，断层继承性活动，早期的构造圈闭被改造成若干断块，绝大部分圈闭与断层相关。构造圈闭以反（顺）向断块和断垒为主，少见与铲式断层伴生的滚动背斜。

（5）盆地内凹陷以半地堑为主，斜坡带和凹陷间的构造转换带油气最富集。

被动裂谷盆地主要凹陷都是以箕状断陷（半地堑）为特征，凸起以断垒为特征，平面上各构造单元多为凹凸相间、雁行斜列。凹陷的平面组合方式有相背式、相向式和正弦式三种。被动裂谷盆地裂陷期烃源岩一般埋藏较深，生成的油气必须通过大断层输导到储层，构造转换带往往是大型砂体发育的有利地区，在半地堑的构造背景下，斜坡带和凹陷间的构造转换带油气最富集。

参考文献

[1] Gregory J W. The great rift valley [M]. London：John Murray，1986，422.

[2] Closs A. Die Gründung des christlich-deutschen Königtums und christlich-deutscher Kultur zur Zeit der Sachsenkaiser，by Heinrich Raskop [J]. Anthropos，1937，(5-6)：1036-1037.

[3] Burke K. Intracontinental rifts and aulacogents [M] // Continental Tectonics. National Academay of Science，Washington，1980.

[4] Fairhead J D, Binks R M. Differential opening of the central and South Atlantic oceans and the opening of the Central African rift system [J]. Tectonophysics, 1991, 187: 191-203.

[5] Kusznir N J, Ziegler P A. The mechanics of continental extension and sedimentary basin formation : a simple-shear/pure-shear flexural cantilever model [J]. Tectonophysics, 1992, 215: 117-131.

[6] 宋建国，窦立荣，李建忠 . 中国东北区晚中生代盆地构造与含油气系统 [J]. 石油学报,1996,17 (4).

[7] Bally A W, Snelson S. Realms of subsidence [J]. Facts and principles of world petroleum occurrence : Canadian Society of Petroleum Geology Memoir 6, 1980, 9-75.

[8] Rosendahl B R. Architecture of continental rifts with special reference to East Africa [J]. Annual Review Earth Planetary Science, 1987, 15: 445-503.

[9] 陆克政，漆家福，戴俊生，等 . 渤海湾新生代含油气盆地构造模式 [M]. 北京：地质出版社，1997.

[10] 刘和甫，李小军，刘立群 . 地球动力学与盆地层序及油气系统分析 [J]. 现代地质，2003，17 (1): 80-86.

[11] 李德生 . 中国含油气盆地的构造类型 [J]. 石油学报，1982，7: 1-12.

[12] 杜金虎，赵贤正，张以明，等 . 中国东部裂谷盆地层岩性油气藏 [M]. 北京：地质出版社，2007.

[13] 胡见义，黄第藩，徐树宝，等 . 中国陆相石油地质理论基础 [M]. 北京：石油工业出版社，1991.

[14] 窦立荣，李伟，方向 . 中国陆相含油气系统成因类型和分布特征 [J]. 石油勘探与开发,1996,24(1): 1-7.

[15] 胡见义，徐树宝，童晓光 . 渤海湾盆地复式油气集聚区（带）的形成和分布 [J]. 石油勘探与开发，1986，13 (1): 1-8.

[16] Sengor A M C, Burke K. Relative timing of rifting and volcanism on Earth and its tectonic implica-tions[J]. Geophysical Research Letters, 1978, 5: 419-421.

[17] Morgan P, Baker B H. Introduction-processes of continental rifting [J]. Tectonophysics, 1983, 94: 1-10.

[18] Ramberg I B, Morgan P. Physical characteristics and evolutionary trends of continental rifts [J]. Tectonics, 1984, 5 (2): 280-301.

[19] Khain A P, Rosenfeld D, Sednev I. Coastal effects in the Eastern Mediterranean as seen from experiments using a cloud ensemble model with a detailed description of warm and ice microphysical processes [J]. Atmospheric Research, 1993, 30: 295-319.

[20] Kusznir N J, Vita-Finzi C, Whitmarsh R B, et al. The Distribution of Stress with Depth in the Lithosphere : Thermo-Rheological and Geodynamic Constraints [and Discussion] [J]. Philosophical Transactions of the Royal Society A : Mathematical, Physical and Engineering Sciences, 1991, 337 (1645): 95-110.

[21] Ziegler P A, Cloetingh S. Dynamic processes controlling evolution of rifted basins [J]. Earth-Science Reviews, 2004, 64: 1-50.

[22] 张文佑 . 中国及邻区海陆大地构造基本轮廓 [M]. 北京：石油工业出版社，1984.

[23] 马杏垣 . 嵩山构造变形：重力构造、构造解析 [M]. 北京：地质出版社，1981.

[24] 朱夏 . 试论中国中—新生代油气盆地的地球动力学背景 [M] // 中国中—新生代盆地构造和演化 . 北京：科学出版社，1983.

[25] 田在艺，张庆春 . 中国含油气沉积盆地论 [M]. 北京：石油工业出版社，1996.

[26] Wernicke B. Low-angle normal faults in the Basin and Range province : nappe tectonics in an extending

orogen [J]. Nature, 1981, 291: 65-648.

[27] Lister G S, Etherudge M A, Symonds P A. Detachment faulting and the evolution of passive continental margins [J]. Geology, 1986, 14: 246-250.

[28] Barbier G Y G, Desaulty M A A, Martinez R, et al. Injection system with a variable geometry : EP, EP 0182687 a1 [p]. 1986.

[29] 童晓光，窦立荣，田作基，等．苏丹穆格莱特盆地的地质模式和成藏模式 [J]．石油学报，2004, 25（1）: 19-24.

[30] 窦立荣，潘校华，田作基，等．苏丹裂谷盆地油气藏的形成与分布 [J]．石油勘探与开发，2006, 33（3）: 255-261.

第二章　中西非被动裂谷盆地石油地质特征

中西非被动裂谷盆地是受中非剪切带影响而发育的一系列中—新生代裂谷盆地，具有丰富的油气资源，油气富集具有液态烃产出为主、纵向多套组合含油、反向断块油藏为主的共性；平面上表现为“两多”和“两少”的差异性，即在中非裂谷系油气发现多，大油气田多，而西非裂谷系油气发现少，大油气田少。通过对中西非裂谷系区域地质和中国石油参与区块的石油地质研究认为，烃源岩类型和演化是控制烃类相态和油气平面分布的主要因素；后期叠置裂谷发育程度控制了主力成藏组合的垂向发育，进而控制油气纵向分布；被动裂谷地球动力学背景和构造样式决定了以构造油藏为主；富油气凹陷是地层岩性和潜山油藏发育的先决条件。

第一节　中西非被动裂谷盆地区域地质背景与盆地成因

受中非剪切带构造演化的影响，中西非被动裂谷盆地在泛非运动—侏罗纪末期主要经历前裂谷期的稳定板块沉积阶段；早白垩世—渐新世发育的同裂谷期是断裂活动以及沉降、沉积作用发育的主要阶段，裂谷系诸盆地不同程度地经历了早白垩世、晚白垩世和古近纪三期裂谷。在中非裂谷系充填陆相沉积；西非裂谷系在早白垩世和古近纪充填了陆相沉积，晚白垩世遭受海侵充填陆相、海陆过渡相以及海相沉积。

一、区域地质背景

在前侏罗纪，非洲大陆作为冈瓦纳古大陆的重要组成部分，构造相对稳定。大约在500Ma前后，整个非洲发生了一次强烈的造山运动，称为泛非运动，使得非洲地层受到热动力变质和花岗岩化[1]。在构造演化史上，对非洲大陆构造和沉积演化有两期重要的构造事件，即泛非构造运动（720—500Ma）和海西构造运动（350—270Ma）。

1. 早古生代主要构造活动与沉积特征

始于元古宙，结束于早古生代的泛非构造运动是影响非洲大陆最广泛的一次构造活动，使东西冈瓦纳碰撞、拼合形成以非洲大陆为核心的冈瓦纳超级大陆（图2-1）。在泛非运动影响下，非洲大陆内部地层受到热动力变质和花岗岩化。非洲大陆作为冈瓦纳大陆的重要组成部分，构造相对稳定，非洲大陆内部由西非、刚果、努比亚、卡拉哈里等地盾组成。这些地盾之间是较薄弱的构造拼合带，后期的断裂与裂陷就是沿着这些薄弱带而发育的。此后非洲大陆的构造、沉积演化、古大陆的解体、非洲陆内裂谷的形成与火山岩都受泛非构造带的影响。

早古生代（540—410Ma），板块运动南聚北散，非洲大陆作为冈瓦纳大陆的核心，整体漂移，北非形成古特提斯被动大陆边缘沉积。西北非在寒武纪整体为克拉通，多为河流—三角洲相砂砾岩沉积，仅在克拉通边缘发育浅海相砂岩沉积，并夹杂一些碳酸盐岩和页岩。东北非在早寒武世以陆相砂岩沉积为主，部分地区存在火山活动，中—晚寒武世转

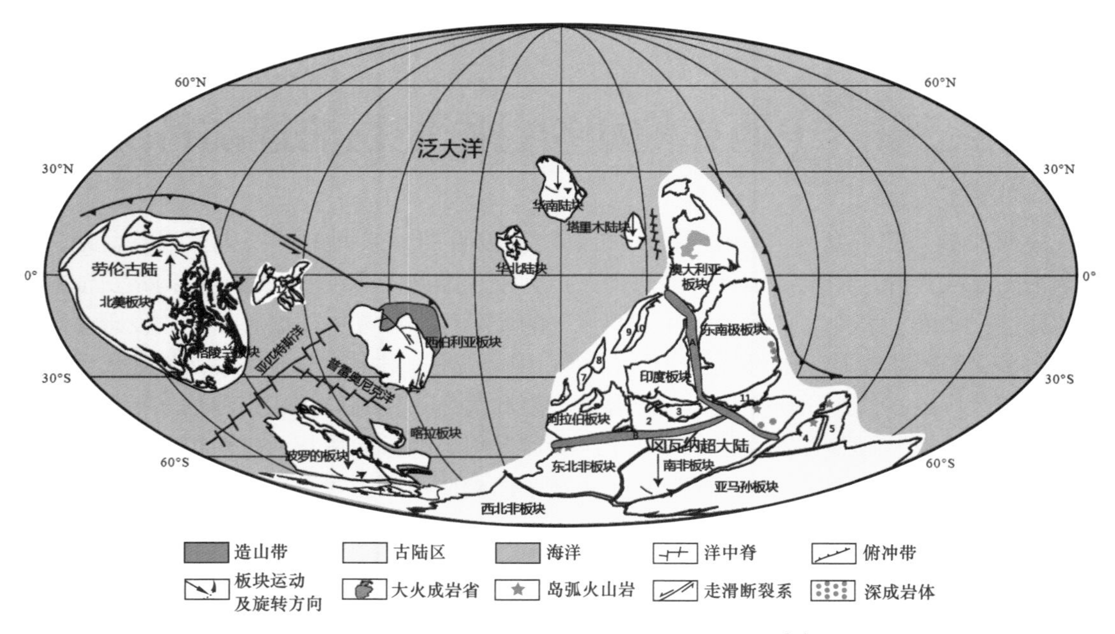

图 2-1　泛非期（520Ma）全球古板块再造图[3]

变为海相砂岩沉积。南非主要为河流相沉积，局部存在浅海相碳酸盐岩沉积[2]。奥陶纪非洲大陆内发育以河流—三角洲相砂岩和页岩为主的陆源沉积。志留纪非洲大陆主体处于陆相环境中，仅大陆边缘地区接受了部分沉积，例如北非发育海相的泥页岩沉积。泥盆纪全球海平面上升，但非洲大陆主体仍处于陆相环境中，仅西北非地区为被动陆缘环境，沉积了海相碳酸盐岩和砂泥岩互层。

2. 晚古生代主要构造活动与沉积特征

晚古生代地壳运动称为海西运动，此次构造运动形成了潘基亚（Pangea）泛大陆，并且造成了古特提斯洋西段的关闭和消亡（图 2-2）。在海西运动的强烈影响下，北非克拉通边缘被分割成许多隆起和凹陷，西北非和南非内部分别形成开普和阿特拉斯褶皱带。石炭纪西北非和南非结束海相沉积，东北非和阿拉伯地区持续发育古特提斯洋大陆边缘沉积，南部区域被冰川覆盖。二叠纪非洲大陆内部主要为河湖相碎屑岩沉积。

3. 中生代主要构造活动与沉积特征

进入中生代（250—70Ma），非洲板块北部（含西北部）开始与北美洲板块和欧洲板块分离，中大西洋与新特提斯洋开始形成（图 2-3）。早侏罗世（180Ma）冈瓦纳大陆开始解体，当时的非洲大陆主要由西非地块、阿拉伯—努比亚（Nubian）地块和中南非地块三个亚板块拼合而成，这些亚板块间发育大型断裂带或剪切带，中西非剪切带就是其中一个；中侏罗世东冈瓦纳裂解，表现为非洲板块东部与印度板块、澳大利亚板块和南极洲板块分裂，印度洋开始形成；早白垩世南美洲与西非从南向北裂开，南大西洋开始形成；中—晚白垩世大西洋、印度洋形成，太平洋缩小。自早白垩世以来，非洲大陆东西两侧形成被动大陆边缘盆地，陆内中西非裂谷系开始发育，而北非依然为被动大陆边缘。

随着晚二叠世冰川的逐渐消失，三叠纪海平面不断上升，全球变暖，非洲大陆以陆相河湖相沉积为主，仅非洲南部发育少量浅海碎屑岩相沉积。早侏罗世非洲受到大规模海侵，海水淹没了东北非和马达加斯加，沉积了砂泥岩；中侏罗世海侵范围进一步扩大，到

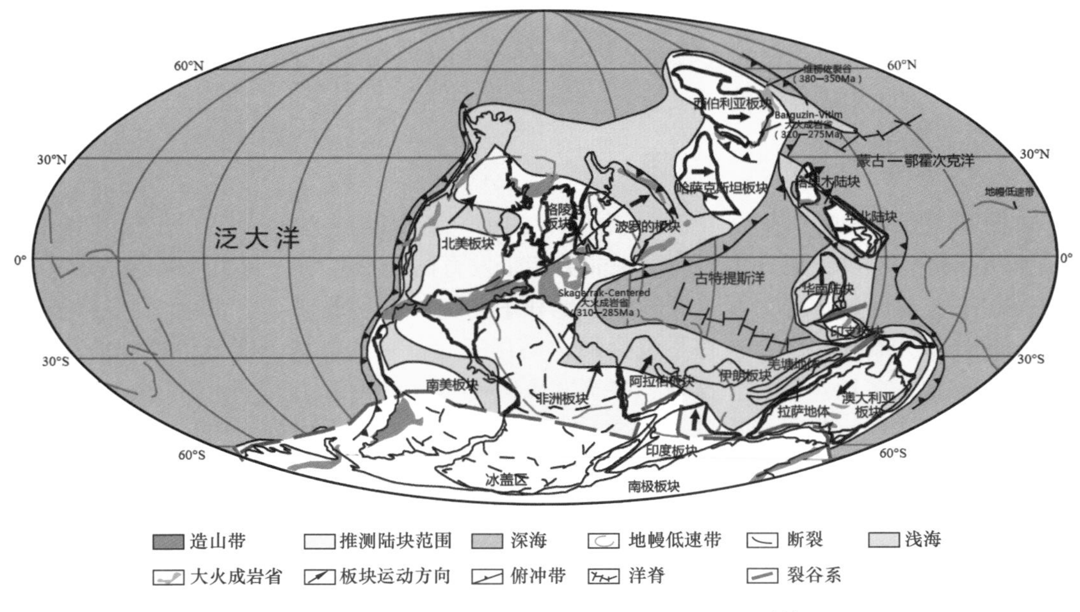

图 2-2　海西期（320Ma）全球古板块再造图[3]

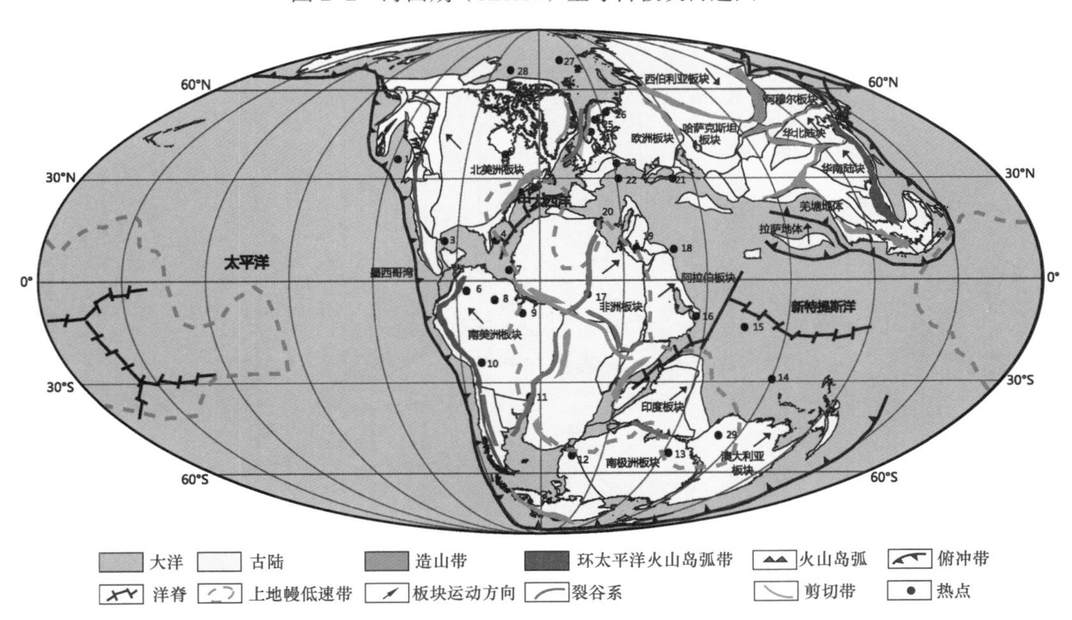

图 2-3　中生代（150Ma）冈瓦纳古陆裂解与新特提斯洋分布[3]

达北非，沉积了含造礁生物的碳酸盐岩；晚侏罗世海侵范围达到最大，甚至超覆到前寒武系基底隆起之上，东北非、阿拉伯一带发育浅海相台地碳酸盐岩沉积，南非和马达加斯加则主要是河湖相砂质泥岩沉积，侏罗纪末该区域转化为潟湖相沉积；白垩纪时全球海平面持续上升，北非、西北非均位于海平面以下，发育浅海相碎屑岩、碳酸盐岩和蒸发岩沉积，非洲南部发育河流相碎屑岩。

4. 新生代主要构造活动与沉积特征

进入新生代，非洲大陆内部的主要构造活动有：（1）渐新世形成红海—亚丁湾—东非大裂谷三叉裂谷构造带；（2）古近纪末期阿尔卑斯—喜马拉雅造山运动使阿特拉斯褶皱带发生回返，地中海进入残留洋盆发展阶段，东北非褶皱带边缘裂谷继续发育。新生代非洲大陆内广泛发育陆相碎屑沉积。

二、中西非裂谷系盆地成因

中西非裂谷系是受中非剪切带影响而发育的中—新生代裂谷系。广义上讲，中西非裂谷系是指苏丹、乍得和尼日尔境内沿中非剪切带发育的一系列中—新生代裂谷盆地[4—7]。这些裂谷系盆地进一步分为西非裂谷系盆地和中非裂谷系盆地[8—10]，二者由阿达马瓦隆起（Adamaoua）隔开。中非裂谷系包括阿达马瓦隆起以东的盆地，即乍得境内的邦戈尔（Bongor）盆地、多巴（Doba）盆地、多赛欧（Doseo）盆地和萨拉麦特（Salamat，部分在中非共和国）盆地，苏丹境内的穆格莱德（Muglad）盆地、迈卢特（Melut）盆地、喀土穆（Khartoum）盆地、白尼罗河（White Nile）盆地、青尼罗河（Blue Nile）盆地和肯尼亚境内的安扎（Anza）盆地等；西非裂谷系包括贝努埃槽（Benue）、乍得湖（Lake Chad）盆地、马蒂亚戈（Madiago）盆地、特米特（Termit）盆地、卡普拉（Kafra）盆地、格莱恩（Grein）盆地、泰内雷（Tenere）盆地、特非德特（Tefidet）盆地（图 2–4）。

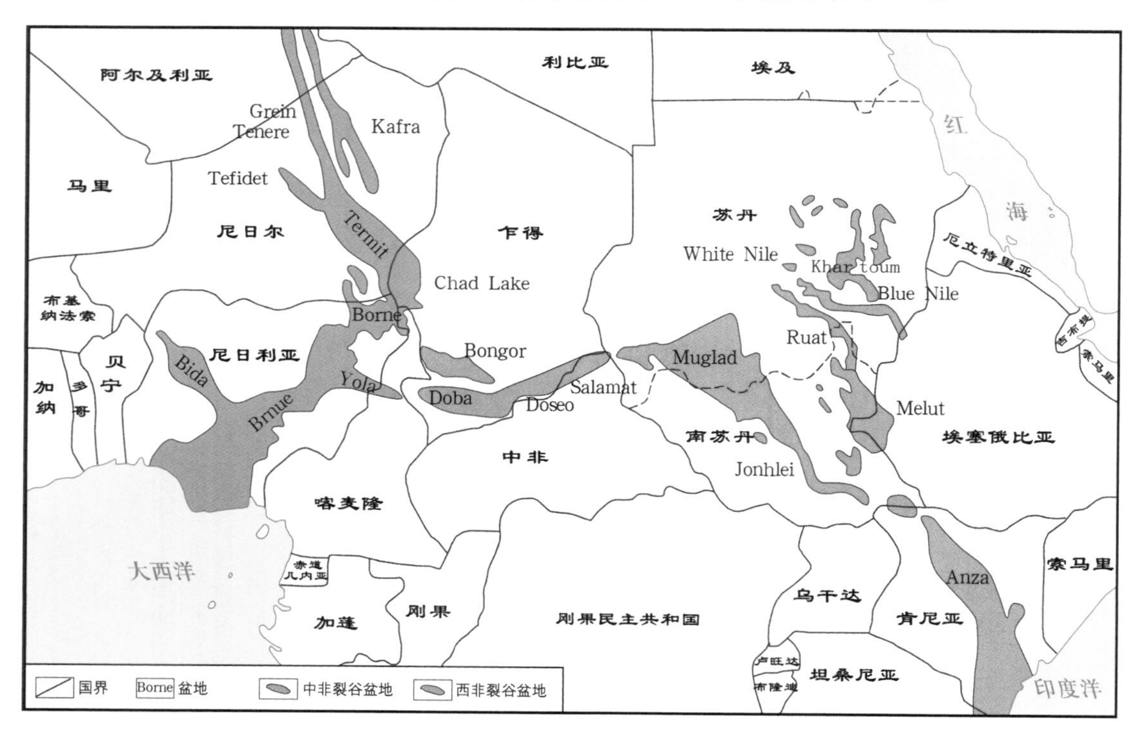

图 2–4　中西非裂谷系沉积盆地分布图[10, 11]

1. 前人对成因机制基本认识

很多学者都认为中西非裂谷系的形成同中部大西洋和南部大西洋地张开有关[4, 10—19]，但是对于中西非裂谷系的成因机理与构造演化序列，目前还存在很多争议。

1967 年 De Almeida 和 Black 在研究非洲和南美构造线时，提出中西非走滑带与巴西的 Pernambuco 断层线实际上是一条起源于泛非构造晚期的“右旋剪切带”。Browne 和

Fairhead 应用了“剪切带”这一概念[5]，在此基础上提出“中非裂谷系（Central African Rift System）”概念，认为中非裂谷系是板块内部发育起来的三叉裂谷的一支，其构造特征与被动大陆边缘的早期发育特征相似[15]。

Browne 和 Fairhead 将中非裂谷系的裂陷活动划分成两期：第一期是在早白垩世南大西洋形成之初，中非剪切带的活化导致了乍得、中非共和国以及苏丹境内一系列深而窄、以断层为边界的沉积盆地的形成；第二期是古近纪裂陷活动，在早白垩世裂陷基础上叠加了新一期裂陷[15]。

Fairhead 指出中西非裂谷系是大西洋板块走滑断裂切入非洲大陆内部并转换成张性断裂而形成的，认为中部、赤道以及南部大西洋的开启在时空上均与中西非裂谷系的发展紧密相关，而中西非裂谷系的发育主要受一系列右旋或左旋走滑区带的控制[6]。Fairhead 和 Binks 在研究中部和南大西洋的开启时指出，西非裂谷系的发育时间与南部大西洋的早期开启时间一致，并且该裂谷系在南美板块与非洲板块分离后继续发育，直至晚白垩世盆地反转变形才终止，圣通期（Santonian）贝努埃槽的变形与中非裂谷系内的右旋剪切运动是大致同时产生的，这也导致了晚白垩世和古近纪苏丹境内盆地的再次活化[15]。Hamilton 认为中西非裂谷系是“冷启动”的裂谷[20]，是在非洲大陆几个地块构造的陆壳伸展和沉降作用下形成的[21]。

Ziegler 认为中西非裂谷系是基于地幔对流造成上覆的岩石圈移动而形成[22]。Guiraud 和 Maurin 则认为中西非裂谷系发育两期裂陷：第一期裂陷持续时间从贝里阿斯期到早阿普特期，产生了 E—W 向和 NW 向的裂谷，中非裂谷系以伸展运动为主，西非裂谷系则以左旋走滑运动为主[23]；第二期裂陷从中阿普特期到晚阿尔布期，西非裂谷系在北东向的伸展背景下形成了北西向的裂谷，而中非裂谷系以走滑运动为主，产生了拉分盆地[24]。Genik（1993）认为中西非裂谷系的主要裂陷作用由早白垩世冈瓦纳大陆解体过程中非洲陆壳的拉伸和沉降而引起的，古近纪的构造运动对早期裂谷进行不同程度的改造[10]。

2. 中西非裂谷成因机制模拟

为了理清中西非裂谷系的成因演化机制，采用有限元方法模拟了中西非地区自晚侏罗世以来的应力场分布，在此基础上设计了三种物理模拟实验模型来分析中西非裂谷系的成因机理。三种模型分别为单纯走滑型模型、转换断层型模型及伸展型模型。

1）应力场分布有限元模拟

模拟过程中将非洲板块划分为三个地块，即西非地块、东北非地块和中南非地块，将西非地块固定，东北非地块向北东方向运动，中南非地块为自由边界，在这种力学边界条件下，模拟计算非洲地区的构造应力场和位移场。模拟结果显示，晚侏罗世在西非地块固定、东北非地块向东北方向运动的作用下，中南非地块和东北非地块都发生逆时针旋转，在这个逆时针旋转力偶的作用下，中西非地区所受的最大张应力等值线最密集，表现为张应力最大，最易发生破裂和拉张，揭示出中西非地区是裂谷作用最强烈地区（图 2-5）；此时的张应变主要集中在断裂带处，尤其在西非贝努埃槽附近的张应变最集中，是中西非裂谷系发育最早的地区。早白垩世东北非地块继续向东北方向运动，张应力集中在中非剪切带两侧且应力值比晚侏罗世高，说明受到的拉张作用更加强烈，在中非剪切带附近张应力比较集中，有利于裂谷的发育；张应变集中在断裂带及裂谷附近，与晚侏罗世的模型相比，发生张应变的区域扩大，发生张应变的区域由断裂及裂谷区域向东侧发展，表明中非裂谷系裂陷作用以贝努埃槽为出发点，持续向东侧发展（图 2–6）。

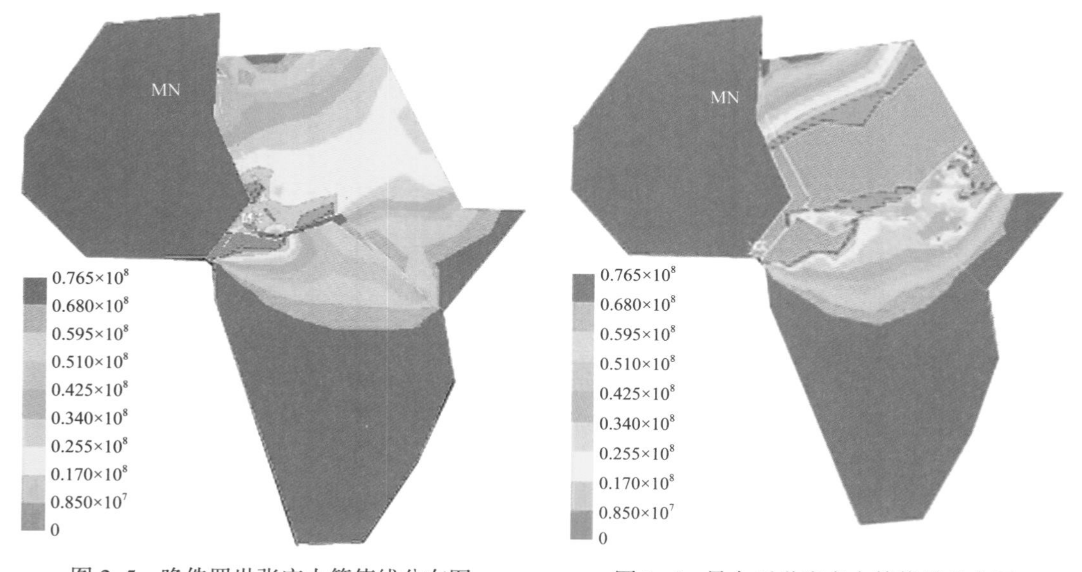

图 2–5　晚侏罗世张应力等值线分布图　　　图 2–6　早白垩世张应力等值线分布图

2）成因机理物理模拟

（1）单纯走滑型模型：实验结果如图 2–7 所示，沿着走滑带内形成了一条很窄的凸起与凹陷交替的构造，可见小幅度凹陷与少量花状构造。不论是含韧性层的还是不含韧性层的单纯走滑型实验模型，均不能形成大规模的裂谷盆地。

(a) 未发生走滑位移时

(b) 走滑位移后

图 2–7　走滑模拟实验结果顶视图

（2）转换断层型模型：为了观察转换断层模式对上覆沉积盖层的影响，实验过程中未加同沉积作用。在转换断层模式下，上覆沉积盖层的变形特征如图 2-8 所示，在先存基底断裂基础上的伸展与走滑作用下，其上覆地层呈现出与中西非裂谷系展布极为相似的形态，在西非裂谷系和中非裂谷系东南分支的基底断裂部分分别形成了裂陷带（图 2-8f）。在力臂的拉动下，模型伸长率达到 12.5%，模拟结果如图 2-9 所示，在模型拉张初始阶段，断裂带没有发生变形和沉降，反而是在模型的两侧砂层有滑动。这是因为力臂与基底

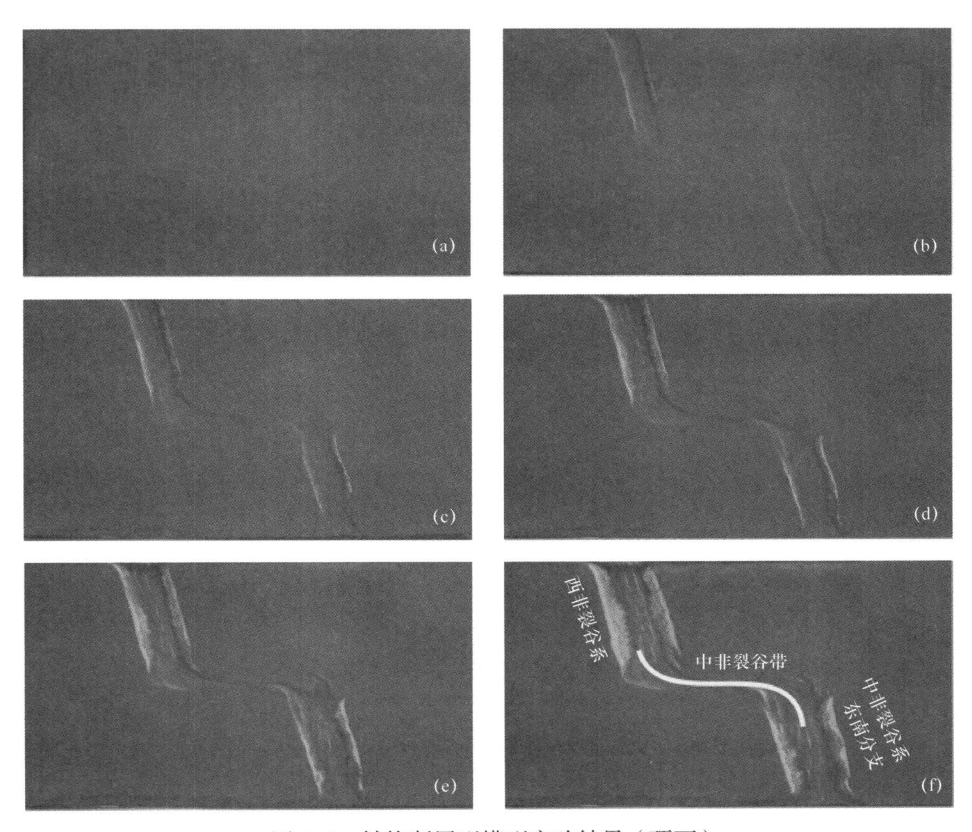

图 2-8 转换断层型模型实验结果（顶面）

图 2-9 转换断层型模型实验结果（侧面）

之间的连接松弛导致实验初始阶段的变形在模型两端被释放，从图 2–9d 开始，沿基底断裂带在上覆沉积盖层中开始形成断裂与变形，最终在基底断裂上方形成了与中西非裂谷系两端分支类似的裂陷盆地。

（3）伸展型模型：为了进一步模拟转换断层两端的伸展型、走滑伸展型盆地的演化，设计了多个伸展型实验模型。实验结果如图 2–10 所示，变形最先出现在模型两端，这是由于基底与力臂之间连接不紧密引起的；从图 2–10d 开始，模型中间开始衍生变形，最终在基底断裂上部形成了类似地堑的构造（图 2–10g）。利用伸展型模型对西非裂谷系与中非裂谷系东南分支的伸展型盆地与走滑伸展型盆地进行了多次重复实验模拟，并对实验结果与西非裂谷系及中非裂谷系东南分支盆地剖面进行了对比（图 2–11），发现利用伸展模型所获得的实验结果剖面形态与中西非裂谷系内的伸展型盆地与走滑伸展型盆地剖面十分相似。

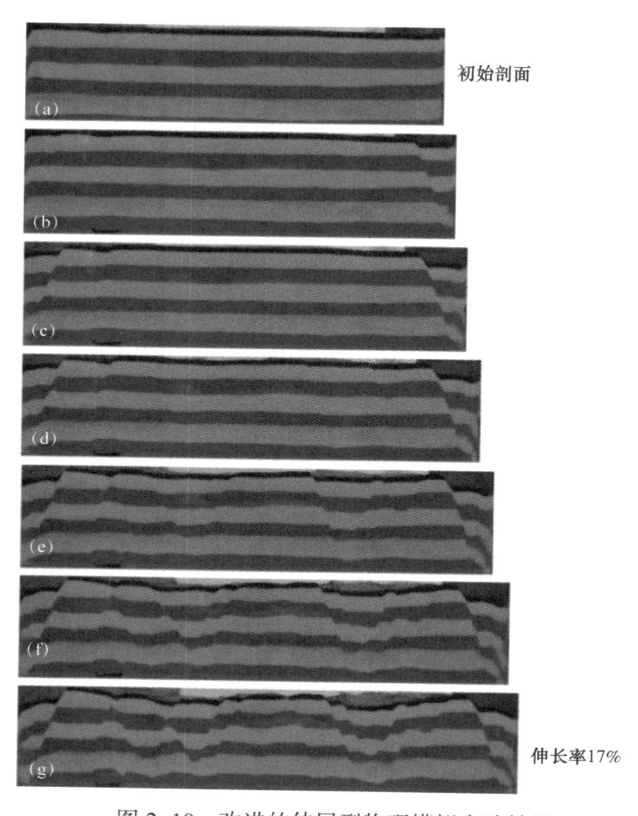

图 2–10　改进的伸展型物理模拟实验结果

物理模拟结果显示，无论是转换断层型模型还是伸展型模型，其实验结果与中西非裂谷系的形态有很好的一致性，推测中西非裂谷系的发育类似如大西洋洋中脊的演化，是冈瓦纳大陆解体过程中板块运动的一个分量。在基底构造单元差异性和先存构造薄弱带的基础上，由于局部构造应力作用导致中西非地区先存的构造薄弱带发生伸展或走滑作用而形成裂陷，中西非地区像是处在萌芽阶段的洋中脊，晚白垩世受到非洲与欧洲板块间的挤压作用影响而停止活动，未能进一步发育成完全的洋中脊。

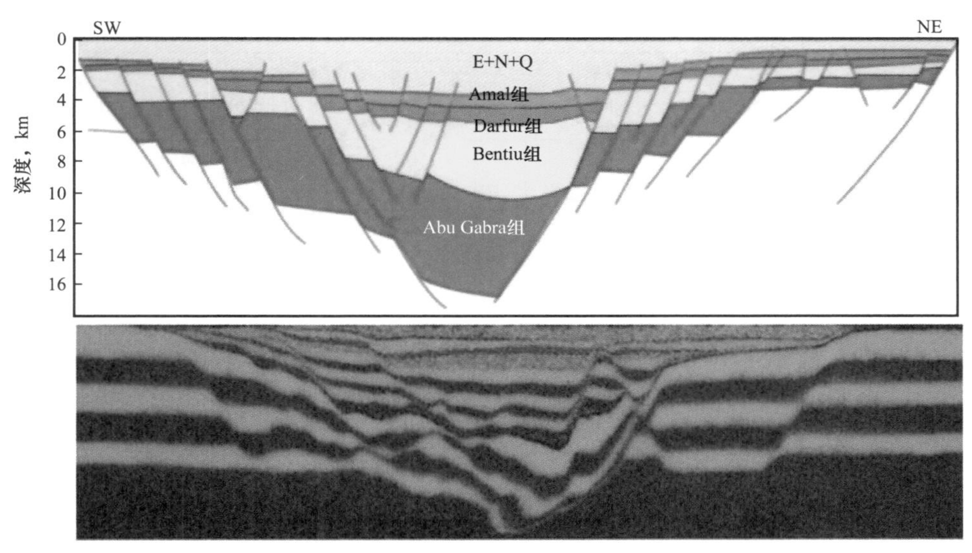

(a) 穆格莱德盆地努加拉（Nugara）东凹陷横剖面与实验结果剖面

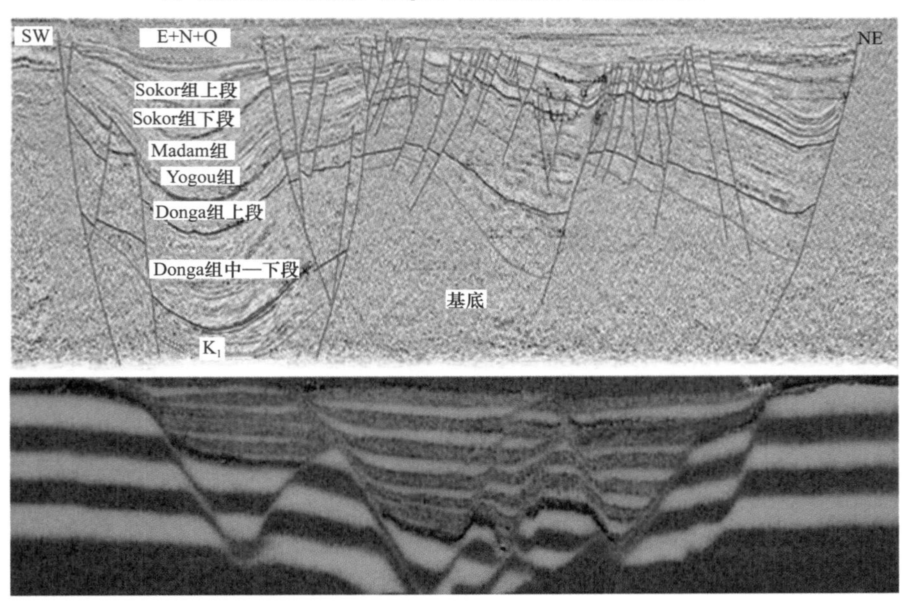

(b) 泰内雷盆地剖面图与实验结果剖面

图 2–11　盆地剖面形态与实验结果对比

三、中西非裂谷系构造演化

自泛非运动以来，中西非地区构造经历了“三期裂谷和两期反转”构造演化阶段（图 2–12）。

第一期裂谷发生在早白垩世（130—96Ma）早期，随着冈瓦纳大陆解体，南大西洋和印度洋开始张开。其中南大西洋地张开以“三叉裂谷”的形式进行，“三叉裂谷”中的两支最终拉开形成洋壳，剩下的一支伸入非洲大陆，在非洲板块内部先前薄弱带受右旋走滑应力作用下形成中西非裂谷系。

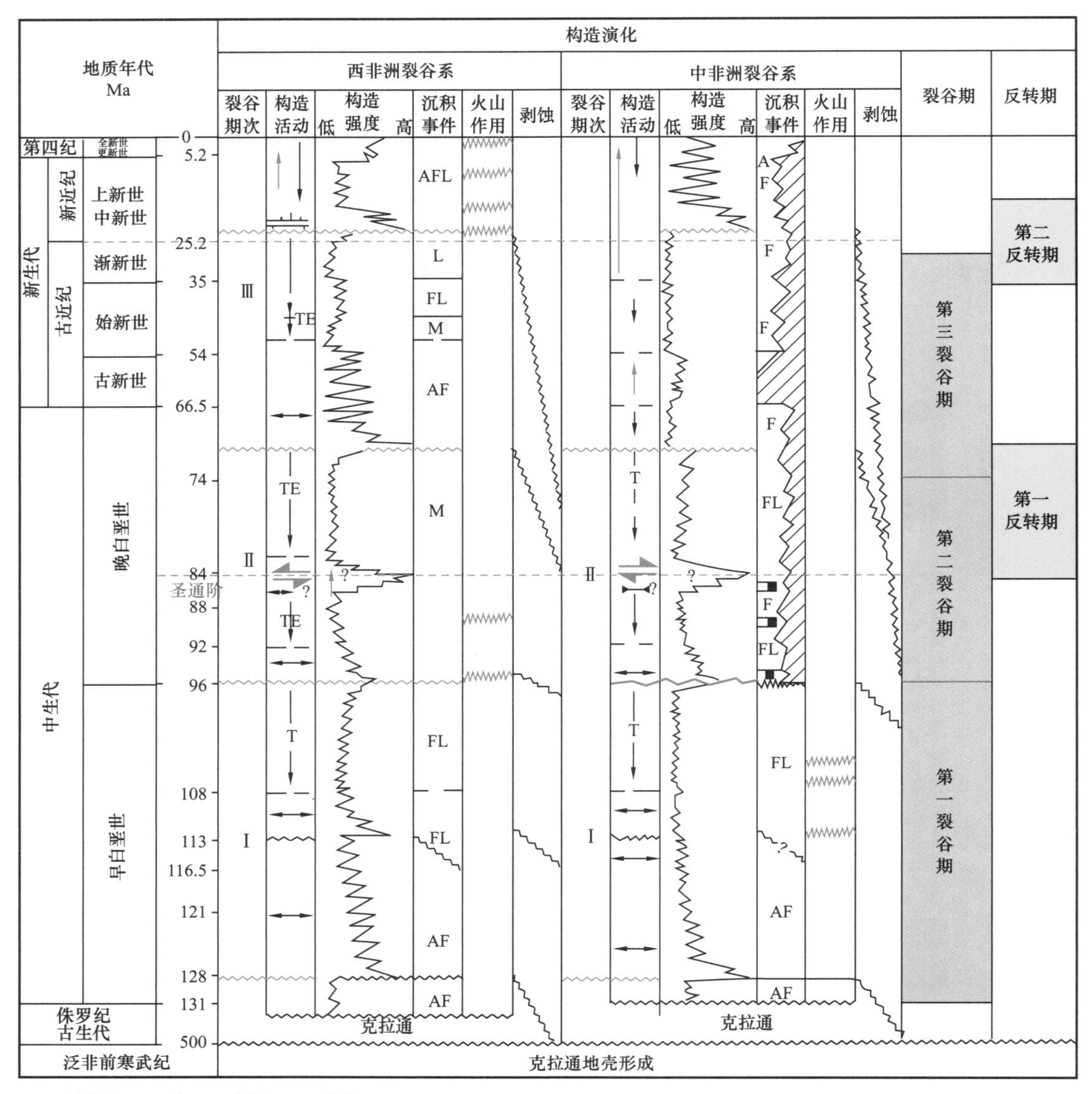

A—冲积扇；F—流；L—湖泊；M—海相

图 2-12 中西非裂谷系构造演化对比剖面

第二期裂谷发生在晚白垩世（96—75Ma），由于非洲板块与欧洲板块开始碰撞，区域应力场发生变化。在非洲板块内形成 N—S 向挤压构造背景[24]，NNW 向的特米特、穆格莱德和迈卢特等盆地由于其盆地主轴线亚平行于区域 N—S 向的应力方向，而受到派生出的 E—W 向伸展应力作用的影响，因此这些盆地没有发生反转剥蚀而是继续沉降，在晚白垩世沉积了另一套裂谷期沉积地层。

第三期裂谷发生在晚白垩世晚期到古近纪（74—40Ma），受东非裂谷发育影响，非洲板块区域应力场再次发生改变。始新世末期，东非裂谷系、红海和亚丁湾组成三联点的三个分支，在三联点处的构造调节和转换作用影响到整个中西非裂谷系，使得盆地处于 NEE—SWW 张扭应力场环境，从而产生新一期的裂陷作用。

第一期挤压反转发生在晚白垩世圣通期（约 84Ma），受非洲板块与欧洲板块碰撞影响，造成中西非大多数 E—W 向盆地发生反转，最为明显的是乍得邦戈尔盆地。

第二期挤压反转发生在中始新世—中新世（40—20Ma），西部阿达马瓦（Adamaoua）隆起抬升并伴随新近纪—第四纪的岩浆活动，盆内断层反转、区域抬升、隆升和地层剥蚀。

第二节 中西非被动裂谷盆地结构与石油地质条件

中西非裂谷盆地因处在不同大地构造位置，白垩纪之后遭受区域构造运动的影响程度不同，造成各盆地构造结构特征与演化历程既具有共性，也具有较大的差异性，进而造成中非裂谷系和西非裂谷系石油地质条件的差异。

一、盆地结构

位于中西非裂谷系东支的穆格莱德盆地，由于北侧直接与中非剪切带相连，受中非剪切带对应力的疏导作用影响，盆地对中西非裂谷系三期裂谷发育响应最强。在整体中西非裂谷系经历三期裂谷叠加的背景下，穆格莱德盆地在白垩纪—新近纪也经历了三期裂谷发育旋回。第一期早白垩世裂谷期断块活动最剧烈，裂谷发育规模最大；第二期晚白垩世裂谷断层活动相对最弱；第三期古近纪裂谷断陷活动再次增强，且此次裂谷期断裂活动范围比较集中，裂谷范围比第一期裂谷范围小（图 2-13）。

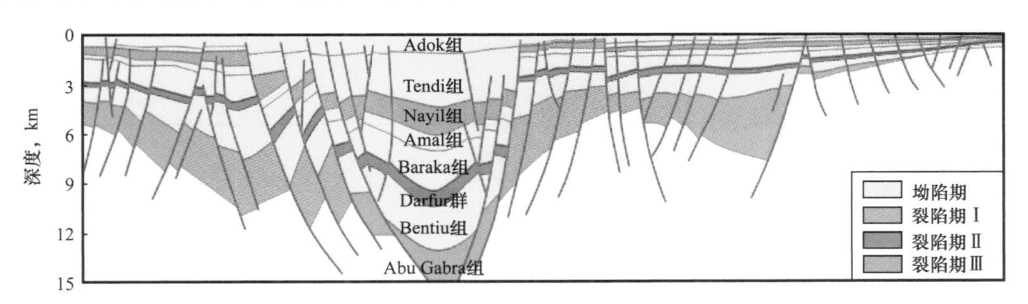

图 2-13 穆格莱德盆地构造剖面图

同样位于中西非裂谷系东支的迈卢特盆地因为离中非剪切带较远，盆地虽然也受三期裂谷的影响，但是盆地的构造和沉积对裂谷的响应明显没有穆格莱德盆地强烈。迈卢特盆地早白垩世和古近纪裂陷作用较强，发育湖相泥岩，而晚白垩世裂谷对盆地的影响非常小，见不到盆地范围的湖相泥岩沉积（图 2-14）。

位于中西非裂谷系西支的特米特盆地在第一期裂谷期沿 NW—SE 向边界断层快速沉降，沉积了数千米厚的陆相砂泥岩。然而在中西非裂谷系普遍发育第二期裂谷时，特米特盆地在全球气候与贝努埃槽的影响下发生大规模海侵，盆地内沉积了巨厚的海相地层，这也成为特米特盆地与中西非裂谷系其他盆地间最显著的差别。特米特盆地对古近纪第三期裂谷响应强烈，但是该期裂谷规模和影响范围明显小于第一期裂谷（图 2-15）。

位于中西非裂谷系西支的邦戈尔盆地，在早白垩世第一期裂谷之后，受圣通期（约 84Ma）非洲和欧洲板块会聚的影响，整个邦戈尔盆地不但发生了 15° 的逆时针旋转，而且盆地发生构造反转，不仅上白垩统被剥蚀殆尽，很多下白垩统也受到剥蚀了。且圣通期之后邦戈尔盆地绝大多数时间属于正地形，沉积物过路不留或沉积后不久即受到剥蚀，因此盆地内找不到对应第二期和第三期裂谷的沉积物，下白垩统上覆的古近系、新近系和第四系也很薄（图 2–16）。

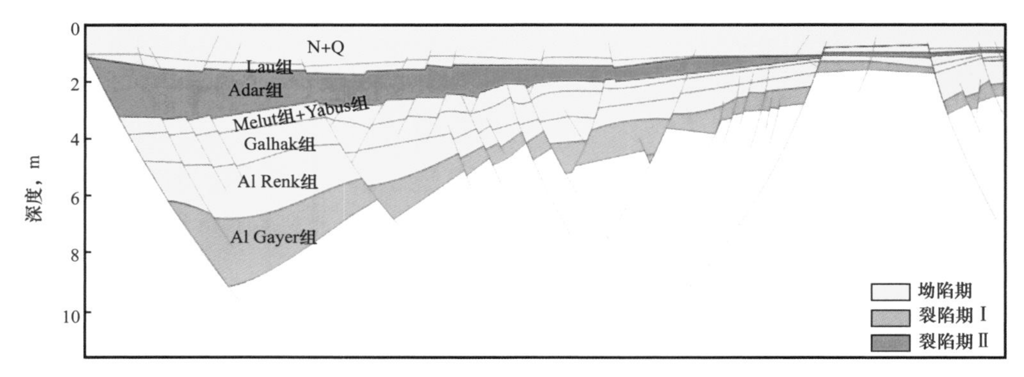

图 2–14　迈卢特盆地构造剖面图

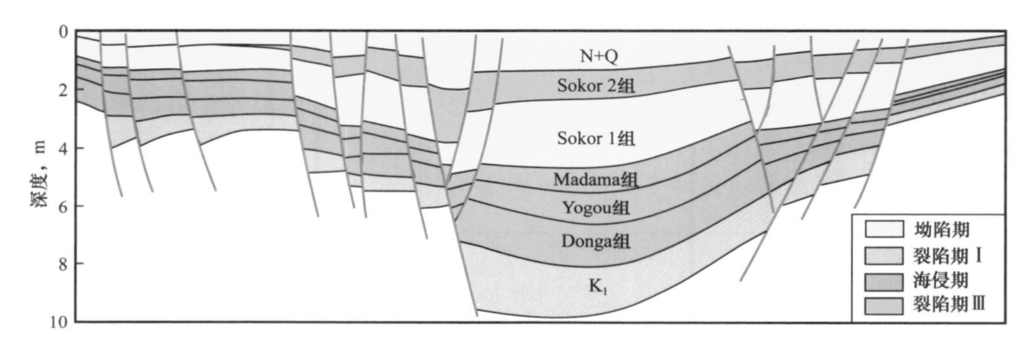

图 2–15　特米特盆地构造剖面图

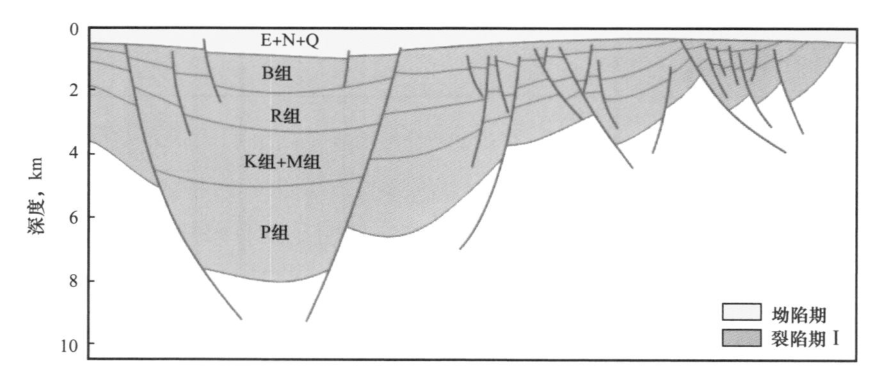

图 2–16　邦戈尔盆地构造剖面图

位于中西非裂谷系剪切带内的多巴、萨拉麦特等盆地构造演化过程与邦戈尔盆地相似，在早白垩世第一期裂谷发育之后盆地受到构造反转，基底之上只残留下白垩统部分沉积地层和相对较薄的古近系、新近系和第四系沉积。但多巴、萨拉麦特等盆地受到的剥蚀没有邦戈尔盆地强烈，下白垩统现存厚度也明显大于邦戈尔盆地（图 2–17）。

中西非裂谷系构造与演化相同点为：（1）早白垩世之前，整个中西非裂谷系作为一个

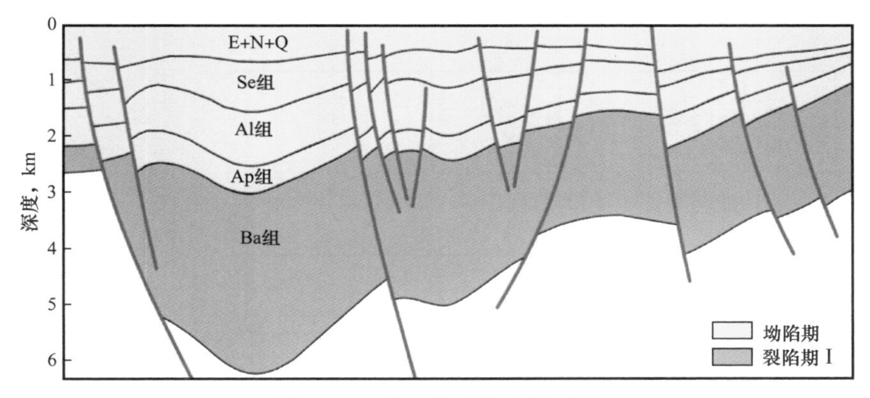

图 2-17 多巴盆地构造剖面图

构造拼合带，位于非洲大陆稳定的地台内部。随着冈瓦纳大陆的解体和大西洋地张开，中西非裂谷系从早白垩世开始，整个中西非裂谷系进入第一期裂谷期。第一期裂谷期结束后，由于非洲—阿拉伯板块东北海岸线与岛弧的碰撞应力传递至非洲板块内部，中西非裂谷系在圣通期（84—70Ma）受到了第一期挤压反转作用。（2）古近纪末，整个中西非裂谷系最后一期裂谷期结束后，整个中西非裂谷系裂陷活动结束。（3）古近纪末—新近纪初，中西非裂谷系受到第二期挤压反转，该期挤压反转在盆地内的响应主要为断层反转、区域抬升、隆升、浅部盖层褶皱变形、地层剥蚀等。

不同点有：（1）受全球气候与贝努埃槽的影响，西非裂谷系在晚白垩世受到大范围的海侵，而中非裂谷系一直处在陆相沉积环境中；（2）晚白垩世，整个中西非裂谷系均以坳陷活动为主，但是位于中非裂谷系东南分支的穆格莱德盆地与迈卢特盆地在晚白垩世经历了一期弱裂陷作用；（3）阿达马瓦隆起（65Ma 至今）对中西非裂谷系内各盆地的影响也不同，中非裂谷带内邦戈尔盆地、多巴盆地与多赛欧盆地以及西非裂谷系内的泰内雷盆地、格莱恩盆地与比尔马盆地受到了不同程度的反转与剥蚀（邦戈尔盆地剥蚀最强），而位于西非裂谷系内的特米特盆地和位于中非裂谷系东支的穆格莱德盆地与迈卢特盆地则由于阿达马瓦隆起，断层被活化从而进入古近纪裂谷期。

因此，西非裂谷系盆地整体表现为两期裂谷的叠加与海侵；中非裂谷系东南分支裂陷盆地表现为三期裂谷的叠加；中非走滑带内的盆地与西非裂谷系内的小盆地（盆地规模小）对两期挤压反转作用的响应最强，这些盆地内的地层受到了不同程度的剥蚀。裂陷盆地构造演化与油气聚集具有十分密切的联系，在这样的构造演化背景下，中西非裂谷系各盆地的油气成藏特征也各具特色。

二、沉积充填

中西非裂谷系盆地现存地层厚度在 5000～15000m 之间。其中以穆格莱德盆地地层最厚，其次是沉积巨厚海侵地层的特米特盆地，中非剪切带内遭受强烈剥蚀的邦戈尔等盆地现存地层厚度最薄（图 2-18）。

作为典型的被动裂谷盆地，中西非裂谷系盆地裂陷期以湖相暗色泥岩的快速沉积为主，夹薄层砂岩沉积，主要发育湖泊、扇三角洲、水下扇等沉积相，岩性以暗色泥岩夹薄层砂岩为主（图 2-18）。（1）早白垩世第一期裂陷期中西非裂谷系盆地均以陆相沉积作用

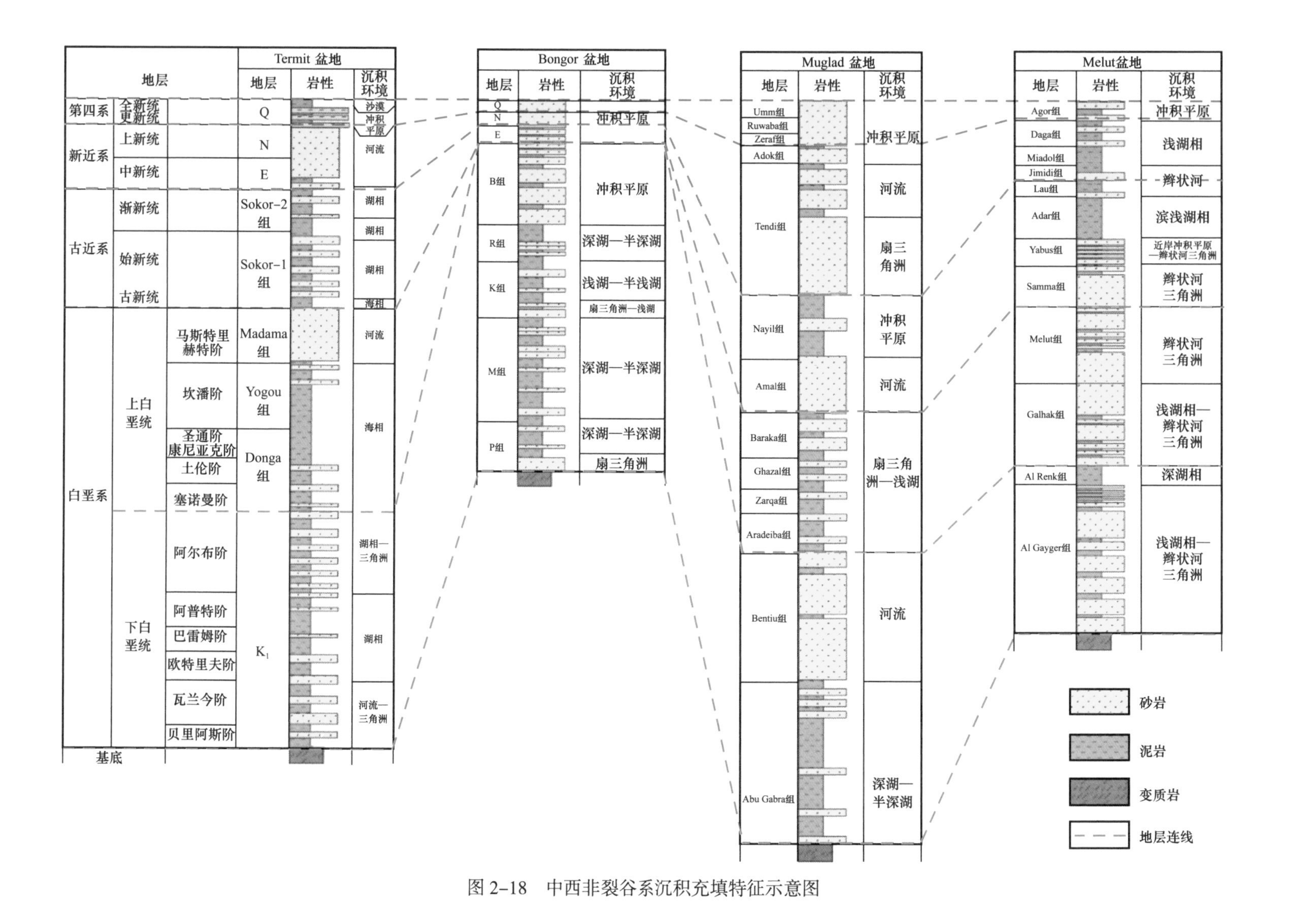

图 2-18 中西非裂谷系沉积充填特征示意图

为主。该时期沉积的陆相碎屑岩厚度高达5000m，尤其靠近中西非裂谷系的穆格莱德盆地沉积速率最快，沉积物中泥岩含量最高。Abu Gabra（AG）组是典型的裂谷盆地裂陷期快速沉积的暗色泥岩，邦戈尔、多巴、多赛欧等遭到剥蚀反转的盆地因下白垩统受到了不同程度的剥蚀，下白垩统有所减薄，但是泥岩含量仍然很高。而距离中非剪切带稍远的迈卢特盆地下白垩统沉积砂岩含量明显增高；而处在西支的特米特盆地则受后期沉积的巨厚海侵地层影响，下白垩统埋藏过深，绝大多数井未钻遇下白垩统，推测其砂岩含量高于穆格莱德盆地但是低于迈卢特盆地。（2）第二期裂陷作用因影响范围较小，仅穆格莱德盆地能从现有钻井资料看到广泛发育的泥岩，但是其砂地比明显大于下白垩统；迈卢特盆地中第二期裂陷期的泥岩发育范围则更小；特米特盆地因在第二期裂谷发育时遭受海侵，沉积物以泥岩夹砂岩为主；邦戈尔等盆地因未保留上白垩统沉积，难以考证是否受到第二期裂陷期的影响。（3）第三期裂谷在中西非裂谷系各盆地的沉积特征与前两期有所不同，此次裂陷作用在迈卢特盆地沉积了较厚的暗色泥岩，而特米特盆地和穆格莱德盆地此次裂陷期沉积物中泥岩含量明显比迈卢特盆地低，邦戈尔和多巴、萨拉麦特等盆地未发现第三期裂谷沉积物，因此推测此次裂陷作用水深最深的位置在迈卢特盆地。

坳陷期以河流和冲积平原砂岩沉积为主，主要发育河流、三角洲、冲积平原等沉积相，岩性以大套砂岩夹薄层泥岩为主。第一个坳陷期最典型的沉积是穆格莱德盆地下白垩统Bentiu组的大套河流相砂岩；第二个坳陷期最典型的沉积是特米特盆地Madama组的河流相砂岩；第三坳陷期最典型的沉积是穆格莱德盆地Tendi组河流相砂岩。

中西非裂谷系内的各个盆地的沉积充填特征具有很多共性，具体表现在：（1）中西非裂谷系整体上为陆内裂陷盆地，沉积物均以陆源碎屑沉积为主，沉积相涵盖三角洲、扇三角洲、水下扇、河流相、湖相等，沉积相类型多，相变快。（2）在同裂谷期内，各盆地都沉积了大量的暗色泥页岩，这些泥页岩在达到生油门限后都具有一定的生烃潜力，最明显的是苏丹/南苏丹穆格莱德盆地与迈卢特盆地早白垩世沉积的巨厚泥页岩分别是其盆地内的主力烃源岩，邦戈尔盆地内的主力烃源岩也是同裂谷期沉积的暗色泥页岩；（3）断裂不活动的坳陷期，中西非裂谷系内的各盆地沉积均以砂岩为主，为中西非裂谷系的储层发育提供了良好的基础。

由于各盆地的构造演化的差别，中西非裂谷系各盆地的沉积响应也具有很大的差别：（1）最显著的即为西非裂谷系内的特米特、泰内雷等盆地在晚白垩世接受了高达6000m的海相碎屑岩沉积，而中非裂谷系内的盆地一直以陆相沉积为主，且沉积物厚度不超过3500m；（2）中西非裂谷系盆地古近纪主要发育河流—三角洲—扇三角洲相沉积；新近纪与第四纪中西非裂谷系则主要发育河流相沉积。尽管西非特米特与泰内雷等盆地一直处在浅海沉积范围内，但沉积物物源仍为陆源碎屑岩，快速的沉积速率为盆地堆积了大面积分布的烃源岩，尤其是特米特盆地内现今勘探开发证实的烃源岩均位于上白垩统的海相泥页岩层内。

三、烃源岩

1. 主动裂谷盆地、被动裂谷盆地烃源岩特征

主动裂谷盆地和被动裂谷盆地的烃源岩都主要分布在裂谷盆地的强烈裂陷期形成的沉积体系中，但二者因沉积充填形式不同在烃源岩特征上存在明显差异（表2–1）。

表 2-1　主动裂谷盆地、被动裂谷盆地烃源岩特征对比表

盆地类型	烃源岩	干酪根类型	生烃时间	排烃效率
主动裂谷盆地	多套	混合型为主	早期快速生烃	20%～25%
被动裂谷盆地	一套	混合型为主	长期生烃	50%

由于主动与被动裂谷盆地坳陷构造层地层差异，主动裂谷盆地坳陷构造层既有砂岩又有泥岩，而被动裂谷盆地坳陷构造层只发育河流相块状砂岩。主动裂谷盆地除断陷期发育的大套厚层烃源岩外，坳陷期也发育烃源岩。而被动裂谷盆地坳陷期不发育烃源岩，只有断陷期烃源岩。主动裂谷盆地断陷期烃源岩为大套泥岩，单层厚度较大。而被动裂谷盆地为砂泥岩频繁间互，生烃泥岩单层厚度小，主要靠发育在断陷中段相对集中的薄泥岩累积效应。

热演化史的差异导致主动裂谷盆地早期快速生烃，如渤海湾盆地大民屯凹陷；而被动裂谷盆地生烃时间晚，持续时间长。主动裂谷盆地下生上储时间跨度小；被动裂谷盆地时间跨度大。主动裂谷盆地圈闭形成时间必须早于生油结束时间才能聚集成藏；而被动裂谷盆地晚期形成圈闭也有聚油机会。

此外，由于被动裂谷盆地烃源岩为在砂泥岩互层中的泥岩层，生烃泥岩单层厚度小，往往砂泥间互频繁，导致烃源岩排烃效率高，一般可达 50% 以上，而主动裂谷盆地排烃效率一般为 20%～25%。

2. 中西非裂谷系烃源岩特征

中非裂谷系盆地充填的均为陆相环境下河流相、湖相、三角洲相以及扇三角洲相沉积物。同裂谷期的裂陷活动中都具备烃源岩发育的沉积环境，其中以早白垩世烃源岩——湖相暗色泥岩规模最大。

从裂谷演化及沉积层序的充填规律来看，中非裂谷系盆地普遍存在三套烃源岩，即下白垩统、上白垩统和古近系。下白垩统烃源岩厚度大、分布广，且绝大部分烃源岩均已进入生烃门限，目前仍具有生烃潜力。干酪根类型以Ⅱ型为主，局部发育Ⅰ型，生烃潜力高达 19.53mg/g。上白垩统烃源岩同样具有分布厚度大、分布广的特征，但与下白垩统烃源岩相比，其连续分布的范围有限，成熟的烃源岩规模较下白垩统烃源岩明显变小。干酪根类型以Ⅲ型为主，局部发育Ⅱ型（表 2-2）。古近系烃源岩仅在中非裂谷系盆地古近纪活化的凹陷中存在，且在大部分区域没有成熟，干酪根类型以Ⅱ型为主。中西非裂谷系内烃源岩的成熟门限深度为 1800～2500m，随岩浆活动加强和盆地古近纪剥蚀厚度的增大而变浅。例如邦戈尔盆地门限深度在 2100m 左右，迈卢特盆地门限深度在 2500m 左右。

西非裂谷系盆地群，除多赛欧盆地和特米特盆地古近系可能存在烃源岩外，基本只发育下白垩统和上白垩统两套烃源岩，且以下白垩统烃源岩占绝对优势；中非裂谷系盆地群中，穆格莱德盆地和迈卢特盆地均发育古近系、下白垩统和上白垩统三套烃源岩，但以下白垩统烃源岩为主（表 2-2）。

表 2–2　中西非裂谷系烃源岩特征统计表

层位	盆地	干酪根类型	R_o %	TOC %	IH mg/g	S_1+S_2 mg/g	钻井揭示成熟烃源岩最大厚度 m
E	迈卢特	Ⅱ—Ⅲ	＜0.50	不发育烃源岩			0
	穆格莱德	Ⅰ—Ⅱ$_1$	＜0.50	平均＞0.60	平均＞150	平均＞2.00	0
	特米特	Ⅱ$_1$—Ⅱ$_2$	0.30～0.70	0.37～5.58	100～800	0～24.00	550
K_2	迈卢特	Ⅱ—Ⅲ	0.48～0.75	0.10～5.02	5～722	0.04～37.75	490.50
	穆格莱德	Ⅰ$_2$—Ⅲ	0.32～1.16	0.10～1.07	9～121	0.08～6.39	291
	特米特	Ⅱ$_2$—Ⅲ	0.50～1.30	1.50～2.00	100～600	0.10～24.00	1000
K_1	迈卢特	Ⅱ	0.52～1.13	0.33～3.24	7～579	0.03～19.53	168
	穆格莱德	Ⅰ—Ⅲ	0.55～1.10	1.08～1.94	平均＞160	2.03～13.02	561
	邦戈尔	Ⅰ—Ⅱ$_1$	0.30～1.10	平均 =1.83	平均 =450	平均 =9.16	810
	特米特	Ⅲ	0.80～2.00	0.46～1.54	0～64	0.17～2.28	270

四、储层

1. 主动裂谷盆地、被动裂谷盆地储层特征

两类裂谷盆地均发育多种沉积体系，主要砂体类型有河流、三角洲、扇三角洲、近岸水下扇、滑塌浊积扇、冲积扇及湖相等。被动裂谷盆地和主动裂谷盆地砂体在时间和空间上的分布存在明显的差异，这些差异主要体现在物性和有利相带等方面。

被动裂谷盆地狭长的地形决定了小型的横向水系是物源的主要供给渠道，沉积体系中辫状河三角洲（多位于湖盆的缓坡带）、扇三角洲（多发育在受同沉积断裂活动控制明显的陡坡带或次级断裂形成的断层坡折带）、河道—冲积平原相以及滑塌浊积扇可以成为良好储层。

主动裂谷盆地“堑”大、“坡”缓，强烈裂陷期的物源丰富可带来更多的外部沉积物。主动裂谷盆地古近系主要冲积扇的河道充填和“筛状”砾岩透镜体、三角洲和扇三角洲的水下分流河道及河口坝、湖底扇的辫状沟道和非扇相深、浅沟道浊积岩体是形成优质储层的有利相带。

2. 中西非裂谷系储层特征

由于被动裂谷盆地断陷期以砂泥岩间互沉积为特征，坳陷期砂岩厚度稳定，因此中非裂谷系盆地储层非常发育，从前裂谷期到后裂谷期的统一坳陷阶段都有储集岩层发育，断陷期储层以砂泥岩互层中的薄层砂岩为主，坳陷期储层以大套块状砂岩为主。上述差异导致被动裂谷盆地断陷期储层以薄层砂岩为主，储层物性受沉积相控制明显，同时由于裂谷层序埋藏较深，储层一般较致密，孔隙度大多小于 20%。

储层岩石类型以碎屑岩储层占绝大部分，其次为基岩储层，基岩储层在邦戈尔盆地获得了巨大发现，火山碎屑岩储层仅见于少数盆地的局部区域且规模很小，如穆格莱德盆地

的 Garaad 油田。

得益于被动裂谷盆地生烃时间晚、排烃时间长的特征，中西非裂谷系内的碎屑岩储层发育层位遍及上白垩统、下白垩统、古近系和新近系。主力储层存在于上白垩统、下白垩统和古近系的滨浅湖—河流相砂岩中。尤其以下白垩统顶部、上白垩统顶部和古近系储层最为发育，且储集性好。如穆格莱德盆地的下白垩统 Bentiu 组砂岩和上白垩统的 Amal 组砂岩；迈卢特盆地古近系的 Samma 组和 Yabus 组下部砂岩。新近系储层普遍在所有的中非裂谷系盆地中，且埋藏浅，但都缺乏顶盖层。

中非裂谷系盆地储层的一个明显特征是其储集性随埋深加大变差，在某个深度以下，基本不发育有效储层。这个截止深度随盆地的不同和储层年代的不同有变化。例如在穆格莱德盆地 Bentiu 组有效储层的截止深度可达 4000m，Aradeiba 组有效储层截止深度为 3500m；而迈卢特盆地 Samma 组有效储层的截止深度为 3000m。

受早期埋藏与成岩作用影响，中非裂谷系后期遭遇强剥蚀的盆地储层发育要差于剥蚀程度较低的盆地（表 2–3）。

表 2–3 中非裂谷系盆地储层特征对比表

盆地	地层		对比指标				
	层位	年代	砂岩百分含量 %/井数	平均单砂层厚度 m/井数	孔隙度 %/样品数	渗透率 mD/样品数	储层类型
邦戈尔	M 组	K_1	64.0/2	2.1/2	28.1	数百	高孔中渗
	K 组		49.0/1	2.4/1	18.1	数百	中孔中渗
穆格莱德	Aradeiba 组	K_2	22.5/5	2.3/5	26.6/94	947.0/94	高孔高渗
	Bentiu 组	K_1	67.0/3	14.6/3	24.0/89	1584.8/89	中孔高渗
	Abu Gabra 组		38.0/5	1.9/5	20.0	数百	中孔中渗
迈卢特	Yabus 组	E	39.9/17	6.1/17	28.0	数百至数千	高孔高渗
	Samma 组		67.7/5	11.6/5	24.0	数百至数千	高孔高渗
	Melut 组	K_2	44.0/3	2.0/3	18.0	数十	中孔中渗
青尼罗	Dinder 组	K_1	25.1/1	2.1/1	17.0	数十	中孔低渗
	Blue Nile 组	J_3	5.7/1	1.2/1	5.0	<10.0	特低孔特低渗

五、盖层

各盆地构造—沉积演化的差异性导致区域盖层在纵向上的发育程度和分布范围不同，也就是说是受盆地后期叠置裂谷的发育程度所控制。

穆格莱德盆地得益于三期裂谷的叠加作用，发育两套区域盖层和多套局部盖层：上白垩统 Aradeiba 组泥岩和下白垩统 Abu Gabra 组泥岩是穆格莱德盆地内的区域盖层；下白垩统 Bentiu 组顶部泥岩、上白垩统 Zarqa 组泥岩、上白垩统 Ghazal 组泥岩、上白垩统 Baraka 组泥岩、古近系 Nayil 组泥岩与新近系 Tendi 组泥岩都是局部盖层。Aradeiba 组泥岩一般厚

180～500m，在坳陷中心（例如 Kaikang 槽内）可超过 1000m，且 Aradeiba 组泥岩分布较广，几乎覆盖全盆地。其以角度或平行不整合上覆于 Bentiu 组砂岩之上，构成了全区最好的储盖组合，因而 Aradeiba 组盖层控制了盆地 70% 以上的油气储量。Bentiu–Aradeiba 为全区主力储盖组合。

迈卢特盆地晚白垩世裂谷活动弱，没有发育稳定分布的泥岩盖层，仅在古近纪第三期裂谷发育全盆地分布稳定的 Adar 组泥岩，且厚度较大，测井资料表明其为迈卢特盆地最有效的区域盖层。现有勘探成果显示，目前在迈卢特盆地发现的 95% 的储量是在 Adar 组盖层之下的 Yabus–Samma 组找到的。

邦戈尔盆地由于受到强烈的剥蚀反转作用影响，盆地内基底之上仅存下白垩统和古近系。古近系地层受厚度限制无法成为有效盖层，而邦戈尔盆地下白垩统内发育多套泥页岩：下白垩统上部的 B 组发育少量泥岩，R 组泥页岩虽然整体厚度较薄，但是局部也发育厚层深湖—半深湖泥岩，可以作为局部盖层；中间的 K 组浅湖—半深湖泥岩厚度大，尤其是 K 组下段泥岩厚度在 200～500m 之间，大部分地区未成熟，是盆地内非常有利的区域盖层；下部 M 组泥页岩厚度大，是下伏 P 组储层的最有利盖层；而 P 组下部的泥页岩，厚度大，是基岩储层的有效盖层。K 组与 M 组泥页岩盖层广泛沉积于盆地内部，单层厚度一般在 5～10m 之间，最大单层厚度约为 40m，且累计厚度大，在两个主凹最厚处的累计泥页岩厚度甚至可达 1000m 以上。对邦戈尔盆地内的盖层进行了封闭能力评价（表 2–4）。虽然大部分样品的饱和煤油渗透率未达到好盖层的标准，但是由于邦戈尔盆地下白垩统内各组泥岩的厚度累计远远超出了 300m，部分地区甚至超过了 1000m，因此盆地内大部分泥岩均可作为良好的油盖层，部分盖层达到气盖层级别。

表 2–4 邦戈尔盆地泥岩盖层突破压力分析

井号	井深 m	层位	岩性	饱和煤油突破压力 MPa	渗透率 mD	孔隙度 %	岩石密度 g/cm^3
Lanea SE–1	743.30	P 组	泥岩	8	0.0058	2.20	2.59
Lanea SE–1	743.30	P 组	泥岩	7	0.0043	3.90	2.52
Lanea SE–1	771.90	P 组	泥岩	3	0.0540	4.60	2.21
Lanea SE–1	771.90	P 组	泥岩	3	0.0029	5.20	2.22
Lanea SE–1	740.50	P 组	泥岩	13	0.0014	9.50	2.25
Baobab N–8	1381.00	P 组	泥岩	4	0.0017	4.20	1.75
Ronier 1–2	1082.30	R 组	泥岩	1	0.0320	15.10	2.33
Baobab NE–3	1403.51	P 组	泥岩	4	0.0067	1.70	1.49
Baobab NE–3	1403.51	P 组	泥岩	3	0.0010	1.50	1.49
Baobab NE–3	1407.81	P 组	泥岩	3	0.0044	1.90	1.66
Baobab NE–3	1407.81	P 组	泥岩	3	0.0012	1.50	1.65
Mimosa 4–1	1194.80	K 组	泥岩	11	0.0082	11.50	2.44

特米特盆地晚白垩世海侵时期沉积的大套海相泥页岩（Yogou 组）和古近纪第二次裂谷期形成的湖相泥岩（Sokor 2 组）是盆地内的区域盖层，尤其 Sokor 2 组中下部沉积于二级层序的最大湖泛面附近，发育大面积的厚层湖相泥岩，是盆地主要的区域性盖层。测井资料分析显示 Sokor 2 组泥岩盖层物性封闭能力强，且普遍存在欠压实现象，由于物性和异常压力形成的双重封闭能力，使其具备良好的封盖条件。

总体上，中西非裂谷系盖层发育具有以下共同点：（1）盖层均发育于裂谷裂陷期，以泥岩和页岩为主；（2）多期裂谷发育多套盖层，主力盖层取决于泥页岩的厚度和分布范围。不同点为：处于裂谷系不同位置，主力盖层不同，迈卢特盆地和特米特盆地主力盖层均为古近系泥岩；穆格莱德盆地主力盖层位于上白垩统；而位于中西非转换带附近邦戈尔盆地和多巴盆地则以下白垩统裂陷期的泥岩为主，即下白垩统泥岩既是盆地的有利烃源岩又是有利盖层（表 2–5）。

表 2–5 中非裂谷系盆地盖层特征对比表

盆地	地层		对比指标		
	层位	年代	泥岩百分含量，% / 井数	最大单层泥岩厚度，m/ 井数	盖层类型
邦戈尔	M 组	K_1	45.7/3	10.0/3	区域盖层
	K 组		50.0/1	10.0/1	局部盖层
穆格莱德	Nayil+Tendi 组	E	60.0/1	30.0/1	局部盖层
	Aradeiba 组	K_2	77.5/5	75.2/5	区域盖层
	Abu Gabra 组	K_1	60.6/1	27.0/1	局部盖层
迈卢特	Adar 组	E	85.4/17	95.2/17	区域盖层
	Yabus 组		74.9/5	12.2/5	局部盖层
	Melut 组	K_2	54.9/2	15.0/2	局部盖层
青尼罗	Dinder 组	K_1	74.9/1	1.7	局部盖层
	Blue Nile 组	J_3	94.3/1	1.6	局部盖层

六、成藏组合

总体而言，中西非裂谷系受三期构造旋回影响，发育下白垩统、上白垩统和古近系三套成藏组合，因后期构造活动差异导致不同盆地主力成藏组合有所不同。

位于西非的特米特盆地为典型的叠合裂陷盆地[25]，具有三套成藏组合：上白垩统的 Yogou 组中上部泥页岩烃源岩 + 古近系 Sokor 1 组储层，为盆地内的主力成藏组合；上白垩统 Yogou 组内部自生自储的成藏组合；上白垩统 Donga 组上部自生自储的成藏组合。

位于中西非剪切带内的邦戈尔盆地主力烃源岩为下白垩统 P 组—M 组暗色泥岩，主力成藏组合也发育于下白垩统之中。

位于中非裂谷系东南分支的穆格莱德盆地主力烃源岩为早白垩世第一期裂谷期沉积的 Abu Gabra 泥岩，主要的储盖组合为晚白垩坳陷期的 Bentiu/Aradeiba 组合；早白垩世裂谷期发育的自生自储油气藏也具有一定的潜力。

迈卢特盆地内主力烃源岩为下白垩统裂谷期快速沉积的湖相泥页岩，主力成藏组合为古近系 Adar 组盖层 + Yabus 组和 Samma 组储层的组合（古近系组合），白垩系内的构造圈闭成藏组合、地层岩性圈闭成藏组合和基底组合为盆地内的次要成藏组合。

由此可见，中非裂谷系内的主力烃源岩均位于下白垩统内，说明裂陷盆地同裂谷期是烃源岩发育的最佳时期（图 2-19）。只有西非裂谷系内的特米特盆地和泰内雷盆地主力烃源岩位于上白垩统海侵地层内，这是因为西非裂谷系在晚白垩世发生大规模海侵，沉积了巨厚的海相泥页岩地层。而成藏组合，在远离中非走滑带的裂陷盆地（迈卢特盆地和特米特盆地）内的成藏组合均以古近系成藏组合为主；靠近中非走滑带的裂陷盆地（穆格莱德盆地中南部和多巴—多赛欧盆地）以上白垩统成藏组合为主；中非走滑带内的盆地（穆格莱德盆地西北部的 Sufyan 坳陷和邦戈尔盆地）则以下白垩统源内的成藏组合为主。

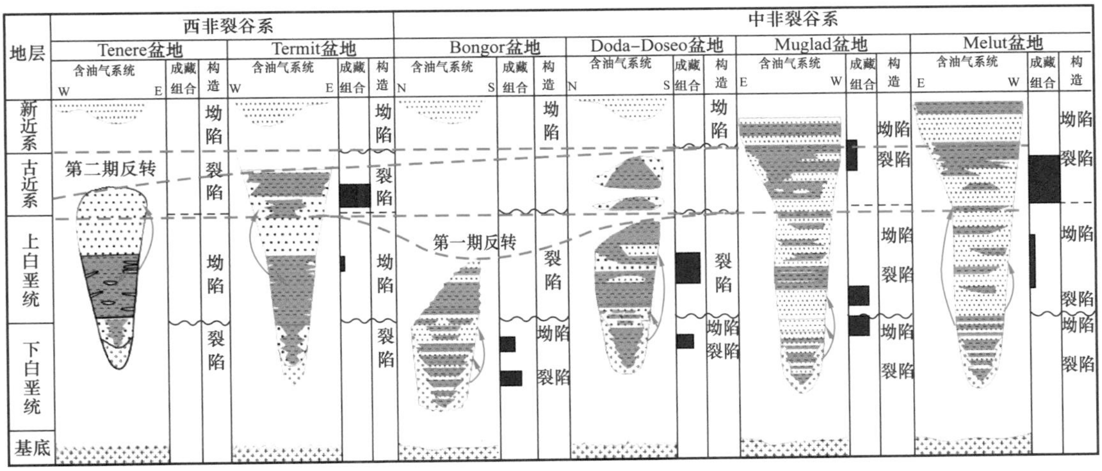

图 2-19 中西非裂谷系主要盆地演化与成藏组合

中西非裂谷系成藏组合发育的共同点是均发育下白垩统、上白垩统和古近系三套成藏组合，后期叠置裂谷的发育强度控制主力成藏组合和油气垂向分布。差异性表现为紧邻中非剪切带的邦戈尔、多巴—多赛欧等盆地由于后期遭受强烈反转剥蚀，仅存在早期强裂谷裂陷期沉积，源内区域泥岩控制主力成藏组合分布。

七、圈闭

被动裂谷地球动力学背景决定了边界断层多为陡立式的深大断裂，断层继承性活动，早期的构造圈闭被改造成若干断块，绝大部分圈闭与断层相关。主要目的层上部发育优质的区域分布的泥岩盖层，局部构造以反（顺）向断块、断垒为主，少见与铲式断层伴生的滚动背斜，构造—岩性圈闭和潜山圈闭局部发育。

第三节 油气分布规律

中西非裂谷系的油气勘探工作始于二十世纪六七十年代，1976 年雪佛龙公司（Chevron）在上尼罗河区租地勘探，在地震勘探的基础上，于 1977 年开始在穆格莱德盆地钻井；同一时期美国德士古公司（Texaco）、康菲石油公司（Conoco）、埃克森美孚公司（Exxon）、埃尔夫公司（Elf）等公司陆续在特米特、多巴、多赛欧、泰内雷和格莱恩 / 卡普拉等盆地开展油气勘探工作，在中西非裂谷系诸多盆地中先后获得了不同程度的油气发现。中国石油（CNPC）于 1995 年开始进军非洲国家——苏丹，进行油气勘探开发工作，2003 年以来先后进入乍得和尼日尔，目前合同区块主要位于苏丹穆格莱德盆地和迈卢特盆地、乍得 H 区块以及尼日尔特米特盆地、泰内雷盆地和比尔马盆地，勘探工作量和发现的油气储量也集中在这些盆地。中西非裂谷系油气分布具有如下特征。

一、平面分布规律

1. 油气发现中非裂谷系多而西非裂谷系少

中西非裂谷系已发现可采油气 10.24×10^8t 油当量，主要分布在中非裂谷系的三个大型裂谷盆地中。其中穆格莱德盆地发现可采储量 4×10^8t，迈卢特盆地近 2×10^8t，多巴盆地 1.56×10^8t，邦戈尔盆地也发现 1.3×10^8t；此外，多赛欧盆地发现 0.1×10^8t。整个中非裂谷系发现储量 8.85×10^8t，占中西非总发现储量的 86.4%。西非裂谷系目前仅发现 1.39×10^8t 油当量（特米特盆地 1.35×10^8t 油当量、乍得湖盆地约 0.04×10^8t），仅占中西非裂谷系总发现储量的 13.6%（图 2–20）。

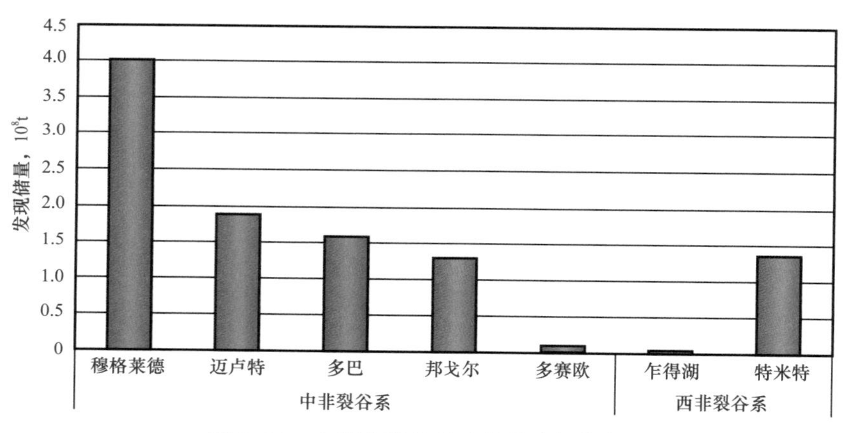

图 2–20　中西非裂谷系已发现油气分布

2. 大油气田中非裂谷系多而西非裂谷系少

中西非裂谷系可采储量超过 1430×10^4t（1×10^8bbl）的油气发现 12 个，其中中非裂谷系 11 个，西非裂谷系目前只有 1 个。在中非裂谷系中，穆格莱德盆地有 6 个：Unity 油田、Hegilig 油田、Thar Jath 油田、Toma South 油田、Fula North 油田和 Great Neem 油田，这 6 个规模油气田储量占穆格莱德盆地总储量的 49.3%；迈卢特盆地有 2 个：Palogue 油田和 Moleeta 油田，这 2 个规模油气田储量占迈卢特盆地总储量的 68.3%。多巴盆地有 3 个：Kome 油田、Miandoum 油田和 Bolobo 油田，这 3 个规模油气田储量占多巴盆地总储量的 81.6%。这 11 个规模油气田的储量占中非裂谷系总储量的 57%，而其他 239 个油气藏的储量仅占中西非裂谷系总储量的 43%，表明中非裂谷系油气藏的规模一般较小。在西非裂谷系中，仅有特米特盆地 Dibeilla 油田可采储量超过 1430×10^4t，占西非裂谷系总储量的 20.2%。

中非裂谷系比西非裂谷系油气富集且大油气田多的原因如下：勘探程度高、盆地规模大和后期构造活动强度弱。

1）勘探程度

按照国内外勘探阶段划分的标准，低勘探程度是指探井密度 $100km^2$ 不足 1 口探井的阶段，目前中非裂谷系油气储量发现最多的穆格莱德盆地和迈卢特盆地勘探程度普遍达到中等程度，局部地区能达到高勘探程度；而西非裂谷系目前勘探程度最高的特米特盆地目前探井密度为 0.2 口 /$100km^2$，这在一定程度上解释了中非裂谷系比西非裂谷系发现油气更多的原因。

2）盆地规模

中非裂谷系油气储量发现最多的穆格莱德盆地和迈卢特盆地的面积分别为 $12\times10^4km^2$ 和 $6\times10^4km^2$，最大沉积厚度分别超过 13km 和 10km，其中穆格莱德盆地发育主力烃源岩的断陷构造层厚度近 5000m；而西非裂谷系面积最大的特米特盆地面积为 $2.7\times10^4km^2$，最大沉积厚度能够达到 12km，但发育主力烃源岩的坳陷构造层最厚只有 1500m 左右。这在一定程度上决定了盆地的资源量，进而控制油气的富集程度。

3）后期构造活动强度

后期构造活动强度是盆地内油气能否保存下来的决定性因素。中非裂谷系除了邦戈尔盆地后期遭受强烈剥蚀外，其他盆地后期构造活动弱，像穆格莱德和迈卢特这样发现大量油气的盆地地层序列保存完整，后期基本未遭受抬升剥蚀。而西非裂谷系特米特盆地与中非裂谷系对应的主力湖相烃源岩发育层位下白垩统遭受剥蚀，仅保留部分地层；泰内雷盆地、格莱恩盆地、比尔马盆地和卡普拉盆地不仅下白垩统遭受不同程度的剥蚀，在局部地区，古近系基本被全部剥蚀，甚至上白垩统在比尔马盆地和格莱恩盆地也遭受强烈剥蚀。这可能是目前中非裂谷系比西非裂谷系油气富集的另一个主要原因。

二、纵向上分布规律

中西非裂谷系早白垩世、晚白垩世和古近纪三期构造旋回形成了 2 个含油气系统和 3 套成藏组合。即中非裂谷系以下白垩统湖相烃源岩为主的下白垩统—古近系含油气系统和西非裂谷系以上白垩统海相烃源岩为主的上白垩统—古近系含油气系统；三套成藏组合主要为下白垩统、上白垩统和古近系。

由于中西非裂谷系构造、沉积演化的差异性，导致各个含油气盆地主力成藏组合的差异性。存在两套成藏组合的是特米特盆地、多巴盆地和邦戈尔盆地。特米特盆地以古近系成藏组合为主，其次为上白垩统；多巴盆地以上白垩统为主，其次为下白垩统；而邦戈尔盆地早期勘探集中于下白垩统，2013 年基岩潜山又获得了巨大突破。存在三套成藏组合的是穆格莱德盆地和迈卢特盆地。穆格莱德盆地以上白垩统为主，其次为下白垩统和古近系；迈卢特盆地以古近系为主，其次为上白垩统、下白垩统。

下白垩统成藏组合（占总储量 44%）：主要分布在穆格莱德盆地（80.5%）和邦戈尔盆地（100%，未统计潜山）。从广义上讲，这两个盆地的主力成藏组合——下白垩统成藏组合为“自生自储”的成藏模式。烃源岩和储层均为下白垩统，油气基本上能够就近聚集。

上白垩统成藏组合（占总储量 26%）：主要分布在多巴盆地（88.5%）和穆格莱德盆

地（19.4%）。

古近系成藏组合（占总储量 30%）：主要分布在迈卢特盆地（96%）和特米特盆地（99.6%）。

古近系成藏组合能够成为主力成藏组合的主要原因是上白垩统储层缺乏区域盖层，又有良好的油气输导层（厚层砂岩和油源断裂），使下白垩统（迈卢特盆地）和上白垩统（特米特盆地）烃源岩生成的油气能够运移到其上古近系中聚集成藏，形成“下生上储”的油气聚集模式（图 2-21）。

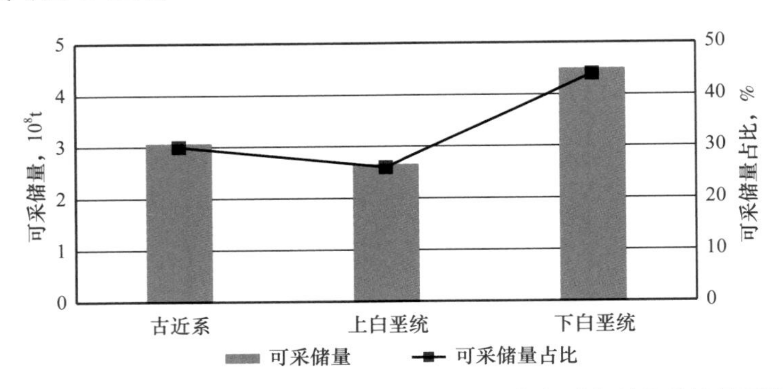

图 2-21　中西非裂谷系不同成藏组合储量发现及占中西非裂谷系储量百分比

主力成藏组合在垂向上的分布受后期叠置裂谷发育程度的控制。一般来说，盆地内的区域盖层控制了主力成藏组合在垂向上的发育位置，而区域盖层的形成与裂谷发育程度关系密切。如果后期叠置裂谷发育程度好，那么后期叠置裂谷就可能形成盆地内主要的区域盖层，进而控制盆内主力成藏组合在垂向上的分布。如穆格莱德盆地在早白垩世裂谷形成区内优质烃源岩后，于晚白垩世再次发育一期断陷，形成优质的区域盖层，对整个早白垩世裂谷坳陷期形成的砂体起到封盖作用，形成该盆地的主力成藏组合。而迈卢特盆地在早白垩世裂谷形成区内优质烃源岩后，晚白垩世的裂陷作用不强烈，以坳陷为主，沉积了巨厚的砂岩，古近纪强烈的裂陷作用则为盆内区域盖层的发育提供了条件，对该套盖层以下的所有油气起封盖作用，进而控制了盆内主力成藏组合在垂向上的分布；与此类似的还有西非裂谷系的特米特盆地，由于后期叠置裂谷的发育形成该区的重要区域盖层，进而控制了主力成藏组合的垂向分布。特殊的是邦戈尔盆地，由于上白垩统和古近系遭受剥蚀，只能在下白垩统内和基岩潜山内分别形成自生自储与上生下储的成藏组合。

三、油藏类型

1. 构造油气藏主要平行于构造带呈条带状分布

被动裂谷盆地在形成前无地壳弯曲，层间无滑动，这导致控盆主断层相对陡立，无深层滑脱，与之对应，被动裂谷局部构造以反（顺）向断块、断垒为主，少见与铲式断层伴生的滚动背斜。这种地球动力学背景和构造样式特征导致了中西非裂谷系油藏类型以构造圈闭为主，反向断块是主要的圈闭类型，这与国内东部渤海湾盆地的主要圈闭类型有很大的区别。

由于被动裂谷盆地的边界断层一般呈雁行状排列，导致各坳陷也呈雁行状排列。这样的结构特点导致发育数量丰富的翘倾断块，这些翘倾断块形成中西非裂谷系最常见的圈闭类型，即反向断块。反向断块对于油气聚集具有得天独厚的优势：首先是在反向断块两侧均发育沟通油源的大断层，可以双向为此类圈闭供油；其次是侧向封堵条件好，大断层使断层两侧的砂泥对接形成封堵，油气易于保存。

穆格莱德盆地已经证实的油气富集带基本上为平行于构造带呈东西两个带状分布。究其原因，主要是断层上下两盘沉积物的载荷不同形成基底翘倾，大量反向断块在此发育，并聚油成藏。

2. 岩性油气藏在反转裂谷盆地内发育

虽然构造圈闭在中西非裂谷系扮演着举足轻重的角色，但是随着中西非裂谷系内的油气勘探开发趋于成熟，构造圈闭越来越难获得重大突破。未来勘探目标将会逐步向岩性等圈闭转移。

截至目前，中西非裂谷系规模岩性油气藏主要发育于邦戈尔盆地内，为构造—岩性复合油气藏，其他盆地多以小型构造—岩性油藏为主，未形成规模突破，分析其主要原因如下：

（1）岩性油气藏的形成要素需要岩性尖灭、物性突变、非渗透层遮挡等先决条件。在中西非被动裂谷盆地内断陷早期发育长期稳定的深水湖盆沉积，利于岩性圈闭的形成。断陷中后期脉冲式沉降形成多期断—坳交替，单个湖盆持续时间较短，发育多套连续分布的砂岩，输导性好，有利于排烃和运移，但不利于岩性地层圈闭的发育。

（2）中西非被动裂谷盆地断陷初期盆地内形成多个局深陡小凹陷，其邻近的隆起风化剥蚀后就近沉积形成近源砂体，主要发育砂岩岩性尖灭型油气藏。而盆地多缺乏宽缓的斜坡，难于形成地层油气藏。

（3）后期构造反转使得源内岩性油气藏易于勘探，原生的源内岩性油气藏发育的生烃凹陷一般埋深巨大，受作业成本限制，难于勘探，油气藏还可能被深埋高温和成岩作用破坏（图 2–22）。而在反转裂谷盆地演化后期，发生强烈构造抬升反转和地层剥蚀，使得原来深埋的源内岩性圈闭埋深变浅、成岩演化停滞，从而易于勘探发现。

（4）砂体自身的遮挡条件是成藏的关键，常需要一定的构造背景，因此目前的发现均以构造—岩性油气藏为主。

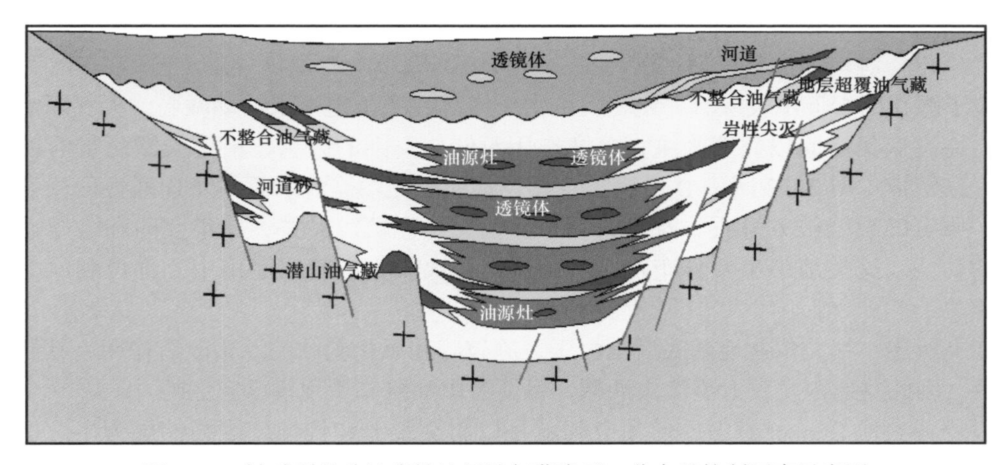

图 2–22　被动裂谷盆地岩性地层油气藏类型、分布及控制因素示意图

3. 潜山油藏的关键因素是其储层发育程度

中西非裂谷系各盆地早期裂谷时期形成的优质烃源岩直接覆盖在前裂谷期基岩上，潜山具备成藏的条件，但基岩储层是成藏的关键。目前在中西非裂谷系盆地中迈卢特盆地 Ruman 潜山和邦戈尔盆地均有潜山油藏发现，其中邦戈尔盆地潜山已具有亿吨级规模。

前已述及，泛非运动使地层遭受热动力变质和花岗岩化，非洲从此成为一个古老的稳定区。而在中西非裂谷系的前裂谷期（白垩纪前），整个中西非地区构造相对稳定，断裂活动、岩浆活动相对不发育，基本不发育沉积岩。目前钻遇的最老沉积地层是下白垩统，其下是前寒武系的结晶基底，岩性为花岗岩、花岗闪长岩或石英岩。

穆格莱德盆地已有多口井钻遇基底，揭示基底岩性主要为花岗岩和花岗闪长岩质片麻岩，属前寒武系和寒武系侵入岩及变质岩；迈卢特盆地西部的露头区主要为前寒武系片岩、片麻岩、寒武纪花岗岩、结晶花岗岩和花岗闪长岩以及橄榄斑晶玄武岩；邦戈尔盆地内钻遇基底井表明岩性主要为花岗岩和花岗片麻岩；特米特盆地及周边共有 4 口井钻至前寒武系基底，岩性包括黑云母片麻岩、伟晶岩、石英云母片岩、千枚岩、花岗岩。

上述盆地的基底岩性表明在中西非裂谷系诸盆地的基底为泛非运动的产物，物性很差，潜山成藏需要有大量的裂缝为油气提供储存空间。

综合花岗岩潜山储层的储集空间组合特征、储层类型及其岩石物理特征和对应地震响应的特征以及花岗岩地貌和地质成因的研究成果，邦戈尔盆地花岗岩潜山储层类型纵向上可划分为四个带：风化淋滤储层带、溶蚀缝洞型储层带、充填—半充填裂缝型储层带和致密带（图 2–23）。风化淋滤型储层带（图 2–23 图例 A 所示）主要分布在花岗岩潜山古地貌的缓坡区和低洼河谷部位，主要由物理风化碎裂后经短距离搬运的异地花岗岩碎石组成，位于上述花岗岩潜山部位的平缓或低洼区表层。溶蚀缝洞型储层带包含两种次一级类型：即强烈溶蚀型储层（图 2–23 图例 B_1 所示）和弱溶蚀型储层（图 2–23 图例 B_2 所示）。强烈溶蚀型储层主要分布在花岗岩潜山高部位和浅层部位的古潜水面之上，沿高角度裂缝溶蚀孔洞发育，呈块状特征，厚度变化大，在潜山古构造平缓的高部位厚度较大，底部相对平缓且与古潜水面接近。弱溶蚀型储层主要分布在古潜水面之下，内部孔洞缝分布相对均匀，具有似层状特征。充填—半充填裂缝型储层带（图 2–23 图例 C 所示）位于距花岗岩潜山表层有一定距离的潜山内部，由于地下水活动微弱，大气降水很难到达，原有储集空间以裂缝为主，溶蚀作用对储集空间的改善，沿深大断裂带溶蚀作用较大。致密带（图 2–23 图例 D 所示）主要包括完全充填裂缝和不具备连通性的微裂缝发育带，原有的裂缝被方解石、石英或黏土矿物完全充填，失去了储集空间和输导油气水流体的功能。这类地层主要分布在距潜山顶面距离较大的基岩潜山中心部位和深度较大的部位。

如上所述，邦戈尔盆地基底潜山由于裂缝破碎和风化剥蚀的双重改造作用，其储层较为发育，因此盆地内发育大型潜山油藏，目前潜山油藏储量规模已超亿吨。

迈卢特盆地 Ruman 潜山的储集空间就是以斜交裂缝和低角度裂缝储层为主。这与中亚南图尔盖盆地基岩储层为硅质岩和碳酸盐岩的孔隙—溶孔型、碳酸盐岩的裂缝—孔隙溶孔型储层和碳酸盐岩的孔隙—裂缝型储层相差甚远。

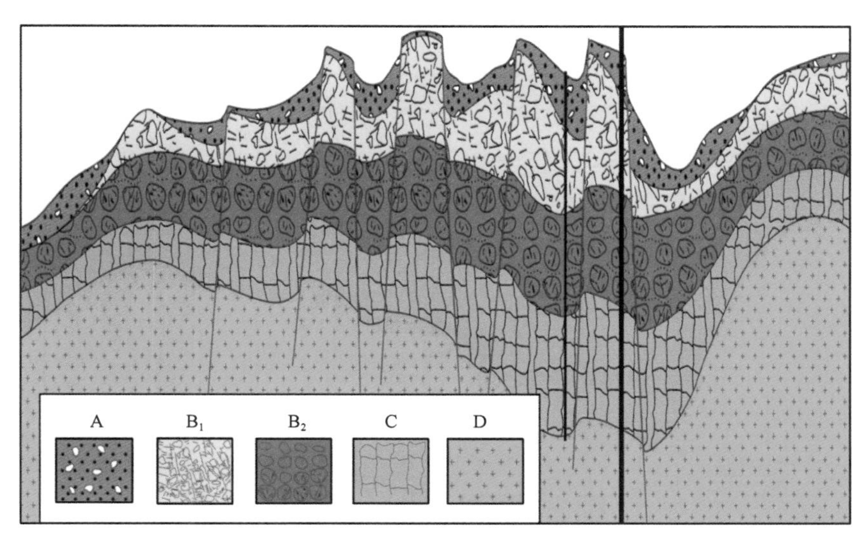

图 2-23 邦戈尔盆地花岗岩潜山储层发育模式图

A—风化淋滤储层带；B_1—强烈溶蚀型储层带；B_2—弱溶蚀型储层带；C—充填—半充填裂缝型储层带；D—致密带

四、油气成藏模式

1. 苏丹穆格莱德被动裂谷油气成藏模式

该盆地发育早白垩世、晚白垩世和古近纪三期裂谷，其中早白垩世裂谷具有被动性质，后两期裂谷逐渐变为主动。早白垩世同裂谷期块断作用不强烈，在裂陷期形成一套暗色泥岩，只有发育完整的“粗—细—粗”的沉积旋回。由于边界断层一般较陡，早期缺乏大型隆起、断块等构造，因而披覆构造和差异压实背斜不发育，只在边界断层上盘发育小型的滚动背斜构造，但由于边界断层相对较陡，形成的背斜规模小。后裂谷期由于沉降不明显，缺乏大型滨浅湖相，以巨厚的大面积分布的砂岩沉积为主，仅发育与断层相关的反向断块。

主要烃源岩为早白垩世被动裂谷期形成的湖相泥岩。由于晚白垩世裂陷作用相对较强，形成了稳定分布的区域盖层，早白垩世生成的油气大部分被封盖在晚白垩世形成的区域盖层之下。由此建立了“早期裂陷控源灶、后期叠置裂谷控区域盖层、转换带控砂、反向断块富油、油源和断层侧向封堵是关键”的被动裂谷油气成藏模式（图 2-24）。在该模式指导下，围绕被动裂谷时期的白垩系区带开展部署，在盆地东北部发现 1 个亿吨级油田、Kaikang 槽东西两侧发现两个亿吨级油区。

2. 南苏丹迈卢特盆地跨世代油气成藏模式

该盆地发育早白垩世和古近纪两期裂谷，晚白垩世裂陷作用不明显。早白垩世为被动裂谷，古近纪为主动裂谷。主力烃源岩为早白垩世被动裂谷期形成的湖相泥岩。盆地具有以下油气成藏条件：（1）早白垩世和始新世—渐新世的强烈裂陷阶段分别形成了厚层烃源岩和大套稳定的泥岩盖层；（2）下白垩统烃源岩成熟期和充注期晚，为古近系成藏组合提供了充足的油源；（3）上白垩统地层砂 / 泥比高，缺乏区域盖层，古近系为主要成藏组合；（4）后期裂谷的叠置使得早期的背斜构造破碎成若干断块，大大降低了早期裂谷层序形成油田的规模；（5）后期活化的断层为油气垂向长距离运移提供了通道。

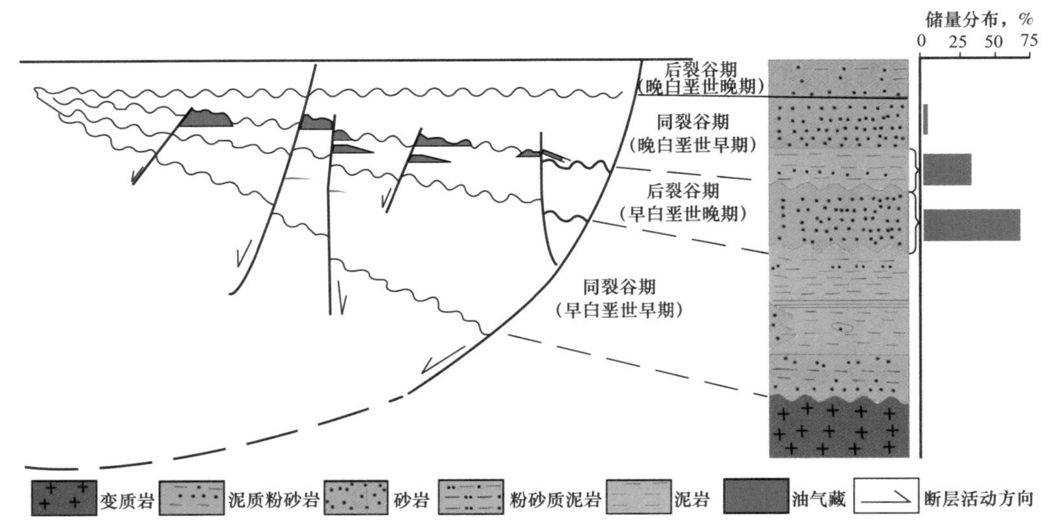

图 2-24　苏丹穆格莱德盆地油气藏分布模式图

由此建立了“早期低地温导致早白垩世烃源岩生烃时间持续到古近纪，古近纪强烈裂陷形成稳定区域盖层，深部油气沿活化断层长距离运移至古近系”的跨世代油气成藏模式（图 2-25），指导了盆地北部凹陷 Palogue 世界级油田的发现。

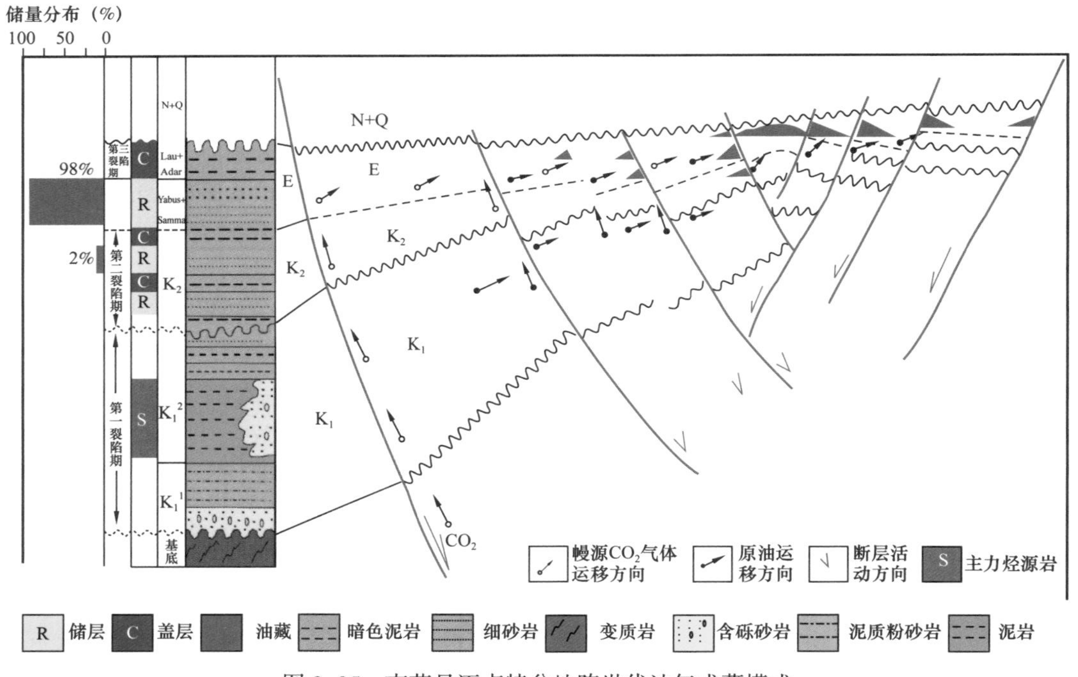

图 2-25　南苏丹迈卢特盆地跨世代油气成藏模式

3. 尼日尔海陆叠合裂谷油气成藏模式

1）烃源岩认识

尼日尔特米特盆地是典型的叠合型裂谷，发育早白垩世和古近纪两期裂谷。其中在早期裂谷坳陷期遭受大规模海侵，地层剖面上呈特殊的陆相—海相—陆相的叠覆关系。前作业者虽然认识到晚白垩世海相泥页岩为盆地的主力烃源岩，但预测的生烃灶范围仅局限在盆地西侧的沉降中心，以传统的“源控论”认识和“定凹选带”勘探思路，围绕预测的严重缩小化的“生烃灶”寻找背斜背景构造进行勘探部署，投入3.5亿美元钻探井19口，仅发现7个小规模的含油气构造，达不到经济门槛最终选择放弃。

基于盆地构造地质建模、构造演化史分析和岩相古地理研究，揭示盆地早白垩世强烈断陷（陆相），晚白垩世持续热收缩沉降，大规模海侵形成统一陆表海盆，晚期开始整体抬升，逐渐过渡为陆相环境。始新世末期—渐新世中期盆地再次发生强烈断陷，上新世以来整体进入坳陷期。白垩纪裂谷—坳陷的分布范围明显大于古近纪叠置裂谷，是盆地显著的地质特征。其中，晚白垩世坳陷期海相泥岩经样品地球化学分析、油源对比和盆地模拟研究，确认为盆地主力烃源岩，其有机碳含量高、类型以II_2—Ⅲ型为主，渐新世末期进入成熟门限。该烃源岩在盆地范围内广泛分布，且因有机质以陆源输入为主，靠近盆地边缘的地区有机丰度反而更高。因此盆地表现出明显的“大生烃灶”特征，古近纪陆相裂谷全部位于白垩纪海相生烃灶范围内，其中发育的圈闭具有优越的油源条件，可以形成“满凹含油”的局面，因而可在全盆地范围内开展圈闭评价。

2）主力成藏组合认识

前作业者对盆地古近纪叠置裂谷主力成藏组合及油气输导体系等的控制作用缺乏认识，导致油气成藏主控因素认识不清。借鉴苏丹勘探经验，认为白垩系储盖组合是盆地主力成藏组合，古近系即使有油气发现，也难以形成规模。

基于层序地层学研究，提出主力成藏组合为古近纪裂陷层序，早期裂谷对其具有明显的控制作用。早白垩世陆相裂谷层系在本区埋藏深，非主要勘探层系；晚白垩世海进期发育巨厚的泥岩，砂岩以薄互层或夹层为主，缺乏规模储层；海退期盆地整体抬升，准平原化，虽发育广泛分布的巨厚辫状河砂岩，但其顶部缺乏有效盖层。古近纪叠置裂谷初陷期三角洲平原河道砂体及三角洲前缘分流河道砂体发育，储层规模大，物性好，受盆地东西两侧物源控制广泛分布，与裂谷深陷期发育的区域泥岩盖层可以有效配置形成主力成藏组合。该成藏组合砂体沿准平原化斜坡注入，受古近纪叠置裂谷边界断层控制，形成断—坡控砂局面。优势砂体分布在活动强、断距大的断层下降盘。断裂和砂体有效配置构成油源输导体系，油气垂向运移的主要通道是沟通油源的深大断裂，横向运移则经由次级小断层和砂体接力完成。断距越大，含油层段相对越多，油气在区域盖层的遮挡下形成有序分布。

由此建立了“早期裂谷坳陷期大范围海相烃源岩控源，叠置裂谷初陷期控砂，深陷期区域泥岩盖层控油气分布，断层断距和砂体有效配置控藏”的海陆叠合裂谷油气成藏模式（图2-26），指导全盆勘探，在盆地东部、中部和南部甩开勘探发现3个亿吨级含油区带，在盆地西部快速落实5个千万吨级油田。

4. 乍得邦戈尔盆地反转残留凹陷油气成藏模式

邦戈尔盆地是中非裂谷系中—新生代陆内裂谷，也是中国石油乍得探区唯一相对完整的盆地。该盆地由于强烈反转，仅保留裂陷层系。前人认为上部层系后期破坏严重，缺乏区域盖层；而下部层系埋深大，缺少有效储层，勘探潜力不大。围绕主凹“凹中隆”钻探井8口，仅3口井发现上部小规模稠油/超稠油油藏，单井产能低，因无效益而放弃。

在原型盆地恢复、古地理重建、层序地层学、成岩作用和有机地球化学研究基础上，发现东北部残留凹陷反转剥蚀量最大，其原始沉积范围远超现今地层分布面积，且裂陷期

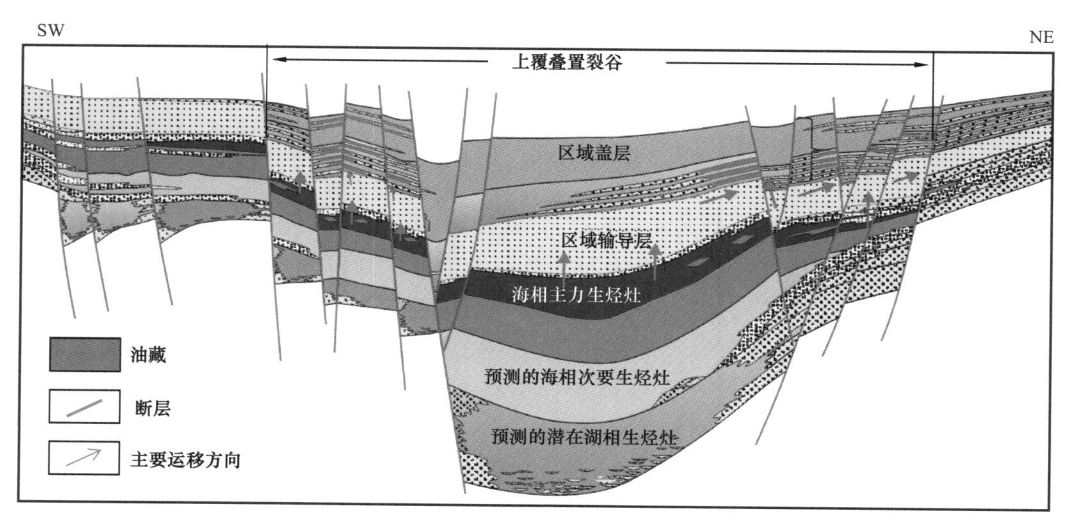

图 2–26　尼日尔海陆叠合裂谷油气成藏模式

沉积地层保留完整。其深陷期泥岩单层厚度大、有机质丰度高、类型以 II_1 型为主，热演化程度高，因反转导致生烃门限变浅，是盆地内的优质烃源岩，成熟烃源岩分布面积是前人认识的 2.5 倍。盆地以下白垩统 M 组泥岩为界分为上下两套成藏组合。盆地北部斜坡带残留凹陷下组合具备良好的储层条件，其中发育的扇三角洲 / 近岸水下扇砂体，平面延伸长、纵向厚度大，与深陷期泥岩共生，原生孔隙发育。晚白垩世强烈反转形成断层复杂化的大型反转背斜构造，控隆断层是油气运移通道，古隆起及其两翼为油气的优势聚集区，为构造及岩性地层圈闭规模成藏提供了有利条件。

由此建立了“反转控制构造成型，初始裂陷源储共生，水下扇 /（扇）三角洲控砂，古隆 / 断层控藏，深层 / 潜山富油”的反转残留凹陷油气成藏模式（图 2–27）。围绕盆地东北部残留凹陷下组合开展大规模风险勘探，提出“立足古隆、深挖两翼”的勘探策略，打破前人“凹中隆”勘探思路和“油稠”困局，指导发现 3 个亿吨级超高丰度高产稀油油田和多个高丰度中小型油田，实现了五大基岩潜山的勘探突破。

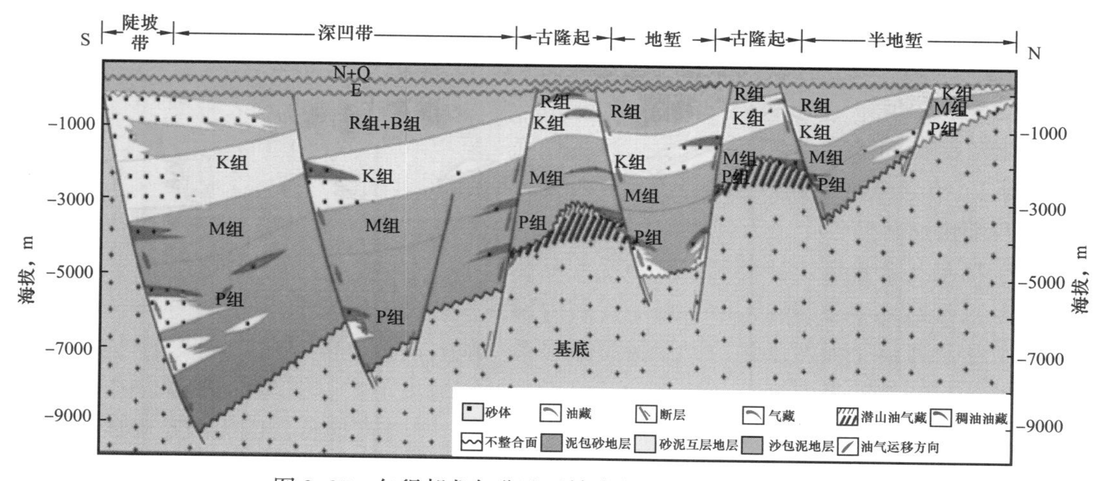

图 2–27　乍得邦戈尔盆地反转残留凹陷油气成藏模式

参考文献

[1] Wilson M, Guiraud R.Magmatism and rifting in Western and Central Africa, from Late Jurassic to Recent times [J], Tectonophysics, 1992, 213: 203-225.

[2] Schull T J. Rift basins of interior Sudan, petroleum exploration and discovery [J]. AAPG Bulletin, 1988, 72 (10): 1128-1142.

[3] 李江海，姜洪福．全球古板块再造、岩相古地理及古环境图集 [M]．北京：地质出版社，2013.

[4] Browne S E, Fairhead J D. Gravity study of the Central Africa rift System : A medel of continental disruption, 1.The Ngaoundere and Abu Gabrarifts [J]. Tectonophysics, 1983, 94: 187-203.

[5] Browne S E, Fairhead J D, Mohamed I I. Gravity study of the White Nile Rift, Sudan, and its regional tectonic setting [J]. Tectonophysics, 1985, 113 (1): 123-137.

[6] Fairhead J D. Mesozoic plate tectonic reconstructions of the central South Atlantic Ocean : The role of the West and Central African rift system [J]. Tectonophysics, 1988, 155 (1): 181-191.

[7] Jorgensen G J, Bosworth W. Gravity modeling in the Central African Rift System, Sudan : rift geometries and tectonic significance [J]. Journal of African Earth Sciences (and the Middle East), 1989, 8 (2): 283-306.

[8] Peterson J A. Assessment of undiscovered conventionally recoverable petroleum resources of northwestern, central, and northeastern Africa (including Morocco, northern and western Algeria, northwestern Tunisia, Mauritania, Mali, Niger, eastern Nigeria, Chad, Central African Republic, Sudan, Ethiopia, Somalia, and southeastern Egypt) [P]: U.S. Geological Survey Open File Report 83-598, 1983, 1-26.

[9] Peterson J A. Geology and petroleum resources of central and east-central Africa [P]. U.S. Geological Survey Open File Report 83-598, 1985, 1-48.

[10] Genik G J. Petroleum geology of Cretaceous-Tertiary Rift Basins in Niger, Chad, and Central African Republic [J]. AAPG Bulletin, 1993, 77: 1405-1434.

[11] Genik G J. Regional framework, structural and petroleum aspects of rift basins in Niger, Chad and the Central African Republic [J]. Tectonophysics, 1992, 213: 169-185.

[12] Burke K, Dessauvagie T F J, Whiteman A J. Opening of the Gulf of Guinea and geological history of the Benue depression and Niger delta [J]. Nature, 1971, 233 (38): 51-55.

[13] Burke K, Whiteman A J. Uplift, rifting and the break-up of Africa [J]. Implications of continental drift to the earth sciences, 1973, 2 (part 7): 735-755.

[14] Fairhead J D. Geophysical controls on sedimentation within the African rift systems// Frostick L E, Renault R W, Reid I, Tiercelkin J J. Sedimentation in the African rifts [M]: Geological Society of London Special Publication 25, 1986, 19-27.

[15] Fairhead J D, Binks R M. Differential opening of the central and South Atlantic oceans and the opening of the Central African rift system [J]. Tectonophysics, 1991, 187: 191-203.

[16] Guiraud R, Bellion Y, Benkhelil J, et al. Post-Hercynian tectonics in Northern and Western Africa [J]. Geological Journal, 1987, 22 (S2): 433-466.

[17] Guiraud R, Bosworth W, Thierry J, et al. Phanerozoic geological evolution of Northern and Central Africa : An overview [J]. Journal of African Earth Sciences, 2005, 43 (1-3): 83-143.

[18] Gumati Y D，Schamel S. Thermal maturation history of the Sirte Basin，Libya [J]. Journal of Petroleum Geology，1988，11: 205–218.

[19] Jorgensen G J，Bosworth W. Gravity modeling in the Central African Rift System，Sudan : rift geometries and tectonic significance [J]. Journal of African Earth Sciences (and the Middle East)，1989，8 (2): 283–306.

[20] Hamilton W B. Crustal geologic processes of the United States [J]. Geological Society of America Memoir，1989，172: 743–781.

[21] Hancock J M，Kauffman E G. The great transgressions of the Late Cretaceous [J]. Journal of the Geological Society，1979，136 (2): 175–186.

[22] Ziegler P A. Geological Atlas of Western and Central Europe : 1990 [M]. Geological Society，1990.

[23] Guiraud R，Maurin J C. Early Cretaceous rifts of West and Central Africa : an overview [J]. Tectonophysics，1992，213: 153–168.

[24] Corti G，Bonini S，Conticelli F，et al. Analogue modeling of continental extension : A review focused on the relations between the patterns of deformation and the presence of magma [J]. Earth–Science Reviews，2003，63 (3–4): 169–247.

[25] Beloussov V V. Against the hypothesis of ocean–floor spreading [J]. Tectonophysics，1970，9 (6): 489–511.

第三章　中西非裂谷系主要沉积盆地

1996—2008 年间，中国石油全面进入中西非裂谷系勘探，陆续在苏丹、南苏丹、乍得和尼日尔参股 8 个项目，涉及 10 个盆地或坳陷（图 3-1）。本章主要介绍穆格莱德（Muglad）、迈卢特（Melut）、邦戈尔（Bongor）、特米特（Termit）、青尼罗（Blue Nile）、南乍得和玛迪阿格（Madiaga）7 个盆地的构造、沉积、生储盖、圈闭、含油气系统、成藏组合和油气分布规律。

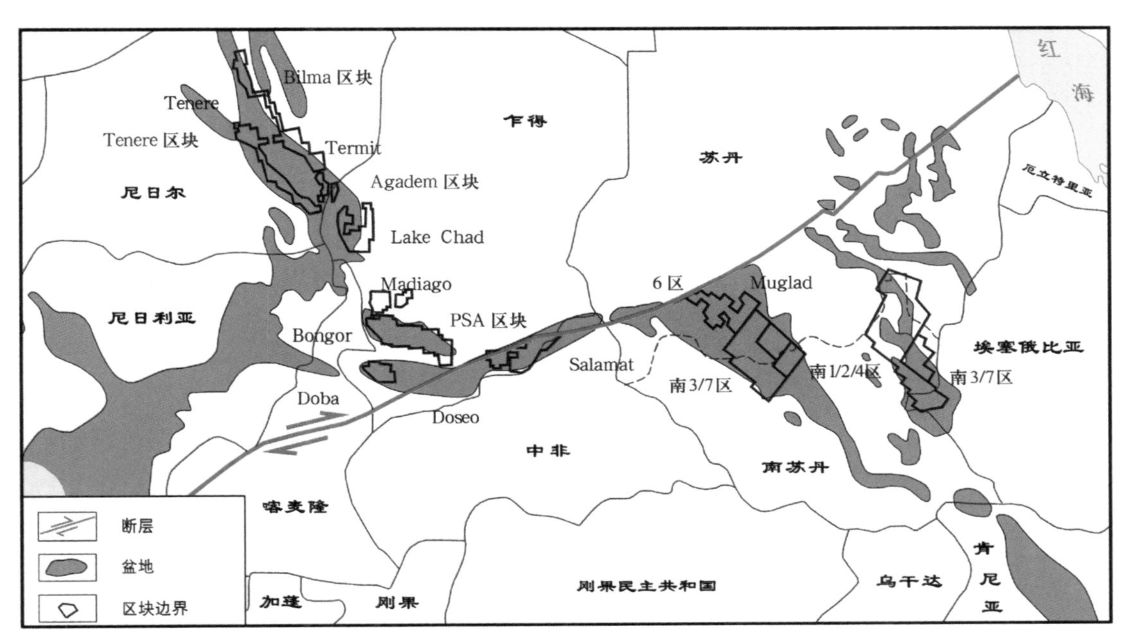

图 3-1　中西非裂谷系盆地与中国石油区块分布图

第一节　苏丹 / 南苏丹穆格莱德盆地

穆格莱德盆地是中西非裂谷系诸多盆地中最大的一个，盆地位于苏丹 / 南苏丹境内，走向北西—南东，向西北撒开并终止于中非剪切带，向南逐步收敛[1—3]。盆地长约 800km，宽约 200km，面积超过 15×10^4 km^2，最大地层厚度超过 10000m，是苏丹最主要的含油气盆地。

一、概况

目前中国石油在该盆地拥有 3 个作业区，6 区、1/2/4 区和南 1/2/4 区，总作业面积 6.7×10^4km^2，苏丹 6 区位于盆地北部，苏丹 / 南苏丹 1/2/4 区位于盆地中部。截至 2016 年底，工区内完成二维地震 75790km，三维地震 8733.6km^2，探井和评价井 570 口，累计发

现石油地质储量约 16×10^8t，可采储量 4.5×10^8t。2011 年南北苏丹分离，1/2/4 区拆分为 1/2/4 区和南 1/2/4 区。

二、构造特征

1. 构造格局

1）基底结构

全区布格重力异常图反映盆地形态为东南窄、西北宽的长三角形，三角形短边靠在中非剪切带南侧，说明了中非剪切带的走滑活动在穆格莱德盆地转换为伸展和扩张活动。

盆地基底的隆坳、断裂等构造格局受区域应力场控制，同时，基底构造的活动则控制着整个盆地的发展和演化。

北西和北北西向构造线明显控制着盆地的盖层构造，从两组构造线关系推断，盆地曾经历了右旋剪切活动，剪切作用可能沿着盆地的边界断层发生；或者说盆地中呈雁行排列的北北西向构造是由北西向盆地边界断裂的右旋剪切派生的。

2）盖层结构

根据基底结构、区域断裂的展布，下白垩统、上白垩统、古近系和新近系的残余厚度与原始厚度（推测的）展布，可以把穆格莱德盆地总体划分为五大构造单元：苏夫焉（Sufyan）坳陷、努加拉（Nugara）坳陷、东部坳陷、凯康（Kaikang）坳陷和西部斜坡带（图 3-2）。坳（凹）陷带与隆起相间排列，具有东西分带的特点。

（1）苏夫焉坳陷：是中非剪切带的一部分，南部以托北断层为界，北部以断阶过渡，西接苏夫焉西断层，东到努加拉中央披覆背斜带南断层，面积 $2650km^2$。轴向近东西向，南断北超。为早白垩世的凹陷，沉积下白垩统至第四系，最大厚度 12300m。

（2）努加拉坳陷：目前勘探程度较低，由一系列斜列的断陷组成，中间被小型凸起分割，可进一步划分为 Nugara 西部凹陷、Abu Gabra-Sharaf 凸起、Nugara 东部凹陷、Nugara-Kaikang 凸起和 Gato 凹陷。

（3）东部坳陷：是目前油气发现最集中的地区，由 Uinty、Bamboo、Keilak 和 Fula 4 个凹陷以及 Azraq-Shelungo-Unity 和 Toor2 个凸起组成（图 3-2），西部以 Azraq-Shelungo-Unity 凸起与凯康坳陷相隔。

① Unity 凹陷：近南北向，面积约 $2500km^2$，位于 Unity 凸起与东斜坡之间。北窄南宽，北部西断东超，南部逐渐变缓过渡到向基底超覆斜坡接触，是已证实的富油凹陷。下白垩统 Abu Gabra 组厚度可达 10000m，在构造高部位遭受剥蚀。

② Bamboo 凹陷：近南北向，面积约 $1000km^2$，位于 Heglig 凸起与东斜坡之间，其东侧的 Nabaq 断层为控凹断层，是东断西超的富含油凹陷。下白垩统 Abu Gabra 组最大沉积厚度 11000m，顶部遭受不同程度剥蚀。

③ Keilak 凹陷：位于 2 区北部，东断西超。由于地震勘探资料品质差，凹陷内白垩系地层结构不清楚，烃源岩未证实。

④ Fula 凹陷：Fula 凹陷轴向北北西，面积 $3560km^2$。主要发育于早白垩世、晚白垩，后期活动较弱。该凹陷最大的特征是凹陷内部断层、构造带走向与凹陷边界断层斜交，是典型的张扭拉分凹陷。地层沉积全，最大沉积厚度 11400m。

⑤ Azraq-Shelungo-Unity 凸起：该凸起受一系列北西—南东向断裂控制，由 4 区北角

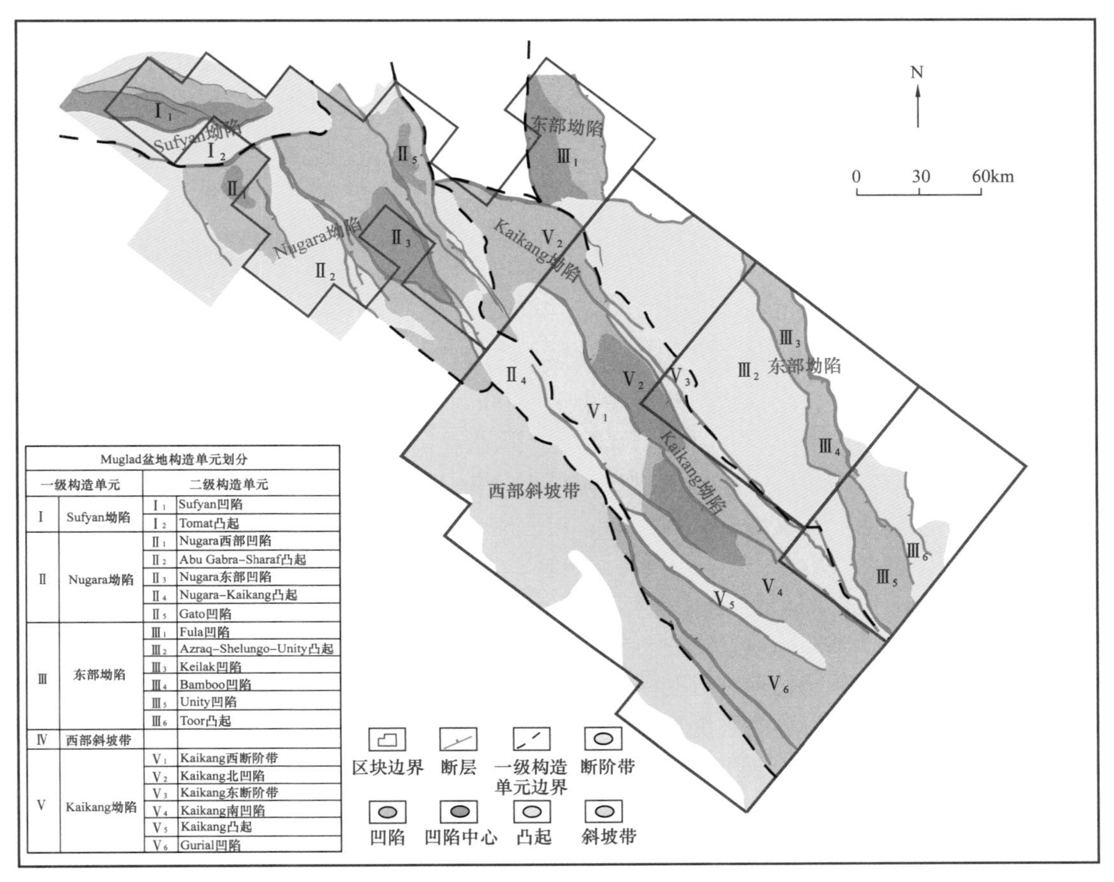

图 3-2　穆格莱德盆地构造单元划分图

向南延伸至 1 区南角，为显著的重力正异常带。以受基底卷入型断裂控制的背斜、半背斜和断块为主要构造类型，主要形成于早白垩世 Abu Gabra 组—Bentiu 组沉积时期，古近纪有改造。

⑥ Toor 凸起：位于 1/2 区 Unity 和 Bamboo 凹陷的东侧，靠近凹陷部分地层发育齐全，向东部逐渐减薄，大多数地层缺失。

（4）凯康坳陷：是一个白垩纪和古近纪沉积互相叠置、平面上呈北西—南东向展布的裂谷。由南北两个雁列式排列的凹陷（北凹陷和南凹陷）组成。东西两侧由边界断层控制，使得基底以上的沉积盖层尤其是古近系在地堑内明显加厚，其中古近系和新近系厚度最厚可达 4500m，而在隆起区仅为 0～1000m。

① 凯康西断阶带：受晚白垩世和古近纪发育断层影响，以多条断层形成的断阶将凯康坳陷与 Nugara-Kaikang 低凸起相隔。

② 凯康北凹陷：具有明显的三层结构，早白垩世总体为一个东断西超的半地堑；晚白垩世强烈断陷，表现为西断东超；古近纪两侧边界断层再次剧烈活动，形成古近纪断陷。

③ 凯康东断阶带：受晚白垩世和古近纪发育断层影响，以多条断层形成的断阶将凯康坳陷与 Azraq-Shelungo-Unity 凸起相隔。

④ 凯康南凹陷：因地震勘探资料品质较差，双层结构不如北凹陷明显；晚白垩世具坳陷特征。古近纪两侧边界断层再次剧烈活动，形成古近纪地堑。

⑤ 凯康凸起：受晚白垩世和古近纪断层影响形成，位于凯康南凹陷与Gurial凹陷之间。

⑥ Gurial凹陷：位于4区西南部是大面积重力负异常区，在4区内凹陷面积约4000km^2，由于安全因素和河流沼泽覆盖，无地震勘探资料，推测是以白垩系为主的断陷，目前勘探程度极低。

（5）西部斜坡

位于凯康坳陷的西部，呈区域东倾的斜坡，斜坡上地层总体由东向西超覆减薄，地层厚度比凯康坳陷薄很多，中生代沉积厚度小于2500m。

2. 构造演化

根据区域构造应力场转变特征和盆地充填史分析认为，盆地在白垩纪—新近纪经历了三次裂谷旋回，不同时期盆地的充填特征、构造样式不尽相同（图3-3）。

1）早白垩世裂谷期

Abu Gabra组代表盆地的初始沉积。早期受基底结构和中非剪切带活动的影响，发生区域构造伸展作用，基底断块活动剧烈，沿断层下降盘形成的半地堑呈封闭汇水区，沉积物明显受到边界同生断层的控制。受区域构造的控制，裂陷走向以北北西向为主。

Bentiu组沉积时期为早白垩世裂谷的坳陷阶段，表现为盆地内的低沉降速率的坳陷式充填沉积。由于Abu Gabra组沉积末期的夷平作用，地形高差不大而致使盆地范围广阔，Bentiu组为分布广泛的大套块状河流相砂岩沉积。

2）晚白垩世裂谷期

Darfur群具有砂泥岩交互的沉积特点，反映了第二次裂陷期间湖水的振荡运动。其中Aradeiba组泥岩是盆地水面最大范围时的沉积，形成了全盆地的一套区域泥岩盖层，但颜色以红色为主，反映了干旱气候下的浅水湖相沉积。Baraka组在局部表现出断陷沉积的特点，厚度受断层控制，富含暗色泥质岩类，反映出沉降速率变大，水体加深的裂谷期沉积特点。Amal组沉积时期为第二期裂谷坳陷阶段，区域上也是大套的河流相块状砂岩分布，沉积范围比Bentiu组要小，沉积中心位于盆地轴部凯康坳陷和努加拉坳陷东部凹陷等地区。

3）古近纪裂谷期

Nayil-Tendi组沉积时期为盆地第三次裂谷阶段，以强烈的断陷活动为主要特征，裂陷方向为北西向。其特点是范围集中，厚度大，受断层活动强烈控制，尤其是有较高沉降速率的Tendi组更为明显。Nayil组沉降速率较低，显示出坳陷向断陷过渡的特点。在盆地中央的凯康坳陷为沉降和沉积中心，累计厚度可达4000m，而在凯康坳陷以外地区，仅有数百米厚。岩性以泥质为主夹薄层砂岩，出现深水湖相富含有机质的暗色泥岩。由于凹陷叠置，前两期裂谷的控制断层再度活动，并沿凯康坳陷边缘派生出现密集的断裂带。

Adok组沉积时期为第三期坳陷阶段。第三期裂谷活动后，热沉降沉积了Adok组大套河流相砂岩，断层活动逐渐停止，沉降中心继承发育，但沉降速率变小，平面上沉积厚度向盆地中心渐变加厚，沉积物主要堆积在凯康坳陷地区。

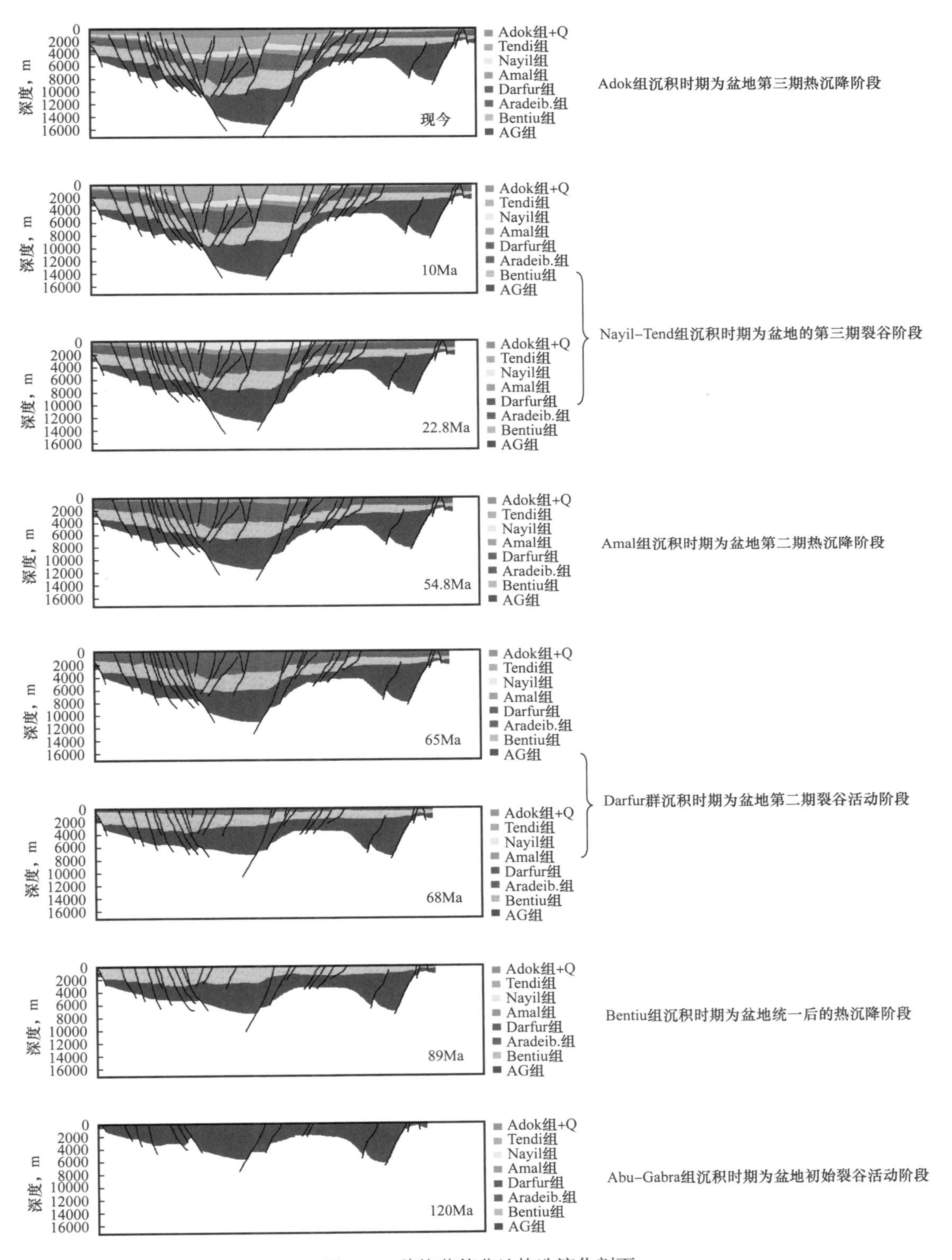

图 3–3 穆格莱德盆地构造演化剖面

3. 断裂体系

穆格莱德盆地经历3个断—坳裂谷演化旋回，发育3期断—坳转换不整合及早、中、晚3期断裂。早期断裂从早白垩世开始活动，切割大部分地层，控制盆地充填，为主要构造单元边界断层；中期断裂从晚白垩世开始活动，控制次级构造带；晚期断裂从古近纪开始活动，多为伴生和调节断层，使构造进一步复杂化。

1）剖面特征

除部分晚期发育的小断层外，控凹、控带的一级、二级断层均为基底卷入型断层。盆地内断层的剖面形态以平直式为主，偶见上陡下缓的犁式。平直式基底卷入型断层的倾角基本一致，普遍在35°～65°之间，表明基底卷入型断层为旋转的平直式正断层构成的多米诺式正断层系统（图3-4）。

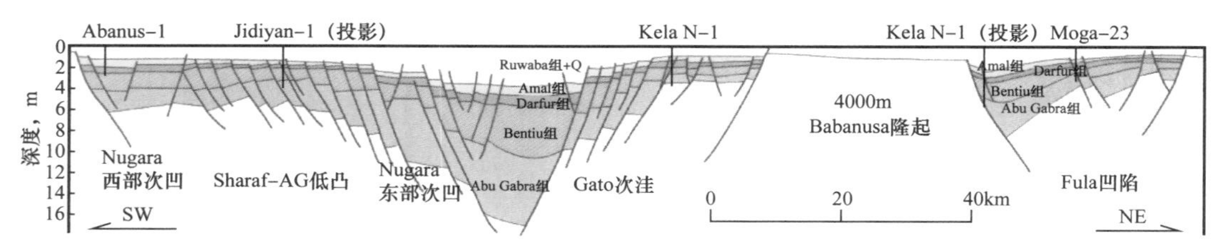

图3-4　穆格莱德盆地构造—地质剖面图

断层在剖面上的组合方式包括反向断阶式、顺向断阶式、地垒式和“Y”字形等。反向断层普遍发育，控制了一系列的反向断块（图3-5）。

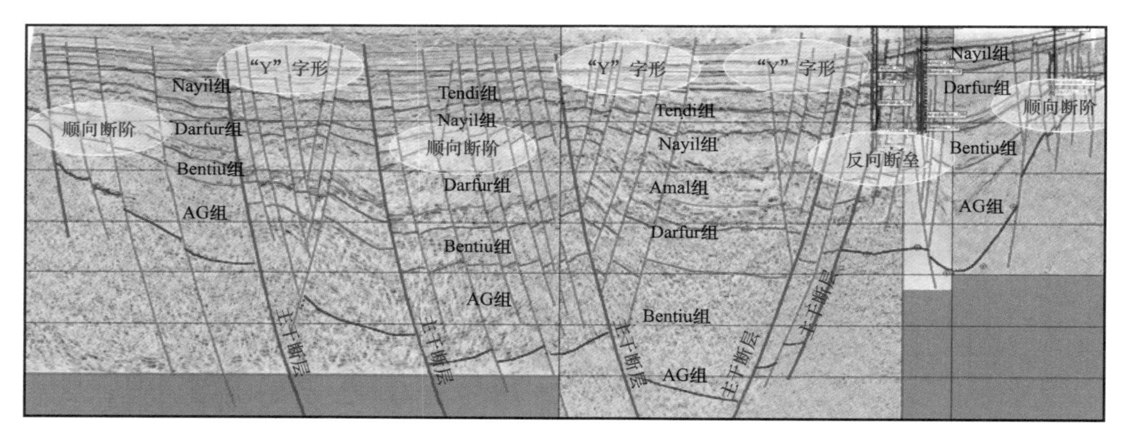

图3-5　穆格莱德盆地典型地震剖面

2）平面特征

在平面上，断裂系统除苏夫焉坳陷受中西非剪切带的影响，边界断层呈近东—西向展布外，其他坳陷边界断层均以北北西和北西西向伸展断层为主（图3-2），内部断层也以北北西向伸展断层为主。主干正断层的组合形式以侧列、斜列为主，分叉为辅，局部发育转换断层。

3）断裂体系

穆格莱德盆地主要发育两大断裂体系，即控制苏夫焉坳陷边界的近东—西向断裂体系以及控制其他坳陷的北北西和北西向断裂体系。根据断层的规模、对构造控制作用的大小，盆内断层分为以下四级。

（1）一级断层或边界断层：控制盆地或构造单元边界的大断层，对沉积有强烈的控制作用，有些断层同时控制了构造带的形成与展布。

（2）二级断层：构造单元内部控制构造带展布的大断层，有些断层或在断层的某一段对沉积也有控制作用，表现为下降盘地层厚度明显大于上升盘。

（3）三级断层：构造带内部控制局部构造的断层。

（4）四级断层或小断层：切割局部构造并使之复杂化的断层，控制油藏。

4）构造带展布

构造带的展布方向受控制凹陷的断层控制，基本与二级断层展布方向一致。

根据 Bentiu 组和 Abu Gabra 组顶面构造图、断裂系统展布、圈闭发育情况及其相关性等因素在盆地内划分出 5 个一级构造单元和 19 个二级构造单元（图 3-2）。每个构造带又被三级断层切割形成不同的构造。构造样式包括滚动背斜、披覆背斜、堑式背斜等背斜构造以及反向断块、顺向断块、断垒等断块构造，以断块构造为主（图 3-6）。

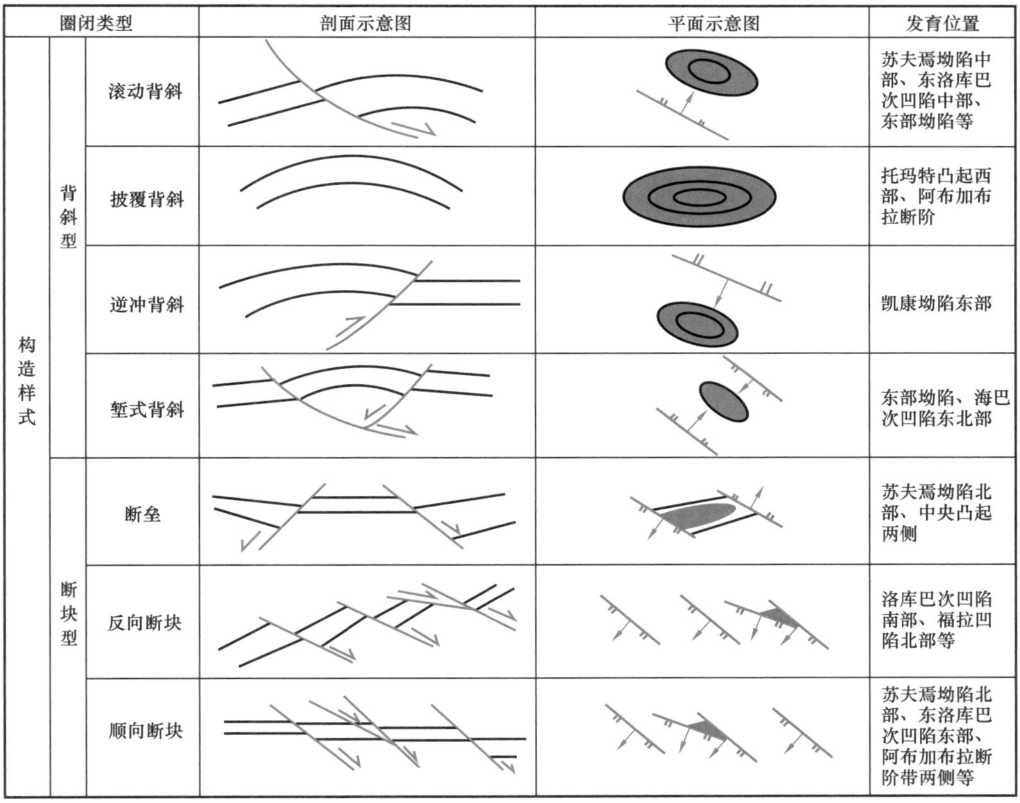

圈闭类型			剖面示意图	平面示意图	发育位置
构造样式	背斜型	滚动背斜			苏夫焉坳陷中部、东洛库巴次凹陷中部、东部坳陷等
		披覆背斜			托玛特凸起西部、阿布加布拉断阶
		逆冲背斜			凯康坳陷东部
		堑式背斜			东部坳陷、海巴次凹陷东北部
	断块型	断垒			苏夫焉坳陷北部、中央凸起两侧
		反向断块			洛库巴次凹陷南部、福拉凹陷北部等
		顺向断块			苏夫焉坳陷北部、东洛库巴次凹陷东部、阿布加布拉断阶带两侧等

图 3-6 穆格莱德盆地主要构造样式

三、沉积地层

在前寒武系基底上，穆格莱德盆地沉积了一套厚达 10～15km 的白垩系—第四系的陆相沉积盖层（图 3-7）。以白垩系为主，新生界较薄，但在凯康坳陷由于古近—新近纪断陷活动比较强烈，才沉积了厚度巨大的新生界。

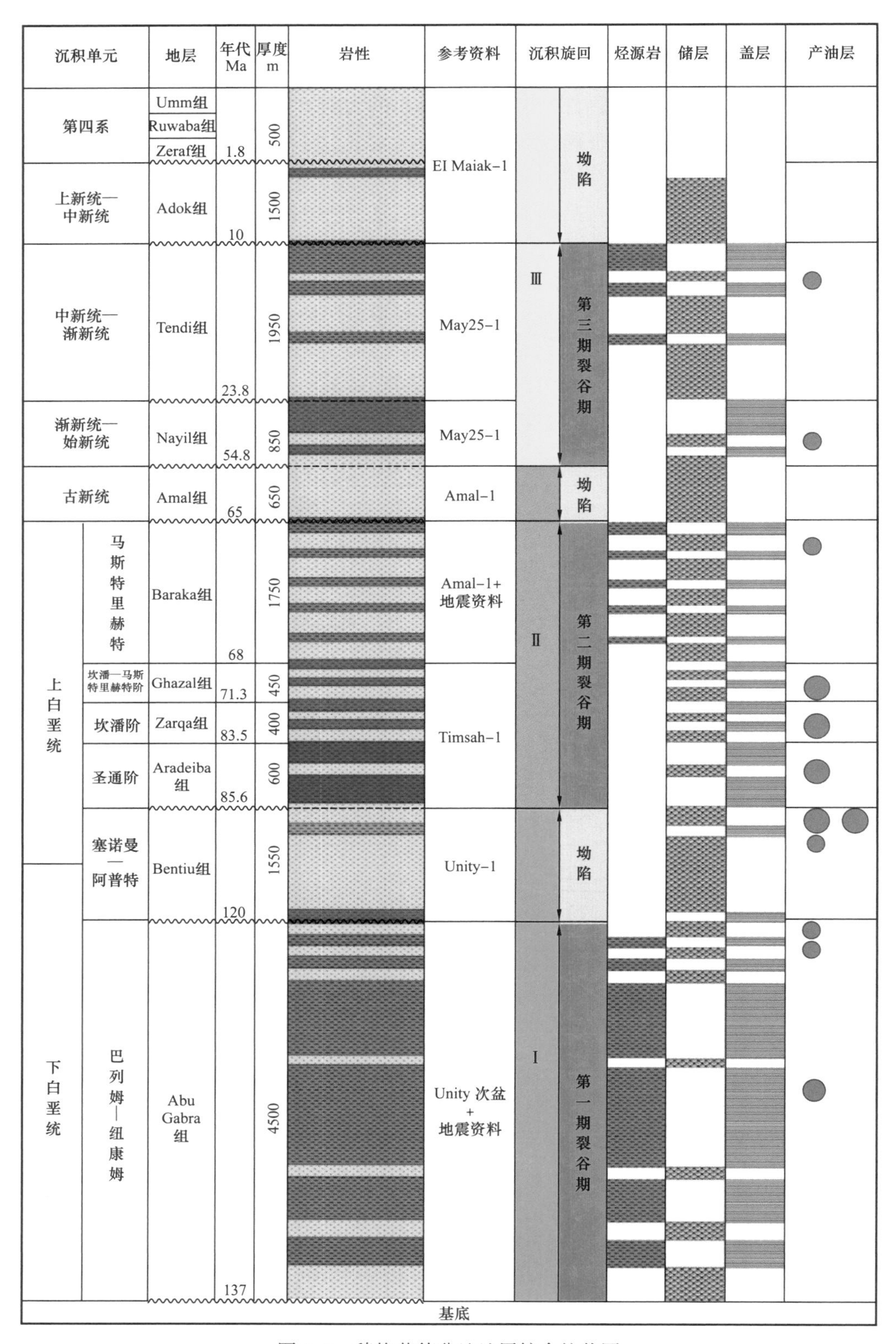

图 3-7 穆格莱德盆地地层综合柱状图

1. 基底

在穆格莱德盆地边缘构造高部位已有多口井钻遇基底，揭示基底岩性主要为花岗岩和花岗闪长岩质片麻岩，属前寒武系和寒武系侵入岩及变质岩，片麻岩地质年龄为540Ma±40Ma[4]。

2. 沉积盖层

1）白垩系

下白垩统可细分为两个组：Abu Gabra组和Bentiu组；上白垩统统称为Darfur群，由下至上又进一步划分Aradeiba组、Zarqa组、Ghazal组和Baraka组。

（1）Abu Gabra组：砂泥岩间互，局部夹粉砂岩。泥岩以灰—黑色为主，偶见灰红色，不含钙，局部含粉砂质和碳质，已证实是盆地的主要烃源岩。全区该组残留厚度660～5000m，是断陷期深水或半深水沉积，与基底呈角度不整合接触。

（2）Bentiu组：广泛分布，厚度达200～2500m，河流相沉积，大套砂岩组合，通常呈块状夹薄的粉砂岩和泥岩。砂岩粒级从细到粗变化范围很大，偶见砾石。颜色为白、黄灰、棕灰等杂色。是主要储层，与下伏地层呈角度不整合接触。

（3）Aradeiba组：是上白垩统Darfur群中最下面的富含泥质地层，主要为灰—红色的粉砂质泥岩，不含钙，其厚度为180～700m，分布稳定，是盆地的区域盖层，与下伏Bentiu组呈角度不整合及假整合接触。

（4）Zarqa组：砂岩、粉砂岩和泥岩间互。砂岩通常为无色或灰黄色，粒级为中—极粗，泥岩通常为浅灰色和灰红色，厚度50～480m。

（5）Ghazal组：砂岩、粉砂岩和泥岩间互，类似下伏Zarqa组，厚度120～420m。

（6）Baraka组：砂岩夹薄粉砂质泥岩，上部发育灰色泥岩夹薄砂岩，厚度95～1300m，与下伏Ghazal组呈整合接触。

2）古近系

可分为三个组，分别为Amal组、Nayil组和Tendi组。

Amal组：灰—黄色的大套块状砂岩，粒度以粗为主，局部很细—中等，厚度为240～800m，与下伏Baraka组呈角度不整合接触。

Nayil组：以大套泥岩为主，颜色灰白、浅灰—棕绿，局部为不含钙粉砂岩和砂岩，厚度为0～3000m，与下伏Amal组呈角度不整合及假整合接触。

Tendi组：以黑灰和棕灰色泥质岩为主，局部粉砂岩，厚度0～2800m。主要分布于盆地中央的凯康坳陷，与下伏Nayil组呈角度不整合及假整合接触。

3）新近系

Adok组：砂岩为主，粒度从细到粗，局部富含泥质。厚度120～910m，与下伏Tendi组呈整合接触（角度不整合及假整合接触）。

4）第四系

Zeraf组：与Adok组类似的一套砂岩组合，但普遍成岩性差，通常未固结，厚度150～600m，与下伏Adok组呈不整合接触。

四、生储盖及圈闭特征

1. 生油岩评价

1）Abu Gabra 组烃源岩特征

Abu Gabra 组是穆格莱德盆地的初始裂陷期沉积，是目前证实的唯一一套烃源岩，以中上部泥岩最为发育，厚度 300～500m，有机质丰度 1%～4%（图 3-8），类型 I—II_1 型，在 Fula、Bamboo、Unity 富油气凹陷，TOC 介于 2.2%～4%，成熟—高成熟（图 3-9）。

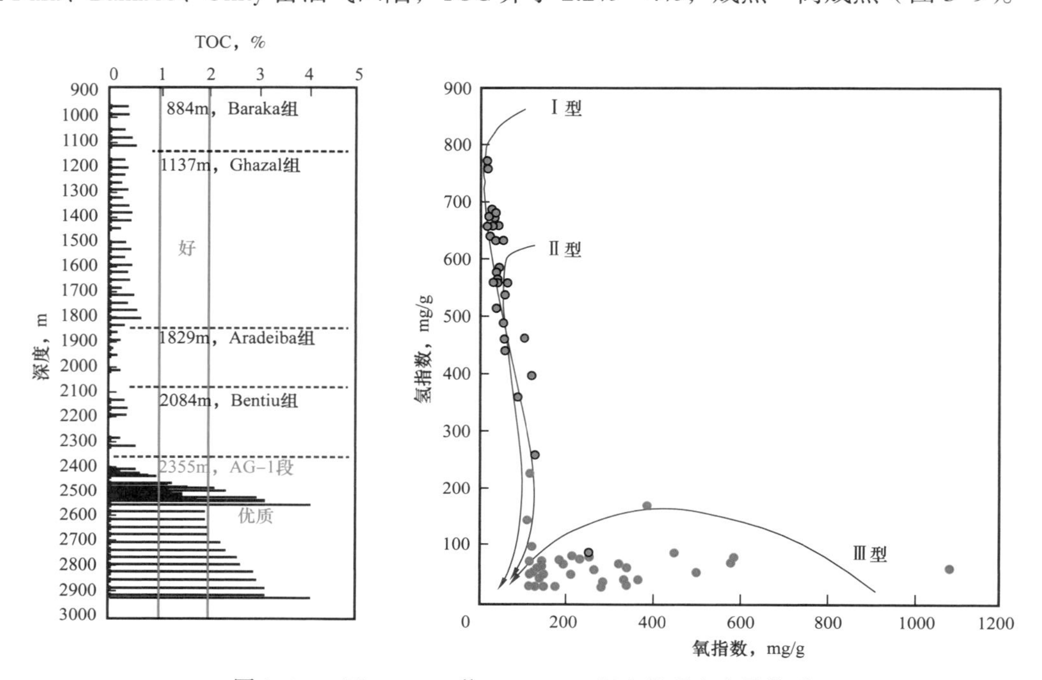

图 3-8　4 区 Neem-1 井 Abu Gabra 组有机质丰度及类型

2）烃源岩的平面展布

Abu Gabra 组烃源岩评价表明最好的烃源岩发育于 Fula 凹陷、Bamboo 凹陷、Unity 凹陷和凯康坳陷的深湖相沉积中，其次为其他负向构造单元的浅湖—半深湖相沉积。大量烃源岩样品分析和测井资料分析表明，Abu Gabra 组中上部烃源岩有机质丰度高、生烃潜力大，平面分布广；烃源岩有机质类型主要为 I 型和 II_1 型，原始母质主要为藻类和水生生物。

2. 储层评价

穆格莱德盆地已发现石油地质储量主要集中在 Abu Gabra、Bentiu、Aradeiba、Zarqa 和 Ghazal 五个组的砂岩储层中，其中 Bentiu 组砂岩的生储盖条件优越，邻近下伏的 Abu Gabra 组生油岩，上覆又有 Aradeiba 组区域盖层，是盆地的主力储层。上白垩统 Aradeiba 组、Zarqa 组和 Ghazal 组的砂岩呈夹层或互层状与各自的泥岩构成很好的储盖组合。下白垩统 Abu Gabra 组自生自储组合是近年来的主要增储层系。古近系 Nayil 组、Tendi 组以及 Amal 组也有商业发现。这些储层全都是滨浅湖—河流相，以曲流—辫状河道砂岩为主。

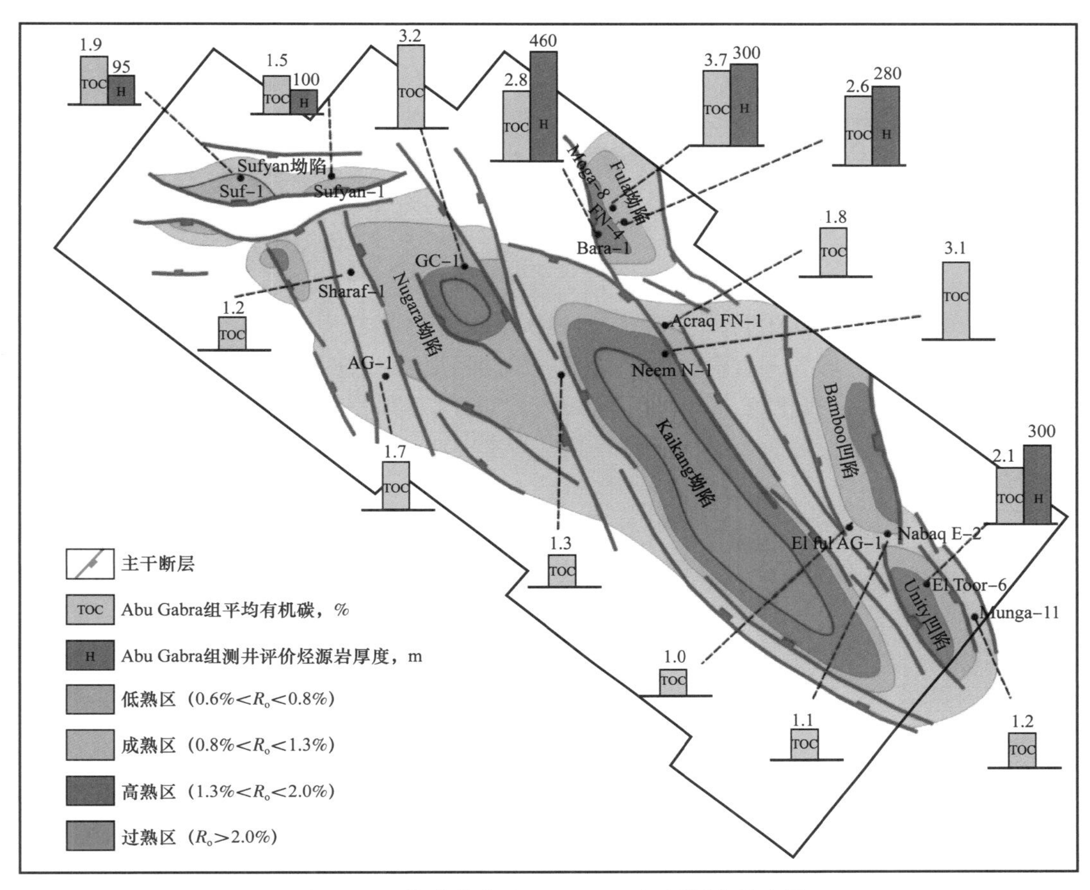

图 3-9　穆格莱德盆地 Abu Gabra 组烃源岩分布图

1）Abu Gabra 组砂岩

Abu Gabra 组砂岩一般以三角洲—湖泊相沉积为主，主要为细—粉砂岩，分选、磨圆较好，砂岩孔隙度随深度增大而减小，在 3000m 以下物性变差。

2）Bentiu 组砂岩

以中—粗粒长石或岩屑质石英砂岩为主，是最重要的储层，厚度大、分布广，砂 / 泥比例高达 70% 以上。从上至下分多个砂组，每个砂组厚约 100m，由多套辫状河道砂岩叠加组成，各砂组间以 5～20m 且分布较稳定的泛滥平原泥岩分隔，邻井之间各组基本上可追踪对比，横向分布稳定。

3）Aradeiba 组砂岩

分散在 Aradeiba 组下段泥岩中，呈夹层状，以高弯度曲流河道砂岩为主，共有 6 个砂层，单砂层厚一般 3～20m，宽 500～3000m，宽厚比 150 左右。

4）Zarqa 组砂岩

为曲流河道砂岩，正韵率，粒度从细至粗都有，岩性以石英砂岩、岩屑石英砂岩和长石石英砂岩为主，属高弯度曲流河。

5）Ghazal 组砂岩

以辫状—曲流河道块状中—粗岩屑或长石质石英砂岩为主。

6）古近系储层

Amal组以中—粗粒长石或岩屑质石英砂岩为主，在本区已有商业发现，是潜在储层。Tendi组砂岩埋藏深度不大，沉积较晚，处于成岩阶段的早期，主要为中孔高渗、中孔中渗储层，平面分布较稳定，但单层厚度不大。

3. 盖层评价

1）区域盖层

Aradeiba组是盆地最好的区域盖层，一般厚180～700m，但在坳陷中心可超过1000m，以角度不整合或平行不整合上覆于Bentiu组砂岩之上，构成全区最好的储盖组合。分上下两段：上段为一大套泛滥平原相—浅湖相泥岩，颜色为红褐色、绿灰色、灰色（偶见深灰色）等较强氧化色，基本上不含砂岩，电性上为平直的低电阻和齿状的低伽马；下段以红褐色、绿灰色、灰色等泛滥平原泥岩为主夹曲流河道和三角洲分流河道砂岩。

2）局部盖层

Abu Gabra组已经证实是一套可靠的盖层，上白垩统的Zarqa组、Ghazal组、Baraka组以及古近系Nayil组和Tendi组均已被证实为局域盖层。

4. 圈闭类型

截至目前，在穆格莱德盆地已经发现了70多个油田，油藏总数达200多个，主要为构造圈闭。就整个盆地而言，按圈闭成因及形态分类可分为构造型圈闭、非构造型圈闭和复合型圈闭三大类型。

1）构造型圈闭

构造型圈闭都与断层有关，目前已发现的储量大部分来自构造圈闭，主要类型有滚动背斜和牵引背斜圈闭、顺向断块和反向断块等。

2）非构造型圈闭

非构造型圈闭主要由沉积、地层不整合和地层超覆等因素形成。考虑本区地层沉积分布特点，非构造型圈闭的勘探应集中在Abu Gabra组、Darfur群、Nayil组和Tendi组。以Abu Gabra组为例，湖相沉积的Abu Gabra组烃源岩普遍埋藏较深、物性变差，目前经济可钻达地区位于构造隆起带和盆缘相带；Abu Gabra组顶面为区域性不整合面，上覆大套Bentiu块状砂岩，缺乏区域性顶盖层，后期主要断裂切割了Abu Gabra组，大量油气向上运移，因此，非构造型油气藏勘探同时面临着储层、封盖和保存条件的风险。

3）复合型圈闭

复合型圈闭由构造、沉积、地层和水动力等两种以上因素形成，此类圈闭形成的油气藏规模大小与圈闭面积大小和砂体大小有关，且以层状油藏为主。本区复合型圈闭主要以构造—岩性圈闭为主，如El Toor油田的Aradeiba E&F砂岩油藏和Heglig、Taiyib等地区Aradeiba油藏属于此类油藏。由于Aradeiba油藏为大套厚层泥岩中夹薄层砂岩，砂岩在平面上分布连续性差，油气通过断层运移到Aradeiba砂岩中，被断层和岩性所封堵而形成构造—岩性油气藏。

五、油气系统与成藏组合

1. 含油气系统

目前，盆地仅下白垩统Abu Gabra组为证实的烃源岩，根据盆地内坳陷在烃源岩发育时期的分隔性，将整个盆地划分为 8 个含油气系统，分别为 Unity、Bamboo、Kaikang 北、Kaikang 南、Fula、Nugara 东、Nugara 西和 Sufyan 含油气系统。其中仅有 Nugara 西为可能的含油气系统，其他均已经证实，但油气富集程度和含油层位不尽相同。

以 Fula 含油气系统为例，Abu Gabra 组有效烃源岩分布占据了凹陷 70% 以上面积，烃源岩有机质丰度高，类型以 Ⅰ—$Ⅱ_1$ 型为主，生烃能力强。Bentiu 组和 Darfur 群储层孔隙度为 22%～33%，渗透率为 200～1200mD，为高孔高渗储层。Abu Gabra 组孔隙度为 15%～28%，大部分储层为中孔中渗。钻井证实 Fula 坳陷主要发育两套盖层，一套是 Aradeiba 组区域盖层，一套是 Abu Gabra 组的滨浅湖—半深湖相泥页岩及石灰岩，泥页岩质纯、单层厚度大，是良好的区域盖层。

进入第二构造旋回的强烈断陷时期，Abu Gabra 组生油岩开始进入成熟期，在晚白垩世早期（90Ma）进入生油高峰期。根据坳陷结构和油气运聚风格，Abu Gabra 组以接触式侧向运移—充注为主，在油气大规模运移之前，构造圈闭在早白垩世末期已基本定型（图 3-10），各种油气成藏事件及相互作用对油气藏的形成搭配有效，具有形成大规模的油气聚集的条件，但后期构造演化对前期构造的改造，可能造成油气藏重新分配。

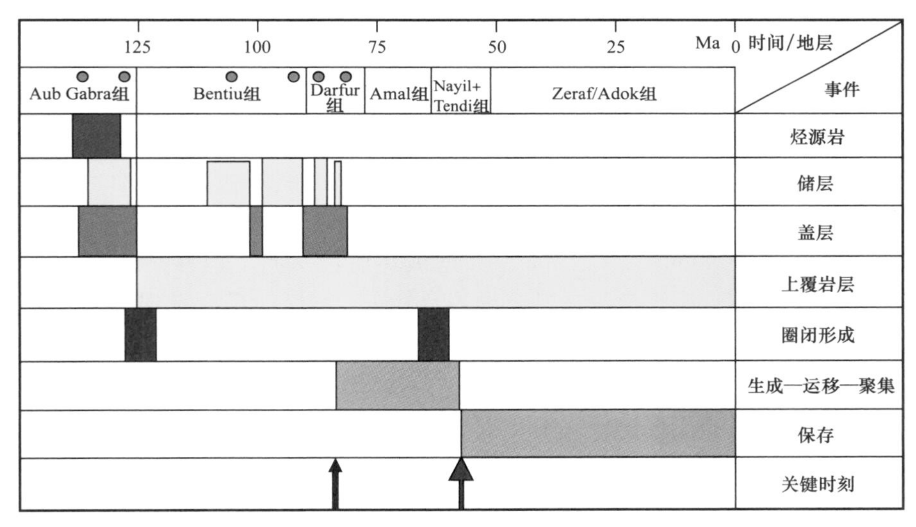

图 3-10 Fula 含油气系统主要事件图

2. 成藏组合

证实的下白垩统 Abu Gabra 组湖相烃源岩在主要负向构造单元中具有不同程度分布，因而构成了多个生烃凹陷或生烃灶（图 3-9）。

根据地层沉积特点、油气生成运移聚集分析，将盆地划分为 4 套成藏组合，自下而上分别为：下白垩统 Abu Gabra 组内部组合、下白垩统 Bentiu-Aradeiba 组组合、上白垩统 Darfur 群组合和古近系组合（图 3-7），其中 Bentiu-Aradeiba 组合为主力组合。

1）下白垩统 Abu Gabra 组内部组合

为 Abu Gabra 组自生、自储组合，主要发现为 4 区的 Neem-Azraq 油田，Fula 凹陷的 Fula-Moga、Jake 和 Keyi 等油田，努加拉坳陷的 Hadida 油田、Abu Gabra 油田、Sharaf 油田以及 Sufyan 凹陷的 Suf 油田、Sufyan 油田。该组合生储盖配置良好，主要风险为储层物性，“十二五”开始加大对该组合的勘探力度，目前已发现地质储量 2.2×10^8t，约占盆地全部发现的14%，是今后勘探的主要方向。

2）下白垩统Bentiu-Aradeiba组组合

由于Aradeiba组泥岩分布较广，几乎覆盖全盆地，因而使盆地绝大多数油气停留在该套泥岩之下，使Bentiu砂岩成为全区主要的油气储层。Bentiu-Aradeiba组为全区主要的储盖组合，即主力储盖组合（图3-7）。

从目前埋深来看，Bentiu-Aradeiba组组合在1区、2区和6区基本上处在比较适中的范围内，大部分在1000～2500m之间，但进入凯康坳陷该组合急剧加深，在古近—新近纪强烈沉降的地区，该组合的埋深可达5000～8000m，甚至更深；而凯康坳陷两侧的断阶带，在古近—新近纪相对活动较弱的地区，埋深也在3000～4000m。

目前该组合已经探明地质储量近10.8×10^8t，约占盆地全部发现的67%，是盆地最主要的组合。

3）上白垩统Darfur群组合

上白垩统Darfur群内部Zarqa组、Ghazal组、Baraka组组合是盆地仅次于Bentiu组的组合，随着勘探的深入，该组合发现油气越来越多，目前发现地质储量约2.6×10^8t，约占盆地全部发现的16%。

4）古近系组合

古近系Amal组、Nayil组和Tendi组组合仅见于凯康坳陷古近—新近纪强烈沉降的地区，如Kaikang-1井在Tendi组测试出超过290t/d的油流；ElMahafir-1井在Nayil泥岩中的砂岩夹层内试出超过15t/d的油流；Hilba NE-1井在Amal砂岩中发现稠油。目前已发现石油地质储量约6000×10^4t，约占盆地全部发现的4%。关于古近系油藏的成因，目前仍有争议，但来源于下伏的Bentiu-Aradeiba油藏遭破坏后再次向上运移，在浅部地层中形成的次生油藏占主导地位，该组合仅在凯康坳陷及其东、西断阶带有发现，其他地区由于埋藏较浅，没有潜力。

六、油气分布规律

1. 油气富集特征

穆格莱德盆地发现规模油气田有19个，占了穆格莱德盆地总储量的92.6%。纵向上主要分布在三套成藏组合中，以主力组合为主，其次为上白垩统和古近系。

主力成藏组合在垂向上的分布受后期叠置裂谷发育程度的控制。一般来说，盆地内的区域盖层控制了主力成藏组合在垂向的发育位置，而区域盖层的形成与后期裂谷发育程度关系密切。如果后期叠置裂谷发育程度大于早期裂谷，那么后期叠置裂谷就可能形成盆地内最主要的区域盖层，进而控制盆内主力成藏组合在垂向的分布。穆格莱德盆地在早白垩世裂谷期形成区内优质烃源岩后，在晚白垩世再次发育一期强烈的断陷，形成优质的区域盖层，对整个早白垩世裂谷坳陷期形成的砂体起到封盖作用，形成该盆地的主力成藏组合。

1）构造油气藏主要平行于构造带呈条带状分布

盆地在形成前无地壳弯曲，层间无滑动，这导致控盆主断层相对陡立，无深层滑脱，与之对应，局部构造以反（顺）向断块、断垒为主，少见与铲式断层伴生的滚动背斜。这种地球动力学背景和构造样式特征导致了盆地油藏类型以构造圈闭为主，反向断块是主要的圈闭类型，这与中国东部渤海湾盆地的主要圈闭类型有很大的区别[5, 6]。

由于盆地的边界断层一般呈雁行状排列，导致各坳陷也呈雁行状排列。这样的结构特点导致发育数量丰富的翘倾断块，形成穆格莱德盆地最常见的圈闭类型，即反向断块。反向断块对于油气聚集具有得天独厚的优势，首先是在反向断块两侧均发育沟通油源的大断层，可以双向供油；其次是侧向封堵条件好，大断层使断层两侧的砂泥对接形成封堵，油气易于保存。

穆格莱德盆地已经证实的油气富集带基本上呈东西两个带状分布。究其原因，主要是断层上下两盘沉积物的载荷不同形成基底翘倾，大量反向断块在此发育，并聚油成藏，据此提出了以翘倾断块带为单元进行勘探的理念。

2）岩性油气藏以小型构造—岩性为主

截至目前，穆格莱德盆地内的岩性油气藏以小型构造—岩性为主，未形成规模突破，其主要原因如下：穆格莱德盆地缺乏宽缓的斜坡，难于形成地层油气藏；源内岩性油气藏易发育的生烃凹陷一般埋深过大，受作业成本限制，难于勘探；陡坡带 / 陡坡断阶带发育的窄相带的扇体和透镜体规模一般较小。

3）基岩潜山成藏条件差

穆格莱德盆地已有多口井钻遇基底，揭示基底岩性主要为花岗岩和花岗闪长岩质片麻岩，属前寒武系和寒武系侵入岩及变质岩，截至目前，盆地基岩没有规模发现。结合盆地油气地质条件，分析主要原因如下：

（1）下白垩统 Abu Gabra 组沉积早期以大套粗粒沉积为主，大部分地区直接覆盖在基岩之上，难以形成有效的区域盖层，对基岩成藏非常不利；

（2）盆地内部缺乏大型继承性古隆起，由于盆地经历了长期的准平原化作用，古地形起伏不大，现今地震勘探资料所揭示的隆起大部分是后期构造运动抬升所致；

（3）盆地虽然经历了三期构造运动，但后期反转作用弱，基岩裂缝普遍不发育，加上绝大部分地区沉积岩厚度超过 4000m，基岩储层物性非常差，难以形成有效储层。

4）烃类产出相态以油为主

被动裂谷盆地热演化史特征为初期无地幔上拱，地温低，裂谷高峰期到来得比主动裂谷要晚。由于地壳均衡地幔小幅上拱，地温有所增高，后期冷却收缩较慢，冷却速率较小，这就导致被动裂谷盆地生烃时间晚，持续时间长。

2. 油气成藏主控因素

穆格莱德盆地在烃源岩、储层、盖层、储盖组合、圈闭类型和油气聚集规律等方面均有其独特性，具体表现在以下几个方面：单一烃源岩控油、转换带控砂、后期叠置裂谷控藏、反向断块成藏为主。

1）单一烃源岩控油

勘探实践表明盆地多表现为短暂湖盆相序和短暂河流相序间互叠置，即断陷期砂泥岩间互，坳陷期砂岩厚度稳定、可连续追踪。根据被动裂谷盆地的构造演化、沉积体系发育特征，将穆格莱德盆地的烃源岩发育特征概括如下：

（1）单层叠加效应：同裂谷期发育优质湖相泥质烃源岩，砂泥岩互层，单层泥岩厚度薄，但累计厚度大，形成巨厚的单一烃源岩。

（2）晚而持续的生烃窗：盆地初期无地幔上拱，地温低；裂谷高峰期由于地壳均衡地幔小幅上拱，地温有所升高；后期冷却收缩，逐步降低，导致生烃时间晚，以生油为主，且持续时间长。

（3）高排烃效率：盆地烃源岩为在砂泥岩互层中的泥岩层，生烃泥岩单层厚度小，往往砂泥间互频繁，导致烃源岩排烃效率高，一般可达 50% 以上（而一般裂谷盆地在 20%～25%），加上后期断裂发育，绝大部分油气已经排出聚集。

2）转换带控砂

Fula 凹陷的南部洼陷和北部洼陷之间，即两个半地堑极性发生变化的部位，发育 Fula 中部转换带，是中部构造带的主要组成部分，同时也是油气富集区域。

3）后期叠置裂谷控藏

区域盖层和主力成藏组合取决于后期叠置裂谷的发育情况，盆地在早白垩世被动裂谷期后叠置了一套晚白垩世主动裂谷。该期裂谷全盆地发育，裂谷期形成了 Aradeiba 组全盆地分布的泥岩，成为盆地区域盖层。

4）反向断块成藏

边界断层多为陡立式的深大断裂，断层继承性活动，早期的构造圈闭被改造成若干断块，绝大部分圈闭与断层相关。局部构造以反（顺）向断块、断垒为主，少见与铲式断层伴生的滚动背斜。

第二节　南苏丹迈卢特盆地

迈卢特盆地位于中非裂谷系东端[2, 3]，盆地主体位于南苏丹，向南延伸到埃塞俄比亚，呈北西—南东走向，长约 350km，宽 50～100km，面积近 3×10^4km^2，最大地层厚度超过 10000m，是南苏丹境内最主要的含油气盆地。

一、概况

迈卢特盆地是中国石油在海外第一次对一个盆地进行风险勘探，介入时盆地的勘探程度很低，二维地震平均测网密度 4km×6km，只有 5 口钻井。雪佛龙公司曾在该盆地进行了十年勘探，没有取得突破，仅发现一个小油田，地质储量 0.24×10^8t，缺乏经济价值。后来又有国内外多家石油公司对该盆地进行评价，均认为其潜力不大。

中国石油作业区覆盖了盆地北部和中部，涉及北部凹陷、中部凹陷、西部凹陷、西部凸起、东部凹陷和南部凹陷等构造单元，其中北部凹陷是最主要的含油气凹陷，预测其石油地质资源量达 15×10^8t。截至 2016 年底，工区完成二维地震 28036.35 km，三维地震 5006km^2，探井和评价井 237 口，进尺 58.9km。已发现油田 20 个，累计探明石油地质储量 8.9×10^8t，可采储量 1.85×10^8t。

二、构造特征

1. 基底结构

区域布格重力异常图（图 3-11）显示迈卢特盆地和其北部的 Rawat 盆地表现为两个 NNW 走向的楔形体。迈卢特盆地呈北西窄、南东宽的楔形，盆地向北西方向收敛，向南撒开，主体沉积部位表现为宽缓的重力低，周边被重力高的基岩隆起环绕[7]。

图 3-11　迈卢特盆地布格重力异常图

迈卢特盆地表现为“五凹一凸”的构造特点。布格重力异常图上为“两低夹一高”，即东部相对重力低带、西部相对重力低带和西部相对重力高带，由南向北重力异常的走向由 NNW 向 NW 方向收拢。东部重力低带由四个局部重力低带组成，对应于迈卢特盆地的四个沉积凹陷（北部凹陷、东部凹陷、中部凹陷和南部凹陷）；西部重力低带对应于盆地的西部凹陷；西部重力高带对应于盆地的西部凸起，自北向南由 4 个相对重力高点组成。

2. *盖层结构*

在盆地重力构造单元划分的基础上，根据地震资料、盆地断裂系统图、各层的地层残余厚度图把迈卢特盆地划分为 6 个构造单元（图 3-12），包括 5 个凹陷，即北部凹陷、东部凹陷、中部凹陷、南部凹陷和西部凹陷，1 个凸起，即西部凸起（表 3-1），其中北部凹陷规模最大。

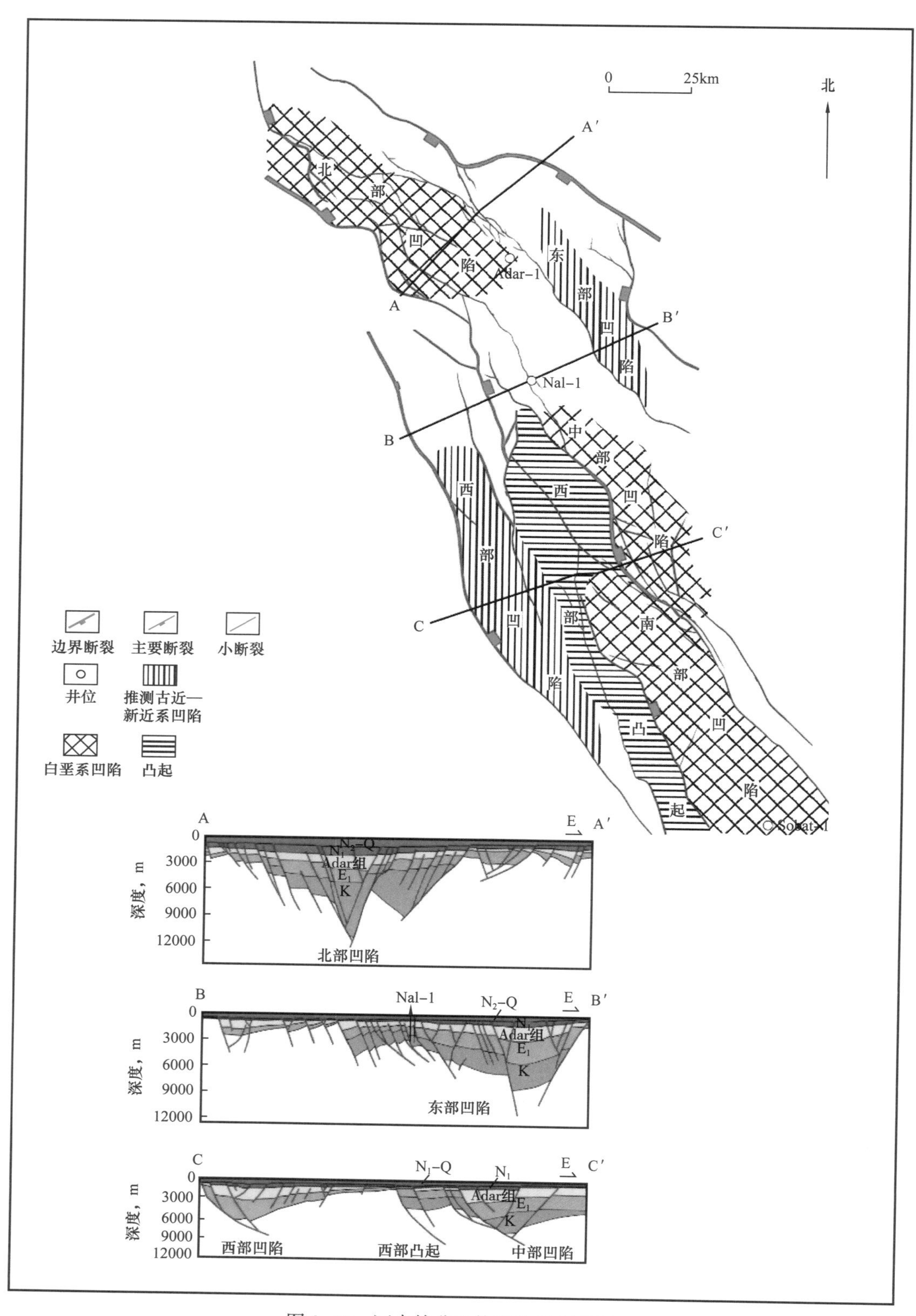

图 3-12　迈卢特盆地构造单元划分图

表 3-1　迈卢特盆地重力构造单元要素统计表

构造单元	走向	面积，km²	最大异常值，mGal
北部凹陷	NW—SE	7500	-88
东部凹陷	NNW—SSE	1000	-60
中部凹陷	NNW—SSE	2000	-74
西部凹陷	NNW—SSE	2500	-78
西部凸起	NNW—SSE	2500	-38
南部凹陷	NNW—SSE	2500	-82

1）北部凹陷

分布于盆地北部，呈向北收敛的不规则菱形，NW—SE 走向，面积超过 3000km^2，在早白垩世，凹陷具有明显的三分性：即北部呈西断东超的箕状凹陷，中部呈双断的地堑结构，南部呈东断西超的箕状凹陷，结构上呈现为复合的箕状凹陷。在古近纪 Adar 组沉积时期呈地堑结构。地震剖面上，明显存在上下两套沉积楔状体，推测经历了白垩纪和古近纪两期裂陷演化。最大沉积盖层厚度超过 12000m，存在多个沉积中心。在凹陷北部，地层向东逐渐减薄；在凹陷南部，地层向西逐渐减薄。

北部凹陷的边界受大断层控制，其边界大断层通常不是一条，而是由 2～3 条大断层构成，即在不同部位，边界断层不同。北部凹陷西邻盆地的边界，基底在大部分区域已出露地表；东邻东部凹陷的北延部分，南部以断层与西部凹陷、西部凸起和中部凹陷相邻。

2）东部凹陷

分布于盆地东部，从南到北由 4 个西断东超的小型箕状凹陷组成。NW—SE 走向，面积约 400km^2。从地震剖面看，仅有一套沉积楔状体发育，推测是在古近系沉积时期形成的箕状断陷，区内最大沉积盖层厚度约 5000m。地层向东逐渐变薄。

与北部凹陷类似，东部凹陷的边界受多条断层控制。它西邻北部凹陷，与北部凹陷以断层接触，局部地区以凸起相隔。向北、向东为盆地边界，基底在大部分区域已出露地表。向南以断层与中部凹陷为邻。

3）中部凹陷

分布于盆地中南部，呈 NNW—SSE 走向，是一个西断东超的箕状断陷，面积约 800km^2。从地震剖面看，发育两套沉积楔状体，是自白垩纪以来形成的箕状断陷。区内最大沉积地层厚度约 10000m，地层向东逐渐变薄。

中部凹陷受其西界的大断层控制。它以北部斜坡与北部凹陷相邻，向东以断层与东部凹陷接触，向西以断层与西部凸起为邻，向南以断层与南部凹陷相邻。东南方向推测为盆地边界，基底已出露地表。

4）南部凹陷

位于盆地南部，向南延伸到埃塞俄比亚，呈 NNW—SSE 走向，是一个西断东超的箕状断陷，南苏丹境内面积约 1300km^2。从地震剖面看，发育两套沉积楔状体，是自白垩纪以来形成的箕状断陷，区内的两口探井均揭示了白垩系的存在。南部凹陷最大沉积盖层厚度约11000m，存在南北两个沉积中心。地层向东逐渐变薄。南部凹陷受其西界的大断层控制，向北、向东以断层与中部凹陷接触，向西以断层与西部凸起为邻，向南延伸出区块边界。

5）西部凹陷

分布于盆地西部，呈NNW—SSE走向，面积约600km²。从地震剖面看，仅有一套沉积楔状体发育，推测是在古近系沉积时期形成的箕状断陷，但目前尚无钻井资料证实。区内最大沉积盖层厚度约5000m。地层向东逐渐变薄。

西部凹陷受其西界断层控制，向西为盆地边界，基底在大部分区域出露地表。西部凹陷向北收敛与北部凹陷以断阶带过渡，向南地层逐渐抬高与南部凹陷以断层接触。西邻西部凸起，在北部主要以断层接触，南部逐渐变为断阶带接触。

6）西部凸起

介于北部凹陷、中部凹陷、南部凹陷与西部凹陷之间，呈NNW—SSE走向。从北往南一直延伸并逐渐倾没，是盆地内部的一个正向构造单元，面积约550km²。其特征是北高南低、东高西低，北宽南窄。凸起高部位整个白垩系和部分古近系缺失，最大沉积盖层厚度4000m左右，沉积地层向北、向东逐渐变薄。

西部凸起主体是受两条背倾的NNW—SSE向大断层夹持的断垒带，向南倾没消失于南部凹陷，其东西两侧以边界大断层或断阶带与西部凹陷和南部凹陷、中部凹陷接触，向北抬高以断层与北部凹陷为邻。

3. 断裂特征

1）剖面特征

迈卢特盆地除部分小断层外，控凹、控带的一级、二级断层均为基底卷入型断层。盆地内断层的剖面形态以平直式为主，偶见上陡下缓的犁式。平直式基底卷入型断层的倾角基本一致，普遍在35°～45°之间，表明基底卷入型断层为旋转的平直式正断层构成的多米诺式正断层系统。另外，倾向一致的基底断层具有向盆地中心倾角依次变小的特征，说明上盘断块相对于下盘断块依次发生了旋转。

断层在剖面上的组合方式包括反向断阶式、顺向断阶式、地垒式组合、扇形和“Y”字形等（图3-13）。

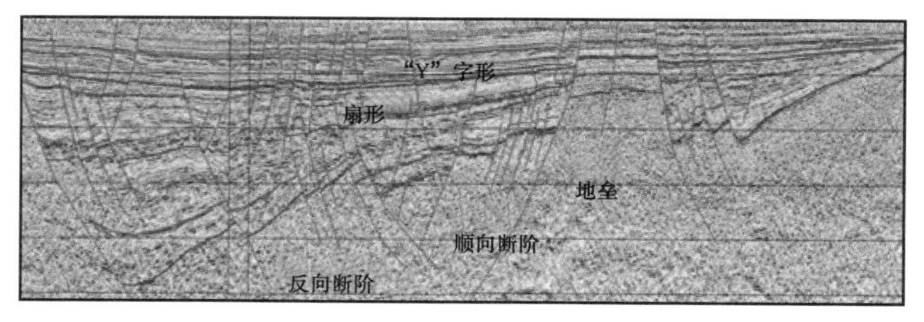

图3-13 断层剖面组合样式示意图

2）平面特征

在平面上，迈卢特盆地内部断裂以NW向和NNW向伸展断层为主，主干正断层的组合形式以侧列、斜列为主，分叉为辅，基本不发育横向和斜向的调节断层。宏观上看，由于侧列或平行的伸展断层的位移相互消长导致主断陷位置及断陷轴部呈波状摆动。迈卢特盆地断层平面组合形式有 8 种类型（图 3-14），其中断陷两侧边界断层附近的基底主干正断层主要构成同倾向的平行、侧列、斜列、分叉组合。从盆地断裂密度分布看，箕状凹陷的缓翼密度最高，其次为陡翼，而凹陷中心断层相对稀疏。

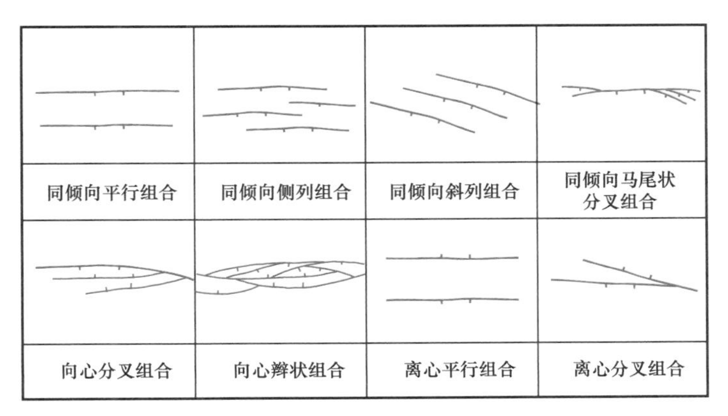

图 3-14　迈卢特盆地断层平面组合形式类型

3）断裂体系

迈卢特盆地主要受两大断裂体系控制，即北部的 NW 向断裂体系和中南部的 NNW 向断裂体系。盆地发育少量的近东西向断层和近南北向断层，主要起调节作用。根据断层的规模、对构造控制作用的大小，把盆内的断层分为以下四级：

（1）一级断层或边界断层：控制盆地或构造单元边界的大断层，对沉积有强烈的控制作用，有些断层同时控制了构造带的形成与展布（表 3-2）。

表 3-2　迈卢特盆地边界断层要素表

标记	断层名称	级别	走向	倾向	最大断距 ms	延伸长度 km	代表测线
AA′	迈卢特盆地西界断层	1	NW	NE	2400	264	83-699，79-007，80-064
Ⅰ	南部凹陷西界断层	1	NNW	NEE	1200	116	80-064，83-615
Ⅱ	中部凹陷西界断层	1	NW	NE	3800	162	83-607，79-007
Ⅲ	东部凹陷西界断层 1	1	NW	NE	1100	92	79-007，81-203
Ⅳ	中部凹陷北界断层	1	NNE	SEE	950	42	80-058，83-669
Ⅴ	北部凹陷西界断层	1	NW	NE	1800	142	02-077，03-226，79-103
Ⅵ	北部凹陷东界断层	1	NW	SW	2650	140	02-077，03-226，79-103
Ⅶ	东部凹陷西界断层 2	1	NE	SE	1000	54	02-085

（2）二级断层：构造单元内部控制构造带展布的大断层，有些断层或在断层的某一段对沉积也有控制作用，表现为下降盘地层厚度明显大于上升盘地层厚度。

（3）三级断层：构造带内部控制局部构造的断层。

（4）四级断层或小断层，切割局部构造并使之变破碎的断层。

4. 构造带展布

根据主要目的层“G”砂岩顶面构造图、断裂的展布、圈闭的发育情况及其相关性等因素在盆地内划分出17个二级构造带（图3–15，表3–3）。

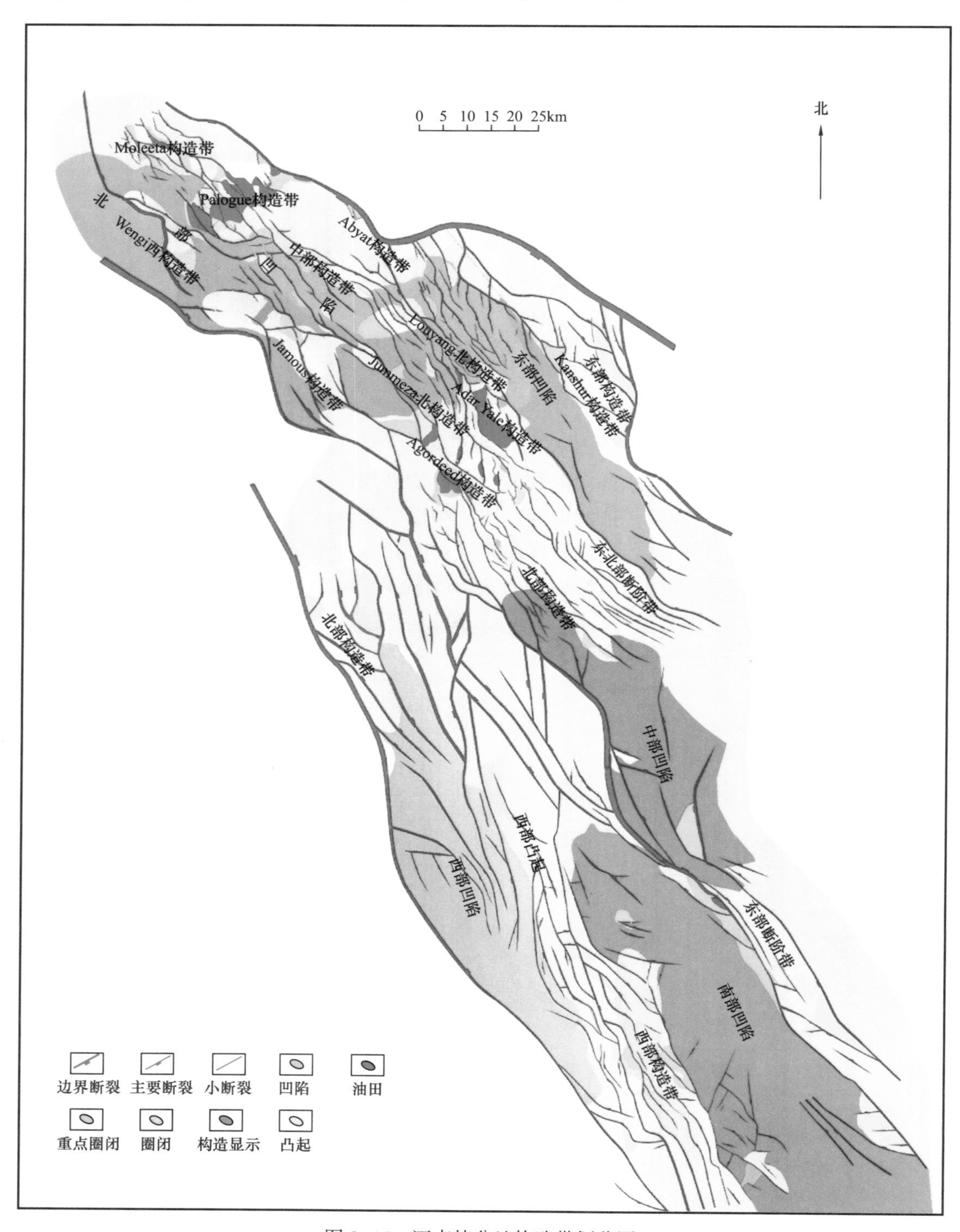

图3–15 迈卢特盆地构造带划分图

表 3–3 迈卢特盆地构造带划分

二级构造单元	构造带	主要构造样式
北部凹陷	Moleeta 构造带	断块、断鼻
	Palogue 构造带	披覆背斜、断背斜、断鼻
	Wengi 西构造带	断块、断鼻
	Jamous 构造带	断背斜、断鼻、断块
	中部构造带	断背斜、断鼻
	Abyat 构造带	断块、断鼻
	Longyang 北构造带	断背斜、断鼻、断块
	Adar–Yale 构造带	断背斜、断块
	Agordeed 构造带	披覆背斜、断块、断鼻
	Jummeza 北构造带	断块、断鼻
东部凹陷	东部构造带	断垒、断鼻、断块
	Kanshur 构造带	断块、断鼻
中部凹陷	东北部断阶带	断块、断鼻
	北部构造带	断块、断鼻
南部凹陷	西部构造带	断背斜、断鼻、断块
	东部断阶带	断块、断鼻
西部凹陷	北部构造带	断鼻、断块
西部凸起	未划分构造带	

5. 构造样式

迈卢特盆地是一个在张扭应力环境下发育的中—新生代断陷盆地，构造样式明显受断层控制，主要发育背斜型和断块型两大类。背斜型构造样式包括滚动背斜、披覆背斜和堑式背斜，断块型构造样式包括断垒、反向断块、反向断鼻、顺向断块和顺向断鼻等。

三、沉积地层

迈卢特盆地地层由陆相碎屑岩局部夹火成岩（以喷发岩为主）组成，从老到新分布的沉积地层有：下白垩统、上白垩统、古近系、新近系和第四系，从下往上发育 K_1、K_2—E、N—Q 三套从粗到细、从红到灰的沉积旋回（图 3–16），各套地层特征如下。

1. 中生界下白垩统

1）Al Gayger 组

总体上为砂泥岩不等厚互层，中下部为厚层、巨厚层中细砂岩夹薄层泥岩，上部为砂泥岩薄互层，底界与基底呈角度不整合接触。

2）Al Renk 组

以暗色泥岩为主，偶夹薄层砂岩，是盆地主要烃源岩发育层段。其顶部是一区域性不整合面。与下伏 Al Gayger 组局部呈角度不整合接触。

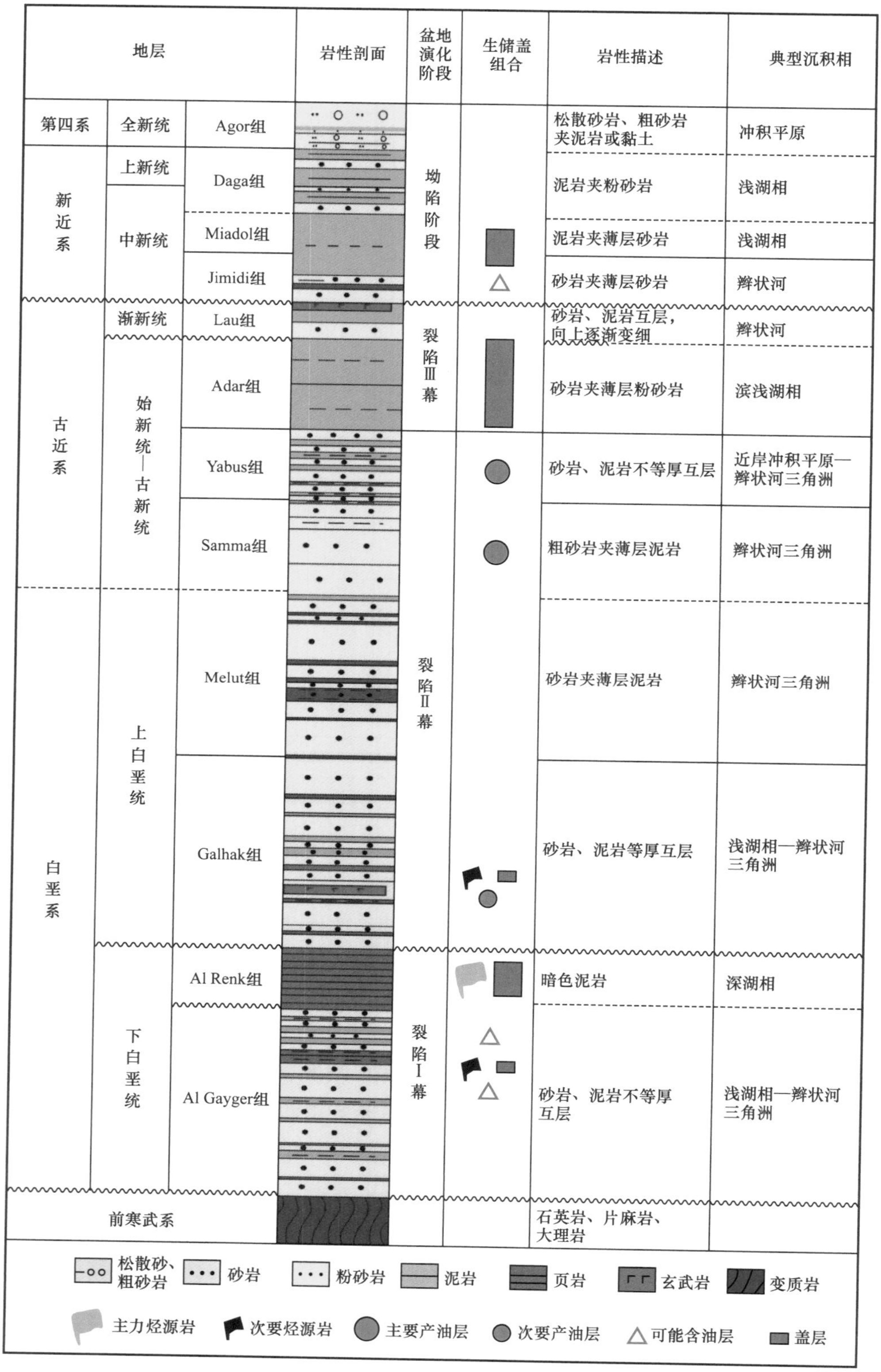

地层			岩性剖面	盆地演化阶段	生储盖组合	岩性描述	典型沉积相
第四系	全新统	Agor组				松散砂岩、粗砂岩夹泥岩或黏土	冲积平原
新近系	上新统	Daga组		坳陷阶段		泥岩夹粉砂岩	浅湖相
新近系	中新统	Miadol组		坳陷阶段		泥岩夹薄层砂岩	浅湖相
新近系	中新统	Jimidi组		坳陷阶段		砂岩夹薄层砂岩	辫状河
古近系	渐新统	Lau组		裂陷Ⅲ幕		砂岩、泥岩互层，向上逐渐变细	辫状河
古近系	始新统—古新统	Adar组		裂陷Ⅲ幕		砂岩夹薄层粉砂岩	滨浅湖相
古近系	始新统—古新统	Yabus组		裂陷Ⅱ幕		砂岩、泥岩不等厚互层	近岸冲积平原—辫状河三角洲
古近系	始新统—古新统	Samma组		裂陷Ⅱ幕		粗砂岩夹薄层泥岩	辫状河三角洲
白垩系	上白垩统	Melut组		裂陷Ⅱ幕		砂岩夹薄层泥岩	辫状河三角洲
白垩系	上白垩统	Galhak组		裂陷Ⅱ幕		砂岩、泥岩等厚互层	浅湖相—辫状河三角洲
白垩系	下白垩统	Al Renk组		裂陷Ⅰ幕		暗色泥岩	深湖相
白垩系	下白垩统	Al Gayger组		裂陷Ⅰ幕		砂岩、泥岩不等厚互层	浅湖相—辫状河三角洲
前寒武系						石英岩、片麻岩、大理岩	

松散砂、粗砂岩　砂岩　粉砂岩　泥岩　页岩　玄武岩　变质岩

主力烃源岩　次要烃源岩　主要产油层　次要产油层　可能含油层　盖层

图3-16　迈卢特盆地地层综合柱状简图

2. 中生界上白垩统

1）Galhak 组

总体上为一套透明、半透明中细砂与深灰色、绿灰色、褐色泥岩等厚互层。底界以出现块状厚层泥岩为标志。与下伏地层呈角度不整合接触。

2）Melut 组

上部基本上为砂泥岩中厚层间互或薄互层，砂岩为透明、半透明中粗粒砂岩，泥岩呈深灰色、灰色、褐色；下部为大套厚层砂岩夹薄层泥岩，砂岩呈透明、半透明，中粗粒，泥岩呈浅灰色。与下伏 Galhak 组呈整合接触。

3. 新生界古近系

1）Samma 组

以大套厚层砂岩发育为显著特点。上部主要是大套厚层中粗粒砂岩夹薄层泥岩，下部主要是中厚层中粗粒砂岩夹薄层泥岩。顶底以分布比较稳定的泥岩为界。该组地层区域上稳定分布，是盆地的主要目的层之一，可进一步细分为 4 个砂层组。与下伏上白垩统基本呈整合接触。

2）Yabus 组

Yabus 组岩性总体上由下向上逐渐变细，单砂岩厚度逐渐变薄。上部为红褐色泥岩夹薄层浅灰色中粗粒或细粉粒砂岩，中部为乳白色、浅灰色或浅褐色中细粒砂岩与浅灰、灰色泥岩等厚互层，下部为厚层砂岩夹薄层泥岩。底部以一层稳定分布的泥岩与 Samma 组分界。该组地层区域上稳定分布，厚度介于 100～300m，是盆地的主要目的层之一，可进一步分为 3 段 6 个砂组。与下伏 Samma 组地层呈整合接触。

3）Adar 组

岩性以大套泥岩为特征，夹薄层砂岩、粉砂岩。泥岩颜色以红褐色为主，上部偶见深灰、浅灰或者黄绿、绿灰色—紫色等杂色。区域上稳定分布，厚度介于 141～507m，平均 293m，是盆地的区域盖层。与下伏 Yabus 组呈整合接触。

4）Lau 组

仅分布于迈卢特盆地古近纪凹陷区域，大多数井没有揭示。下部为浅绿灰—浅灰泥岩和中粗粒石英砂岩互层，上部基本上绿灰色泥岩夹石英砂岩。厚度一般在 300m 左右。与下伏 Adar 组整合接触，局部呈角度不整合接触。

4. 新生界新近系

1）Jimidi 组

岩性以大套砂岩为主，下部为厚层粗粒砂岩夹薄层泥岩段，上部为砂泥岩薄互层或泥岩、粉砂岩和砂岩互层。区域上稳定分布，平均厚度 151m。与下伏 Lau 组或 Adar 组呈角度不整合接触。

2）Miadol 组

岩性基本上为厚层泥岩夹薄层粉砂岩和砂岩。区域上稳定分布，平均厚度 183m；与下伏 Jimidi 组呈整合接触。

3）Daga 组

砂泥岩互层，总体上呈现向上泥质含量略有增加、粒度逐渐变细的弱的正旋回特征，偶见火山灰。区域上稳定分布，全区所有井均钻遇该组地层，平均厚度约 210m。

5. 新生界第四系

Agor 组岩性以松散砂岩、砂岩为主夹泥岩或黏土，部分地区尚未固结成岩，大部分井未进行测井。全区分布比较稳定，平均厚度 285m。与下伏地层呈整合接触。

四、生储盖及圈闭特征

1. 生油岩

钻井资料揭示在迈卢特盆地下白垩统 Al Gayger 组和 Al Renk 组、上白垩统 Galhak 和 Melut 组、古近系 Adar 组以及新近系 Miadol 组和 Daga 组均有泥岩发育。除白垩系泥岩外，古近系、新近系泥岩埋藏较浅（浅于 2500m），未成熟，不能作为有效烃源岩，不排除深凹区具有生烃能力的可能。从盆地演化史、沉积层序特征及地球化学分析来看，迈卢特盆地应以白垩系烃源岩为主。

地球化学分析表明迈卢特盆地的主力烃源岩是 Al Renk 组深湖相暗色泥岩，其次是 Galhak 组和 Al Gayger 组浅湖相暗色泥岩。前者 TOC 含量平均近 2.0%，氯仿沥青“A”平均超过 1000μg/g，HC 值平均接近 1000μg/g，属于好烃源岩；后两者 TOC 含量平均接近 1.0%，氯仿沥青“A”介于 500～1000μg/g，HC 值平均接近 500μg/g，属于中等烃源岩。

多种地球化学参数分析表明迈卢特盆地白垩系烃源岩以Ⅱ型和Ⅲ型为主，陆生高等植物的贡献较大；烃源岩成熟门限深度在 2350m～2500m 之间（图 3-17）。盆地模拟结果表明北部凹陷下白垩统烃源岩底部在 104Ma 左右（晚白垩世早期）开始生烃，生烃高峰为 36Ma（Adar 组沉积末期），凹陷中心区域现今已处于生气阶段[8]。

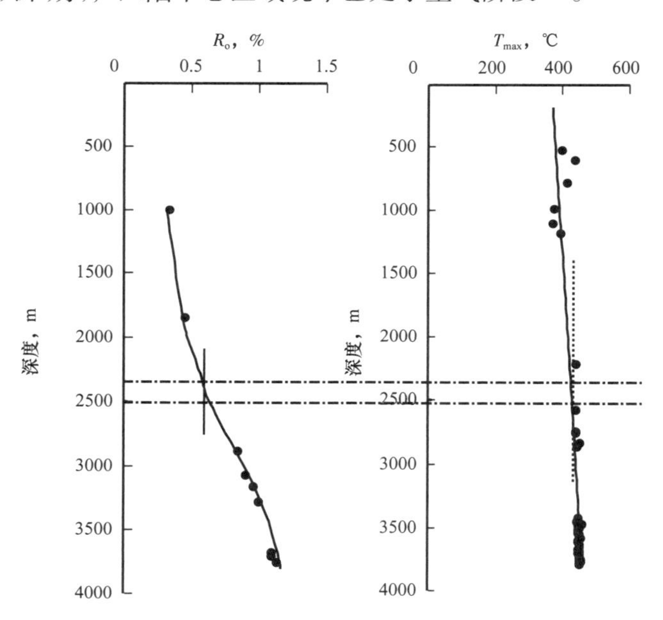

图 3-17 Agordeed-1 井有机质热演化剖面

上白垩统下段灰色泥岩为迈卢特盆地次要烃源岩，有机质丰度较高，但生烃潜力较小，主要分布在北部凹陷的南部和东部，有机质来源应为高等植物为主，有机质类型为腐殖型（Ⅲ型），烃源岩已成熟，在凹陷深部达到高成熟。

2. 储层

古近系 Yabus 组、Samma 组砂岩是迈卢特盆地的主力储层，另外新近系 Jimidi 组、下白垩统和上白垩统组局部也有储层发育。储层物性随埋深加大变差，从 2650m 开始孔隙度急剧减小，测井孔隙度基本在 15% 以下，局部地区在 3000～3500m 井段发育次生孔隙带。

1）Yabus 组砂岩储层

该组上部为红褐色泥岩夹薄层浅灰色砂岩，中下部为砂泥岩互层，底部为厚层砂岩夹薄层泥岩。油气主要集中在砂泥岩互层中。钻井揭示出该组地层厚度在 200m 以上，最大厚度达 311m，其中砂岩总厚度最大达 175m，砂岩单层最厚达 26.2m。除 Doam-1 井外，其余各井该组砂岩总厚度均大于 50m。由于该组沉积环境变化大，储层的平均砂岩含量一般在 50% 以下。从平面分布上来看，Yabus 组下段到 Samma 组地层的厚度普遍在 300m 以上，在沉积中心可达 800m 以上，全区分布稳定[9, 10]。

发育Ⅰ、Ⅱ、Ⅲ、Ⅳ、Ⅴ和Ⅵ 6 个砂组（图 3-18），从平面分布看，Ⅳ—Ⅵ砂组分布连续，在全区一般可以对比，Ⅳ砂组在地震剖面上全区可以追踪，是很好的标志层。Ⅰ—Ⅲ砂组沉积环境以河道为主，Ⅳ—Ⅵ砂组主要为大套的辫状河三角洲叠置砂体。

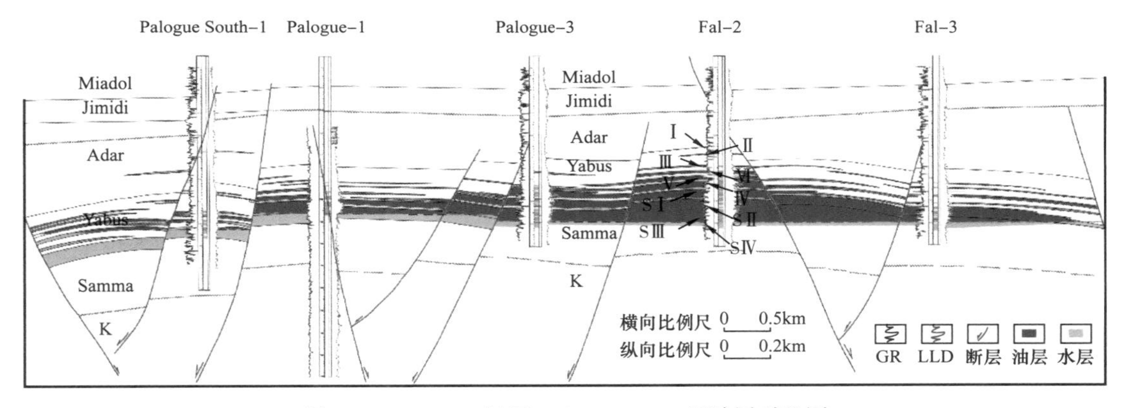

图 3-18　Palogue 油田 Yabus+Samma 组砂层对比图

Yabus 组砂岩岩石类型以岩屑石英砂岩及长石石英砂岩为主，少量石英砂岩、岩屑砂岩、岩屑长石砂岩及长石砂岩，以中砂岩、粗砂岩为主，细砂岩次之，砾石、粉砂少量；分选以中等为主，少量样品分选好或分选差。孔隙度平均可达 26.82%，渗透率多在 1000mD 以上，属于高孔高渗储层。

2）Samma 组砂岩储层

Samma 组上部主要为大套厚层中粗粒砂岩夹薄层泥岩，下部为中厚层砂岩夹薄层泥岩。最大厚度 300m 左右，地层砂岩含量平均为 71%，是所有储层中砂岩含量最高的层段。砂层总厚度最大 210m，单层最大厚度 37m，平均 5.7m。

发育 4 个砂组（SⅠ、SⅡ、SⅢ和 SⅣ），其中 SⅣ砂组连续性好，在全区可以对比。主要沉积环境是辫状河道、进积辫状河三角洲，局部发育滑塌浊积扇（图 3-18）。

Samma 组砂岩以粗砂岩、中砂岩为主，主要岩石类型是岩屑石英砂岩及长石石英砂岩，属高孔高渗储层。

3）Jimidi 组砂岩储层

Jimidi 组砂岩储层仅分布于北部凹陷东部 Ruman 等局部地区，为高孔高渗储层。

4）Galhak 组砂岩储层

Galhak 组砂岩岩石类型以长石砂岩为主，实测平均孔隙度为20.15%，渗透率为8.91mD，属于中孔低渗储层[11]。

3. 盖层

盆地区域盖层为古近系 Adar 组泥岩和下白垩统上段 Al Renk 组，另外，还存在 Galhak 组、Yabus 组等组内泥岩形成的局部盖层。

Adar 组为大套厚层、块状泥岩夹少量薄层中粗砂岩，泥岩总厚度 93.2～441.4m，泥地比一般在 80% 以上，全区稳定分布。原苏联学者依诺泽姆采夫通过研究油气性质与盖层厚度后，提出泥岩盖层厚度的有效下限为 25m，根据这一下限，本区 Adar 组泥岩盖层远远大于 25m，为优质盖层。

Adar 组泥岩测井计算的突破压力在 0.6～2MPa 之间以物性封闭为主，Al Renk 组因埋藏较深，同时具备物性封闭、超压封闭和烃浓度封闭作用。

4. 圈闭

迈卢特盆地以半地堑为主要特征，反映了在拉张背景下形成的单断单超的箕状盆地的特点。盆地的构造演化特征决定盆地以构造圈闭为主要类型，即断块型、背斜型以及断块—背斜复合型。从统计结果看，盆地构造圈闭中反向断块（断鼻）占 33.33%、断背斜占 7.05%、墙角断块（断鼻）占 44.87%、顺向断块（断鼻）占 14.74%。区内背斜圈闭以堑式背斜为主，罕见披覆背斜圈闭，背斜圈闭通常被断层复杂化。

五、油气系统与成藏组合

根据含油气系统定义，迈卢特盆地北部凹陷包含南、北两个含油气系统，均为已知的含油气系统；南部凹陷为一个含油气系统，也是已知的含油气系统。

1. 含油气系统的成因类型

Perrodon 根据盆地主要类型，把含油气系统分成三类：大陆裂谷型、地台型和造山带 / 三角洲型。根据迈卢特盆地的结构和油气运聚风格，含油气系统应属于大陆裂谷型含油气系统。白垩系油藏以接触式侧向运移—充注为主，Samma 组和 Yabus 组油藏以断层沟通垂向运移—充注为主。

2. 含油气系统描述

1）烃源岩

迈卢特盆地白垩系有效烃源岩地理范围占据坳陷的 2/3 以上面积（图 3-19），烃源岩有机质丰度高。早白垩世烃源岩干酪根类型以Ⅱ型为主，烃源岩最大厚度 1200m 以上，单位产油指数（SPI）值高达 35，油气资源潜力巨大；晚白垩世烃源岩干酪根类型以Ⅲ型为主，厚度远不如早白垩世，最厚 360m，生烃能力较弱，SPI 最高仅达 1.8，在局部地区有较小的生烃贡献。

2）储集条件

迈卢特盆地 Yabus 组和 Samma 组砂岩属于辫状河三角洲、辫状河三角洲分支河道砂体以及曲流河河道砂体，厚度大，尤其是 Yabus Ⅵ砂组以下和 Samma 组砂岩非常发育。

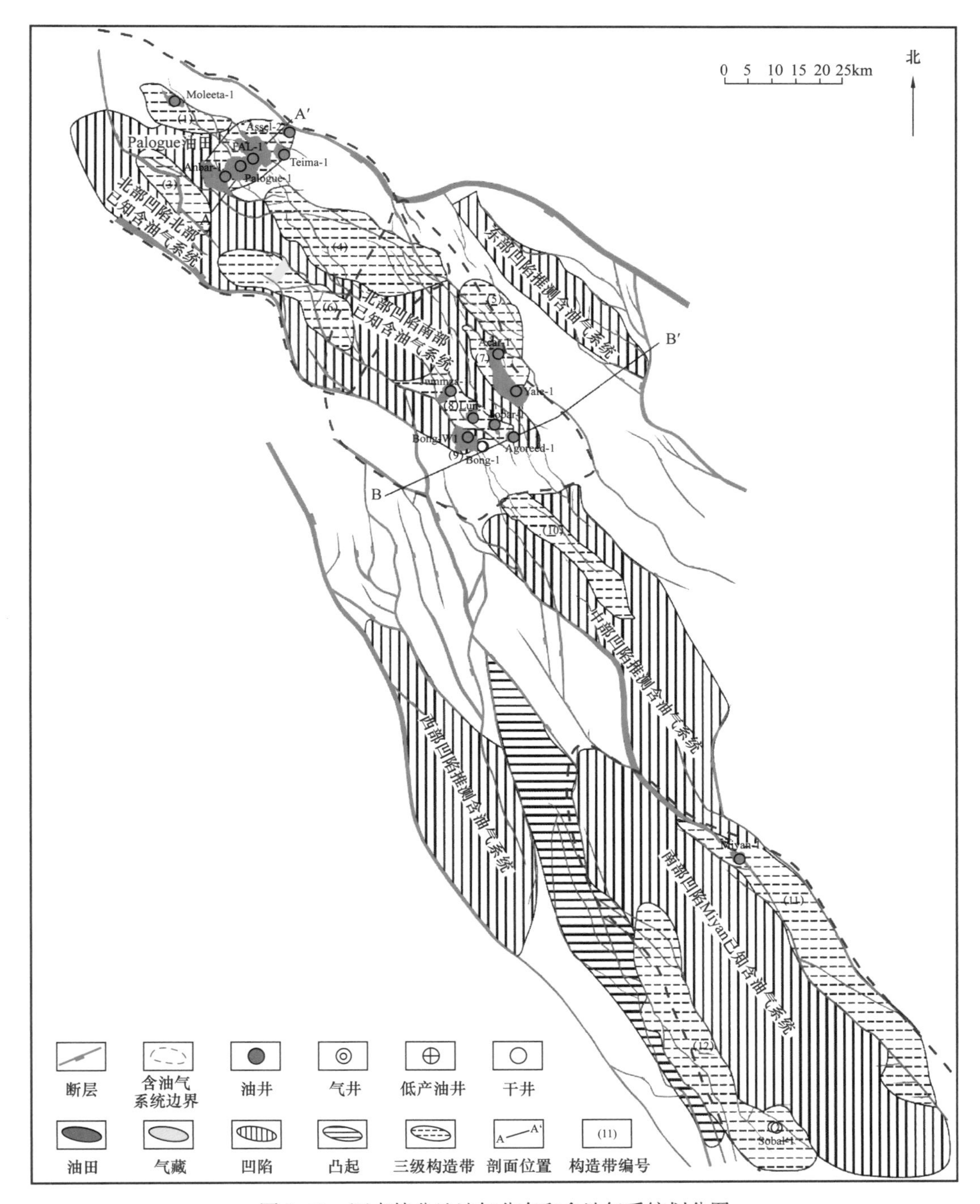

图 3-19　迈卢特盆地油气分布和含油气系统划分图

以 Samma 组为例，据不完全统计，砂岩百分比高达 64%～83%，属于特高孔特高渗—高孔高渗储层。上白垩统下段储层主要形成于辫状河三角洲平原相、三角洲前缘相及其与浅湖相过渡环境之中，以中孔中渗及低孔低渗储层为主。

3）封盖条件

迈卢特盆地已发现的油气藏主要受泥岩盖层和断层的侧向封堵所控制。古近系 Adar 组为大套厚层、块状泥岩夹少量薄层中粗砂岩，形成区域稳定的优质盖层。上白垩统主要为砂泥岩等厚互层，上白垩统下段泥岩含量在50%左右，泥岩单层厚度一般在10～30m之间，可以形成良好的盖层；上白垩统上段泥岩含量一般在30%～50%之间，基本上为局部盖层。

4）生储盖组合

具有两种类型，即白垩系自生自储自盖、白垩系+Yabus组和Samma组储层+Adar组盖层，其中后者为主力组合。

5）油气生运聚配套

根据烃源岩生烃史分析，迈卢特盆地北部凹陷、南部凹陷中心区早白垩世Al Renk组烃源岩在晚白垩世早期开始生烃，到古近系Adar组沉积末期进入生油高峰期，油气通过断层向上垂向运移到Yabus+Samma组储集体内；区内构造圈闭在渐新世末期已基本定型，因此具备形成大规模油气聚集的条件。晚白垩世Galhak组烃源岩以Ⅲ型有机质为主，生烃能力较弱，自晚白垩世晚期开始生烃，现今其顶部烃源岩尚未进入生油高峰期，生烃量小，油气通过砂岩层或断层向上垂向运移，在局部地区形成白垩系自生自储油藏。

六、油气分布规律

迈卢特盆地位于中非剪切带的东端，走滑作用对其影响力大大减弱，尽管它与穆格莱德盆地具有相似的构造演化和沉积充填史，但油气分布规律具有以下特殊性。

（1）古近系裂谷期层序是油气聚集的最有利层系。

中非裂谷盆地普遍发育早白垩世、晚白垩世和古近纪三期裂谷，迈卢特盆地早白垩世和古近纪裂陷作用强，导致湖相泥岩发育，早白垩世大套暗色泥岩成为烃源岩，古近纪大套泥岩成为区域盖层。晚白垩世裂陷作用弱，导致上白垩统的砂/地比高，缺乏大面积分布的厚层泥岩，加之盆地断层发育，在始新世前多期活动，使得油气直接运移聚集到古近系区域盖层Adar组之下的Yabus组、Samma组砂岩中。

（2）背斜构造是油气聚集的主要圈闭类型，其次是反向断块。

断块要成为有效圈闭，顶盖层和侧向封堵两个条件都必须具备，而背斜圈闭只要存在顶盖层就可以成为有效圈闭。迈卢特盆地特定的成藏组合决定了背斜构造和反向断块是油气聚集的有利圈闭[12, 13]，其中Palogue等大型背斜构造是油气优势聚集的场所。

（3）缓坡低凸起是最有利的油气富集场所。

在箕状断陷缓坡发育的低凸起一般形成时间较早。这些低凸起一侧临近生烃凹陷中心，具有优越的烃源条件；一侧临近物源区，往往发育多期、巨厚的三角洲沉积，储层条件同样优越。低凸起处于构造高部位，是油气运聚的优势区。例如发育于北部凹陷东部缓坡带上的Palogue构造，其探明储量占整个盆地总储量的一半以上。

（4）晚期成藏。

迈卢特盆地白垩系地层地温梯度低，大部分烃源岩在白垩纪末尚未进入生油窗，盆地主力烃源岩的生烃高峰期在古近纪末R_o达到1%～1.3%。此时，非洲板块和欧亚板块的碰撞使得盆地发生反转，背斜构造定形，油气生烃高峰与圈闭定型时间上重合为油气运聚提供了良好的条件。

（5）油藏大多遭受降解，气油比低，油藏压力系数正常或偏低。

迈卢特盆地区域盖层Adar组埋深在一般在1500m以内，封闭性能一般，加之断层多期活动，导致轻烃组分散失，油藏普遍气油比很低。油藏绝大多数为正常压力系统甚至低压系统，同时油藏易受地表水淋滤、底水氧化和生物降解作用影响，油质变重，且常发育底部重油带。

第三节　乍得邦戈尔盆地

邦戈尔盆地位于中非裂谷系西端北部[2, 3]。盆地位于乍得境内，走向北西西—南东东，长约300km，宽40～80km，面积约1.8×10^4km^2，最大沉积厚度近10000m，是乍得境内主要含油气盆地之一。

一、盆地概况

邦戈尔盆地是唯一整体位于乍得H区块合同区内的盆地，H区块原始合同面积439240km^2，Cliveden公司于1999年2月23日获得了该区块100%的权益和作业权，合同模式是矿税制。经过数次股权增持和收购，2007年1月12日中国石油获得了H区块100%的权益，并成为作业者，从而成为中国石油海外面积最大的高风险勘探区块。

邦戈尔盆地是在中非剪切带右旋走滑诱导背景之上发育起来的裂谷盆地，盆内充填了中—新生代陆相地层，最大沉积地层近10000km（图3-20）。该盆地是中西非裂谷系内重要的含油气盆地之一。截至目前，盆地内共有钻井200余口，盆地大部均有二维地震、三维地震覆盖，其中三维地震主要集中在盆地东北部。

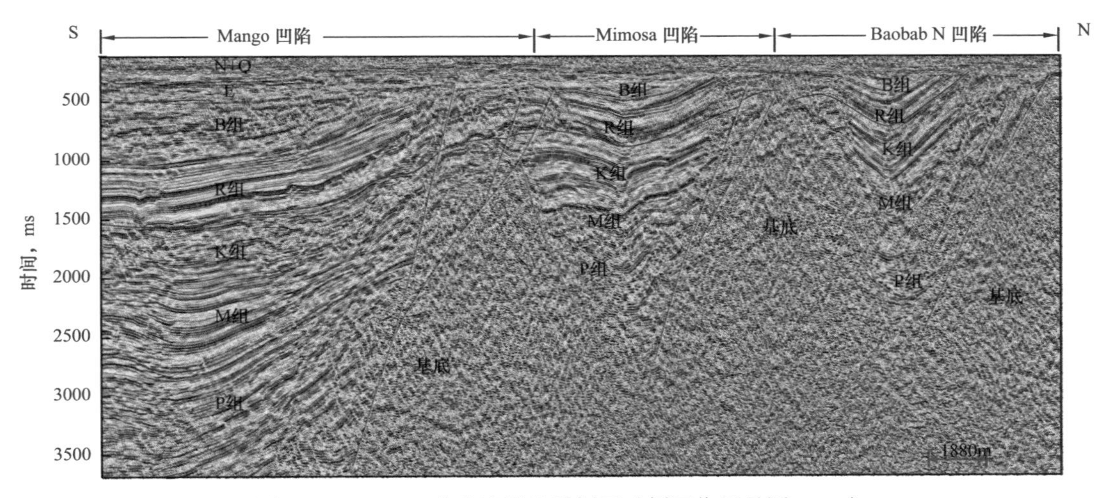

图3-20　Bongor盆地地震地质剖面（剖面位置见图3-21）

邦戈尔盆地的勘探经历了三个阶段：第一阶段，2003年及以前长期为国外油气公司持有，仅开展有限的勘探评价工作，认为该盆地潜力有限。第二阶段，2003年底至2006年底，2003年底中国石油以小股东身份进入乍得H区块，至2007年经多次扩股后持有该区块100%权益并成为作业者，重新认识盆地油气资源潜力，并逐步加大勘探工作量，先后获得3个小规模油气发现。其间EnCana等合作公司认为盆地很难获得商业发现，因此逐渐将权益转让给中国石油。第三阶段，2007年以来，中国石油正式成为乍得H区块作业者，依托雄厚的技术支持力量和丰富的裂谷盆地勘探经验，对邦戈尔盆地成藏潜力开展全面评价，认为该盆地同属中西非裂谷盆地，石油地质条件较好，具备形成规模油气藏的地质条件，并开展大规模勘探，先后突破商业油流和高产稀油关，在上成藏组合、下成藏组合和基岩潜山均获得勘探突破，截至 2016 年底，发现三级石油地质储量 6.2×10^8t。

二、构造特征

1. 基底结构

区域构造演化研究表明邦戈尔盆地基底在泛非运动之前属于稳定的非洲地台一部分，泛非运动使得这个古老而稳定地台遭受热动力变质和花岗岩化，形成了最初的结晶基底。在区域拉张断陷和基底持续深埋的背景下，盆地于晚白垩世圣通期（85—80Ma）和中新世红海张裂期发生两期构造反转。其中圣通期构造反转强烈，造成了区域挤压和基底整体隆升，并引起基底抬升和沉积地层大幅剥蚀和残余地层褶曲变形，形成大量潜山构造[2, 3]。盆地北部潜山三维立体成图表明邦戈尔盆地东北部基底潜山整体呈 NW—SE 向斜列展布，呈群带状分布，潜山形态复杂多样，以断面山和残丘型潜山为主，潜山圈闭幅度差异明显，这些潜山成为油气勘探的潜力目标之一。

2. 盖层结构

邦戈尔盆地前寒武系结晶基底之上沉积了近万米的中—新生界陆相碎屑岩盖层，主体为下白垩统，占盖层总厚度 90% 以上，而下白垩统又以下组合 P 组为主力勘探层系，因此盖层结构以 P 组构造特征为主体来进行分析。

1）构造单元划分

Bongor 盆地由于勘探程度低，前人没有进行系统的构造单元划分[2]。根据盆地重力特征，结合基底结构、构造演化、地层残余厚度以及边界断层展布等因素，针对主要目的层下白垩统 P 组将 Bongor 盆地划分为西部隆起、北部坳陷、南部坳陷 3 个一级构造单元，其中北部坳陷是盆地主体（表 3-4，图 3-21）。

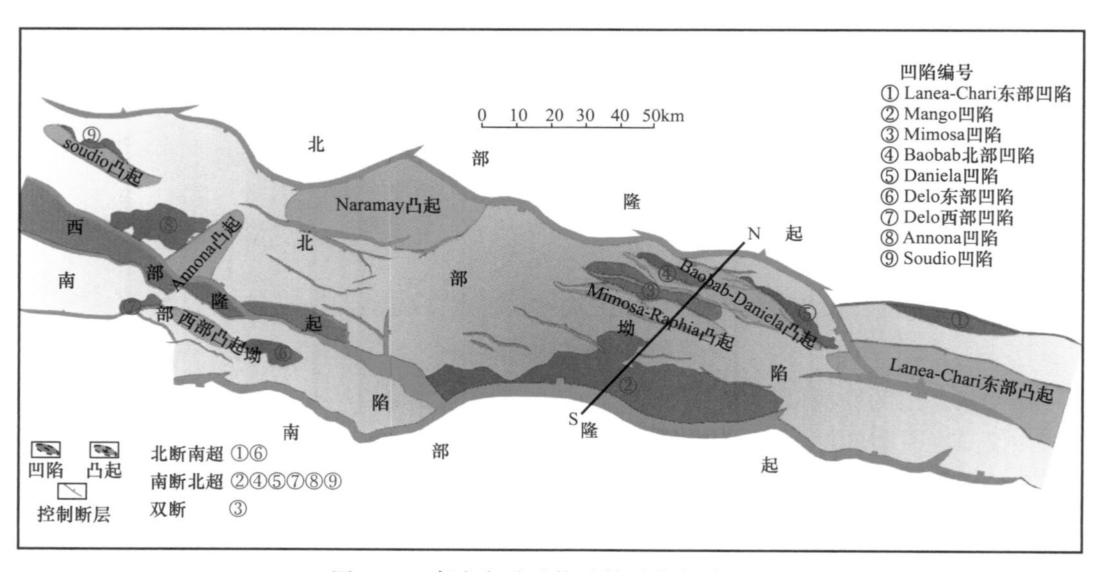

图 3-21　邦戈尔盆地构造单元分布平面图

表 3-4　Bongor 盆地构造单元划分

盆地	一级构造单元	二级构造单元	亚二级构造单元
Bongor 盆地	北部坳陷	Lanea-Chari 东部凹陷	Pavetta 构造带
		Daniela 凹陷	Daniela 东构造带
		Baobab 北部凹陷	Baobab 北构造带
			Baobab 北东构造带
		Mimosa 凹陷	Baobab—Raphia 南构造带
			Mimosa 北—Phoenix 构造带
		Mango 凹陷	Moul 次凹
			Mango 次凹
			Cola 次凹
			Moul 构造带
			Guiera 南构造带
			Semegin-Vitex-Mango 构造带
			Bersay-Cailcedra 构造带
			Mimosa 南—Phoenix 南构造带
			Savonnier-Combretum 构造带
			Ronier 构造带
			Cassia 北—Prosopis 构造带
		Annona 凹陷	Annona 构造带
		Soudio 凹陷	Palmier 构造带
		Lanea-Chari 东部凸起	Pavetta 构造带
		Baobab-Daniela 凸起	Raphia-Lanea 构造带
		Mimosa-Raphia 凸起	Mimosa-Doca 构造带
		Naramay 凸起	Cassia 构造带
		Annona 凸起	
		Soudio 凸起	Soudio-Palmier 构造带
	西部隆起		
	南部坳陷	Delo 东部凹陷	Delo 构造带
			Delo 南构造带
		Delo 西部凹陷	Delo 西构造带
		西部凸起	

北部坳陷夹持于北部隆起、南部隆起和西部隆起之间，长约 280km，宽 40～60km，面积约 15000km²，可进一步划分为 7 个凹陷、6 个凸起共 13 个二级构造单元。7 个凹陷包括 Lanea–Chari 东部凹陷、Daniela 凹陷、Baobab 北部凹陷、Mimosa 凹陷、Mango 凹陷、Annona 凹陷和 Soudio 凹陷，其中 Mango 凹陷面积最大，由 Moul 次凹、Mango 次凹和 Cola 次凹等组成。6 个凸起包括 Lanea–Chari 东部凸起、Baobab–Daniela 凸起、Mimosa–Raphia 凸起、Naramay 凸起、Annona 凸起和 Soudio 凸起。

南部坳陷夹持于西部隆起和南部隆起之间，长约 90km，宽 15～25km，面积约 2000km²，可进一步划分为 Delo 东部凹陷、Delo 西部凹陷和西部凸起 3 个二级构造单元（图 3–21）。

2）构造演化特征

邦戈尔盆地位于西非裂谷系和中非裂谷系交会部位，隶属于中非裂谷系盆地群。中非剪切带的构造演化分为稳定地台沉积、中西非裂谷系形成和对前期构造改造三个阶段。相应的在此背景下，邦戈尔盆地构造演化主要有三个阶段：前白垩纪期、白垩纪断陷期、古近—新近纪坳陷期。其中盆地形成和发育的重要阶段——白垩纪断陷期具有多期次、强度不均的特点[9]。

3. 断裂特征

1）断裂特征

邦戈尔盆地断裂发育，约有正断层 130 余条，有以下主要特征：

（1）盆地普遍发育正断层，断层总体走向主要有三个方向，NW 向为主、其次是 NWW 向（图 3–22）和 NE 向，其中 NW 向断层展布方向与盆地轴向基本一致，一级断层控盆，二级断层控凹。

（2）基底老断层、新生断层以及继承性断层并存，新老断层相互叠加和利用形成了盆地复杂的断裂系统。

（3）在平面展布和剖面上，基底断层和盖层断层有较大差异，表现出基底和盖层两个断裂系统不同的平剖面组合样式。

（4）盆地斜坡带是断层发育的主要部位，基于复杂的盆地结构，斜坡带的断裂组合样式有较大差异。

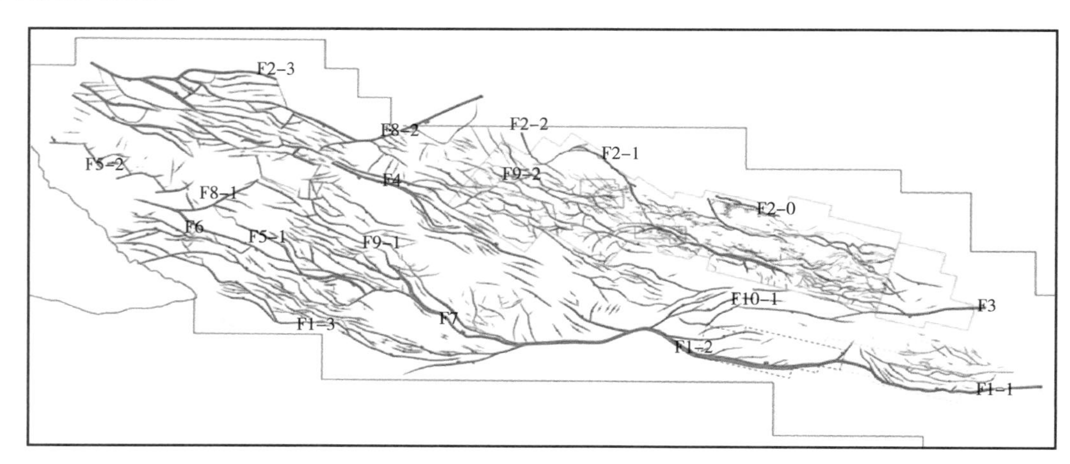

图 3–22　邦戈尔盆地断裂分布图

2）构造样式

邦戈尔盆地在区域构造运动中经历了早期裂陷作用及晚期挤压反转作用，在裂陷作用过程中形成了正断层及其相关的构造样式，后期又受挤压发生反转，形成一系列挤压反转构造。因此，发育两种构造样式：伸展构造样式和反转构造样式。

邦戈尔盆地受中非剪切带右旋走滑作用诱导，在中—新生代形成了近 NW 向的扩张剪切盆地，而自西向东形成了南断北超—北断南超—南北双断—南断北超—北断南超的拧麻花式地质结构变化，造成了盆地南北两侧陡中有缓、缓中有陡，陡坡带与缓坡带相间构造格局。同时在陡坡带、深凹带和斜坡带及其过渡部位形成丰富多样的构造样式。

反转构造是邦戈尔盆地的一个重要构造特征。盆地在早期引张作用下形成拉张断陷沉积后，后期在区域走滑作用诱发的压扭应力作用下，引起盆地强烈反转，从构造应力的角度分析，实际上经历了先拉张正断，后再挤压正反转的构造叠加活动。

在地震剖面下白垩统地层褶皱变形强烈，且褶皱与断裂相伴生，反映了盆地受到明显挤压的特征。究其成因，发现盆地强烈的挤压褶皱变形是由于白垩纪同裂谷期层序—新生代后裂谷期坳陷期层序的正构造反转作用所造成的，属于挠曲—褶皱型的反转构造样式。

三、沉积地层

邦戈尔盆地地层自下而上依次为前白垩系、下白垩统和古近系（图 3–23），其特征分述如下。

1. 前白垩系

邦戈尔盆地前白垩系主要为前寒武纪结晶或变质基底，岩性以花岗岩、花岗闪长岩以及以花岗岩和花岗闪长岩为母岩的变质岩类为主。

盆地内有多口井钻遇基底，岩心资料显示基岩经历了长期变质改造作用。可见多期构造裂缝及充填作用，沿裂缝破碎带还可见一定溶蚀作用。

2. 下白垩统

邦戈尔盆地总体上为箕状断陷，盆地断陷早期快速充填粗碎屑沉积，盆地可分为南部和北部两个沉积坳陷，北部坳陷占据盆地主体，又可分为两个沉积中心，东部沉积中心较深、规模较大，沿盆地南部边界断层呈近东西向展布，西部沉积中心略小，位于西邦戈尔盆地中间位置。盆地早白垩世断陷作用强烈，下白垩统最大厚度超过 10000m，为盆地主构造层。自下而上分为 P 组、M 组、K 组、R 组和 B 组。

1）P 组

盆地北部埋藏较浅有较多井钻穿，其他地区埋深大、无井钻穿或钻遇。地震解释在盆地中南部 Mango 凹陷 P 组最大残余厚度可达 3200m，北部斜坡钻井揭示沉积厚度较小（$<$1000m），钻探揭示该组发育两套岩性组合，均为由细—粗反旋回沉积特征。泥（页）岩呈绿灰色、褐灰色、深灰色、灰黑色；砂岩岩性以浅灰色、褐灰色细—中砂岩为主，其次为粗砂岩、砂砾岩等较粗岩性。

2）M 组

盆地内油区及外围钻井广泛钻遇。M 组为盆地最主要烃源岩层，最大厚度 1900m。主要为大套泥岩、页岩夹粉砂岩和细砂岩沉积，局部有细—粗粒砂岩的反旋回沉积。

地层			年龄 Ma	地层	岩性剖面	岩性描述	孢粉组合	微体化石组合特征	采样点	水体深度
第四系			2.58	Q		未固结砂、含砾粗砂，夹少量黏土	缺乏古生物资料，无法提供准确时代层位信息，主要通过岩性和地层对比确定			
新近系			23	N						
古近系			66							
白垩统	上白垩统		100				未见直接指正属于晚白垩世的种属，如*Odontochitina*等被子植物花粉			
	下白垩统	阿尔布阶	112	B		灰黄色粗砂岩，夹泥岩薄层	化石稀少带	化石稀少，种类单调，仅少量*Classopollis*，*Ephedripites* *Jugella*，*Cicatricosisporites*，*Tricolporopollenites*，*Tricolpollenites*，等早白垩世中晚期种属	Vitex-1 Prea-1 Semegin-1 Bersay-1	
		阿普特阶		R_U		厚层块状弱固结中—粗砂岩、含砾粗砂岩夹中—薄层泥岩，局部厚层泥岩，夹灰黑色率武岩	*Classopollis*-*Cicatricosisporties*-*Afropollis*组合	以大量出现*Classopollis*和*Afropollis*花粉为特片，*Cicatricosisporites*分异度高，常见*Ephedripites*，*SchizaeoisporitesCycadopites*，*Steevesipollenites*，*Jugella*，*Brenneripollenites*	Vitex-1 Mango-1 Tamarind-1 Annona-1 Cassia-1 Pera-1 Naramay-1 Mimosa-1/2 Kubla-1 Baobab-1 Calatropis-1 Semegin-1 Bersay-1	
			125	R_L			（未定）	裸子植物为主，其次为蕨类，常见被子植物。*Classopollis*花粉占优势，少量频繁出现*Ephedripites*，*Afropollis*，*Cicatricosisporites*，*Jugella*，*Seteevesipollenites*等，主要介型类有*Darwinula*，*Cypridea*，*Petrobrasia*，*Reconcavona*?		
		上巴雷姆阶	127.5	K		厚层块状中—粗砂岩、细砂岩与中—厚层浅灰色泥岩互层，夹灰黑色玄武岩 中—薄层中—细砂岩与中—厚层深灰色泥岩互层	*Classopollis*-*Algae*组合	裸子植物为主，其次为蕨类，被子植物少量出现。以含大量陆生*Classopollis*花粉和淡水或半咸水的藻类化石为特征，*Cicatricosisporites*类型明显减少，伴以少量的*Araucariacites*，*Steevesipollenites*，*Sergipes*，*Afropollos*？，*Dicheiropollis*	Vitex-1 Mango-1 Tamarind-1 Annona-1 Cassia-1 Naramay-1 Mimosa-1 Mimosa-2 Kubla-1 Baobab-1 Calatropis-1 Semegin-1 Bersay-1	
		下巴雷姆阶—欧特里夫阶		M		大套深灰—灰绿色泥岩夹中—厚层中—细砂岩、含砾砂岩夹辉绿岩	*Classopollis*-*Dicheiropollis*组合	裸子类为主，其次为蕨类，被子类缺乏。*Classopollis*花粉为主，常见*Dicheiropollis*为特征，少量出现*Callialasporite*，*Araucariacites*，*Psophosphaera*，*Darwinula*，*leguminella*等	Cassia-1 Naramay-1 Mimosa-1 Mimosa-2 Semegin-1	
			145	P		深灰—灰黑色泥岩夹中—薄层中—细砂岩			Baobab-1	
前寒武系				基底		花岗岩、花岗片麻岩、闪长岩和混合花岗岩	锆石U-Th-Pb同位素定年 * 潜山岩石主要形成于新元古代，年龄集中在600—500Ma，最老原岩年龄（1006±12）Ma—（946±5）Ma，形成于中元古代末期和新元古代早期； * 变质岩主要为正变质，原岩年龄主要集中在（616±6）Ma—（526.5±2.7）Ma，变质岩年龄在（553±19）Ma—（464±5）Ma； * 岩浆岩年龄主要集中在（621±16）Ma—（525.3±2.5）Ma		Raphia SW-2 Mimosa E-2 Baobab C-2 Mimosa-10	

含砾砂岩　砂岩　泥岩　火成岩　花岗片麻岩　角度不整合　平行不整合

图 3-23　邦戈尔盆地地层综合柱状图

3）K 组

盆地东西部 K 组地层厚度相差不大，最大厚度为 1300m，岩性西粗东细，下部以大套细—粗粒砂岩为主，间或沉积泥岩和页岩，上部主要沉积页岩、粉砂岩和细砂岩，局部有细—粗粒砂岩的反旋回沉积。

4）R 组

R 组可进一步划分 R_L 段和 R_u 段，盆地北部 R_L 段剥蚀严重，甚至缺失，盆地南部保存相对完整。

R 组最大残余厚度近 1800m，盆地中南部以细岩相为主，为大套泥岩夹薄层粉—细砂岩沉积；北部主要沉积大套细—粗粒砂岩，间或沉积泥岩和页岩。

5）B 组

揭示厚度 200～500m，盆地北部主要沉积细—粗粒砂岩；南部下部为大套泥岩，上部为中、粗砂岩，总体为下细上粗沉积。

3. 上白垩统及新生界

邦戈尔盆地在构造演化中主要经历了两大构造期，即白垩纪断陷期和古近—新近纪坳陷期。这两个时期均以区域不整合面结束，且都存在有明显的剥蚀，目前尚未在盆地内发现确证的上白垩统，区域地层对比认为上白垩统在本区已被区域剥蚀。

邦戈尔盆地新生代地层沉积时期对应于盆地演化的坳陷盆地消亡阶段，其间又经历一次抬升剥蚀，沉积物以河流—冲积平原砂岩沉积为主，与下伏白垩系呈角度不整合接触。新生代沉积物以大套中—厚层粗粒砂岩夹泥质薄层为主，弱固结，分选差，泥质含量高，为盆地消亡夷平期的河流—冲积平原沉积，在盆地内分布稳定。

四、生储盖及圈闭特征

1. 生油岩

在邦戈尔盆地下白垩统各层位暗色泥岩发育，其中 P 组、M 组为有效烃源岩，几乎全盆地发育。烃源岩有机质丰度高，干酪根类型以 II_1 型为主，烃源岩最大厚度为 1200m 以上。地震和钻井证实 M 组 Kila 页岩为主力烃源岩，是早白垩世水进体系域和高位体系域沉积早期形成的半深湖—深湖相泥岩；在 112.5Ma 左右（R 组沉积之后）开始生烃，在 102Ma 左右达到生烃高峰（晚白垩世早期）。泥岩分布由北向南，厚度逐渐增加；其等厚趋势线与盆地北部边界线走势大致平行。

邦戈尔盆地下白垩统各层位烃源岩有机质丰度特征如下：B 组—P 组烃源岩整体有机质丰度差别不大，其 TOC 均值范围为 1.63%～1.98%。其中 P 组烃源岩有机质丰度相对最高，其 TOC 均值为 1.98%，S_1+S_2 均值为 9.56mg/g，综合评价为极好烃源岩；而有机质丰度相对较低为 B 组，其 TOC 均值为 1.63%，S_1+S_2 均值为 10.28mg/g，为好烃源岩。R 组、K 组和 M 组烃源岩有机质丰度介于 B 组和 P 组之间，也评价为好烃源岩。

邦戈尔盆地各层位高有机质丰度层段烃源岩的干酪根碳同位素分析表明其烃源岩有机质类型整体较好，以 Ⅰ—II_1 型为主，少量 II_2 型。

垂向上，邦戈尔盆地达到生烃条件的成熟烃源岩主要分布在 K 组底部、M 组和 P 组；平面上，北部斜坡带及其他地区（例如 Ronier 6 井）深部层位（M 组、P 组）同样可以达到成熟阶段，成为有效的烃源岩。

邦戈尔盆地下白垩统 B 组、R 组烃源岩整体处于未成熟阶段（东部凹陷 R 组下部有部分达到成熟阶段），K 组烃源岩除东部凹陷相对成熟度较高，处于低熟—成熟阶段外，其他都处于未成熟—低熟阶段，K 组底部部分地区处于成熟阶段；M 组、P 组整体处于低成熟—成熟阶段。相同层位烃源岩，东部凹陷整体成熟度较高，其次为西部凹陷，而北部斜坡带和其他斜坡区则演化成熟相对较低。其主要原因是凹陷区沉积厚度大、埋藏深，相同层位热演化程度较高。

2. 储层

邦戈尔盆地下白垩统以砂、泥互层沉积为主，储集岩主要为砂岩，在 R 组、K 组和 M 组均有不同程度地发育。R 组为砂泥岩互层，主要为中孔、中渗储层，在缓坡带局部可达高孔、中渗储层；K 组除盆地中心凹陷带为泥岩夹薄砂层外，均为大套砂岩为主的砂泥互层，为中孔中渗—高孔中渗储层；M 组为邦戈尔盆地的主要勘探目的层，缓坡带是以泥岩为主的砂泥互层，主要发育中孔中渗—中孔低渗储层，陡坡带为中孔低渗储层，储层主要特征如下。

1）沉积体系类型

邦戈尔盆地下组合储层主要为 P 组和 M 组顶部发育的扇三角洲—近岸水下扇—湖底扇砂体，沉积砂体所处的沉积相带决定了其储集体砂岩的粒度和分选性，从而影响其原生孔隙的大小。总体上本区储集砂体以扇三角洲最佳，其次为近岸水下扇砂体，湖底扇砂体物性变化较强烈，总体较前两种类型略差。同一种类型扇体之中，以中扇沟道砂体的储集性能最好，该微相砂体具有粒度粗、分选性较好的特点，原生孔隙较为发育。

2）母岩类型

邦戈尔盆地孔隙类型主要为混合孔，溶蚀孔在其储集空间中占有相当比重，而溶蚀作用主要发生于长石等易溶组分中，因此母岩类型间接影响溶蚀孔的发育。此外骨架颗粒的刚性程度也直接影响压实作用对原生孔作用。盆地内的中—酸性岩浆岩母岩产生的碎屑富含长石颗粒和石英质岩屑，均为较为抗压实的脆性颗粒，且长石易于溶蚀，有利于储层发育。

3）压实作用

P 组储层在地质年代上属于早白垩世，总体埋藏时间比较长，且在地质历史上曾经经历过深埋压实期，因此其压实压溶作用比较强，只有粒度粗、抗压实作用比较强的砂体才能保存较好的原生储集空间。邦戈尔盆地岩性—物性关系分析表明：长石含量高的储层具有较好的储集性能，这与长石颗粒为刚性颗粒，抗压实压溶能力比较强有关；此外，粒度比较粗的颗粒也具有相对较好的储集性能，这与细粒砂岩具有较好的抗压实作用，粗粒结构具有较好抗压溶性能有关，正如中国东部新生代盆地中最好的储层发育于细砂岩中，而中生代及更老的储层主要发于粗粒砂岩中。

4）溶蚀作用

由于邦戈尔盆地储层主要储集空间为混合孔，溶蚀孔隙也占有相当比重，因此溶蚀作用对储集性能影响也较大，盆地内储层溶蚀作用主要包括填隙物溶蚀和骨架颗粒溶蚀两类。其中填隙物溶蚀主要为早期碳酸盐胶结物的溶蚀作用，骨架颗粒的溶蚀主要为长石颗粒溶蚀，其次为硅质岩屑溶蚀作用。

3. 盖层

邦戈尔盆地已钻井显示油藏主要为下白垩统，可划分两个成藏组合，P 组和 M 组属于下组合，K 组、R 组和 B 组属于上组合，目前在两套储盖组合中均有油气发现，其中储量主要分布在下组合中。下白垩统 K 组顶部泥岩及 M 组泥岩厚度大，分布范围广，是区内重要的区域盖层，K 组盖层以层内局部盖层为主。

1）M 组盖层

M 组上部页岩（或泥岩）是邦戈尔盆地下组合最重要的生油岩，也是最重要的盖层。

该组页岩（或泥岩）广泛沉积于盆地内部，单层厚度一般5～10m，单层最大厚度为40m。累计厚度大，在两个主凹最厚处的累计页岩（泥岩）厚度甚至可达1000m以上。上部主要为橄榄灰色—浅橄榄灰色，偶尔为橄榄黑色和暗灰色。一般含有碳质和少量的钙质，偶尔含有沥青质，偶见黑色薄层煤；下部的页岩硬度较大，并且碳质含量很高，也出现了煤类物质，而泥岩主要以橄榄灰色为主。

邦戈尔盆地早白垩世早期处于裂陷湖盆初始发育阶段的P组和M组，该区形成多个深陡的小凹陷，尚未形成统一湖盆；盆地处于持续水进扩张过程。P组发育多个小凹陷，地震剖面上表现为双向上超沉积；至M组顶部沉积时期，总体特征与P组相似，部分小凹陷已连成较大凹陷，M组以上全区形成统一湖盆。M组地震相特征以强反射、高连续特征为主，内部见弱反射特征，为厚层状泥岩反射特征。

已钻井泥岩含量（50%～76%）和M组厚度推测：Ⅰ类盖层主要分布在两个主凹组成的东西条带；Ⅱ类盖层位于Ⅰ类盖层以北Narmay-1井—Kubla-1井一带，也呈东西条带状展布；Ⅲ类和Ⅳ类盖层分布于盆地北部斜坡的边缘和坳陷边缘部位。

2）K组盖层

K组湖相页岩（或泥岩）为一套区域性泥岩盖层。钻井揭露的泥岩厚度为50～300m，泥地比为34.4%～97.5%，由南部深坳区向北部斜坡泥岩厚度和泥地比逐渐减小。根据泥岩厚度图分析认为Ⅰ类盖层主要分布在Semegin-1井—Bersay-1井盆地坳陷中心部位，呈东西条带状展布；Ⅱ类位于Ⅰ类盖层周边，也呈东西条带状展布；Ⅲ类和Ⅳ类有利区分布于Narmay-1井—Kubla-1井盆地北部斜坡的边缘和坳陷边缘部位。

4. 圈闭类型

邦戈尔盆地目前已发现油气藏圈闭类型包括背斜、断背斜、断鼻、断块、构造—岩性圈闭和潜山等。背斜、断背斜、断块等圈闭在成因上部分为早白垩纪同生构造，部分为早期构造经白垩纪末挤压反转改造后形成。盆地下组合P组沉积时期，大套砂岩快速尖灭于大套暗色泥岩中，可形成构造—岩性复合油藏。盆地前寒武纪花岗质基底在沉积前期长期经受剥蚀，形成潜山圈闭。

1）构造圈闭

背斜、断背斜构造是邦戈尔盆地内最主要的圈闭类型，目前发现的油气主要赋存在背斜形态的圈闭中，而背斜、断背斜及断块构造的形成往往与白垩纪末期的强烈反转密切相关。

邦戈尔盆地在早白垩世经历了强烈的裂陷，断裂发育，在断层的下降盘沉积了大量的沉积物。一方面这些沉积物中的有机质在不断地埋藏升温过程中逐步达到生烃门限后进入生排烃阶段，为后期的油气成藏提供了物质基础；另一方面在断层下降盘沉积的大量扇三角洲、三角洲和河流相砂体为后期油气的赋存提供了储集空间。晚白垩世末期的强烈反转使得先期裂陷期在下降盘沉积的地层沿着这断裂发生挠曲，上隆形成反转背斜、断背斜、断块构造，为后期油气的充注提供了圈闭条件。

2）构造—岩性圈闭

邦戈尔盆地P组总体沉积环境为深湖—半深湖环境，发育近源快速堆积砂体，该砂体粒度粗、侧向相变快，在大套暗色湖相泥岩中快速尖灭，配合原有构造背景，形成岩性圈闭。目前该套地层中已发现Baobab N和Raphia S-8等大型构造—岩性油藏，具有储量丰度大、油层厚度大、产量高等特点，为优质高产高丰度油藏。

3）潜山圈闭

邦戈尔盆地基底为前寒武系花岗岩结晶基底，距今650—450Ma，在被下白垩统湖相沉积覆盖之前，经历了长期剥蚀风化过程，形成溶蚀孔洞；多期挤压—裂陷构造事件又使其形成丰富破碎断裂系统，易于形成构造裂缝，最终产生具有缝洞系统的基岩储层。该套储层与上覆的下白垩统泥岩直接接触，形成潜山圈闭。目前在该套潜山圈闭中已发现五大潜山油气藏，三级地质储量超2×10^{8}t。

五、油气系统与成藏组合

1. 油气系统

1）原油特征

邦戈尔盆地油气显示主要见于下白垩统，迄今发现了Mimosa、Kubla、Baobab、Baobab NE、Baobab N、Ronier、Prosopis等含油构造。目前在该盆地的下白垩统共发现三套含油层系，其中上油组主要为稠油油藏，中、下油组为高凝固点、高含蜡、低硫、低酸值和低气油比的正常原油。

2）油源对比

邦戈尔盆地原油族组成分析结果表明，不同油组的原油族组成差异较大，从M油组、K油组到R油组，降解程度逐渐增高，原油的饱和烃含量则逐渐降低，饱/芳比值逐渐减小。原油族组分稳定碳同位素分析表明，不同含油构造的原油具有相似的母质组成，而且较轻的同位素组成表明原始母质为淡水湖相烃源岩。

含油砂岩/原油与下白垩统M组成熟的Kila页岩具有相似的碳同位素和规则甾烷组成，具有亲缘关系，只是烃源岩甾烷组成介于未降解和降解的油砂之间；降解油砂更富含C_{27}甾烷，这与其遭受生物降解作用有关。因此推断，邦戈尔盆地有效烃源岩为下白垩统M组、P组成熟的Kila页岩。

成熟度指标的对比表明Baobab构造的油砂成熟度明显低于其他含油构造的原油有机质成熟度。在盆地内含油砂岩的饱和烃中检测出了一定含量的β-胡萝卜烷，一方面佐证了含油砂岩与下白垩统M组成熟页岩的亲源关系，另一方面表明烃源岩沉积于厌氧的局限湖泊环境。

3）含油气系统划分与分布

（1）油气的生、运、聚的配套。

根据凹陷中心下白垩统烃源岩生烃史分析，凹陷中心的Kila页岩烃源岩顶部在112.5Ma左右（R组沉积之后）开始生烃，在102Ma左右达到生烃高峰（晚白垩世早期）。晚白垩世的构造运动（抬升和剥蚀），使上油组的油藏遭受生物降解。古近纪的热事件使得烃源岩现今已处于生气阶段。油气充注以断层沟通垂向运移—充注为主，上油组油藏由于后期构造抬升，早期形成的油藏普遍受到生物降解。研究区内的构造圈闭在白垩纪末期已基本定型。

（2）含油气系统特征。

地震和钻井证实Kila页岩为主力烃源岩，是早白垩世水进体系域和高水位体系域沉积早期形成的半深湖—深湖相泥岩；在112.5Ma左右（R组沉积之后）开始生烃，在

102Ma 左右达到生烃高峰（晚白垩世早期）。晚白垩世的构造运动（抬升和剥蚀），使上油组的油藏遭受生物降解。古近纪的热事件使得烃源岩现今已处于生气阶段。烃类从烃源岩中开始生成和运移，初次运移的动力是压实作用和浮力作用，油气沿白垩系砂岩储层、断裂等向圈闭之中运移，形成下白垩统自生自储式油气充注系统。白垩纪末期的构造运动造成上覆地层的抬升和剥蚀，生烃、排烃作用中止，已形成的上油组油藏遭受生物降解。由于研究区油源对比证实 Kila 页岩为成熟有效的烃源岩，已发现 Mimosa、Kubla、Baobab、Baobab S、Baobab NE、Baobab N、Ronier、Prosopis、Cassia 等含油气构造，所以建立的含油气系统为已知含油气系统（图 3-24 和图 3-25）。

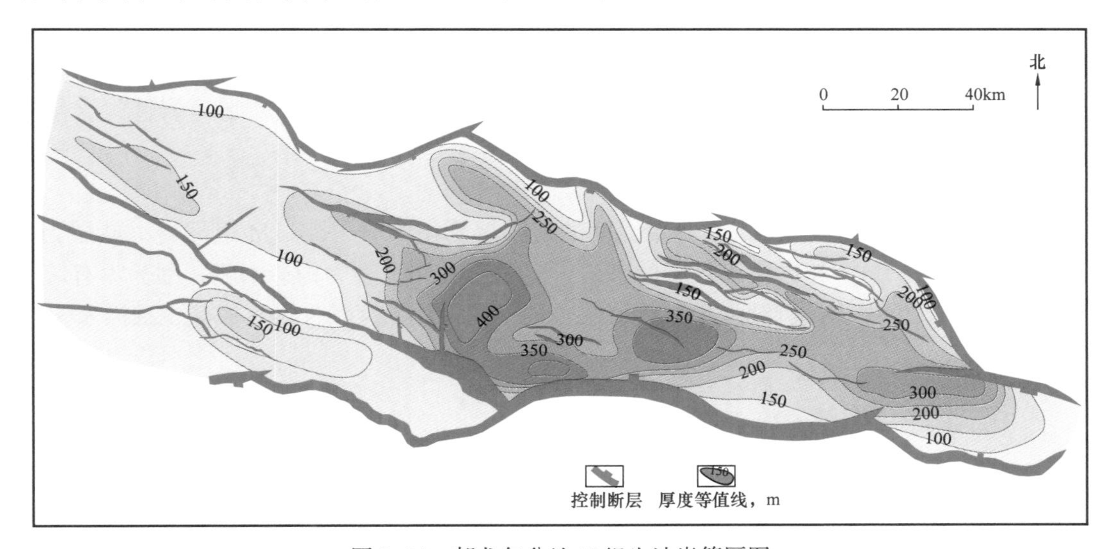

图 3-24 邦戈尔盆地 M 组生油岩等厚图

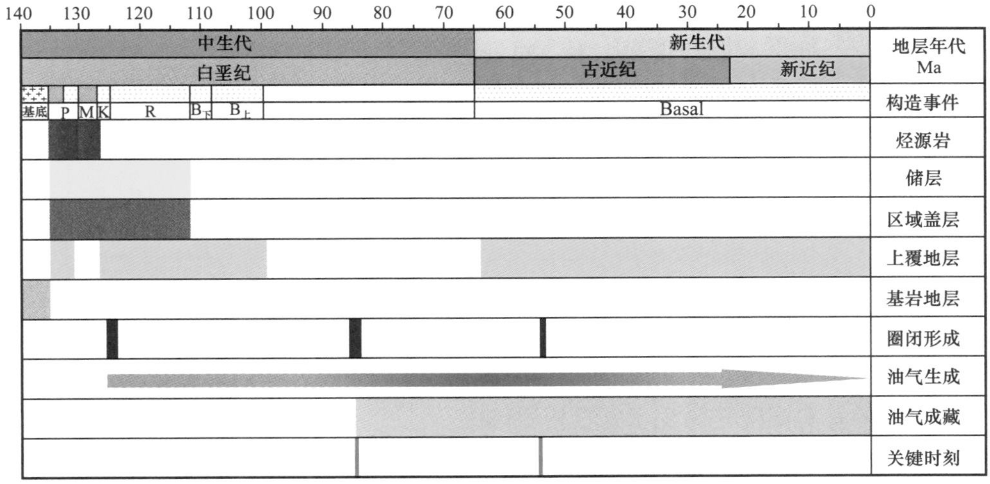

140 130 120 110 100 90 80 70 60 50 40 30 20 10 0

中生代	新生代	地层年代 Ma
白垩纪	古近纪 / 新近纪	
基底 P M K R B下 B上	Basal	构造事件
		烃源岩
		储层
		区域盖层
		上覆地层
		基岩地层
		圈闭形成
		油气生成
		油气成藏
		关键时刻

图 3-25 邦戈尔盆地含油气系统主要事件图

2. 成藏组合

对应于盆地三套储盖组合，邦戈尔盆地内发育三套成藏组合：基底潜山新生古储式成藏组合、下组合自生自储式成藏组合和上组合古生新储式成藏组合。

1）第一套成藏组合：基底潜山成藏组合

如前所述，该成藏组合储层为前寒武系经断裂破碎和风化淋滤的花岗质基岩潜山，上覆的P组、M组厚层泥岩甚至K组厚层泥岩为其盖层，目前已有五大潜山发现，花岗岩潜山的储层发育条件及与上覆地层对接关系是其成藏的关键因素。

该组合主要分布于基底埋深深度相对较浅，但上覆盖层保存完好的地区，目前集中发现于盆地北部斜坡带东部。潜山多具有继承性发育的古隆起背景，纵向上集中在距潜山顶250m深度段。

2）第二套成藏组合：下成藏组合

该成藏组合为目前盆地主力成藏组合，也是盆内高产高丰度油藏主力分布区，P组厚层砂岩包含于P组、M组大套厚层暗色泥岩之中，P组、M组泥岩既是生油岩又是盖层，属自生自储型油藏。该套油藏砂岩厚度大、侧向尖灭快，易于形成构造—岩性复合油气藏，且易发育于古隆起地形顶部及翼部，勘探潜力大。

3）第三套储盖组合：上成藏组合

该套成藏组合为古生新储型油藏，生油岩主要为下组合P组、M组泥岩，储层为K组、R组湖泊—三角洲相砂泥互层中的砂岩，其主要圈闭类型为构造圈闭。因为没有统一的区域盖层，且埋深浅、剥蚀强，该成藏组合油气偏稠，保存条件是其成藏主控因素。

六、油气分布规律

1. 早白垩世的多幕断陷作用

邦戈尔盆地早白垩世经历了早期的裂陷到晚期的坳陷阶段的演化，多幕断陷形成了多套优质烃源岩和储盖组合[14, 15]。

邦戈尔盆地大部分地区都存在成熟的烃源岩，下白垩统发育三段好—极好烃源岩，上段以Ⅰ型（生油）干酪根为主，中段、下段以Ⅱ型为主。由于后期盆地的反转剥蚀和高地温梯度，现今成熟深度一般在1250～1950m，邦戈尔盆地生油窗对应于盆地裂谷期快速沉积的纽康姆阶—上阿普特阶（Neocomian–Late Aptian），大量油气生成持续到新近纪。

2. 晚白垩世反转构造期

一个盆地往往有复杂的历史，而这种历史或多或少地受构造反转的影响。构造反转对油气聚集虽然可能产生不利的影响，但有利因素是显而易见的；晚白垩世反转加强了背斜圈闭的形成，并使得主力勘探层系的埋深变浅。

邦戈尔盆地反转构造运动发生之前，经历了断陷、坳陷两个阶段，沉积了巨厚的沉积地层，拉张环境中形成幅度及规模较小但相对完整的背斜和构造圈闭。由于后期反转作用，而使得构造的闭合面积和幅度加大，更容易形成较大规模的油气聚集，这也是邦戈尔盆地较大规模的背斜圈闭较为发育的重要原因之一（图3–26）。

构造反转的另一个有利因素是改善了主力勘探层系的可勘探性。根据地层剥蚀厚度分析邦戈尔盆地地层平均剥蚀厚度可达1800～2000m，构造反转使得主力勘探层系特别是M组的埋深大大变浅，从而使勘探的可能性和经济性大大提高。

3. 构造反转对油藏的破坏

构造反转破坏了区域盖层，尤其是针对上部成藏组合油气藏，区域盖层R组泥岩局部或全部被剥蚀。根据统计资料，如果R组泥岩厚度超过70m且埋深超过900m，则

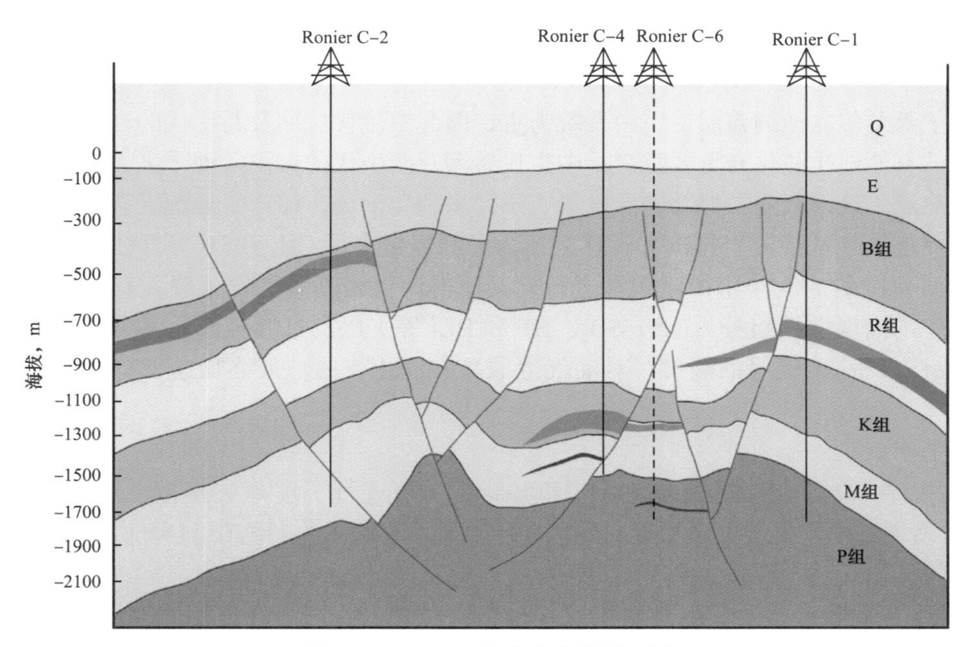

图 3-26　Ronier 构造油藏横剖面图

上部成藏组合可能形成正常原油；如果 R 组泥岩厚度不足 70m 或埋深小于 900m，则上部成藏组合通常为稠油油藏；如果 R 组泥岩遭受剥蚀，则油藏被破坏，如 Naramay 构造（图 3-27）。

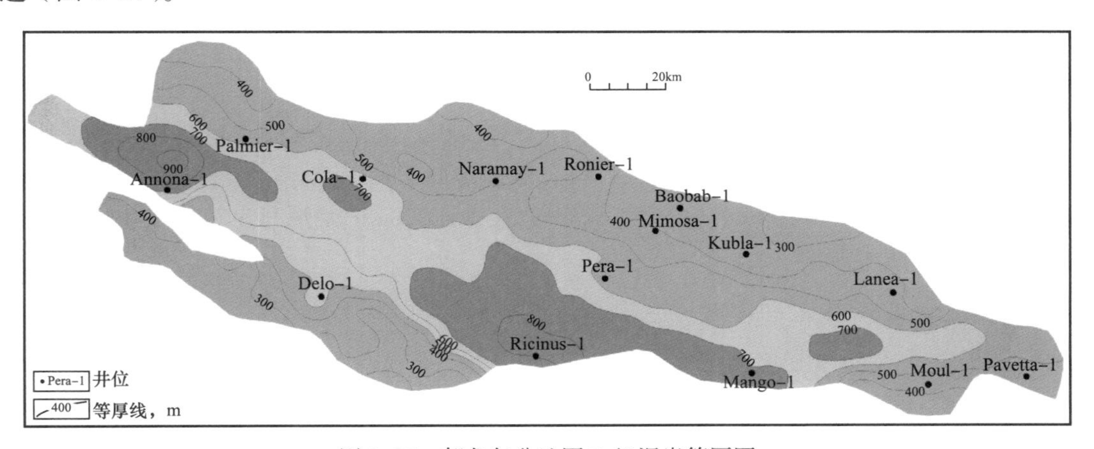

图 3-27　邦戈尔盆地图 R 组泥岩等厚图

上部成藏组合通常为遭受降解的稠油油藏，这已经得到油源对比的证实。油源对比中甾烷的碳数分布是最有效的油 / 岩对比参数之一，因为它能够灵敏地反映出油源岩的母质特征，确定油、岩间的成因联系。原始构型化合物（20R）的碳数分布三角图是最好的油源对比方法之一。含油砂岩与下白垩统 M 组成熟的 Kela 页岩具有相似的规则甾烷组成，具有亲缘关系，只是烃源岩的甾烷组成介于未降解和降解原油之间；降解原油更富含 C_{27} 甾烷，这与其遭受的生物降解作用有关。

4. 火山活动加速烃源岩的成熟与生烃

邦戈尔盆地曾经发生过多期的火山活动，有 Ronier-1 井等多口井钻遇火成岩。从结晶程度和地震反射特征判断其为典型的侵入岩，火成岩岩性以花岗闪长岩和其他偏基性岩类为主。

由于邦戈尔盆地的盖层以下白垩统为主，因此中生代后期及新生代的岩浆活动对邦戈尔盆地的石油地质演化有重要意义。中生代后期及新生代的火山活动带来大量的高温、高压地幔热液，热液改变了局部的温度场、压力场和化学场，加速了烃源岩有机质的成熟和演化，促进油气从烃源岩排出和运移，还为烃源岩带来了 CH_4 和 H_2 等气体，既使得有机质成烃演化中的加氢作用得以顺利进行，又使得油气密度和黏度下降，有利于运移。火山热液中的高温酸性组分（H_2S、SO_2、HF 和 HCl 等）以及过渡金属元素可促进干酪根中碳—氧键、碳—硫键等的断裂，对油气生成具有催化作用，最终加速了有机质的成熟与生烃。

5. 早期成藏

利用 PetroMod 软件对 Ronier-6 井和 Bersay-1 井进行了埋藏史模拟，用 MDT 测试数据与 R_o 结果对埋藏史进行了相应的标定。结果显示本地烃源岩约在 115Ma 进入成熟阶段，同时油气开始充注，在距今约 95Ma 开始了大量充注过程。研究认为，“圣通期挤压事件”发生在 85—80Ma，此后烃类开始生成并排出大量油气，逐渐在地层或圈闭中聚集成藏。另外，发生在新生代的区域性构造运动使得构造圈闭发育，油气大量聚集。玄武岩 K-Ar 同位素分析表明本地在 95—75Ma 和 66—52Ma 分别发生了两次重要的火山喷发过程，它们均在完钻的探井和评价井中得到证实。综上所述，Ronier-6 井均一化温度偏高的现象应该与火山活动的影响密切相关。

第四节　尼日尔特米特盆地

特米特盆地是西非裂谷系诸多盆地中最大的一个，盆地主体位于尼日尔境内，向南延伸到乍得北部（乍得境内称乍得湖盆地）。盆地走向北西—南东[1—3]。长约 450km，宽 50～100km，面积近 $4\times10^4km^2$，最大沉积厚度超过 10000m，是尼日尔境内最主要的含油气盆地。

一、概况

特米特盆地是发育于前寒武系基底之上的中—新生代裂谷盆地[2, 3, 16]，是西非裂谷系的主体部分（图 3-28）。

Texaco（德士古）公司自 1970 年开始在该盆地进行石油勘探，1985 年退还了大部分面积，只留下 Agadem 区块。1985—1995 年，ELF（道达尔子公司的子公司）公司和 Texaco 公司各拥有该区块 50% 的权益，Elf 公司是作业者；1995—2001 年 Esso（Exxon 公司的子公司）公司拥有 80% 的权益并担任作业者；1998 年 Elf 公司在未得到任何补偿的情况下退出该项目，Exxon（埃克森）公司拥有该区块 100% 的权益。2001 年 6 月 Exxon 公司续签该区块合同，与 Petronas（马来西亚国家石油公司）公司各拥有该区块 50% 的权益，Petronas 是作业者。2006 年 5 月 Exxon 公司拥有的该区块合同到期没有续签，尼日尔政府收回该区块。前作业者累计投资约 3.5 亿美元，完成了 30825km 航磁及 17000km 二维地震勘探，平均测网密度 4km × 8km，在 Dinga 地堑最密可达 2km × 2km，南部邻近乍得湖盆

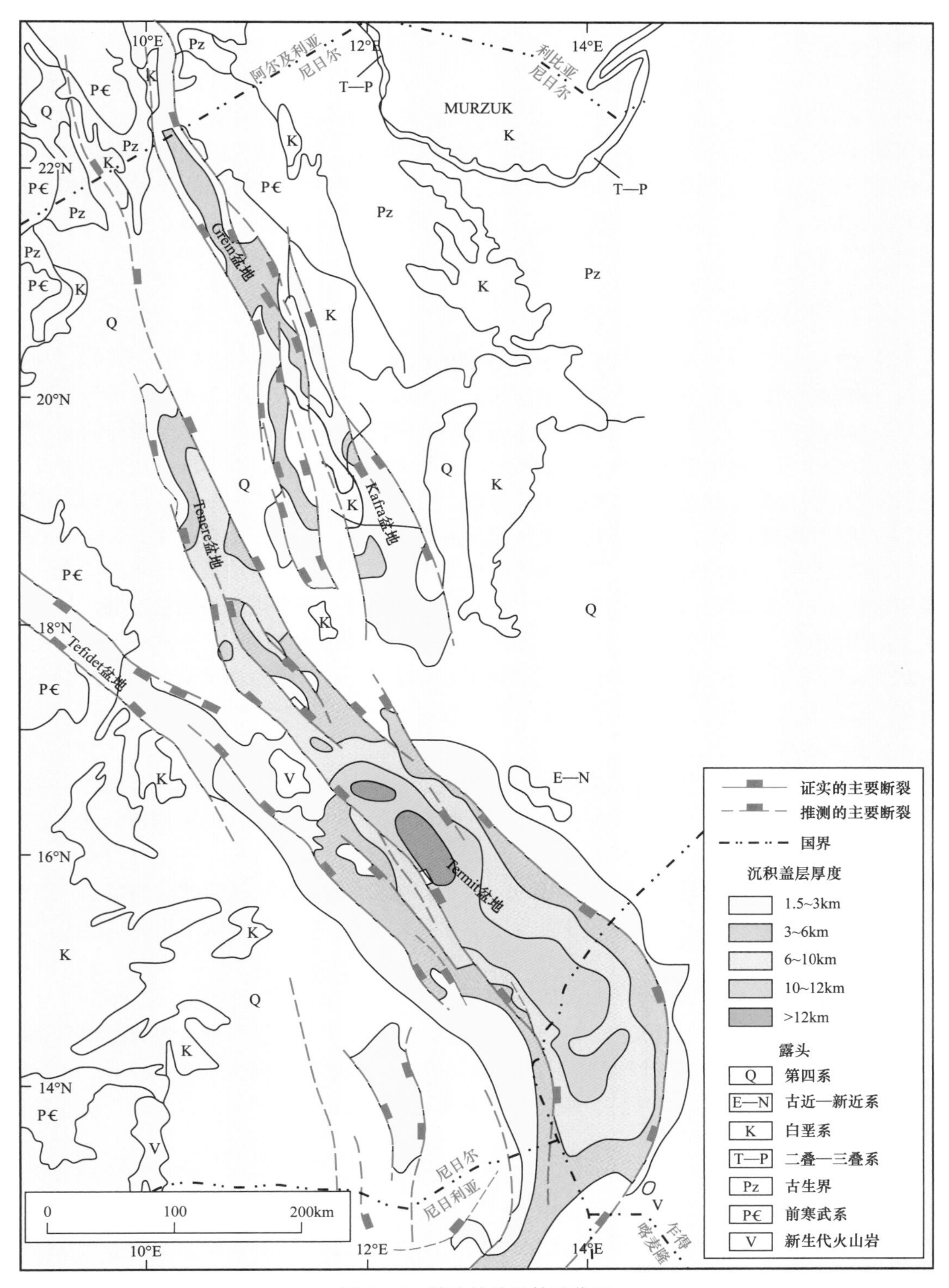

图 3-28 特米特盆地构造位置

地的Trakes区和Moul区最稀为8km×16km。完钻探井19口，评价井5口，仅发现7个含油气构造[16]。

2008年6月2日中国石油新进入尼日尔阿加德姆（Agadem）区块，获得了权益100%。该区块涵盖了特米特盆地的主体部分，面积27516km^2，勘探期共8年。其中第一勘探期4年，结束后退还50%的区块面积；第二勘探期2年，结束后再退还剩余勘探区50%的面积；第三勘探期结束后退还全部勘探区面积仅保留政府批准的开发区面积进行开发。2011年因尼日尔政府发生政变影响生产补偿了一年勘探期，到2017年8月勘探期结束。

二、构造特征

特米特盆地形成于早白垩世南大西洋张裂的构造背景，在早阿普特期—晚阿尔布期，北西—南东向前泛非期变质带和泛非期褶皱带再次活动，东尼日尔、乍得、苏丹等地区陆内裂谷盆地发生初始裂陷，沿北西—南东向边界断层快速沉降，沉积了数千米厚的陆相砂泥岩。晚白垩世为显生宙全球海平面最高时期，发生大规模海侵，在非洲板块内部形成了一条连接新特提斯洋和南大西洋的撒哈拉海道。白垩纪末期，海平面下降，以陆相沉积为主。古新世和中始新世，中西非裂谷系再次伸展裂陷。晚始新世（距今37Ma），非洲—阿拉伯板块与欧亚板块发生碰撞，在该构造事件发生后，非洲—阿拉伯板块处于大规模的伸展和岩浆活动活跃时期，主伸展方向为近东西向，中西非裂谷系进入裂陷强烈期，同时在泛非期褶皱带构造薄弱处发生强烈的岩浆活动。中新世初（约22Ma），非洲—阿拉伯板块与欧亚板块碰撞加强，板块内部发生构造挤压，隆升剥蚀。从晚始新世至今，阿拉伯板块与非洲板块分离，红海—亚丁湾—东非裂谷系形成。

1. 基底结构

特米特盆地构造演化始于前寒武纪泛非地壳拼合运动（770—550Ma），形成泛非古陆（冈瓦纳大陆的一部分）。此时期的拼合作用同时也形成一些特定方向的脆弱带，成为后期早白垩世—古近纪裂谷的先存断裂带。

寒武纪—侏罗纪时期（550—130Ma），中西非地区为自北向南超覆的陆相沉积，形成楔形的稳定克拉通台地，局部地区在海西运动时期沿泛非古陆脆弱带发生热变质作用。

2. 盖层

随着冈瓦纳大陆解体及大西洋和印度洋的开启（约130Ma），特米特盆地经历了早白垩世和古近纪两期裂谷陆相沉积，晚白垩世发生大规模海侵。地层岩性主要为海相和陆相的砂岩及泥页岩，最大沉积厚度超过12000m。地震、钻井及古生物等资料显示，沉积地层从老至新主要有前寒武系基底、寒武系—侏罗系浅变质岩、白垩系、古近系、新近系和第四系。

3. 断裂特征

特米特盆地经历早白垩世和古近纪两期裂谷，因两期裂谷起源于不同的动力学背景和运动学机制，造成两期断层表现为不同的特点，早白垩世第一旋回受中非剪切带的左旋走滑影响，盆地以北东—南西向斜向拉张为特征，具有拉分性质。古近纪第二旋回受区域挤压应力环境下的非洲板块内部局部应力释放控制，具有逃逸盆地的性质，区域伸展方向为北东东—南西西向，以斜向拉张为主。盆地内发育的断层总体走向有两个，早白垩世形成且古近纪继承性活动的控凹断层以北北西方向为主，与盆地轴向基本一致，断距大且延伸长，主要分布于盆地边界；古近纪形成的后期断层近南北走向，一般断距小且延伸短，在盆地内广泛发育（图 3-29）。两组不同走向的断层组成了断裂系统的基本格架，而且三级和四级断层非常发育，错综复杂，但构造形态和活动方式受控于盆地边界大断层，使整个特米特盆地呈现出南北分区、东西分带的分布特点。

在剖面上，盆地古近系断层产状多为平直，一般倾角大于 60°。盆地内部主要存在 5 种断层组合样式，即地垒式、地堑式、多米诺式、“Y”字形和负花状。其中多米诺式又可分为同向断阶式和反向断阶式两种类型，主要分布在 Yogou 斜坡、Moul 凹陷和 Trakes 斜坡；“Y”字形组合指一条主控断层与调节断层呈“Y”字形相交，而负花状组合则是走滑伸展构造应力作用下的典型组合样式，主要分布在 Dinga 断阶带和 Agara 地堑[17]。

特米特盆地南部由北部的 Dinga 坳陷和南部的 Moul 坳陷组成，Dinga 坳陷从西到东依次为西凸起、Dinga 断阶、Dinga 凹陷和 Madama 斜坡，Moul 坳陷从西到东依次为 Yogou 斜坡、Moul 凹陷和 Trakes 斜坡，两个凹陷之间为 Fana 低凸起（图 3-30）。

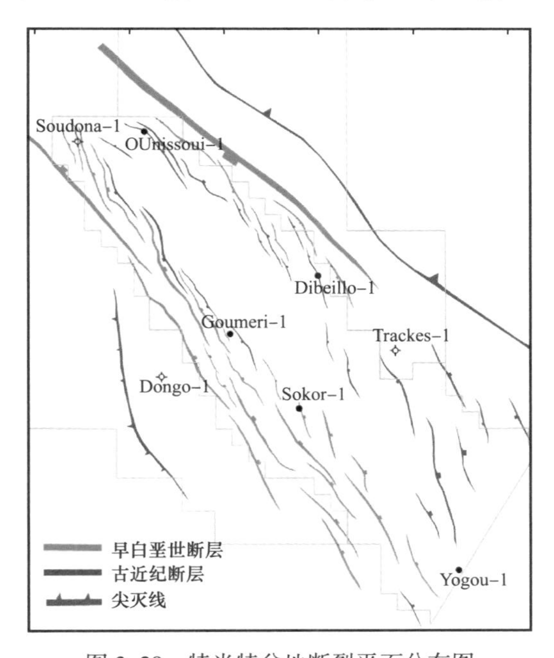

图 3-29 特米特盆地断裂平面分布图

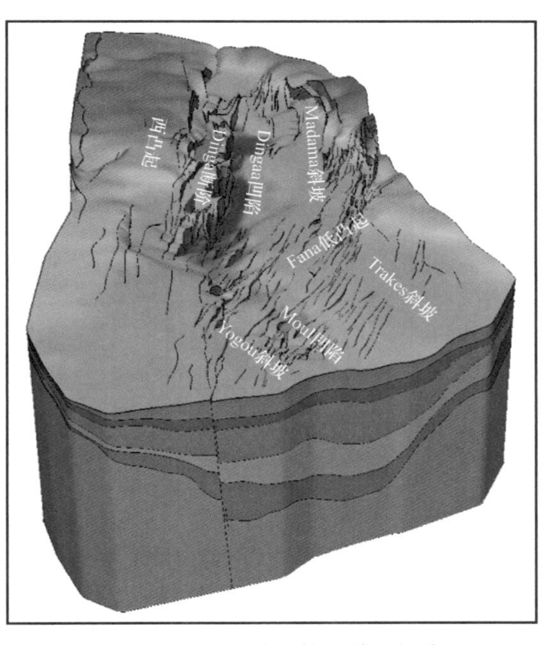

图 3-30 特米特盆地构造单元划分图

三、沉积地层

特米特盆地早白垩世为裂谷作用下的陆相沉积阶段，发育河流—湖相沉积，晚白垩世南大西洋和新特提斯洋海侵，沉积了广泛分布的海相地层，古近纪再次发生裂谷作用，沉积三角洲—湖相地层。从早白垩世—古近纪，该盆地经历了“裂谷—坳陷—裂谷”的构造演化，沉积了巨厚及“陆相—海相—陆相”地层[18]（图 3-31）。

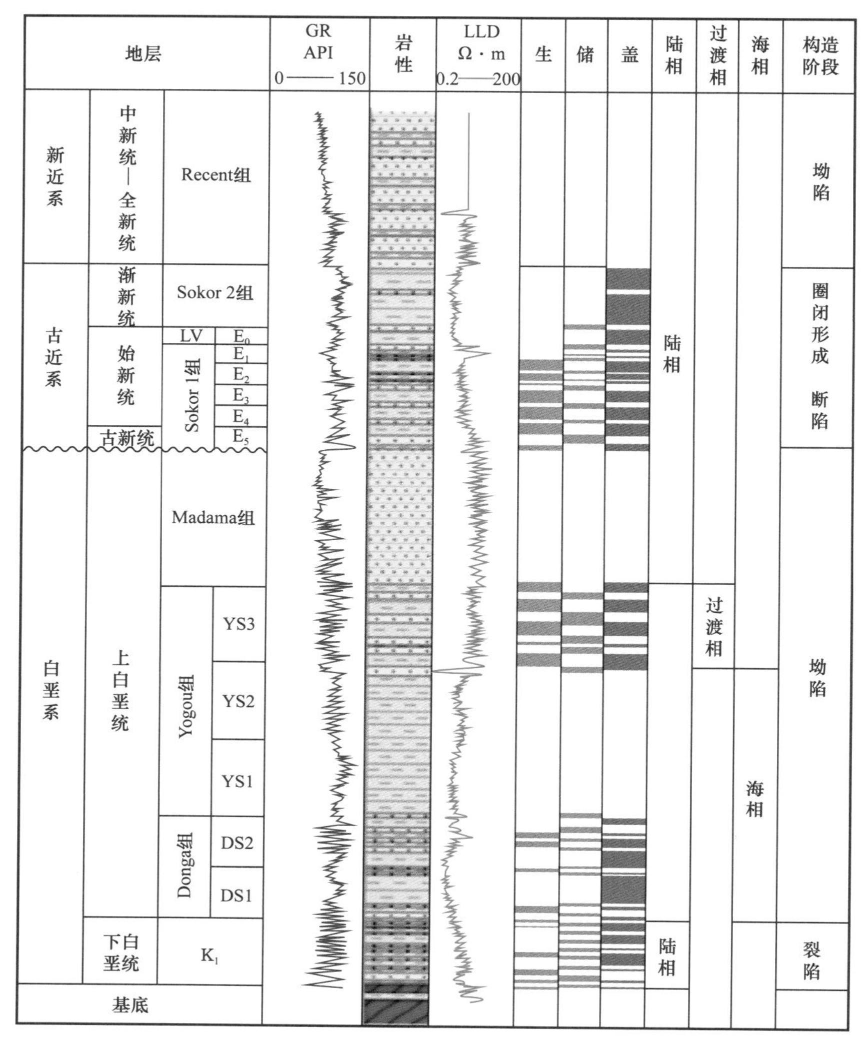

图 3-31 特米特盆地综合地层柱状图[18]

1. 白垩系

1）下白垩统（K_1）

下白垩统地层展布受地堑和半地堑控制，在靠近边界断层一侧沉积厚度最大。地震上表现为一套低频、弱振幅、连续性较差的反射，底部与基底呈不整合接触，顶部与上覆上白垩统成角度不整合接触，局部存在削截现象。沉积相由粗粒扇三角洲和水下扇过渡至细粒三角洲和湖相。岩性为含硅质、高岭石及石英质的砂岩、粉砂岩与泥岩互层。Donga-1井和 Dilia Langrin-1 井分别揭示 246m 和 174m。

2）上白垩统（K_2）

上白垩统由海相 Donga 组、Yogou 组及陆相 Madama 组构成。该时期盆地以坳陷作用为主，古地形变化较小，地层展布稳定。地震波组在 Donga 组和 Yogou 组表现为一套中频、强振幅、连续性好的反射，为海相沉积，在顶部的 Madama 组表现为一套近似空白反射，为厚层陆相砂岩沉积。

Donga 组下部发育砂岩，向上砂岩逐渐减少，泥页岩逐渐增多。底部一般为硅质、高岭土质以及部分石英质的纯净砂岩和部分粉砂岩与少量泥岩互层；中上部为灰—黑色泥岩、页岩与粉砂岩、白色—浅灰色细砂岩互层。Donga-1 井和 Dilia Langrin-1 井揭示厚度约为 1000m[19，20]。

Yogou 组的基本特征是泥页岩发育，为盆内主要的烃源岩；局部在顶部发育砂岩层。岩性以灰色、暗色厚层泥岩夹灰色、暗色页岩和薄层细—中粒砂岩为主，厚度介于 500～1000m 之间。

Madama 组为一套分布广泛的厚层砂岩。顶、底夹少量泥质砂岩薄层（含煤线），厚度介于 300～700m 之间。

2. 古近系

古近系发育一套湖相地层，在西台地局部地区和北部 Soudana 地区遭受剥蚀。地震波组表现为一套中高频、强振幅、连续性好的反射与弱振幅、连续性差的反射间互，顶底为不整合接触。按其岩性组合特征可以分为两段，自下而上为 Sokor 1 组和 Sokor 2 组。

Sokor 1 组岩性以砂泥岩互层为主，是河流、三角洲环境下的沉积，地层厚度介于 0～800m 之间。其单砂层虽比 Madama 组薄，但孔隙度、渗透率均比较高，是特米特盆地的主力产层。根据其内部标志层，Sokor 1 组可又进一步划分为 5 个砂组，自下而上为 E_5、E_4、E_3、E_2、E_1。在地震剖面上 Sokor 1 组表现为一套中高频、强振幅、连续性好的反射与弱振幅、连续性差的反射间互。

Sokor 2 组是一套以湖相沉积为主的泥岩夹薄层砂岩组合。在电性上表现为高伽马、低电阻的特点，岩性为灰色、深灰色、黑色泥岩夹煤，单层厚度大，分布广，构成区内的区域盖层。在地震剖面上也呈现出空白反射的特点。沉积厚度介于 300～800m 之间[21]。

3. 新近系

新近系以坳陷作用沉积为主，全盆地范围内均有分布，厚度介于 9～500m 之间，主要为细—粗粒砂岩，成分以石英和长石为主，偶见杂色黏土，为河流相沉积。地震波组表现为一套中低频、中等振幅、中等连续性的反射，底部在 Soudana 地区与古近系不整合接触。

4. 第四系

第四系主要为黏土、粉砂岩、细砂岩及砾石层，表层为约 10m 厚的沙漠所覆盖。

四、生储盖及圈闭特征

特米特盆地叠置裂谷的演化决定了其发育多套烃源岩和储盖组合。盆地经历了两期裂谷旋回叠置的演化过程，晚白垩世后裂谷坳陷期发生大规模海侵，特殊的演化过程使其生储盖发育受构造和海平面变化双重因素控制。

在裂谷盆地同裂谷裂陷期，按不同时期构造活动的强弱，可将其划分为裂陷初始期、裂陷深陷期、裂陷萎缩期，垂向上对应粗—细—粗的沉积旋回序列。通常在裂陷初始期和萎缩期，构造活动相对较小，盆地可容纳空间增加速率小，物源供给充足，以沉积砂岩为主，储层较发育；在裂陷深陷期，断层活动强烈，可容纳空间增加速率较大，物源供给不足，为欠补偿环境，以沉积大范围稳定分布的泥岩为主，为良好烃源岩和盖层发育层段。

特米特盆地生储盖的发育主要受构造演化控制。烃源岩和盖层主要发育于裂陷深陷期的KS2层序和SS2层序，储层主要位于裂陷初始期的KS1层序、SS1层序和裂陷萎缩期的KS3层序、SS3层序。在晚白垩世后裂谷海侵期，生储盖发育主要受海平面变化控制。Yogou组中下部（YS2层序和YS3层序）和Donga组上部的大套泥页岩段沉积于海平面高位期，是烃源岩和盖层的发育时期；储层主要形成于初始海侵期的DS1层序和大规模海退期的YS3层序和MS1层序。

1. 生油岩

1）有机质丰度和类型

特米特盆地自下而上共发育5套泥页岩，分别为下白垩统、上白垩统Donga组和Yogou组及古近系Sokor 1组和Sokor 2组。在样品岩石热解分析基础上，对各组地层泥页岩进行了单井烃源岩评价，结果显示古近系Sokor 1组和Sokor 2组泥岩总体为好—优质烃源岩，以$Ⅱ_1$—Ⅰ型有机质为主；海侵形成的上白垩统Yogou组海相泥岩总体为中等—好，有机质类型主要为$Ⅱ_2$—Ⅲ型；上白垩统Donga组泥岩为差—中等，以Ⅲ—$Ⅱ_2$型为主。盆地西部的西台地有3口井钻遇下白垩统泥岩，取样热解分析表明其为非—差烃源岩，Ⅲ型有机质为主，生烃潜力较差[22]。因下白垩统在盆地主体整体埋深较大，烃源岩的生烃潜力尚不明确（图3-32）。

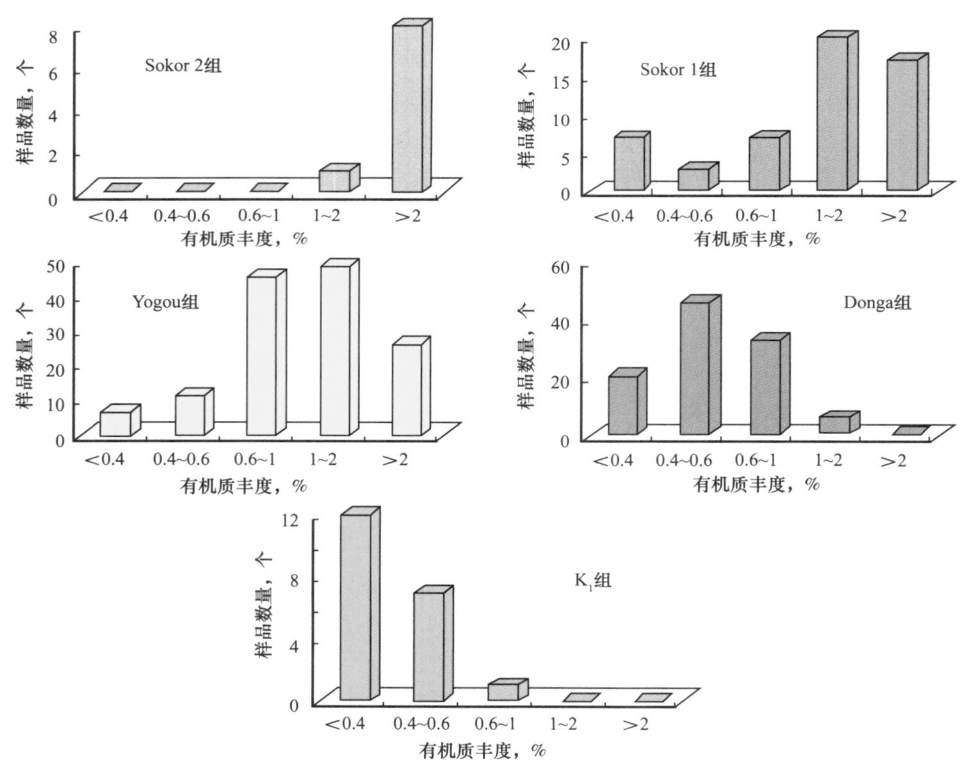

图3-32　泥页岩有机质丰度分布统计柱状图

2）油源对比

特米特盆地主要发育上白垩统海相烃源岩（以Yogou组为主）和古近系湖相烃源岩（以Sokor 1组为主）[23]。

原油地球化学特征表明特米特盆地大部分原油（Ⅰ类原油）具有相同的成因，其母源均沉积于相对高盐度、还原—弱还原环境，与 Helit–1 井 Yogou 组中部泥岩发育段相似；而Ⅱ类原油的母源则沉积于低盐度、偏氧化环境，且特征的生物标志化合物——4- 甲基甾烷含量高，与古近系 Sokor1 组的湖相泥岩具有较好的一致性，推测该类原油可能来自或混有来自 Sokor1 组烃源岩的油气（表 3–5）。

表 3–5 特米特盆地原油类型及其地球化学特征

原油类型	地球化学特征	典型原油井	烃源岩沉积环境
Ⅰ类	Pr/Ph 介于 0.65～1.57，伽马蜡烷含量相对较高（0.22～0.49），C_{29} 甾烷优势明显，$C_{29}>C_{28}>C_{27}$，呈反“L”形，饱和烃和芳香烃碳同位素偏轻，三环萜烷含量高，基本无 4-甲基甾烷	Admer–1、Agadi E–1、Agadi S–1、Arianga–1、Dibeilla–1、Dibeilla N–1、Dougoule–1、Dougoule E–1、Dougoule W–1、Faringa W–1、Gana–1、Gani E–1、Goumeri–3、Goumeri W–1、Goumeri SE–1、Imari E–1、Karagou–1、Ourtinga–1、Ounissoui–1、Saha–1、Sokor E–1、Sokor S–1、Tamaya–1 等井	还原—偏还原、咸水半—咸水
Ⅱ类	Pr/Ph 大于 2，伽马蜡烷含量低，甾烷 $C_{29}>C_{27}>C_{28}$，呈“V”形，饱和烃和芳香烃碳同位素偏重，三环萜烷和 4- 甲基甾烷丰富	Dinga Deep–1、Goumeri–1 井（E_0，2294～2298m）	偏氧化、淡水

2. 储层

特米特盆地在早白垩世裂谷期、晚白垩世坳陷期及古近纪裂谷期均发育储层。结合层序地层分析，下白垩统储层主要位于裂谷初始期层序（KS1）及裂谷晚期层序（KS3），上白垩统储层主要位于 Donga 组下段、Yogou 组中段及 Madama 组，古近系储层主要为 Sokor 1 组及 Sokor 2 组。目前勘探主力储层段为古近系 Sokor 1 组河流—三角洲砂岩。以下主要介绍主力产层 Sokor1 组以及 Yogou 组的微观储层特征[18, 24]。

1）储层岩石学特征

（1）岩石类型与特征。

对 Sokor 1 组及白垩系岩石学特征研究主要从岩石类型、碎屑岩成分成熟度、结构成熟度等方面进行阐述，从而为该区储层综合评价提供有力的依据。

通过对岩石类型的统计，认为研究区主要发育的岩石类型较为单一，主要为石英砂岩（图 3–33），以不等粒石英砂岩、细粒石英砂岩为主，其次为粉粒及中粒石英砂岩。此外含有少量特殊岩石类型。

（2）碎屑组分特征。

碎屑组分主要为石英、长石、岩屑，其中以石英为主，成分成熟度高，偶见少量长石，岩屑类型单一，为变质岩（以石英岩为主）岩屑。通过全岩 X 射线衍射分析对碎屑组分取得了进一步的认识。

（3）结构特征。

研究区储层总体结构成熟度低，主要为细粒结构，其次为不等粒结构、粉粒结构以及中粒结构，分选中—差，多呈次棱—次圆状，颗粒支撑，以点接触为主，孔隙式胶结，风化蚀变程度浅。

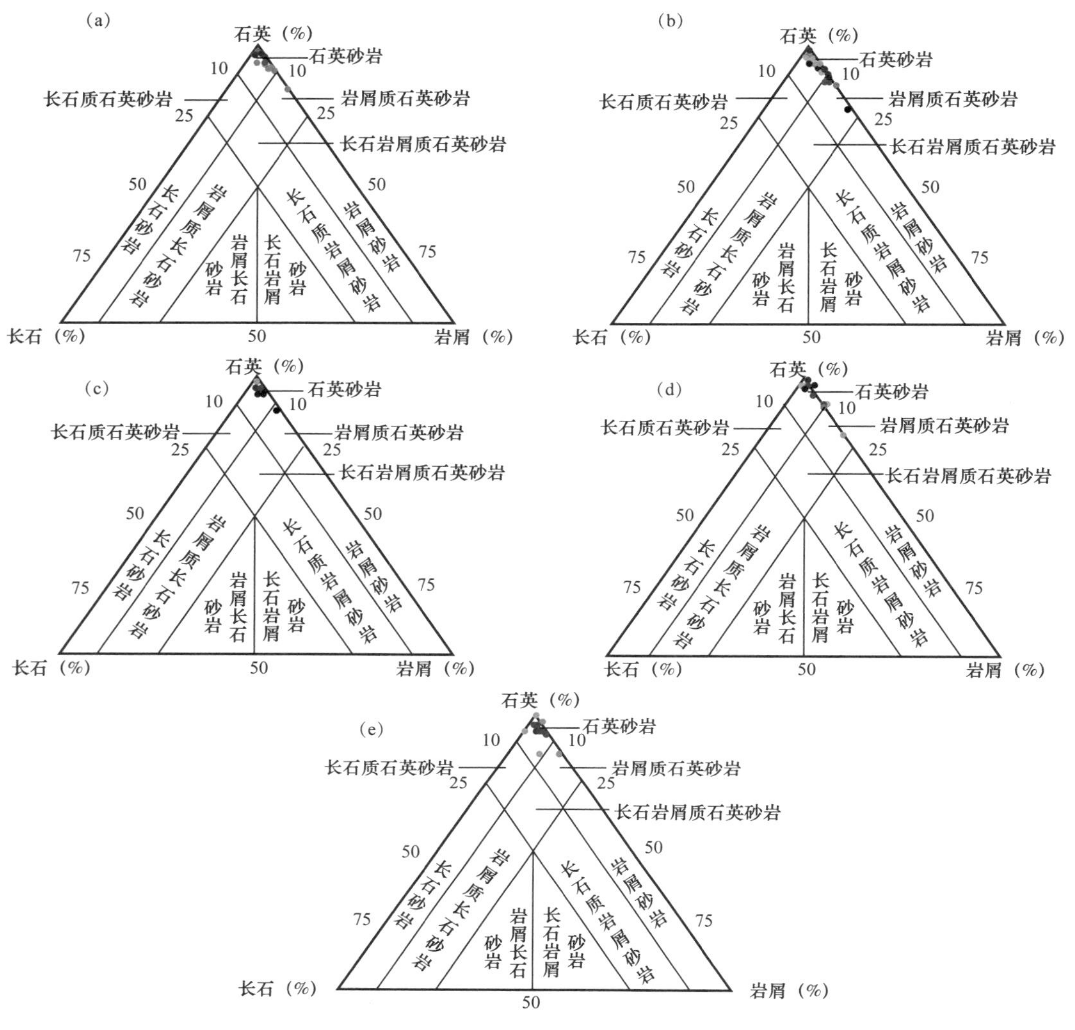

图 3–33　特米特盆地古近系 Sokor 1 组各砂组岩石类型三角图

储层岩石类型为石英砂岩，其成分成熟度非常高，石英含量占岩石组分的 80% 以上，长石含量占岩石组分的 2% 左右。填隙物主要为黏土杂基，其含量占岩石组分在 10% 左右。其中黏土矿物的主要类型为高岭石，其含量占黏土矿物的 80% 左右；其次为绿泥石，其含量一般占黏土矿物的 20% 左右。填隙物中另一组分胶结物以硅质胶结和碳酸盐胶结为主，硅质胶结表现为石英加大，加大级别和含量都不高，加大级别一般Ⅰ—Ⅱ级。碳酸盐胶结主要为方解石胶结物，一般零星分布。

2）储层物性特征

由于井壁取心样品小且较为疏松，未能进行物性分析实验，研究过程中，缺少可靠的物性数据。基于大量的铸体薄片鉴定，利用面孔率探讨储层的储集性能。

（1）孔隙度、渗透率特征。

根据 90 多块铸体薄片的镜下观察，得到 Sokor 1 组 E_1—E_5 各层位的面孔率特征，其中 E_1 砂组面孔最低，平均 14.7%，E_2—E_5 层位平均面孔率达到近 20%。

根据单井沉积微相划分结果，对90多块铸体薄片面孔率进行沉积微相的统计和对比发现，三角洲前缘亚相水下分流河道砂体、河口坝砂体以及三角洲平原分支河道砂体的平均面孔率最高。其中水下分流河道砂体平均面孔率19.5%，河口坝砂体平均面孔率17.6%，分支河道砂体平均面孔率18.9%。远沙坝以及浅湖滩坝储层的面孔率较低，均不足10%。

由于取心较少，主要依据测井孔渗资料对单井各层位储层的孔隙度和渗透率进行评价，从而寻求各储层物性的一般规律。根据研究区的储层特征，暂把研究区储层划分为3类。其中，特高孔特高渗、高孔高渗、中孔中渗储层为Ⅰ类储层；低孔低渗储层为Ⅱ类储层；特低孔特低渗储层为Ⅲ类储层。研究区三角洲相分支河道砂体、水下分流河道砂体、河口坝砂体多为Ⅰ类储层，远沙坝砂体、浅湖滩坝砂体多为Ⅱ类储层，支流间湾等泥质粉砂为Ⅲ类储层。

（2）储层物性控制因素。

储层物性受多种因素的控制，研究认为，影响研究区Sokor 1组储层性质的因素有物源性质、沉积相类型和成岩作用。其中物源性质和沉积相类型是主要影响因素，不仅控制着储层的原始空间展布和原生孔隙的多少，而且影响成岩作用的类型和强度；成岩作用是条件，影响储层储集空间的演化过程和孔隙结构特征。

砂体沉积微相是Sokor 1组储层性质的最主要影响因素。Sokor 1组储层主要发育于三角洲、湖泊沉积，沉积微相有分支河道、水下分流河道、河口沙坝、远沙坝、支流间湾和浅湖滩坝等，其中分支河道、水下分流河道和河口沙坝砂体厚度大，砂岩颗粒较粗，分选、磨圆较差，孔隙度、渗透率值较大，物性较好；而远沙坝、浅湖滩坝砂体厚度较薄，砂岩粒度较细，一般为粉砂级别，加之泥质含量高使物性变差。

研究区Sokor 1组储层物源类型主要为变质石英岩类，其母岩的高石英含量决定了其储层岩石类型主要为石英砂岩，为研究区高效储层的发育打下了基础。研究表明石英砂岩储层由于刚性颗粒石英含量高，抗压实能力强，其原始孔隙较易保存。

压实作用使储层早期原生孔隙度降低，但是样品中很少见到颗粒紧密接触，颗粒的接触关系主要以点接触为主，这主要是受到石英刚性颗粒支撑的保护作用。

研究区碳酸盐胶结物不发育，方解石一般以杂基和交代形式出现，多见交代石英颗粒，少见方解石连片、嵌晶胶结。通过黏土X射线衍射和扫描电镜的分析结果可知，研究区储层黏土矿物类型主要为高岭石，其次表现为绿泥石，伊利石和伊蒙混层含量很低。高岭石对储层的影响一般认为是积极性的。因为砂岩中自生高岭石一般由长石的溶蚀形成的，高岭石本身晶粒粗大，存在一定的晶间孔，自生高岭石的发育和优质储层有一定的相关性。

溶蚀作用对本区储层产生一定的影响，最常见的为长石的溶蚀，其次为石英、云母及粒间泥质物的溶蚀，溶蚀作用会形成粒内溶孔、粒间溶孔，还会扩大原生孔隙形成混合孔，改善了储集性能。

以上分析认为以物源性质和沉积相类型为主的沉积作用对储层起控制作用，成岩作用对储层起到了积极的改善作用，但是影响程度有限。

3）储集空间

储层的孔隙结构与储层的储集性能有着极其密切的联系，孔隙结构的好坏是储层评价的重要依据，分析并把握储层的孔隙结构特征及其演化规律是寻找和预测有利储集岩体的重要环节。孔隙是存贮流体的基本空间，反映岩石的储集能力；喉道是控制流体在岩石中渗流的重要通道，喉道的形态、分布是影响储层渗流特征的主要因素。

（1）孔隙类型。

研究区 Sokor 1 组砂岩储层发育原生孔隙和部分次生孔隙。原生孔隙主要是碎屑沉积颗粒在成岩作用过程中经压实作用和胶结作用而残余的原生粒间孔隙；次生孔隙则是长石、黏土矿物和杂基等经淋滤作用、溶解作用、交代作用等形成的，包括各种溶蚀孔（粒间溶孔、粒内溶孔、贴粒缝）。

（2）喉道类型。

喉道为连接孔隙的通道。流体沿孔隙系统流动时，必将经历一系列交替着的孔隙和喉道。无论在油气二次运移驱替孔隙介质在沉积期间所充满的水，还是在开采过程中油气从孔隙介质中被驱替出来时，都会受到流体通道最小断面（即喉道直径）的控制。显然，喉道的大小、分布及它们的几何形态是影响储集岩渗滤特征的主要因素。研究区储层砂岩见到的喉道类型有：孔隙缩小型喉道、断面收缩型喉道和管束状喉道。

3. 盖层

特米特盆地古近系 Sokor 2 组中下部形成于二级层序的最大湖泛面附近，沉积了大面积分布的湖相厚层连续泥岩段，是盆地主要的区域性盖层。该套泥岩地层在盆地大部分区域厚度介于 300～1000m 之间，泥地比为 90% 左右，全盆地稳定分布（图 3-34），仅在北部 Soudana 隆起、特米特西台地、特米特东斜坡遭受剥蚀，厚度较小或完全被剥蚀。

测井资料分析显示 Sokor 2 组泥岩盖层的物性封闭能力强，且普遍存在欠压实现象，具备良好的封盖条件。以 Jaouro-1 井和 Karam-1 井为例，Jaouro-1 井声波时差为 130μs/ft，密度介于 2.05～2.15g/cm^3 之间，为Ⅲ类盖层；Karam-1 井声波时差为 110～120μs/ft，密度介于 2.40～2.45g/cm^3 之间，为Ⅱ类盖层。由泥岩声波时差与深度交会图分析可知，在 Jaouro-1 井该段地层泥岩存在异常压力封闭能力，虽然物性封闭能力为Ⅲ类盖层，但具有物性和异常压力双重封闭能力，综合评价其封盖条件较好；在 Karam-1 井该段泥岩属正常压实，不存在异常压力，以物性封闭为主，盖层级别达到Ⅱ类，具备良好的盖层条件（图 3-35）。

4. 圈闭特征

特米特盆地主要发育构造圈闭，包括反向断块、反向断鼻、断垒、顺向断块、背斜等类型。

反向断块和反向断鼻是该盆地主要的圈闭类型，其油气分布和富集程度受断层的发育程度、断层的侧向封堵条件控制。如发现的 Dibeilla、Sokor、Faringa W 等油藏均为这类圈闭类型。

断垒圈闭也比较发育。两条倾向相反的正断层切割地层，同时两条正断层下降盘岩性具备侧向封挡条件，具有较好的圈闭条件，发现的油藏有 Goumeri、Imari E、Karam 等。

顺向断块圈闭相对不太发育，发现的油藏较少。对于古近系的圈闭来说，侧向封挡条件不太有利，但对上白垩统 Yogou 组来说，侧向封挡条件比较有利，发现的油藏有 Yogou、Yogou S 等。

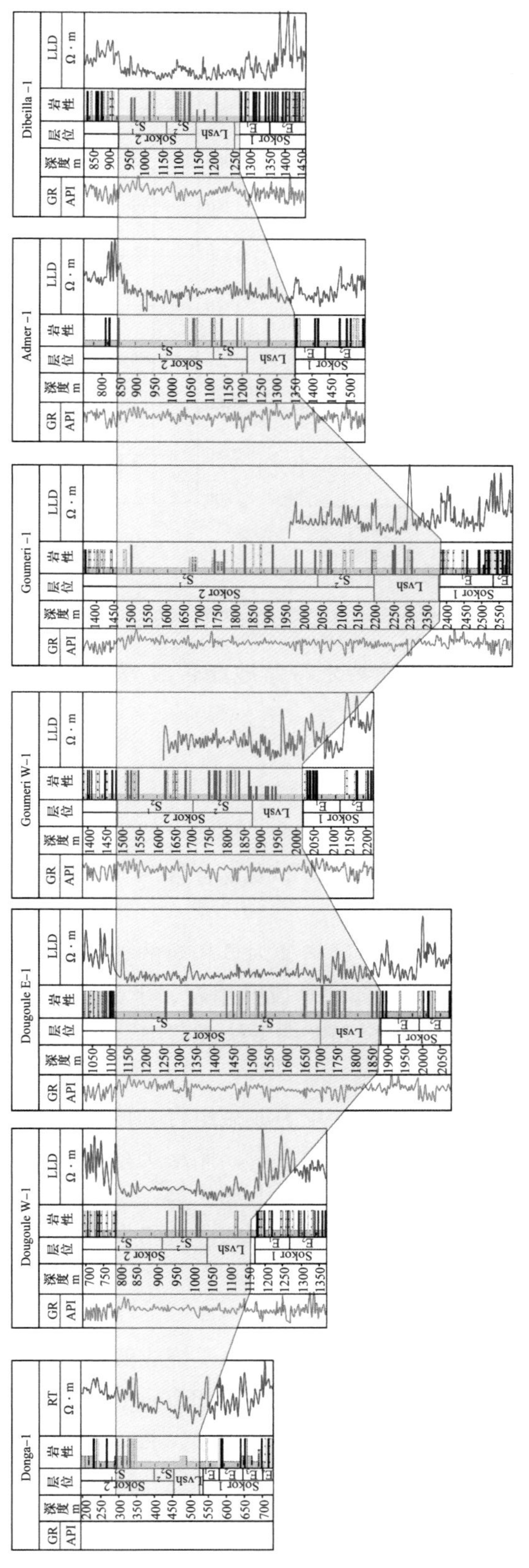

图 3-34　特米特盆地 Sokor 2 组连井地层对比

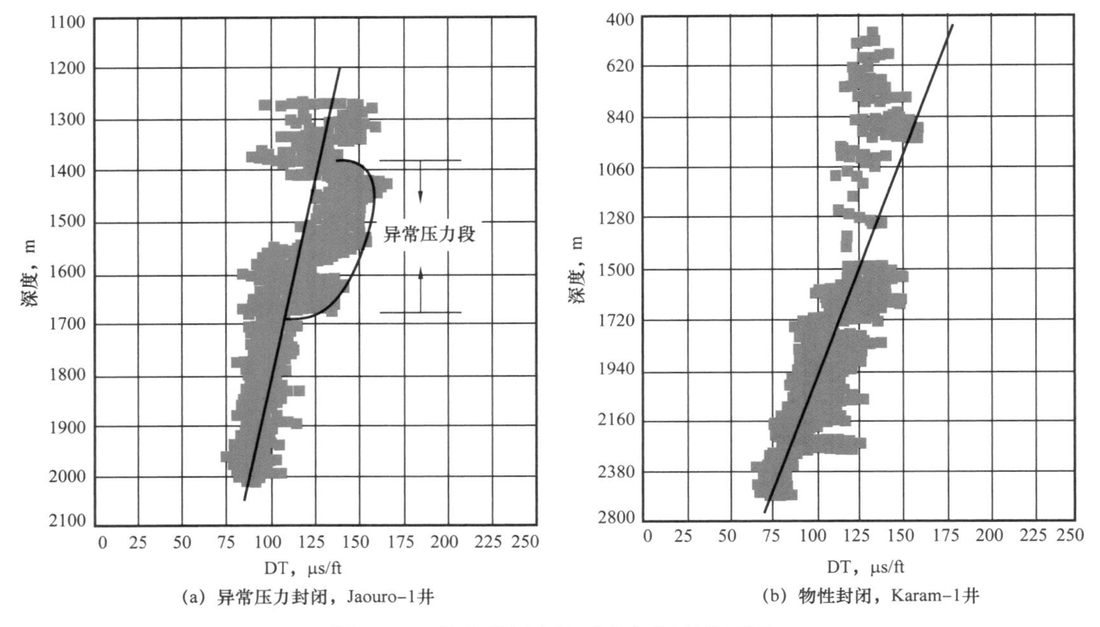

图3-35　单井盖层声波时差与深度关系图

背斜圈闭不太发育，该类圈闭在特米特盆地能否成藏取决于是否发育沟通油源的断裂，发现的油藏主要位于Yogou斜坡带。

五、油气系统与成藏组合

由于两期裂谷的叠置对含油气系统的影响，垂向上特米特盆地下白垩统、上白垩统及古近系成藏组合相互贯通，发生流体交换，形成复合含油气系统。横向上这些复合含油气系统因不同构造区带而具有一定的独立性。

特米特盆地成藏组合在二级层序地层格架内具相对的独立性。据此可将特米特盆地各复合油气系统垂向上划分为上部和下部两套成藏组合，上部成藏组合为古近系成藏组合，下部成藏组合可分为下白垩统成藏组合和上白垩统成藏组合[16]。

1. 上部成藏组合

古近系成藏组合是目前特米特盆地的主力成藏组合。该套成藏组合的油气主要来自上白垩统海相烃源岩，局部来自古近系湖相烃源岩，储层类型为三角洲前缘砂体，主要在发育裂谷初始期层序SS1及裂谷萎缩期层序SS3上部，为一套下生上储组合。裂谷深陷期层序SS2泥岩及裂谷萎缩期层序SS3下部泥岩为该套成藏组合的区域性盖层，具有良好的油气封盖条件。

2. 下部成藏组合

下部成藏组合可分为下白垩统成藏组合和上白垩统成藏组合。

上白垩统成藏组合可细分为Yogou组成藏组合和Donga组成藏组合，油气主要来自二级层序最大海泛面附近的DS2层序、YS1层序、YS2层序及YS3层序下部烃源岩。另外，若下白垩统发育烃源岩，由于断裂的贯通，可能对上白垩统成藏组合具有油气贡献。该套成藏组合的储层为三角洲及滨海砂岩，主要发育在DS1层序及YS3层序上部。MS1层序砂岩缺乏盖层，不能有效聚集油气。

下白垩统成藏组合的储层主要发育于二级基准面上升早期的裂谷初始期层序 KS1 及下降晚期的裂谷萎缩期层序 KS3。其中 KS1 层序储层类型为河流及三角洲砂体，KS3 层序储层类型为扇三角洲及三角洲砂体。烃源岩主要发育于二级层序最大湖泛面附近的裂谷深陷期层序 KS2。该层序发育的泥岩也可作为局部盖层，使下白垩统形成自生自储组合。该套成藏组合除特米特西台地含油气系统外，其余含油气系统由于资料所限，其评价具有较大的推测性，加之埋藏较深，油气勘探难度大。在特米特西台地含油气系统内，下白垩统成藏组合虽然埋藏浅，但是由于烃源岩面积较小，不具备勘探潜力。

六、油气分布规律

特米特盆地油气的分布与各成藏组合的地质条件有关，从目前的认识来看，上部古近系成藏组合的条件最优，发现的油气也主要位于该成藏组合，发现的储量约占总储量的 90%。由于古近系成藏组合的油气主要来源于下部上白垩统，因此断层的发育是古近系成藏的关键，不同构造单元断层的发育和其他地质条件具有很大的差异性，油气分布规律也不同。

Dinga 凹陷位于盆地中间部位，面积约 6500km^2，呈 NNW 走向。该区域深层 Yogou 组和 Donga 组为坳陷中心，东西两侧为沉积斜坡。从生储盖条件来看，该构造单元位于生油凹陷之上，油源条件非常好，以 Sokor 组作为浅层储盖，以 Yogou 组和 Donga 组作为深层烃源岩，生储盖条件都具备，只要有圈闭存在，就应该成藏。但该带断层不发育，构造圈闭也少，尚未有大规模油气的发现，但下部成藏组合尚具有较大的勘探潜力。

Dinga 断阶带面积约 5000km^2，呈 NNW 走向。该构造带与 Dinga 凹陷东侧的 Araga 地堑分列凹陷东西，是油气运移最为有利的两个构造单元。该带断层非常发育，作为重要的油气运移通道，沟通了上白垩统 Yogou 组、Donga 组的油源和上部古近系储盖组合，为油气成藏创造了非常有利的地质条件。该带成为特米特盆地首个取得亿吨级储量发现的区带。

Araga 地堑面积约 3500km^2，位于北部凹陷的东侧，呈 NNW 走向，是特米特盆地继 Dinga 断阶带之后又一个油气富集带。Araga 地堑位于 Dinga 凹陷生油中心的东侧，断层和构造非常发育，具有和 Dinga 断阶带相似的成藏地质条件，是非常有利的构造单元。2010 年钻探的 Dibeilla-1、Dibeilla N-1 等探井相继获得成功，使该区带成为特米特盆地第二个取得亿吨级储量发现的区带。

Fana 低凸起面积约 2200km^2，紧邻南北两个凹陷，油源条件非常好，加上低凸起本身靠近东部主物源，储盖组合条件具备，且断裂发育，具有较好的成藏条件。该区带发育南北两个圈闭群，通过钻探相继获得成功，形成了第三个亿吨级储量发现的大场面。

Yogou 斜坡带面积约 3800km^2，东临 Moul 凹陷，物源和油源条件好。早期沉积时从西向东发育一组斜列同生断层，其下降盘发育一系列顺向断阶和滚动背斜圈闭，可深浅兼顾，上部成藏组合发现了 Abolo 构造带，下部成藏组合发现了 Yogou 构造带，通过钻探均获得突破，是发现的第 4 个亿吨级含油区带。

特米特盆地南部的Moul凹陷面积约4000km^2，Trakes斜坡带面积约1500 km^2。Moul断阶带和Trakes斜坡的断层非常多且碎，但断距都不太大，不利于油气由下往上的运移。但下部成藏组合可形成自生自储组合，具备较好的成藏条件。

第五节 其他盆地

除前述四个大型裂谷盆地外，中非裂谷系还有一个大型含油气盆地，即分布在乍得南部和中非共和国北部的南乍得盆地，但因盆地主体及绝大部分油气发现在其他石油公司手里，中国石油资料有限，以下仅作简述。中非裂谷系的青尼罗（Blue Nile）盆地以及西非裂谷系的玛迪阿格（Madiago）盆地勘探程度极低，且没有商业油气发现，只在本节简单介绍。中西非裂谷系其他无油气发现的中小盆地，如巴加拉（Baggara）盆地、比尔玛（Bilma）盆地不做介绍。

一、青尼罗盆地

1. 概况

青尼罗盆地位于苏丹共和国首都喀土穆东南部，是在中非剪切带斜向张裂作用诱导下发育起来的中—新生代陆内裂谷盆地[25]，面积约73424km^2（图3-36）。盆地内主要沉积侏罗系、白垩系和古近—新近系[4, 26]，并在晚白垩世末期发生构造抬升，大部分地区遭受剥蚀，剥蚀量1000～1500m。

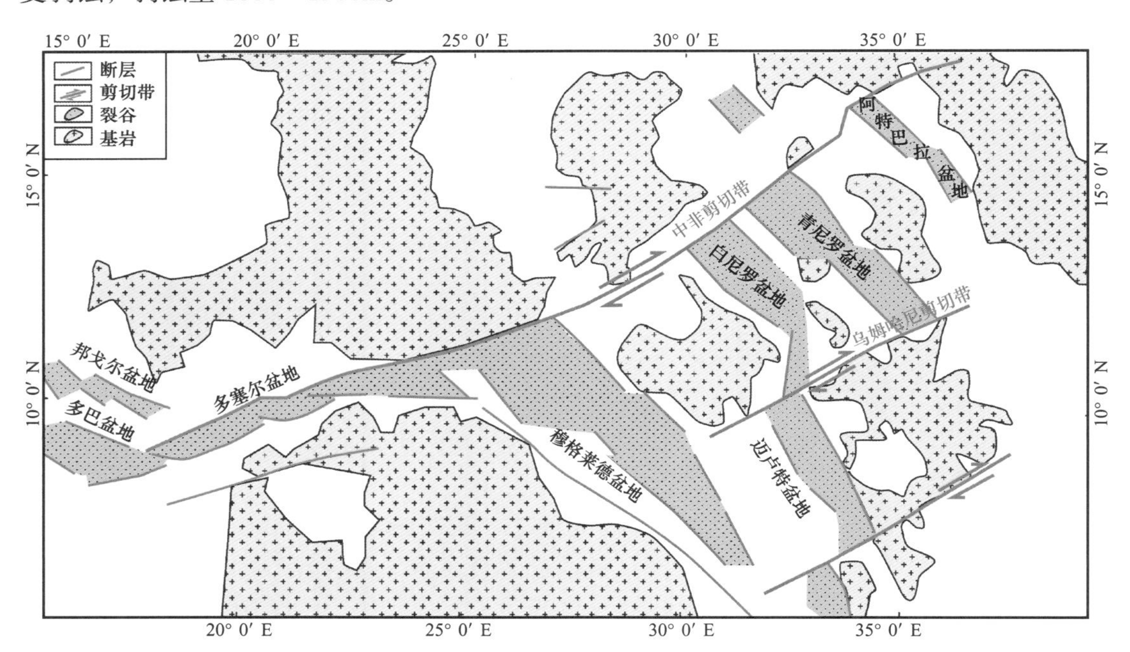

图3-36 青尼罗盆地位置简图（据IHS，1999）

盆地经历三期构造演化[25]（图3-37）。第一期从早侏罗世至中—晚侏罗世，为第一期裂谷形成期，后期在盆地中心有盐岩沉积，向盆地边缘为泥质沉积，主要沉积Blue Nile组地层；第二期从中—晚侏罗世至早白垩世，主要沉积Dinder Ⅰ组下段、Dinder Ⅱ组和 Dinder Ⅲ组；第三期发生在晚白垩世，裂谷作用变弱，后期发育构造反转，主要沉积 Dinder Ⅰ组上段地层。

苏丹 8 区主要位于青尼罗盆地，面积 61204.9km^2，2003 年 8 月以前由美国 Chevron 公司作业，2003 年 8 月—2011 年 8 月，WNPOC 公司（Petronas 占主要股份）为作业者，2011 年 9 月迫于政府压力退出该区，目前 8 区为开放区块。8 区目前有二维地震勘探资料 7000km，中浅层和工区中东部资料品质较好，中南部局部地区地震测网密度 1km × 1.5km，北部地区测网密度 2km × 3km。区块已钻 11 口井，两口井发现气层，其中 Hosan–1 井发现气层 17.7m，Tawakul–1 井发现气层 16.9m。

2. 构造特征

青尼罗盆地断裂系统复杂，发育北西—南东向、南北向和东西向多组断裂。主要发育北部、中部和南部三个凹陷，中部凹陷规模最大，两口气井均位于中部凹陷（图 3–38）。

盆地中部凹陷面积约 4000km^2，基底最大埋深对应双程旅行时 4s。中部凹陷为典型的半地堑结构，东陡西缓，西部隆起区 Dinder I 组剥蚀强烈。目前共钻探 7 口井，其中东部陡坡带 Hosan–1 井获得了天然气发现（17.7m 气层），西部缓坡的 Tawakul–1 井有天然气和少量凝析油发现（16.9m 气层），是盆地勘探的主力凹陷。南部凹陷面积 2000km^2，呈东西走向，基底最大埋深对应双程旅行时 3s，已钻探井 3 口。其中，Farasha–1 井和 Jauhara–1 井最大钻井深度为 3100m，都钻遇了上侏罗统的 Blue Nile 组，但都只有弱显示。北部凹陷面积 2000km^2，仅有 1 口井，白垩系见弱显示，中浅层发育火山岩（图 3–39）。

地层					裂谷阶段	构造活动
新生界				Post-Damazin组		
新生界	白垩系	上白垩统	马斯特里赫特阶	Damazin组	裂后期	
			坎潘阶			
			塞诺曼阶	Dinder Ⅰ组	第三裂谷期	晚白垩世反转
		下白垩统	阿尔布阶			晚白垩世裂谷
			阿普特阶			
			巴雷姆阶	Dinder Ⅱ组	裂后期	裂后期
			欧特里夫阶		第二裂谷期	早白垩世裂谷
			瓦兰今阶	Dinder Ⅲ组		
			贝里阿斯阶			
	侏罗系	中侏罗系		Blue Nile组	裂后期	裂谷终止
		下侏罗系			第一裂谷期	伸展裂谷
古生界?				前Blue Nile组		
前寒武系						

图 3–37　青尼罗盆地构造演化阶段

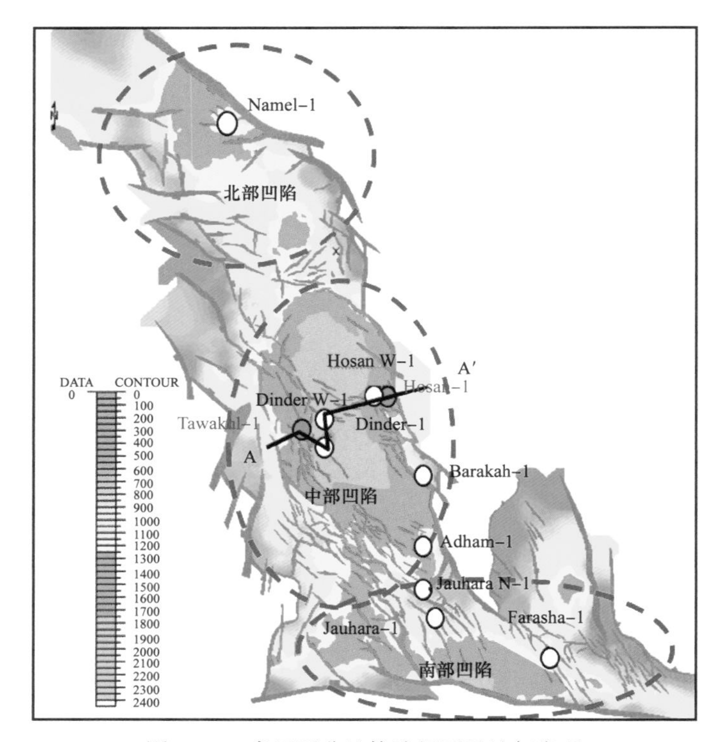

图3-38　青尼罗盆地构造纲要及油气发现

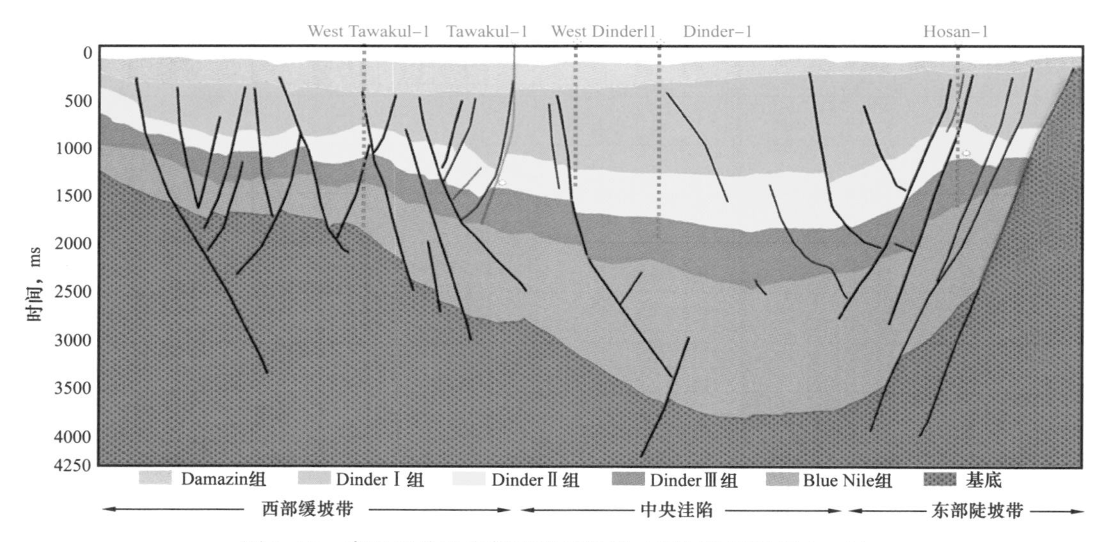

图3-39　青尼罗盆地中部凹陷结构图（剖面位置见图3-38）

3. 沉积地层

青尼罗盆地主要沉积侏罗系、白垩系和古近—新近系。侏罗系主要沉积Bule Nile组和Dinder Ⅲ组，中—下侏罗统主要沉积Bule Nile组，岩性为暗黑色、灰色湖相泥岩，夹薄层砂岩，局部发育厚层盐岩，钻井揭示地层厚度700m以上，是盆地主力烃源岩发育层段；中—上侏罗统主要沉积Dinder Ⅲ组，岩性为暗色泥岩，夹薄层砂岩，局部地区可见红色泥岩，钻井揭示地层厚度600～750m，Dinder Ⅲ组下段为盆地的主要烃源岩层。侏罗系顶部与下白垩统底部为一个区域不整合面，其上依次发育下白垩统 Dinder Ⅱ组和 Dinder Ⅰ组，为大套砂泥岩交互层，是盆地的主要储层和局部盖层，Dinder Ⅱ组钻井揭示厚度 601～748m，Dinder Ⅰ组钻井揭示厚度 378～1502m；其上沉积上白垩统 Damazin 组，岩性以大套块状砂岩为主，厚度 181～358m。在白垩纪末期盆地大部分地区发生剥蚀，剥蚀量介于 1000～1500m。其后在白垩纪末期的不整合面之上沉积了古近—新近系，岩性主要为厚层砂岩（图 3-40）。

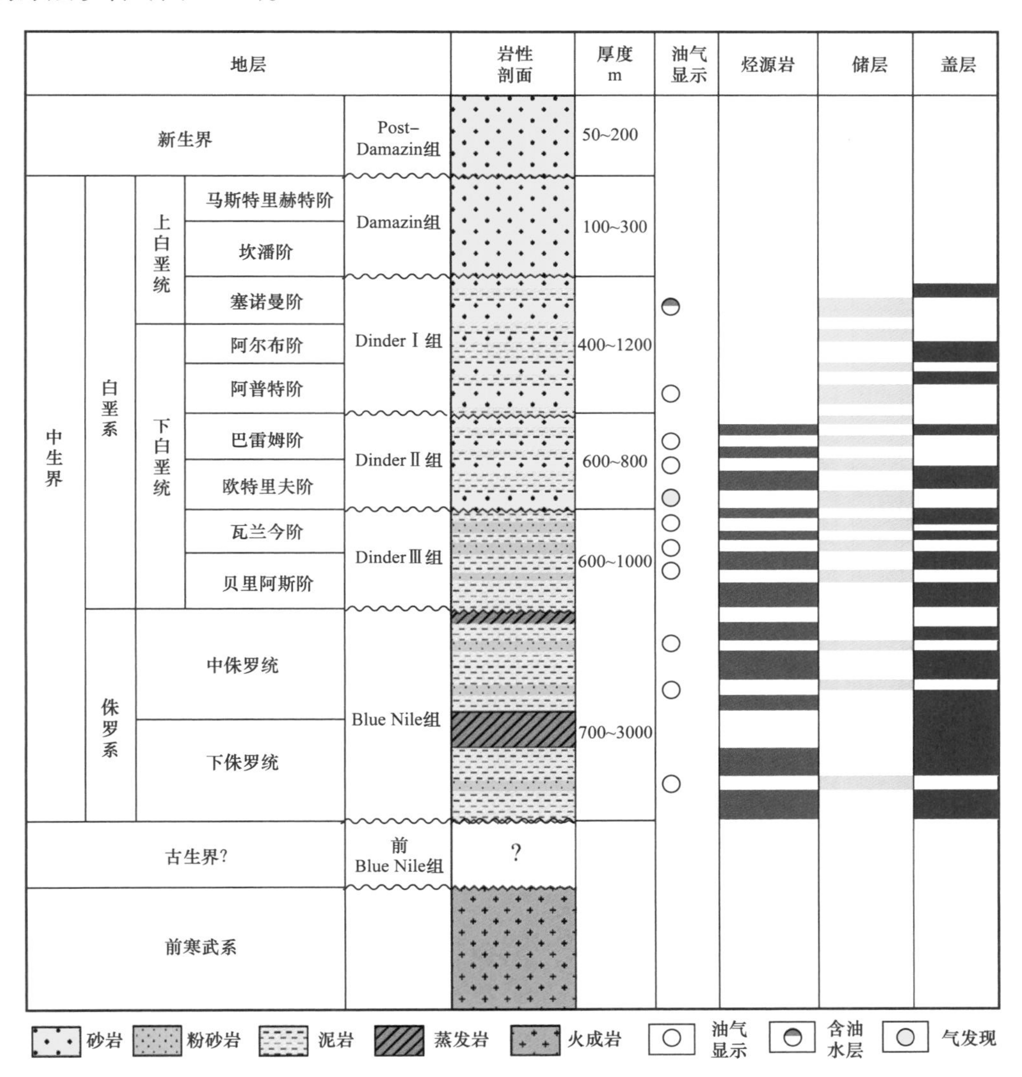

图 3-40　青尼罗盆地地层综合柱状图

4. 生储盖及圈闭特征

经钻井证实，青尼罗盆地主要烃源岩是侏罗系的 Bule Nile 组和 Dinder Ⅲ组下段暗色湖相泥岩，主要分布在盆地北、中、南三个凹陷。其中，中部凹陷沉积厚度最大。

Hosan-1 井有机地球化学分析表明，TOC 介于 0.11%～4.38%，平均 1.11%；IH 介于 29～212mg/g，平均 81mg/g；烃源岩以 Blue Nile 组和 Dinder Ⅲ段下部为主，类型以Ⅲ型干酪根为主，烃源岩品质为差—中等，局部泥岩具有生气能力（图 3-41）。

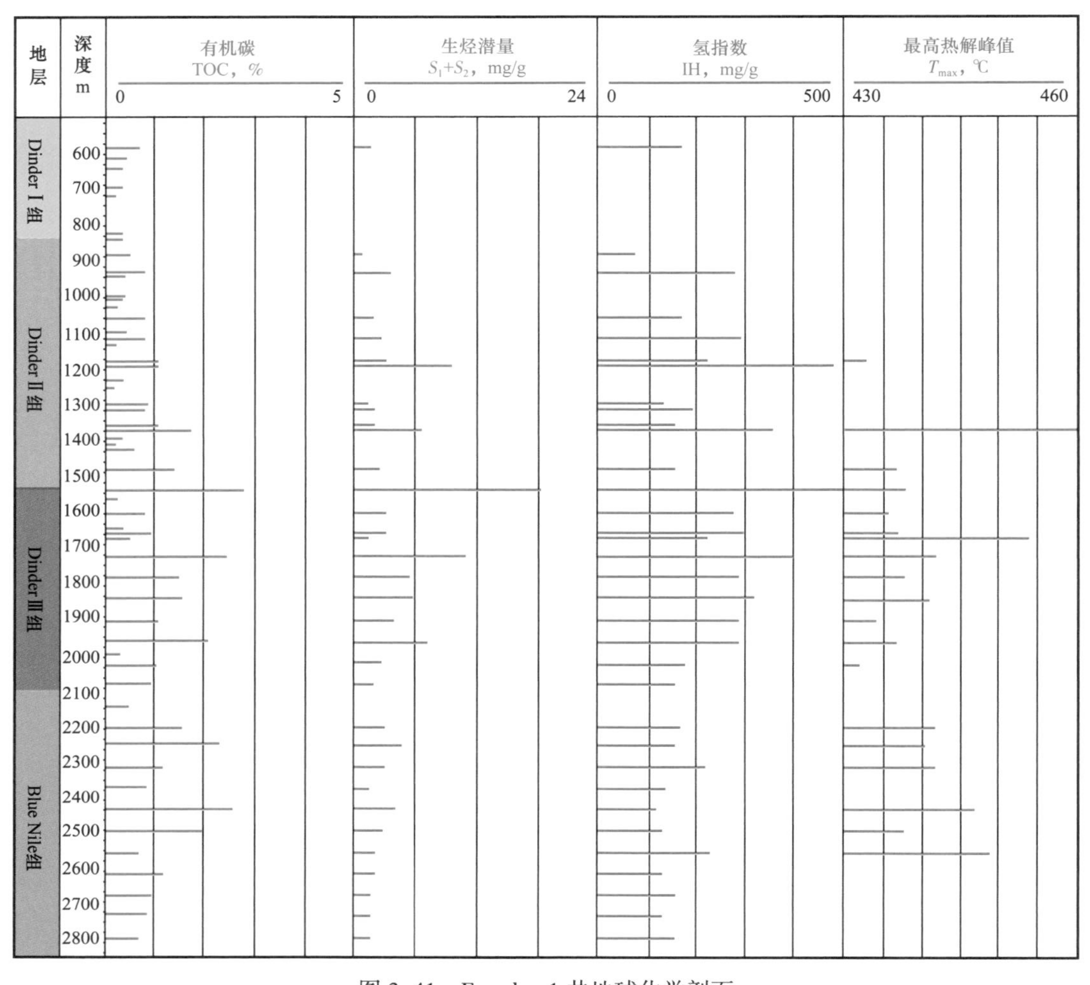

图 3-41 Farasha-1 井地球化学剖面

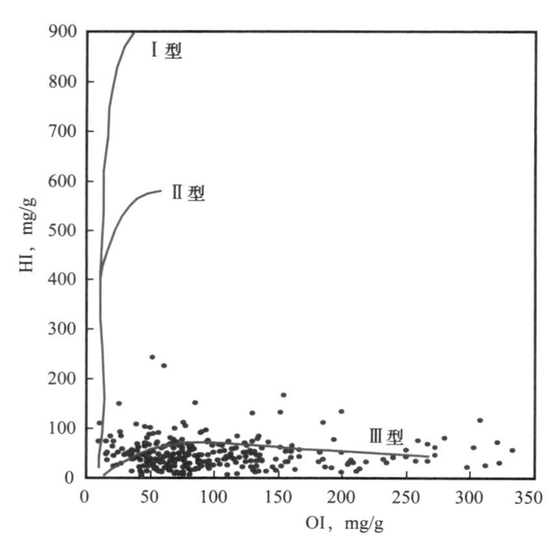

图 3-42 Dinder-1 井干酪根类型分析图

Farasha-1 井有机地球化学分析表明，TOC 介于 0.02%～7.74%，平均 2.53%；IH 介于 37～538mg/g，平均 166mg/g；烃源岩品质为中等—好，具有生气潜力（图 3-42）。

通过已钻井地球化学分析，认为 Bule Nile 组发育暗色泥岩 300～450m，Dinder Ⅲ组发育暗色泥岩 100～300m。烃源岩有机碳含量 1%～3%，干酪根以Ⅱ—Ⅲ型为主，以生气为主（图 3-41、图 3-42）。

储层为下白垩系统 Dinder 组和侏罗系砂岩，由于下白垩系统 Dinder 组和侏罗系普遍为泥岩地层，钻井揭示储层以薄层砂岩为主，储层物性较差，孔隙度 8%～15%（图 3-43）。通过已钻井储层孔隙度综合分析，认为盆地有效储层孔隙度下限为9%，对应深度3100m左右。上白垩统储层发育，但总体上缺乏区域盖层。已钻圈闭类型主要是断陷期形成的背斜、断背斜。

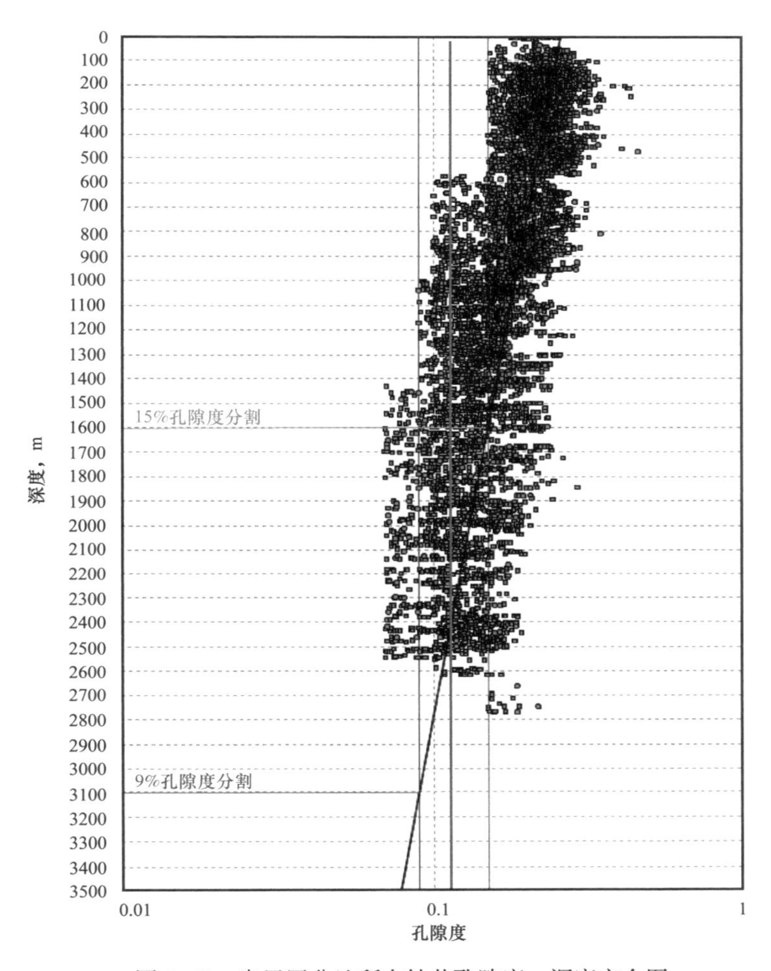

图3–43　青尼罗盆地所有钻井孔隙度—深度交会图

5. 油气发现及显示情况

青尼罗盆地目前共有探井11口，发现2个气藏和2个出油气点；其中Hosan–1井发现气层17.7m，Tawakul–1井发现气层16.9m，这两口井测试见少量油气；Dinder–1井测试见少量天然气和少量油，West Dinder–1井测试见少量油。

Hosan–1井位于盆地中部凹陷东部陡坡带，圈闭类型为一个断背斜，最大含气面积为3.73km²，主要目的层为Dinder组和Blue Nile组，试油证实气层17.7m/6层。另一个气藏Tawakul–1井位于盆地中部凹陷西部斜坡带，圈闭类型为一个反向断块，最大含气面积分别为16.1km²（Dinder Ⅲ组）和24.54km²（Dinder Ⅱ组），主要目的层为Dinder Ⅱ组和Dinder Ⅲ组，试油证实气层16.9m/4层。

青尼罗盆地已钻井主要油气显示层段为Dinder Ⅱ组、Dinder Ⅲ组，少量显示层段为Dinder Ⅰ组。发育两套可能成藏组合：一套为自生自储，烃源岩、盖层为Blue Nile组、Dinder Ⅲ组暗色泥岩，储层为Blue Nile组、Dinder Ⅲ组砂岩；另一套为下生上储，烃源岩为 Blue Nile 组、Dinder Ⅲ组暗色泥岩，储层为 Dinder Ⅱ组、Dinder Ⅰ组砂岩，盖层为 Dinder Ⅱ组、Dinder Ⅰ组泥岩。

总体看来，盆地整体上储盖组合配置不理想，储层以下白垩统 Dinder 组、Blue Nile 组的薄层砂岩为主，物性整体较差；上白垩统储层发育，但缺乏区域盖层。失利原因主要是封堵条件普遍较差，其次为储层条件。盆地目前发育天然气藏，天然气对盖层条件要求更高，因此区块最大风险为封堵（保存）条件。

二、南乍得盆地

1. 概况

南乍得盆地位于中非裂谷系西部，跨乍得和中非两个国家。盆地包括多巴、多赛欧和萨拉玛特三个坳陷，属于中非裂谷系的中—新生代裂谷盆地[3, 9, 27, 28]。乍得新 PSA 区块在南乍得盆地边部西端和东端分别拥有西多巴、多赛欧—萨拉玛特两个区块（图 3-44）。

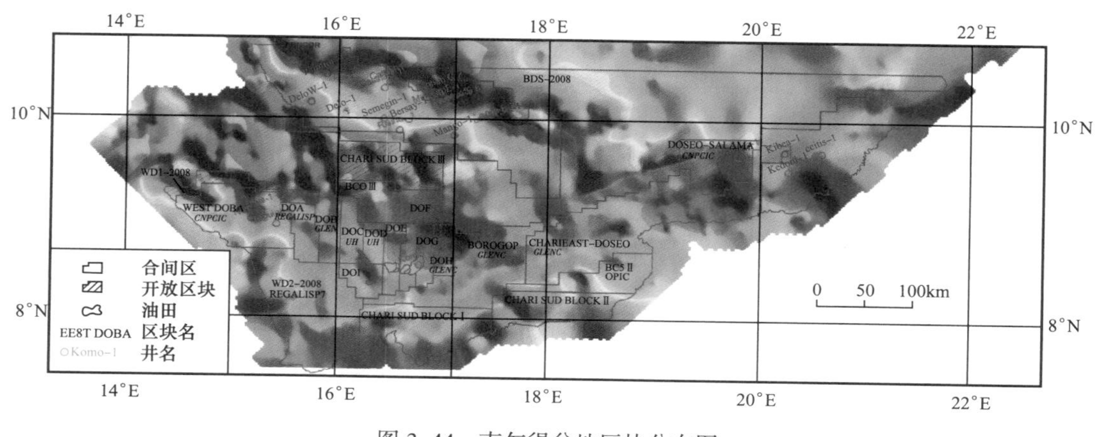

图 3-44 南乍得盆地区块分布图

西多巴区块位于乍得共和国西南部，面积 6036km^2。截至 2017 年底，前作业者在区内完成二维地震 2595km，钻探井 3 口，分别为 Karite-1 井、Nere-1 井、Figuier-1 井。Nere-1 井岩屑录井浅层见到稠油；中国石油在 2010 年对其中的 Figuier-1 井进行测试，在下白垩统 Mangara 组获油气流，日产油 18.9m^3、日产气 54085m^3。中国石油担任作业者以来，完成二维地震 911.47km、三维地震 528km^2、新完钻探井 3 口（Moringa-1 井、Citrus-1 井、Sena-1 井），均见到良好油气显示，Moringa-1 井与 Citrus-1 井测井解释有油层和可能油层，目前尚未试油。

多赛欧—萨拉玛特区块总面积 15679km^2。截至 2016 年底，多赛欧—萨拉玛特区块内二维地震 6799.6km，测线密度不均。多赛欧坳陷二维地震测网密度为（2×2）km～（6×8）km，地震资料品质相对较好，但基底反射特征不清；萨拉玛特坳陷二维地震测线密度为（1.6×1.6）km～（17×20）km，老地震测线资料品质总体较差，新地震测线品质好，基底反射较为清楚。多赛欧—萨拉玛特区块内共完钻探井 5 口，勘探程度极低。两口老井 Kedeni-1 井和 Kikwey-1 井试油油水同出。中国石油于 2014 年在多赛欧凹陷北部陡坡带完钻 Celtis-1 井和 Ximenia-1 井两口探井，其中 Ximenia-1 井在下白垩统测井解释有油气层，尚未测试。

2. 构造特征

1）构造单元划分

针对这个跨乍得和中非的近东西向大型裂谷盆地的构造单元划分，前人有两种命名方案。方案一：划分为多巴和恩冈代雷（Ngaoundere）两个盆地，方案二：划分为多巴、多赛欧和萨拉玛特盆地[27, 28]三个盆地。重力和地震勘探资料显示，所谓的多巴、多赛欧和萨拉玛特盆地实际是一个盆地的三个坳陷，因此统一称为南乍得盆地。构造单元包括“四隆三坳”：四个隆起分别为北部隆起、南部隆起、Borogop 低隆和东部低隆；三个坳陷分别是多巴坳陷、多赛欧坳陷和萨拉玛特坳陷（图 3–45）。

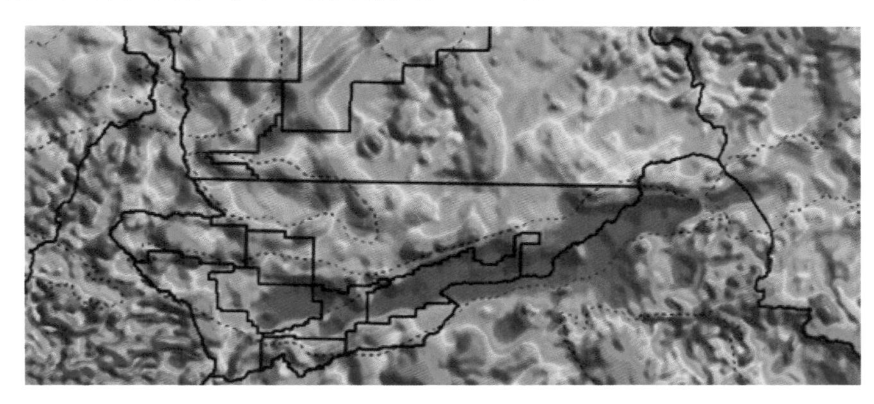

图 3–45　南乍得盆地构造单元划分（重力异常图）

2）基底和盖层结构

南乍得盆地位于中非剪切带内，具有明显的走滑特征。多巴坳陷纵向上呈典型的断坳双层结构，受区域“张、剪、扭”构造应力控制，自西向东结构发生明显转换，具有“东西分段、南北分带”的特征。多赛欧坳陷整体呈现为受北部边界正断裂控制的北断南超箕状断陷，北部控凹断层控制主要沉降和沉积中心，箕状凹陷呈斜列组合。萨拉玛特坳陷呈南北双断的地堑结构，中央低隆带展布范围大，南、北洼陷狭窄，分布范围小。

3）断裂特征

盆地主要发育两期断裂，早期为早白垩世断陷期发育的断层，控制了盆地结构和白垩系沉积；晚期主要为晚白垩世构造反转期发育的断层，不控制沉积，只影响局部构造形态。

平面上盆地发育 NW 向与 NE 向两组走向的断裂。NE 向断裂规模大、延伸距离长，为控盆断裂，发育数量较少，进一步可分为盆地早期发育的断层（主要为控盆、控凹断裂）和后期挤压反转所形成的断裂，由于早期断裂也遭受后期挤压反转的改造，故 NE 向断裂多表现为压扭的特征。NW 向断裂主要为早期发育的控带、控圈闭的次级断层，规模较小、延伸距离较短，以张剪特征为主。两组断裂在平面上表现出平行式、侧列式、帚状组合等组合类型，反映盆地具走滑剪切的特点。

4）构造特征

盆地早白垩世剪切拉张，以张剪应力场为主，晚白垩世挤压反转具压扭特征，两期构造作用叠加使盆地构造呈现以下特点。

（1）盆地内断裂非常发育：一、二级控盆控凹断裂少，但三、四级控构造带、控局部圈闭，甚至更小级次的断层非常发育，尤其缓坡部位，发育多个断裂密集发育区，形成走滑构造带，构造受断层切割为几个乃至十几个局部断块。

（2）走滑构造与反转构造发育：走滑构造在地震剖面多表现为负花状结构，平面上多具平行、雁列和帚状等走滑断裂体系组合；反转构造发育有两种类型，一种是后期受反转作用所形成的构造，发育数量较少，另一种为对前期走滑或伸展构造的改造，即叠加型反转构造，为主要发育类型。

3. 沉积地层

主要由一套早白垩世—全新世陆相碎屑岩组成，区域上沉积地层向东变薄、变粗。上白垩统向东剥蚀程度增加，到萨拉玛特基本被剥蚀殆尽；下白垩普遍发育，多赛欧和萨拉玛特下白垩统地层厚度达7500m（图3-46）。受后期反转抬升影响，白垩系与上覆古近—新近系呈角度不整合接触。

1）上白垩统

岩性特征：沉积旋回上主要为一套粗序列沉积，砂岩非常发育、厚度大。

电性特征：为中高电阻、低伽马组合特征，曲线形态呈大幅差、尖峰状特征。

地震特征：顶呈明显不整合接触；底以强振幅、高连续反射与下部地层区分。

2）下白垩统

岩性特征：纵向沉积旋回上表现为湖相沉积的砂泥岩互层为主。

电性特征：为中低伽马、中高电阻组合特征，盆地西部为小幅差、齿状特征，向东砂体逐渐发育，曲线幅差增大。

地震特征：顶部以强振幅、高频、高连续反射与下部地层区分，波组连续性好；下部地层地震轴连续性较差，反射不清。

4. 生储盖及圈闭特征

1）生油岩

烃源岩主要发育于下白垩统，多赛欧坳陷有机质丰度较高，TOC普遍大于2%，通常处于3%～5%之间，干酪根以Ⅰ型和Ⅱ型为主，生烃潜力较大。萨拉玛特坳陷有机质丰度低，且以Ⅲ和$Ⅱ_2$型为主，且泥岩厚度有限，估计生烃潜力有限。

2）储层

盆地上白垩统储层非常发育，多为粗砂岩或含砾砂岩，厚度巨大，分布范围广；下白垩统储层多为中厚层或薄层细砂岩，分布范围小。同一物源区储集岩特征大致相似，砂岩发育特点与盆地断陷期—坳陷期构造沉积演化特征密切相关。

3）盖层

西多巴地区位于盆地边缘，上白垩统泥岩盖层大部分剥蚀，下白垩统顶部泥岩为主要盖层，其泥岩盖层向西逐渐减薄，保存条件是主要风险。多赛欧—萨拉玛特坳陷下白垩统中上部发育较厚的湖相泥岩，横向分布较稳定，为区域性盖层，发育程度自西向东呈变差。上白垩统及古近系为大套砂岩，缺乏封盖条件。

4）圈闭

构造圈闭发育，均与断层有关，类型以断背斜、断块圈闭为主，盆内局部可见负花状构造。

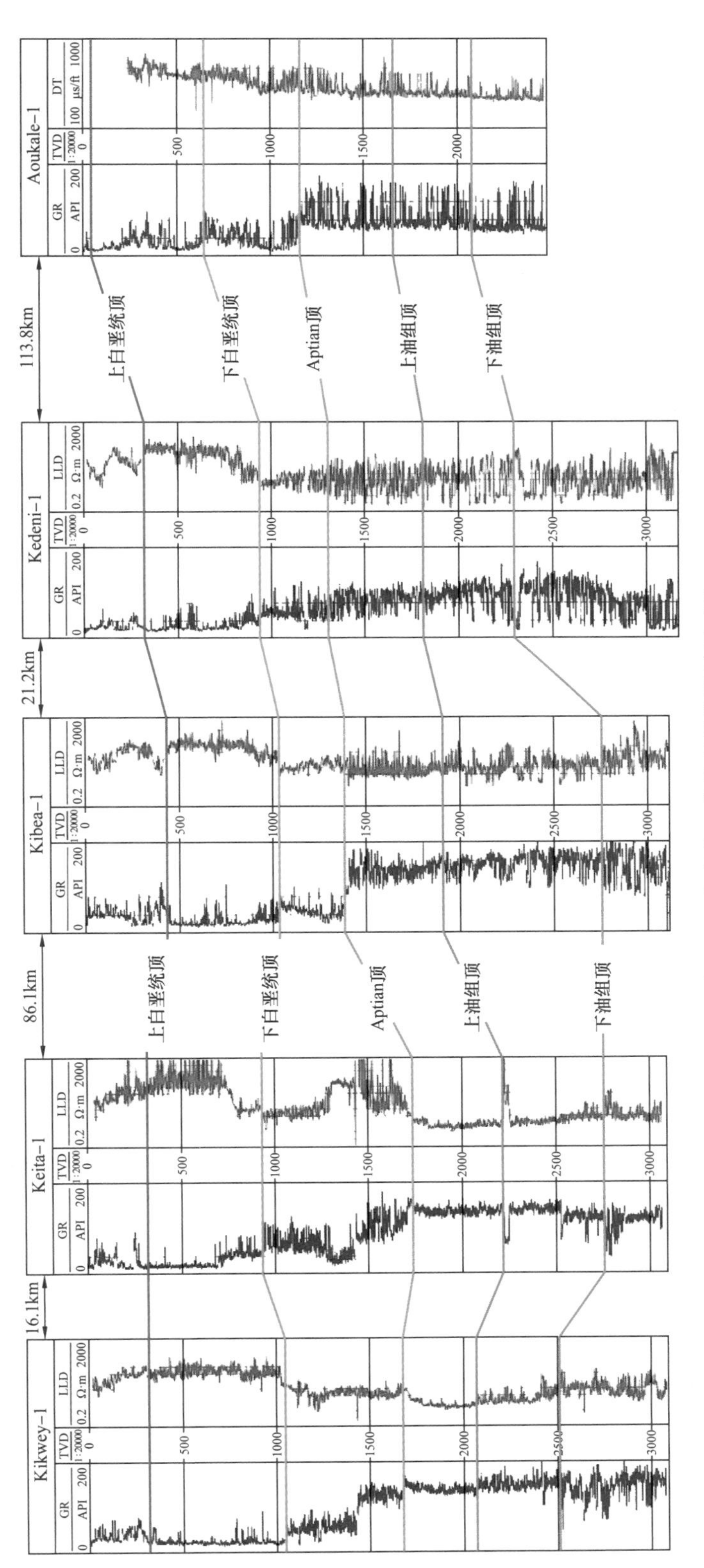

图 3-46　多赛欧—萨拉玛特坳陷地层对比

5. 油气系统与成藏组合

多巴坳陷主体已证实存在上白垩统和下白垩统两套成藏组合，上白垩统已探明储量 1.1×10^8～1.3×10^8t（15～20°API），油藏集中于多巴坳陷中央隆起部位；下白垩统探明储量 0.14×10^8～0.28×10^8t（30～40°API）。PSA 区块主体位于南乍得盆地边缘位置，由于地层和岩性变化，主要目的层为下白垩统。

多巴坳陷主力组合上白垩统 Miandoum 组合在西多巴地区盖层条件变差，埋藏浅，成藏不利；而下白垩统下组合成岩作用强，储层物性差；因此，下白垩统上组合（Mangara 组合）为本区主力成藏组合。

多赛欧坳陷内已发现 Maku、Tega 和 Kibea 三个含油气构造（位于邻区 Glencore 区块内），油气藏类型以层状边水油气藏和构造背景下的岩性油气藏为主。具有油气柱较低，储层薄、中孔中渗等特点。其主力成藏组合为下白垩统，自生自储式成藏，成藏条件向西明显变差。

6. 油气分布规律

通过对盆地基本石油地质条件的研究，结合对典型油气藏的解剖以及重点探井分析，认为油气的成藏主要受圈闭、储层与保存条件三个因素及匹配关系控制，保存条件为关键控制因素。油气聚集特征表现为盖层控制盆地内油气的垂向聚集与分布，断层封堵性能决定断块型圈闭的成藏。

1）盖层封闭性能控制了盆地内油气的聚集与分布

钻探揭示泥岩封盖性能，控制了油气的垂向聚集层位，上、下白垩统泥岩发育层段之下的储层为油气最富集层段；另外，泥岩封盖性能在平面上控制不同地区油气的聚集条件以及油气的丰度。坳陷中央的背斜构造带因邻近生烃中心，且圈闭发育，成为油气的主要聚集场所。

2）断层的封堵性能控制圈闭的成藏

对已发现油气藏的解剖，主要为背斜成藏或断层封堵成藏，均表现为构造控藏的特点，岩性对油藏的控制作用不明显。盆地内除少数背斜构造外，剩余圈闭均以断块型构造为主，圈闭的含油气性与油气规模与断层的封堵性能密切相关。

三、玛迪阿格盆地

1. 盆地概况

从区域构造背景来看，玛迪阿格盆地与北部特米特盆地同处西非裂谷系，盆内地层抬升强烈，凹陷规模较小，地层以下白垩统为主。该盆地很可能是喀麦隆洛贡比尔尼（Logone Birni）盆地和尼日利亚博尔努（Bornu）盆地的向东延伸，盆地主体位于尼日利亚（图 3-47）[2, 3]。玛迪阿格盆地尚无钻井，在喀麦隆和尼日利亚境内有 Zina-1 等多口钻井。

由于盆地强烈挤压抬升，其白垩系经受了强烈剥蚀，部分地层上倾方向被剥蚀后与浅表新生代冲积平原沉积角度不整合接触（图 3-48）。

2. 地层特征

因玛迪阿格盆地尚未钻井，参考尼日利亚的博尔努盆地，推测其地层分布如图 3-49 所示[29]，为前寒武结晶基底之上沉积的中—新生代地层。主体为下白垩统阿尔布阶沉

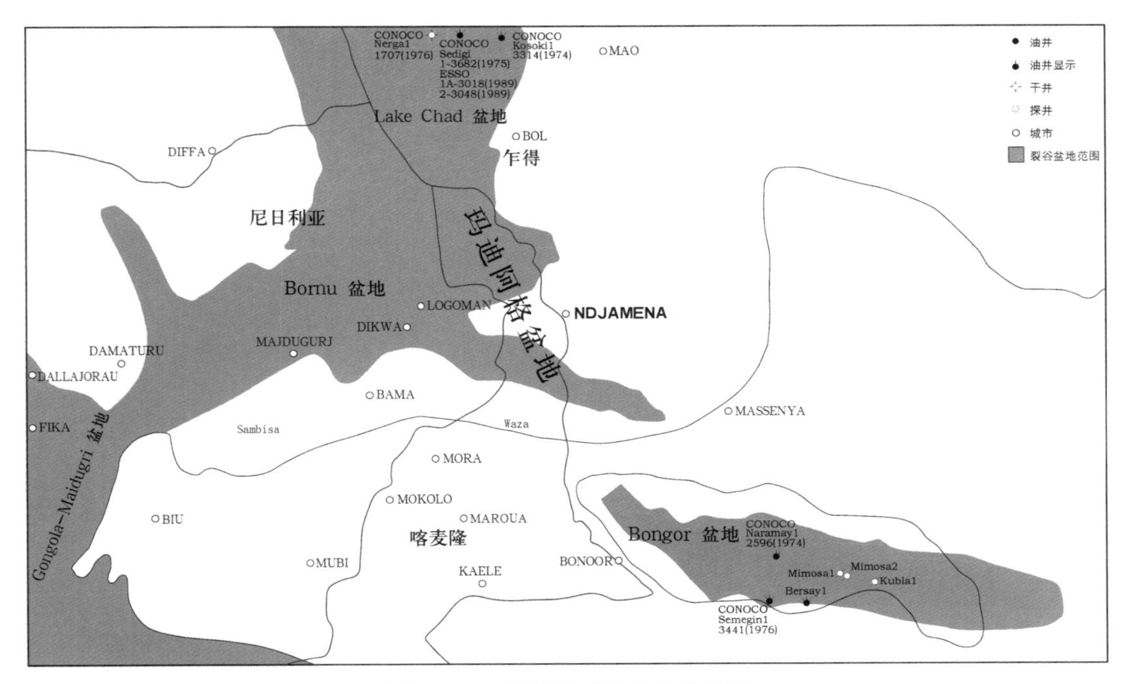

图 3-47 玛迪阿格盆地构造位置图

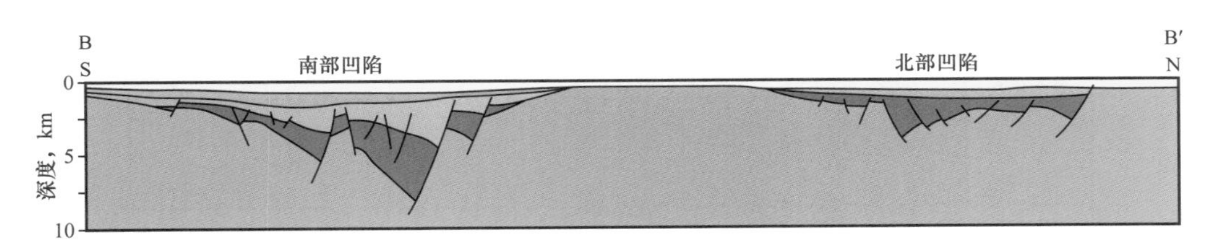

图 3-48 玛迪阿格盆地剖面图

积，包括一套下砂上泥的地层组合，塞诺曼阶 Bima 砂岩与其不整合接触，之间为一剥蚀面。上白垩统发育多套砂泥岩旋回，与古近系之间为一大型不整合面。玛迪阿格盆地由于抬升反转强烈，推测上白垩统被剥蚀殆尽，盆地顶部为古近系残留地层及新近系冲积平面沉积。

3. 生储盖条件

参考邻区资料，推测玛迪阿格盆地主要烃源岩位于下白垩统的巴雷姆阶—阿普特阶下部，但因为凹陷规模小，最大的凹陷不足 500km^2，推测生烃潜力有限；参考邻区资料，推测玛迪阿格盆地储层主要分布在上、下白垩统的粗、细砂岩；盖层为上、下白垩统内部的泥岩发育段。

4. 圈闭与保存

盆内主要圈闭类型为断块和断垒构造，东北部局部发育地质异常体，因为地层超覆，基底之上的沉积地层可能形成地层岩性圈闭，这些圈闭形成早，有利于油气聚集。

盆地下白垩统沉积后构造抬升明显，地层遭受大规模削蚀，大量断层和部分地层形成“通天”状态，不利于油气藏的保存（图 3-50）。

地层		岩性	平均厚度 m	地震估算厚度 m	野外露头 描述	地震相解释
第四系	Chad		400	800 （平均）	混合黏土砂岩互层	
古近系—新近系	Kerri–Kerri		130		富铁砂泥岩上覆红土层	
马斯特里赫特阶	Gombe		315	0~1000	砂岩、粉砂岩、泥岩夹煤层黏土，见双壳类化石痕迹	
森诺阶	Fika		430	0~900	深灰色至黑色页岩，夹石灰岩层，含膏	
土伦阶	Gongila		420	0~800	砂泥岩互层，石灰岩夹层	
塞诺曼阶	Bima 砂岩		3050	2000	砾质到中等粒度砂岩，分选差，长石含量高	
阿尔布阶	未命名	???		3600		地震空白反射，推测岩性单一
	未命名			0~3000		裂谷早期山麓冲积扇沉积
前寒武系	基底					

图 3–49　尼日利亚博尔努盆地地层柱状图

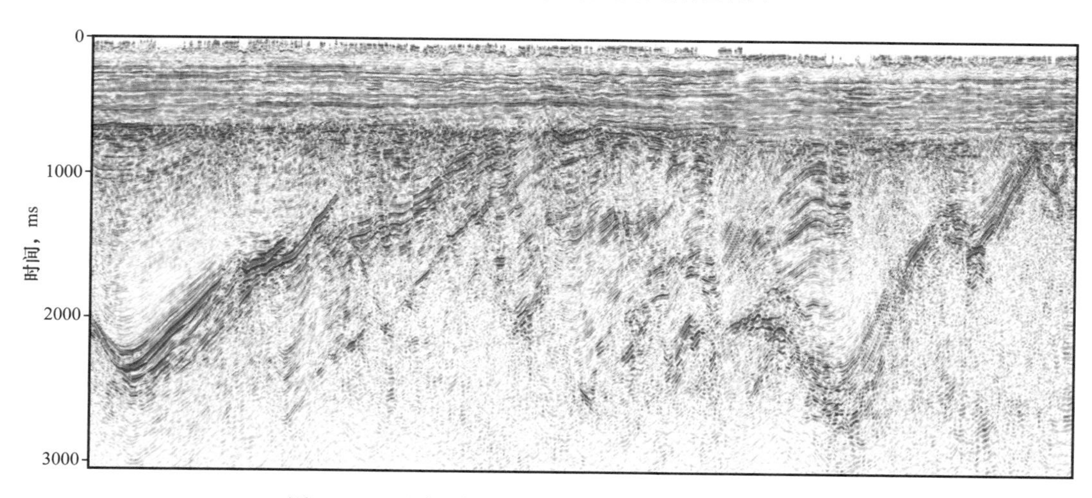

图 3–50　玛迪阿格盆地地震剖面图（TD–05–803）

参考文献

[1] Fairhead J D. Mesozoic plate tectonic reconstructions of the central South Atlantic Ocean：The role of the West and Central African rift system［J］. Tectonophysics，1988，155（1）：181–191.

[2] Genik G J. Regional framework，structural and petroleum aspects of rift basins in Niger，Chad and the Central African Republic（CAR）［J］. Tectonophysics，1992，213（1）：169–185.

[3] Genik G J. Petroleum geology of Cretaceous–Tertiary rift basins in Niger，Chad，and Central African Republic［J］. AAPG Bulletin，1993，77（8）：1405–1434.

[4] Schull T J. Rift basins of interior Sudan，petroleum exploration and discovery［J］. AAPG Bulletin，1988，72（10）：1128–1142.

[5] 童晓光，窦立荣，田作基，等. 苏丹穆格莱特盆地的地质模式和成藏模式［J］. 石油学报，2004，25（1）：19–24.

[6] 窦立荣，潘校华，田作基，等. 苏丹裂谷盆地油气藏的形成与分布［J］. 石油勘探与开发，2006，33（3）：255–261.

[7] Browne S E，Fairhead J D. Gravity study of the Central Africa rift System：A medel of continental disruption，1.The Ngaoundere and Abu Gabra rifts［J］. Tectonophysics，1983，94：187–203.

[8] 程顶胜，窦立荣，史卜庆，等. 苏丹 Melut 盆地 Palogue 油田高酸值原油成因［J］. 石油勘探与开发，2010（5）：568–572.

[9] 肖坤叶，赵健，余朝华，等. 中非裂谷系 Bongor 盆地强反转裂谷构造特征及其对油气成藏的影响［J］. 地学前缘，2014，21（3）：172–180.

[10] 马明福，李薇，刘亚村. 苏丹 Melut 盆地北部油田储集层孔隙结构特征分析［J］. 石油勘探与开发，2005（6）：121–124.

[11] 范乐元，汪勇，汪文湛，等. 苏丹 Melut 盆地 Palogue 地区 Galhak 组沉积相特征及有利储集相带划分［J］. 石油天然气学报，2013（11）：40–45.

[12] 童晓光，徐志强，史卜庆，等. 苏丹迈卢特盆地石油地质特征及成藏模式［J］. 石油学报，2006（2）：1–5.

[13] 史卜庆，李志，薛良清，等. 南苏丹迈卢特盆地富油气凹陷成藏模式与勘探方向［J］. 新疆石油地质，2014（4）：481–485.

[14] 宋红日，窦立荣，肖坤叶，等. Bongor 盆地油气成藏地质条件及分布规律初探［J］. 石油与天然气地质，2009，30（6）：762–767.

[15] 窦立荣，肖坤叶，胡勇，等. 乍得 Bongor 盆地石油地质特征及成藏模式［J］. 石油学报，2011，32（3）：379–386.

[16] 万仑坤，毛凤军，刘计国，等. 创新认识谋突破沙漠盛开石油花——尼日尔 Termit 盆地高效油气勘探实践与启示 // 薛良清，潘校华，史卜庆，等. 海外油气勘探实践与典型案例［C］. 北京：石油工业出版社，2014：53–67.

[17] 刘邦，潘校华，万仑坤，等. 东尼日尔 Termit 盆地叠置裂谷的演化：来自构造和沉积充填的制约［J］. 现代地质，2012，26（2）：317–325.

[18] 袁圣强，毛凤军，郑凤云，等. 尼日尔 Termit 盆地上白垩统成藏条件分析与勘探策略［J］. 地学前缘，2018，25（2）：42–50.

[19] 吕明胜，薛良清，苏永地，等．裂谷作用对层序地层充填样式的控制——以西非裂谷系Termit盆地下白垩统为例[J]．吉林大学学报（地球科学版），2012，42（3）：647-656.

[20] 汤戈，孙志华，苏俊青，等．西非Termit盆地白垩系层序地层与沉积体系研究[J]．中国石油勘探，2015，20：81-88.

[21] 付吉林，孙志华，刘康宁．尼日尔Agadem区块古近系层序地层及沉积体系研究[J]．地学前缘，2012，19（1）：058-067.

[22] Wan L，Liu J，Mao F，et al. The petroleum geochemistry of the Termit Basin，Eastern Niger [J]. Marine & Petroleum Geology，2014，51（2）：167-183.

[23] 董晓伟，刘爱平，钱茂路，等．西非裂谷系尼日尔Termit盆地烃源岩地球化学特征分析与原油分类[J]. 录井工程，2016，27（2）：87-92.

[24] 吕明胜，薛良清，万仓坤，等．西非裂谷系Termit盆地古近系油气成藏主控因素分析[J]．地学前缘，2015，22（6）：207-216.

[25] Gani N D S，Abdelsalam M G，Gera S，et al. Stratigraphic and structural evolution of the Blue Nile Basin，Northwestern Ethiopian Plateau [J]. Geological Journal，2009，44：30-56.

[26] Bosworth W. Mesozoic and Early Tertiary rift tectonics in East Africa [J].Tectonophysics，1992，209：115-137.

[27] Fairhead J D. The West and Central African rift system：forward [J].Tectonophysics，1992，208：139-140.

[28] Wilson M，Guiraud R.Magmatism and rifting in Western and Central Africa，from Late Jurassic to Recent times [J]. Tectonophysics，1992，213：203-225.

[29] Avbovbo A，Ayoola E，Osahon G.Depositional and structural styles in Chad Basin of northeastern Nigeria[J]. AAPG Bull，1986，70：1787-1798.

第四章　被动裂谷盆地油气勘探技术

中西非裂谷系进入之初，总体具有盆地/凹陷多、勘探程度低、断块多且破碎的特点。盆地勘探的早期，针对低勘探程度区，重点开展了盆地/凹陷快速筛选与评价；针对复杂构造区，重点加强了断块梳理，并逐步从构造油气藏勘探逐步向岩性油气藏和潜山油气藏勘探领域延伸；针对低电阻率油气层，从测井、录井和测试3个方面入手，研究其成因机理，并形成了相应的勘探配套技术。与国内裂谷盆地勘探技术相比，部分技术具有其特殊性，部分技术有所发展和延伸，这些技术为中西非裂谷盆地油气勘探起到了重要的支撑作用，取得了显著勘探成效。

第一节　低勘探程度裂谷盆地快速评价技术

按照国内外勘探阶段划分标准，低勘探程度盆地是指探井密度不足1口/100km^{2}的盆地[1, 2]。目前这类盆地主要分布在非洲的东部、南部、中部及非洲海域，俄罗斯北部，加拿大西北部和南极洲等广大地区。随着全球油气工业的高度发展，低勘探程度盆地的勘探受到了越来越多的关注。

低勘探程度盆地勘探面临的最大难题是地质、地球物理资料的匮乏及研究手段的不足。针对上述难题，国内外的勘探者探索了一些方法和手段，归纳起来主要有以下三类：地质类比法、地质统计法和盆地模拟法[3]。其中国内学者探讨得比较多的是烃源岩、成藏组合的早期评价以及盆地模拟。对于烃源岩的早期评价，通常采用的方法是利用地震反射特征、类比、地震属性及反演等手段预测烃源岩的厚度及分布[4—7]。成藏组合的早期评价主要利用测井资料进行盆地烃源岩、储层和盖层综合评价[8]，这种方法必须有完整的测井及实验室分析资料。盆地模拟则是通过对盆地沉降史、热流史、烃源岩热成熟度史和生烃史的正演模拟来预测盆地的勘探潜力[9]，所需要的资料更多。国外应用较多的是地质类比法和盆地模拟法，通过盆地类比以及相关软件来预测低勘探程度盆地的资源潜力[10, 11]。以上方法和手段主要存在3个方面不足。其一是严重依赖于钻井资料，对尚未钻井或钻井很少的低勘探程度盆地不适用；其二是严重依赖于实验室分析结果，需要很长的分析周期才能做出预测；其三是不能对项目/区块的经济性做出预测，从而无法明确勘探策略，没有形成从“资源评价”到“经济评价”完整的思路和方法。

相对于国内低勘探程度盆地，海外低勘探程度盆地勘探面临更多的问题与挑战，主要表现在：（1）区块属于资源国政府，但在勘探阶段资源国通常不承担任何勘探投资，勘探风险完全由石油公司承担。（2）勘探时间受勘探期限制，通常划分为2～3个勘探期，每个勘探期的时间在1～5年之间，平均3年左右，全部勘探期的总勘探时间一般不超过10年；通常只有按时完成勘探期内规定的最低义务工作量，才能进入下一勘探期，否则资源国政府有权收回勘探区块。（3）有效勘探时间短，一年内适合于勘探作业的窗口时间通常只有5～8个月，有些地区仅动迁重型设备到现场就需要一年多的时间。（4）海外勘探项目通常由多个伙伴公司联合经营，一方面分担了勘探风险，另一方面也提高了商业门槛。总之，海外低勘探程度盆地只有进行快速高效的勘探，缩短规模油气藏的发现时间，才能有效减少勘探投资，项目的经济效益才有保障，否则就可能变成“烧钱”。

低勘探程度裂谷盆地快速评价的核心思想可以概括为“结构分析，纵选层、横选带，首钻规模目标”（图4–1）。具体包括以下6个方面内容：（1）运用盆地的剖面结构与几何形态及坳陷层、断陷层的厚度关系快速预测裂谷盆地的含油气前景。（2）运用地震反射与地震属性特征识别烃源岩，结合地温梯度及地层埋深，推测有效烃源岩分布，建立气测值与烃源岩丰度、成熟度乃至生烃潜力之间的关系，在勘探早期快速评价烃源岩。（3）利用测井资料并结合实验分析结果快速明确主力勘探层系的下限，确定盆地主要盖层的发育层位，快速确定盆地主力储盖组合及潜在的成藏组合。（4）通过规范低勘探程度盆地各成藏要素的评价参数，建立低勘探程度盆地圈闭评价标准，建立以规模目标为核心的圈闭评价技术，克服低勘探程度盆地圈闭评价中的主观性和随意性。（5）针对海外低勘探程度盆地的特点，以折现现金流法为基础建立海外低勘探程度盆地经济评价模型和风险评价方法，根据海外低勘探程度盆地勘探投资决策的要求，建立勘探目标区的最低储量规模、探井井深极限和最小商业发现规模。

低勘探程度裂谷盆地快速评价的内容主要包括裂谷盆地结构分析、烃源岩快速识别、成藏组合快速评价、圈闭评价及经济评价5个方面。

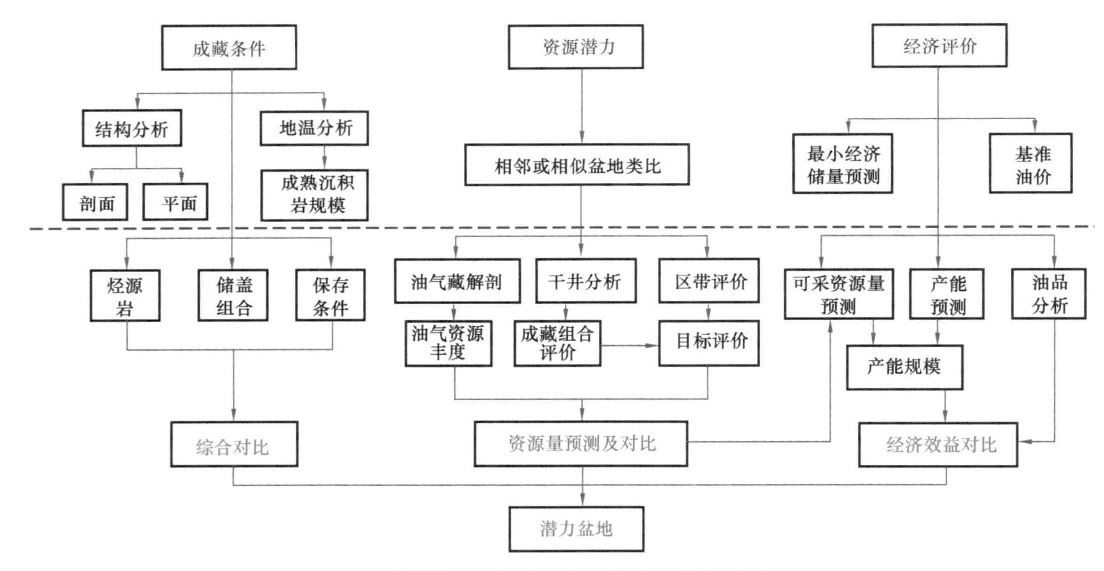

图4–1　低勘探程度裂谷盆地快速评价技术流程图

一、低勘探程度裂谷盆地结构分析技术

在全球油气资源分布中，大陆裂谷盆地是主要的含油气盆地类型之一。据统计，截至20世纪末已发现的877个大油气田中，35%的大油气田分布在被动大陆边缘盆地，31%位于陆内裂谷盆地（图4–2）。大陆裂谷盆地是中国最重要的含油气盆地类型，多年来，在国内全部油气产量中来自大陆裂谷盆地的油气产量一直高于70%，可见大陆裂谷盆地在油气勘探中的重要性。

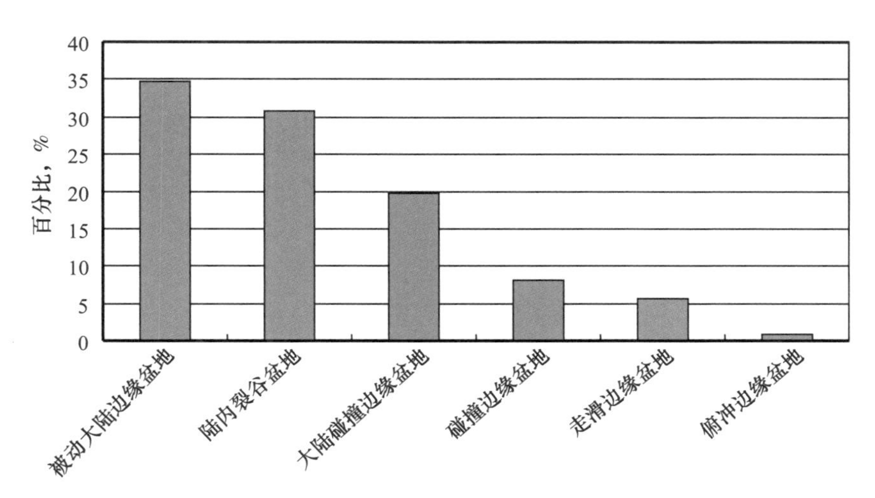

图 4–2　不同盆地大油气田分布占比图

全球目前存在的低勘探程度裂谷盆地大多位于欠发达国家，受资金缺乏、技术落后、政治动荡以及自然条件恶劣等因素影响，勘探投资严重不足，钻井、地震和岩心分析等资料缺乏。在这种情况下，如何在有限的时间内对盆地油气资源潜力做出准确的分析和判断是海外勘探面临的首要挑战。

1. 技术思路

低勘探程度裂谷盆地具有资料少，评价周期短的特点，其结构特征研究是盆地分析的第一步，也是最直接、有效的研究方法。具有如下优点：结构特征具有直观性，不易发生争论；可以直接通过地震资料识别，在勘探的早期就可以获取；随着勘探和研究的深入，盆地结构分析可以不断深化。因此，低勘探程度盆地快速评价首先从结构分析入手，为后续工作选定潜力凹陷。

其技术思路主要是：利用国内东部裂谷盆地 30 余个凹陷及中西非裂谷系 40 余个凹陷的结构特征及其含油气特征，分析各个盆地的结构参数，包括盆地长、宽、面积、最大深度、断陷层厚度和盆地类型等单项参数，以及盆地规模、长宽比、断陷层厚度占总地层厚度等复合参数，并对各参数与储量间的相关性进行分析，优选单因素参数进行判别，筛选复合参数进行拟合，建立低勘探裂谷盆地结构参数拟合公式并对未知凹陷进行预测。

2. 关键技术

1）沉积岩厚度评价

盆地具有烃源岩并达到生烃门限是评价一个盆地是否具有潜力的必要非充分条件。因此，判断一个盆地是否具有潜力首先要分析生烃门限的深度。

分析渤海湾盆地发现，除下辽河坳陷的东部凹陷外，其他富油气凹陷沉积岩最大厚度均超过 5000m，各含油凹陷的烃源岩成熟门限埋深均超过 2500m。其中继承性凹陷总体具有面积大、地层层序全、沉积厚度大（4000～8000m）、成湖期多，湖广水深、含油组合多等特点。

此外，沉积岩厚度也与地温密切相关，因此可设定盆地最大沉积岩厚度下限值，来剔除未成熟的盆地或凹陷。据中西非裂谷系盆地资料统计，认为双程旅行时 2s 对应深度（相当于 2000m）为中西非裂谷盆地最大沉积岩厚度下限，最大沉积岩厚度不足双程旅行时 2s 对应深度的盆地或凹陷油气潜力较小。

2）凹陷规模评价

地质类比法是一种广泛应用的资源评价方法，针对低勘探盆地油气资源评价，Weeks 提出了类比法计算公式，Semenovich 提出相似系数的概念，用以描述影响刻度区和待评价区资源丰度的地质环境因素：

$$Q_2=y \cdot Q_1 \cdot V_2/V_1 \tag{4-1}$$

式中 Q_2 和 Q_1——分别为评价区和类比刻度区资源量；

V_2 和 V_1——分别为对应区沉积岩体积；

y——相似系数（评价区与刻度区的相似程度）。

由式（4-1）可知，盆地或凹陷规模是影响其油气资源丰度的重要因素之一，为此用规模系数来表征盆地或凹陷的规模，规模系数的含义如下：

规模系数 = 双程旅行时 2s 以下面积 × 最大深度 × 断陷层厚度 ÷ 总地层厚度 ÷1000 （4–2）

该系数与断陷期烃源岩的体积呈线性相关，与盆地结构类型呈间接相关。中西非裂谷盆地总体线性拟合相关系数为 0.49，若按照单断和双断分类拟合后相关系数均有提高，其中箕状断陷相关系数为 0.63，地堑为 0.86。

对渤海湾盆地 32 个凹陷的研究表明，规模系数超过 10 的共 12 个凹陷。其中包括 4 个 10×10^8t 以上的含油气凹陷，7 个（1～10）$\times 10^8$t 含油气凹陷，1 个千万吨级含油气凹陷；规模系数 10 以下有 20 个凹陷，含 2 个（1～10）$\times 10^8$t 含油气凹陷，5 个千万吨含油气凹陷，13 个没有油气发现的凹陷，由此可见规模系数与凹陷油气资源量有明显的相关性。

3）凹陷结构综合评价

研究表明，裂谷盆地凹陷的长、宽、面积、最大深度、断陷类型、断陷层厚度、凹陷规模、长宽比、断陷层厚度占总地层厚度比值等均与凹陷的资源潜力有一定的相关性，但单项参数相关性都不高（图 4–3）。因此必须开展多参数综合评价，具体结构参数的地质意义如下。

（1）双程旅行时 2s 以下凹陷面积：总体反映凹陷裂陷期面积大小，对凹陷烃源岩规模影响较大。

（2）双程旅行时 2s 以下最大长度及宽度：决定凹陷面积和形态。

（3）最大厚度：反映凹陷裂陷湖盆规模，即与烃源岩体积相关，也与其成熟度有关，厚度越大说明到达生烃门限的沉积岩厚度越大。

（4）断陷层厚度 / 总地层厚度：反映凹陷断陷期沉积规模。

（5）长度 / 宽度：反映凹陷形态特征，不同形态的凹陷沉积发育特征差别较大。

（6）规模系数：规模系数 = 双程旅行时 2s 以下面积 × 最大深度 × 断陷层厚度 ÷ 总地层厚度 ÷1000，该系数与断陷期烃源岩体积呈线性相关，与盆地结构类型呈间接相关。

（7）可采储量：凹陷已发现的可采储量。

（8）凹陷结构：裂谷盆地凹陷形态有单断和双断两大类，不同类型的凹陷油气潜力明显不同。中西非裂谷盆地不同凹陷储量—规模系数的相关性分析表明，双断型凹陷规模系数门槛值是单断型凹陷的 3 倍，即发现同等的储量规模，双断型凹陷规模系数须达到单断型凹陷的 3 倍。

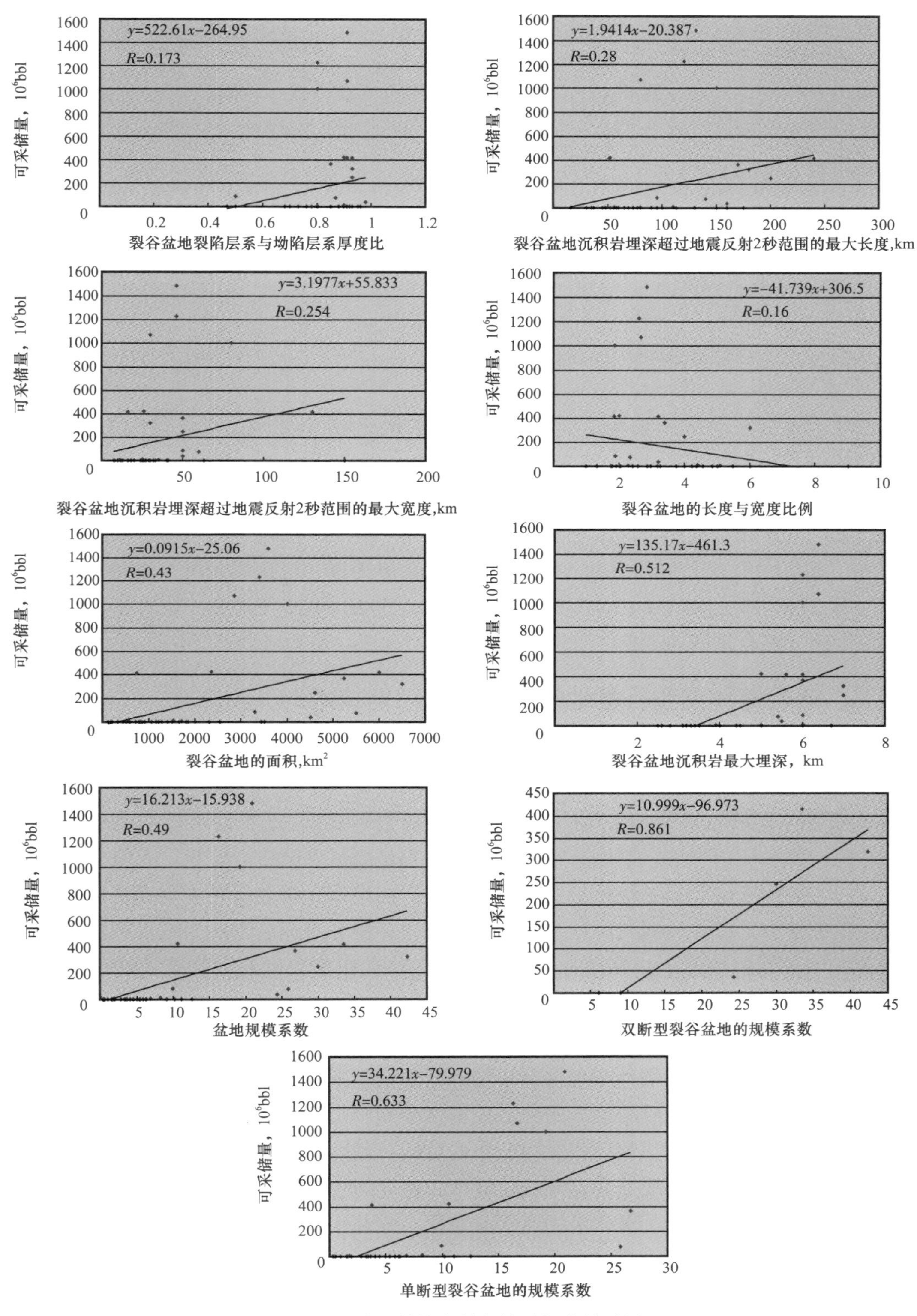

图 4-3　盆地结构参数与储量拟合关系图

（9）标准化规模系数：对不同类型盆地进行标准化后的规模系数，便于同时比较，如单断盆地规模值需乘系数3。

利用麦夸特法（Levenberg-Marquardt）和通用全局优化法，利用1stOpt软件库中所有公式选取相关参数进行综合拟合，依据相关系数及函数形式参考约束条件进行选择，最终选择函数如下：

$$Z=8x+1169000\Big/\left\{1+\left[(y-2.756)/0.0024466\right]^2\right\}-100 \quad (4\text{-}3)$$

式中 x——盆地规模参数；

y——长宽比；

Z——盆内油气资源潜力指数。

3. 典型实例

利用上述公式对济阳坳陷7个凹陷、海拉尔盆地16个凹陷、二连盆地14个凹陷的资源规模进行检验（表4-1）。首先对上述盆地内各凹陷进行单因素判别，剔除无潜力目标后，再将各凹陷结构参数代入凹陷油气资源潜力指数拟合公式进行计算排队，并与实际勘探成果进行比较验证，符合率分别达到了71.4%、87.5%和71.4%。对中西非穆格莱德、迈卢特、邦戈尔等五大裂谷盆地43个凹陷进行快速筛选，已证实的7个富油气凹陷有6个被选出，符合率达85.7%；油气资源潜力指数小于10的15个凹陷中仅2个凹陷获得非商业性发现，符合率达86.7%。

二、低勘探程度裂谷盆地烃源岩快速识别技术

烃源岩评价是地质综合评价的基础，是否存在有效烃源岩将决定该领域的勘探前景，因此烃源岩评价技术也成为低勘探领域早期评价的关键技术之一。海外勘探区块面临勘探周期短和资料有限的瓶颈，尤其是在海外低勘探程度地区，基本处于区调或地震概查阶段。烃源岩相关资料很少，原始资料获取难，特别是高成本的取心资料。有限的资料阻碍了对烃源岩的深入研究和系统评价工作；而烃源岩的地球化学分析化验周期长，也给项目的快速跟进带来了巨大挑战。可见，在常规烃源岩评价方法无法及时为勘探提供信息，为决策者提供帮助的情况下，其他方法的利用将弥补在快速识别和评价有效烃源岩方面的不足。

1. 技术思路

研究发现，地球物理资料中蕴含有关烃源岩的诸多地球化学信息。首先，通过对地震资料的横向追踪可以把优质烃源岩的分布范围初步刻画出来，从而弥补了测井横向分辨率和可对比性较差的缺点，达到预测空间分布的目的；其次，利用测井信息纵向分辨率高的特点以及有机质在测井曲线上的特殊响应特征，建立与烃源岩有机质含量间的定量关系模型，从而计算烃源岩段有机碳含量的连续分布值，弥补实验室测样的不足，为烃源岩的评价提供更加准确、合理的参数值[12]。最后，利用钻井现场的气测录井资料与烃源岩有机质丰度的相关性来识别烃源岩。

表 4–1　中西非裂谷盆地凹陷结构综合评价结果

凹陷名称	双程旅行时 2s 以下盆地面积 km^2	双程旅行时 2s 以下长度 km	双程旅行时 2s 以下宽度 km	最大深度双程旅行时 s	断陷层厚度 / 总地层厚度	长 / 宽	盆地规模	可采储量 10^6bbl	凹陷类型	油气资源潜力指数
比尔马	800	48	25	2.5	0.95	1.92	1.9	0	单断	5.7
格莱恩	1200	160	33	4.4	0.76	4.85	4.0	0	单断	12.0
泰内雷东部凹陷	1800	100	20	5.0	0.68	5.00	6.1	0	单断	18.4
泰内雷西部凹陷	1400	100	20	6.0	0.73	5.00	6.1	0	双断	6.1
Dinga 凹陷	6000	240	130	6.0	0.93	1.85	33.5	415.5	双断	33.5
Moul 凹陷	2000	150	150	6.0	0.92	1.00	11.0	2.0	单断	33.1
乍得湖北部凹陷	3300	95	50	6.0	0.50	1.90	9.9	82.0	单断	29.7
乍得湖南部凹陷	700	35	20	4.5	0.50	1.75	1.6	0	单断	4.7
Madiago 北部凹陷	200	35	8	3.2	0.80	4.38	0.5	0	单断	1.5
Madiago 南部凹陷	170	30	8	2.8	0.78	3.75	0.4	0	单断	1.1
邦戈尔东部凹陷	5240	170	50	6.0	0.85	3.40	26.7	464.0	单断	80.2
邦戈尔西部凹陷	1850	65	27	3.2	0.90	2.41	5.3	0	单断	16.0
邦戈尔南部凹陷	325	45	7.5	2.6	0.47	6.00	0.4	0	单断	1.2
多巴东部凹陷	4000	150	80	6.0	0.80	1.88	19.2	1000.0	单断	57.6
多巴中部凹陷	1050	95	32	3.1	0.85	2.97	2.8	0	单断	8.3
多巴西部凹陷	110	16	12	2.6	0.90	1.33	0.3	0	单断	0.8
多赛欧北部凹陷	5500	140	60	5.4	0.87	2.33	25.8	73.0	单断	77.5
多赛欧南部凹陷	1150	69	24	4.0	0.96	2.88	4.4	0	单断	13.2
萨拉麦特西部凹陷	3434	130	40	4.0	0.91	3.25	12.5	0	单断	37.5
萨拉麦特中北凹陷	3500	175	32	3.3	0.88	5.47	10.2	0	单断	30.5
萨拉麦特南部凹陷	1650	73	16	3.2	0.93	4.56	4.9	0	单断	14.7
Sufyan 凹陷	1520	110	25	6.0	0.90	4.40	8.2	10.0	单断	24.6

续表

凹陷名称	双程旅行时 2s 以下盆地面积 km^2	双程旅行时 2s 以下长度 km	双程旅行时 2s 以下宽度 km	最大深度双程旅行时 s	断陷层厚度 / 总地层厚度	长 / 宽	盆地规模	可采储量 10^6bbl	凹陷类型	油气资源潜力指数
Rakuba 凹陷	2530	130	41	3.5	0.70	3.17	6.2	0	单断	18.6
Hiba 凹陷	2300	113	63	3.4	0.68	1.79	5.3	0	单断	16.0
West Nugara 凹陷	1280	80	20	5.0	0.90	4.00	5.8	1.00	单断	17.3
East Nugara 地堑	4500	160	50	5.5	0.98	3.20	24.3	35.40	双断	24.3
Fula 凹陷	2350	52	26	5.0	0.90	2.00	10.6	542.00	单断	31.7
North Kaikang 地堑	4600	200	50	7.0	0.93	4.00	29.9	124.00	双断	29.9
South Kaikang 地堑	6500	180	30	7.0	0.93	6.00	42.3	7.50	双断	42.3
Gurial 凹陷	1500	77	30	6.7	0.90	2.57	9.0	8.60	双断	9.0
Thar Jath 凹陷	1350	71	22	7.0	0.92	3.23	8.694	318.00	单断	26.1
Keliak 凹陷	800	58	29	4.5	0.90	2.00	3.2	0	单断	9.7
Bamboo 凹陷	730	51	16	5.6	0.91	3.19	3.7	414.00	单断	11.2
Unity 凹陷	2860	80	30	6.4	0.91	2.67	16.7	1068.00	单断	50.0
迈卢特北部凹陷	3400	120	46	6.0	0.80	2.61	16.3	1228.76	单断	49.0
迈卢特东部凹陷	900	60	16	5.0	0.80	3.75	3.6	0	单断	10.8
迈卢特中部凹陷	850	55	13	5.0	0.80	4.23	3.4	0	单断	10.2
迈卢特西部凹陷	500	90	10	4.0	0.80	9.00	1.6	0	单断	4.8
迈卢特南部凹陷	1700	80	35	5.0	0.80	2.29	6.8	6.85	单断	20.4
Ruat 北部凹陷	580	52	16	3.2	0.80	3.25	1.5	0	单断	4.5
Ruat 东部凹陷	770	52	26	3.1	0.80	2.00	1.9	0	单断	5.7
Ruat 中部凹陷	560	56	11	3.9	0.80	5.09	1.7	4.74	单断	5.2
Ruat 西部凹陷	430	37	18	2.8	0.80	2.06	1.0	0	单断	2.9

中西非低勘探程度裂谷盆地有机质含量在纵向上变化大，非均质性较强[13]，增加了烃源岩评价的难度；加之普遍发育火成岩，从而对烃源岩的识别和评价带来了巨大困难。如果运用单一的技术或方法往往造成评价结果的不可靠，因此必须综合利用各种方法为烃源岩的快速预测和评价提供有效的解决方案，才能实现海外低勘探程度裂谷盆地烃源岩的快速评价（图 4–4）。

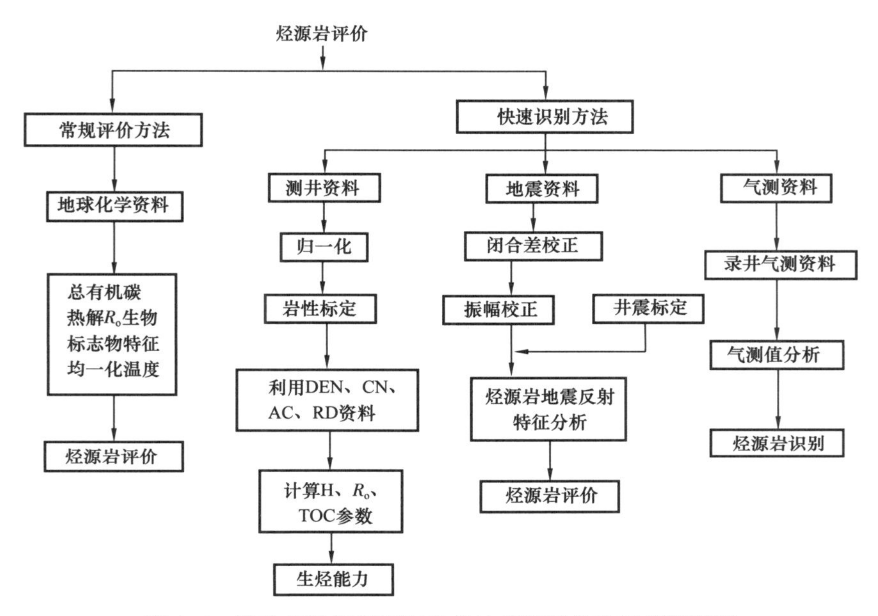

图 4–4　海外低勘探程度复杂盆地烃源岩快速识别流程图

2. 关键技术

1）地震识别烃源岩

地震地层学及层序地层学认为陆相沉积的有效烃源岩具有凝缩段反射、低频、高连续、强振幅的特点，反映低能静水还原环境下沉积的一套富含有机质的泥岩类沉积物。反射结构为平行—亚平行结构，反映深水环境中以水平沉积为主的湖相沉积地层；反射密集段内无不整合（包括平行不整合和角度不整合），反映连续沉积的湖相地层，并且持续沉降，其中无沉积间断或构造运动；反射层段具有一定的厚度、分布范围和足够的埋藏深度，据此可以判断烃源岩是否进入生烃门限和能否生成工业性油流。但是仅仅根据上述特征还不能判断目的层段就是有效的烃源岩，还需要在精细层位标定的基础上，结合区域沉积相发育特征，并利用实测 TOC 结果标定测井计算的有机碳含量及其成熟度，从而解决上述问题。

2）气测资料识别烃源岩

国内外对于气测录井的解释方法众多，如皮克斯勒烃比值法、烃组分三角图法、烃气湿度值法、轻重烃比值法、乙烷丙烷比值法、气体评价法以及同源系数法等，上述方法主要用以对油气水层的识别[14—16]。气测录井资料识别烃源岩，主要是利用气测值与烃源岩丰度、成熟度乃至生烃潜力之间的关系，在勘探早期快速识别、评价烃源岩。通常，当钻遇烃源岩富集的大段泥岩地层时，地层中的烃类物质不断进入钻井液中，气测录井会连续检测到较高的叠加气测异常值。该异常值与烃源岩丰度（TOC）具有正相关性，这种正相关性为定性识别烃源岩奠定了基础。

3）$\Delta \lg R$ 技术识别烃源岩

优质烃源岩具有密度低和吸附性强等特征。测井曲线对岩层有机碳含量和充填孔隙的流体物理性质差异的响应是利用测井曲线识别和评价烃源岩的基础。正常情况下，有机碳含量越高的岩层在测井曲线上的异常越大，测定异常值就能推算出有机碳含量[17]。

$\Delta \lg R$ 技术的基本原理是：首先利用自然伽马测井或者自然电位曲线识别并剔除油层、蒸发岩、火成岩、低孔层段、欠压实的沉积物和井壁垮塌严重层段等，然后将刻度合适的孔隙度曲线（声波时差、补偿中子、密度）叠合在电阻率曲线上，如果两条曲线相互重合或平行，则反映了贫有机质层段。在富含有机质的层段中两者的分离主要是由于低密度、低速率（高声波时差）干酪根的响应和地层流体在电阻率曲线上的反映。其中在未成熟的富含有机质的层段中由于没有烃类生成，完全由声波时差增大造成曲线的分离；而在成熟的层段中因为烃类的存在，除声波时差增大外，地层电阻率的增大使得两条曲线之间产生较大的间隔[18]。

3. 典型实例

乍得邦戈尔盆地是中非裂谷系强烈反转的裂谷盆地，由于地层剥蚀，现今烃源岩成熟门槛普遍偏浅。该盆地M组及其以下的地层具有强振幅—中高频—连续性好的反射特征（图4-5），结合井震标定，快速判断出邦戈尔盆地烃源岩的分布范围和层位，通过地震相精细刻画，预测出烃源岩的空间展布。

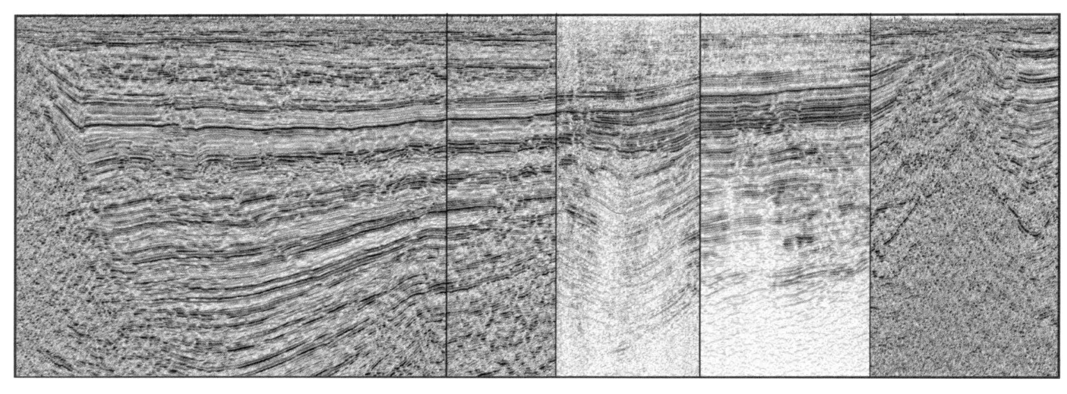

图4-5 乍得邦戈尔盆地M组烃源岩地震反射特征

通过对Bersay-1井和Mimosa-1井测井烃源岩评价表明（表4-2），B组内的烃源岩尚未成熟，不具备生烃能力；R组烃源岩厚度大，有机质丰度极高，但在盆地绝大部分地区尚未成熟；K组烃源岩有机质丰度分布在0.6%～1%之间，仅在盆地深凹处达到成熟；M组及以下地层烃源岩厚度巨大，最大超过800m，结合实测TOC值较高，为较好—好烃源岩，因此这套地层是盆地的主力烃源岩。

归一化的气测资料表明，根据气测曲线 nC_4 和 iC_4 特征，利用二者稳定出现且 nC_4/iC_4 比值不小于1.54时对应的TOC不小于1%来判别烃源岩，经乍得邦戈尔盆地35口井检验，符合率达74%。

表 4-2 乍得邦戈尔盆地测井烃源岩评价结果表

井名	层位	地层厚度 m	生油岩厚度，m	生油岩厚度占地层厚度百分比，%	最大单层厚度，m	成熟生油岩厚度，m	测井计算TOC值，%	评价结果
Mimosa-1	B	107	23	21.6	3.8	—	1.5～3.0	好，未熟
	R	439	216	49.1	14.5	—	1.0～2.0	好，未熟
	K	194	79	40.8	3.4	—	0.6～1.0	中等，未熟
	M	501	361	72.0	29.7	196.7	0.6～5.5	中等—好，成熟
Bersay-1	B	436	319	73.1	24.2	—	0.4～2.0	差，未熟
	R	928	853	92.0	225.3	—	0.6～10.0	好，未熟
	K	285	196	68.9	17.8	96.2	0.6～1.0	中等，成熟
	M	268	168	62.6	15.5	167.8	0.6～1.0	中等，成熟

三、低勘探程度裂谷盆地成藏组合快速评价技术

常规成藏组合评价往往在获得油气发现之后，涉及的主要研究内容包括储层特征与储层质量预测、盖层封闭性能评价、断层封闭性评价、构造分析与圈闭评价等关键控藏因素分析[8]。运用的技术主要包括生油岩评价技术、储层评价技术、盖层评价技术、断层封堵性分析技术及圈闭评价技术等，其中储层评价技术、盖层评价技术及圈闭评价技术是其核心。这些方法中，主要是通过实验室分析方法来研究生油岩的类型，有机质类型、丰度、成熟度，储集岩岩石学组成、成分及百分含量，储集岩的结构、储集性能、含油性、沉积环境及成岩作用等，盖层的类型、突破压力、有效扩散系数等[19]，并结合盆内的测井资料，最终对盆内的成藏组合进行评价。

但对于低勘探程度盆地，通常还没有油气发现，也没有足够的钻井资料、地震资料和岩心资料等进行常规的成藏组合评价。而且，合同期内也没有足够的时间等到各种分析化验结果出来后再开展成藏组合评价，特别是新项目评价，往往需要在短短几个月的时间内做出判断和预测，否则，项目就有可能“泡汤”，甚至有可能导致上亿美元的资产“打水漂”。因此，针对低勘探程度盆地，如何快速判断盆地是否存在潜力成藏组合是摆在勘探者面前的一大难题。

1. 技术思路

低勘探程度盆地，成藏组合快速评价就是利用地震、钻井和测井资料，首先确定区域盖层的分布层位，之后利用测井资料确定盆地内有效储层深度下限，而区域盖层与储层埋深下限之间的储盖组合就是最有潜力的成藏组合，也是未来勘探的主要目的层系。针对区域性盖层，重点评价盖层的几何形态、封盖连续性、封盖能力、盖层的时空有效性和盖层的综合封闭能力等。针对储层，重点评价有效储层的纵向分布特征，主要内容包括储集体分布预测、储层的总厚度和单层厚度预测以及有效储层的Cut-off值及其纵向分布特征。

2. 关键技术

在低勘探程度裂谷盆地成藏组合评价中最关键的两项技术分别为地震盖层评价技术和

有效储层埋深下限分析技术（图 4-6）。

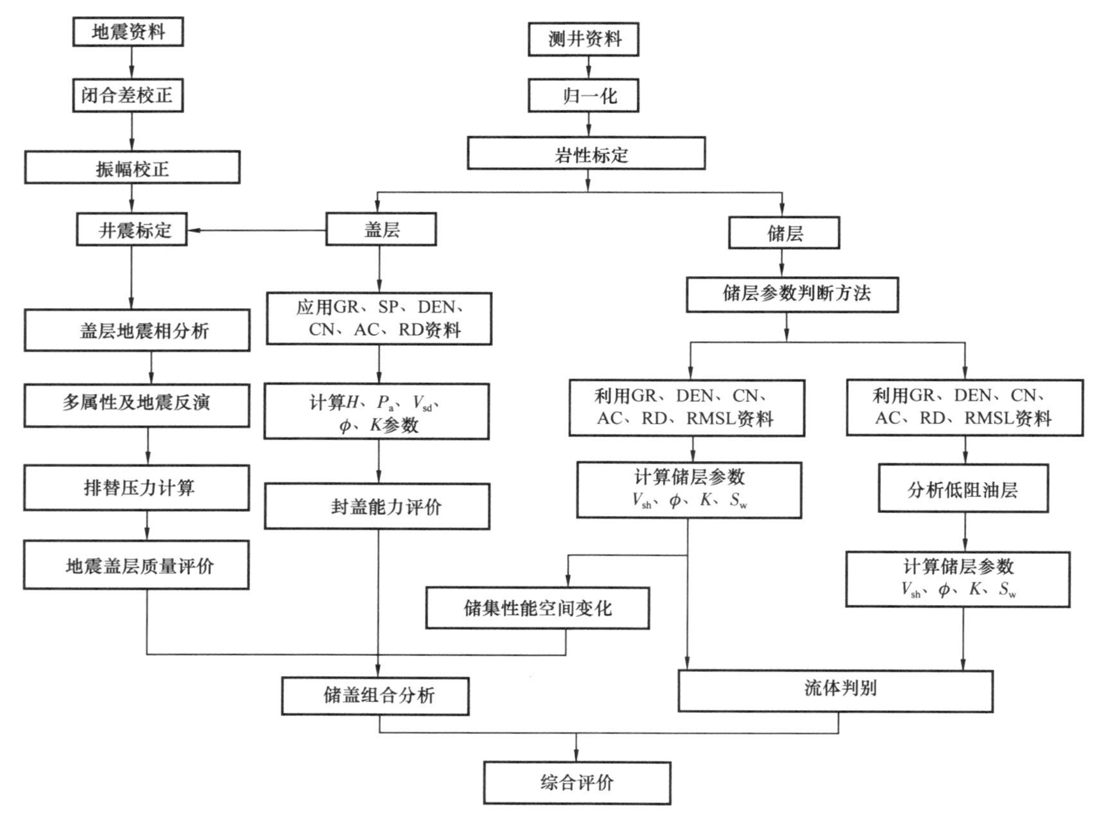

图 4-6　低勘探程度裂谷盆地成藏组合快速评价技术流程图

1）地震盖层评价技术

地震盖层评价技术主要包括地震相分析、地震多属性盖层分析、储层反演和地震层速度计算排替压力 4 项技术。

以地震相分析为基础，结合多属性分析、地震反演和层速度等方法，建立了中西非裂谷系地震盖层的评价标准。总体具有弱振幅、低频、相干性差、小弧长、低层速度、低波阻抗、连续性差、空白相反射结构等特征（图 4-7）。

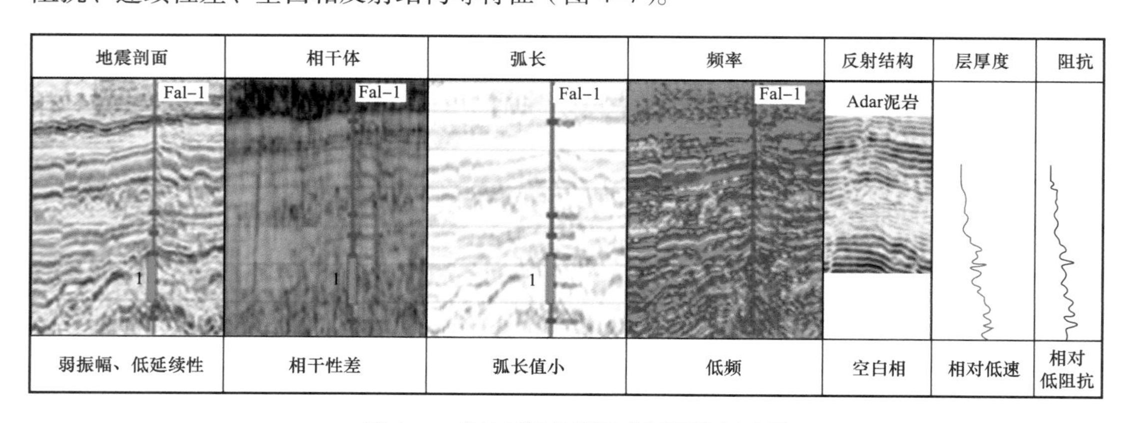

图 4-7　多地震属性泥质盖层评价标准图

2）有效储层埋深下限分析技术

在盖层识别的基础上，利用有效储层经济下限确定低勘探程度盆地有利储层的发育层段，从而锁定主力勘探层系。

前人在求取有效储层经济下限方面已做了相当多的工作，总结了经验系数法、测试法、含油产状法、试油法、最小有效孔喉半径法、束缚水饱和度法、分布函数曲线法等。

该方法主要研究钻井岩心实测砂岩孔隙度、测井解释砂岩孔隙度随深度变化关系来确定储层经济下限。理论上原生孔隙度总体上都会随着深度的增加而减小，当深度超过一定界限之后，原生孔隙已经变成了非储层的范围，往往把这个界限叫作原生孔隙储层经济下限。通过储层经济下限的研究，可以在纵向上确定盆地有利储层发育层系，可以得到原生孔隙发育带和最大经济勘探深度（次生孔隙除外），为寻找油气藏提供重要的参考依据。但是，在部分地区，当钻遇次生孔隙发育带时，可以根据孔隙度随深度的变化曲线来判断次生发育带和最大经济勘探深度。通过对乍得邦戈尔盆地多井与深度的关系交会，综合分析认为2000m为该区原生孔隙储层下限深度（图4–8）。

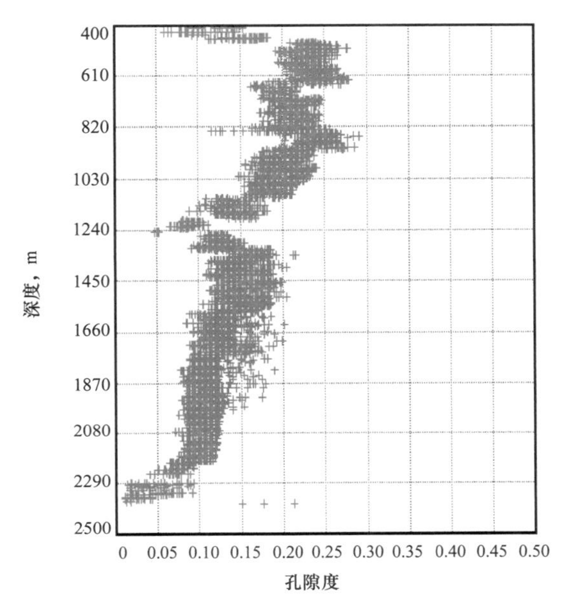

图4–8　邦戈尔盆地CassiaE–1井孔隙度与深度交会图

3. 典型实例

尼日尔Agadem区块和Tenere区块内井资料很少，缺少岩心分析资料，因此在进行测井盖层评价时，借用在勘探程度较高的穆格莱德和迈卢特盆地已建立起来的测井盖层评价标准开展评价。结果表明，Agadem区块Argiles组泥岩厚，普遍存在异常压力封闭，是较好的区域盖层。Tenere坳陷Argiles组泥岩埋深浅，厚度薄，不能够很好地封闭油气，综合评价为稠油盖层或假盖层；Yogou组泥岩存在物性和异常孔隙压力双重封闭作用，综合评价为Ⅱ类盖层；Yogou组以下地层泥岩以物性封闭为主，盖层级别达到Ⅱ类，为Ⅱ类盖层。Agadem区块完钻井砂岩孔隙度和深度关系表明，砂岩孔隙度总体上随深度增加而减少，有效储层的埋深下限基本在2900m左右。

测井评价Agadem区块Argiles组泥岩为稳定盖层，结合地震相分析发现这套盖层在区域上广泛分布，是本区良好的区域盖层。利用测井储层评价确定了该区块储层经济下限在2900m左右，对应到地震上约为2400ms。图4–9为尼日尔Agadem区块有利储层和有利盖层叠合图，图中紫色线条区域是Argiles组上部泥岩盖层分布区域，而之下的彩色区域为Argiles组下部E_1砂岩储层顶面构造图，E_1储层在整个Agadem区块主力凹陷内都位于埋深下限之上。

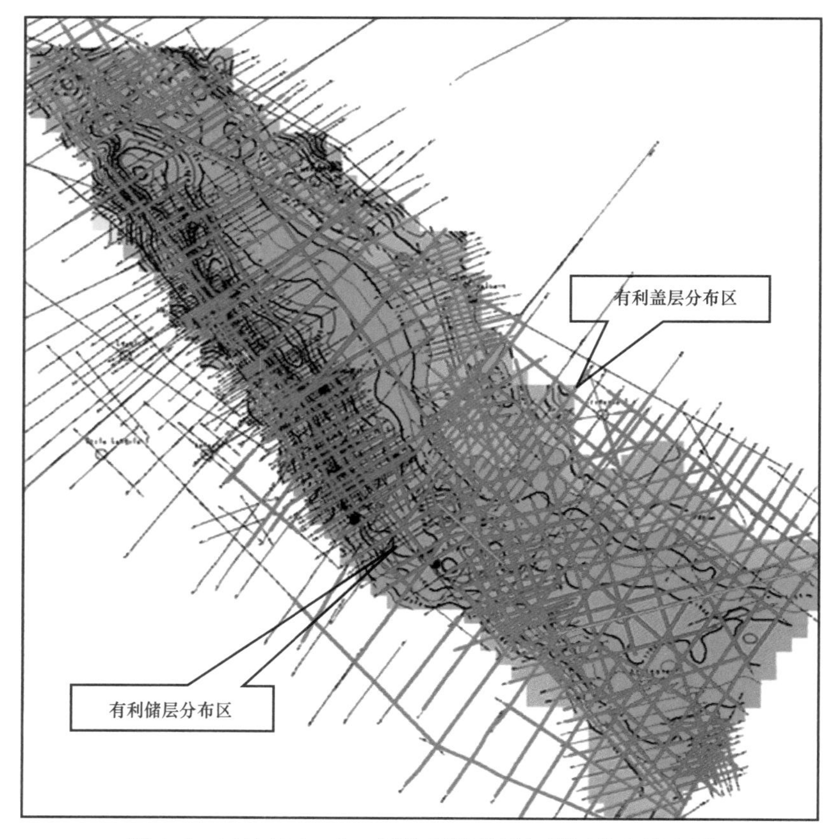

图 4–9　尼日尔 Agadem 区块泥岩盖层与储层分布叠合图

四、低勘探程度裂谷盆地规模目标快速筛选技术

纵观国内外许多大油田的发现历程，先期规模目标的勘探成功率和发现的储量规模直接决定了油田的勘探进程和最终的储量规模。以中国大庆油田为例，1959 年在大庆长垣构造上钻探的松基 3 井自喷出工业油流标志着大庆油田的发现，此后陆续在该构造上发现了 7 个油田，发现的石油储量超过整个大庆油田已探明储量的 2/3。大庆长垣构造的快速突破为大庆油田连续多年的高产、稳产奠定了坚实的储量基础。油田勘探早期，快速筛选出规模目标并围绕这些目标寻求勘探突破是勘探项目成功的关键。

1. 技术思路

由于低勘探程度盆地前期工作少，钻井很少甚至没有，地震测网密度稀、资料品质差、解释精度低，不适合开展局部目标的精细解释，为规模目标的快速优选带成了较大的困难。低勘探程度裂谷盆地规模目标快速筛选技术思路就是以海外探区资料可靠程度和落实程度为切入点，针对性开展规模圈闭目标评价，筛选出落实程度较高的圈闭，并以此为对象，开展圈闭地质评价、风险分析和资源量预测，初步判断其经济性（图 4–10）。

2. 关键技术

1）目标初选

针对地震资料解释成图过程中发现的圈闭，首先从落实程度和资料的可信度角度将圈

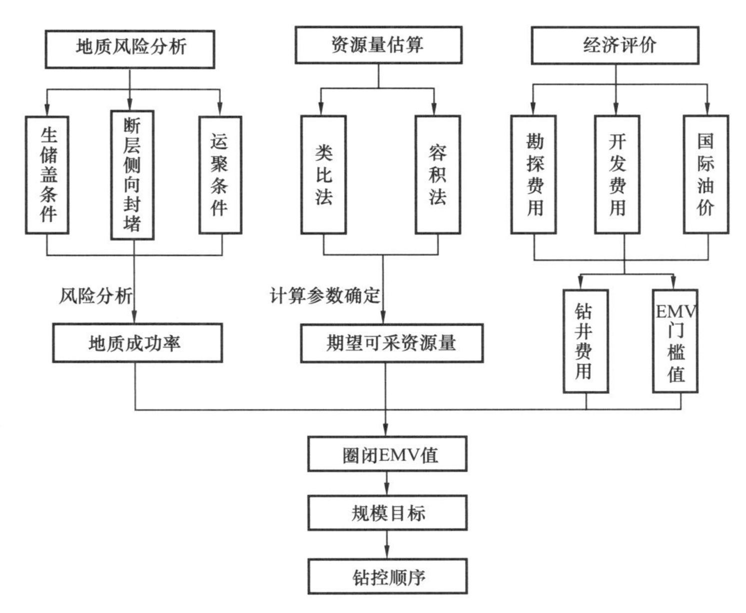

图 4-10　规模目标快速筛选流程图

闭分为落实圈闭和潜在圈闭（较可靠、不可靠）。其次，从平面上构造形态、大小和纵向上的位置对圈闭进行筛选，剔除圈闭面积小于门槛值的圈闭、已钻井并有结论性认识的圈闭、目的层埋深超过有效储层埋深下限的圈闭。最后，筛选出面积大、未钻探、埋深在有效储层埋深下限之上的可靠圈闭进行评价。

圈闭筛选评价原则见表 4-3。

表 4-3　圈闭资料品质评级标准

评价	落实程度	地震资料品质	钻探资料
好	可靠	地震资料分辨率高、反射能够连续追踪	邻近圈闭有井资料可供准确的标定
较好		灭点清晰可辨、基本无闭合差	区带内有井资料供标定
一般	较可靠	分辨率较好、50% 以上可以连续追踪、大断层和高角度削截或超覆点显示清晰、闭合差小	相邻区带有井资料可供解释时参考
差		地震反射追踪的可靠性较低、断点和尖灭点显示不清	（次）一级构造单元内有井资料
极差	不可靠	显示不清或闭合性差	基本无钻探资料

2）地质评价

地质学家把油气藏的形成条件归纳为生、储、盖、运、圈、保 6 个方面，缺一不可。因此在进行圈闭评价时，把其中的每一个条件都当作独立的要素进行分析和评价，预测其存在的有效性并赋予其概率值的大小（0～1）。由于有些要素很难量化，在实践中通常采用其中几个成藏要素进行综合，如三因素法（生、储、聚）、四因素法（圈、生、储、聚 / 保）、五因素法（圈、生、储、聚、保）。由于海外低勘探程度盆地风险大，三因素和四因素法考虑的因素相对较少，评价出的结果往往过于乐观，为了降低勘探风险，采用5个要素进行评价，即圈闭条件（T）、油源条件（S）、储层条件（R）、运移聚集条件（M）和保存条件（C）对圈闭进行评价，具体评价标准参见表4-4。

表4-4　圈闭地质评价标准

评价要素	评价项目	评价标准	系数
圈闭条件	可靠程度	可靠	1.00
		较可靠	0.75
	圈闭类型	背斜	1.00
		反向断块	0.85
		顺向断块	0.25
	圈闭面积	＞10km	1.00
		4～10km	0.75
		1～4km	0.50
	圈闭幅度	＞100m	1.00
		30～100m	0.75
油源条件	距生油凹陷的距离	＜15km	1.00
		15～25km	0.75
		＞25km	0.50
储层条件	储层埋深	＜1500m	1.00
		1500～2500m	0.80
		2500～3500m	0.50
		＞3500m	0.20
	沉积相带	河流、三角洲	1.00
		滨浅湖	0.75
		深湖—半深湖	0.50
运移聚集条件	油源断层	具有深大油源断层	1.00
		具有小油源断层	0.50
		无油源断层	0.25
	所处位置	油气主运移方向	1.00
		油气次运移方向	0.50

续表

评价要素	评价项目	评价标准	系数
运移聚集条件	时间配置关系	早于关键时刻	1.00
		与关键时刻同期	0.75
		晚于关键时刻	0.50
	油气显示情况	构造带上有好显示井	1.00
		相邻带上有好显示井	0.75
		构造带上无好显示井	0.50
保存条件	盖层厚度	＞200m	1.00
		50～100m	0.75
		30～50m	0.50
	侧向封堵	好	1.00
		中等	0.50
		较差	0.25
	构造的后期破坏	后期无破坏	1.00
		后期有一定的破坏	0.50
		后期破坏严重	0.25

3）资源量估算

通过盆地类比及油气丰度预测，利用容积法计算圈闭资源量。即对比已发现构造或显示的成藏要素，综合评价其地质风险，以盆地油气资源丰度为尺度，预测圈闭资源量。

通常采用与勘探目标所具有的高度不确定性相适应的一个简单公式：

$$Q = A \times C_a \times H \times P_g \tag{4-4}$$

式中　Q——圈闭风险后资源量，10^6bbl；

A——圈闭面积，km^2（在计算大幅度圈闭面积时注意不能算到圈闭溢出点，在裂谷盆地泥岩盖层条件下，油气柱高度通常不会超过300m，对于圈闭幅度超过300m的圈闭，其圈闭面积也只能算到300m）；

C_a——充满度；

H——油气丰度，10^6bbl/km^2；

P_g——把握系数。

在上述参数中，圈闭面积可以通过构造图获得，把握系数则是通过地质风险综合分析可以得出，而油气充满度和油气丰度则可以通过对周边盆地内已有发现的统计分析得出。

4）经济评价

在低勘探程度区及勘探早期，往往采用了圈闭期望资金值（Expected Monetary Value，简称 EMV）来进行圈闭的经济评价。

圈闭的 EMV 用下式计算：

$$\text{EMV}=(\text{圈闭成功的概率}\ P_s\times\text{圈闭资源价值}\ R_e)-(\text{圈闭失败概率}\ P_f\times\text{钻井费用}\ C_d) \tag{4-5}$$

式中，圈闭成功的概率 P_s 和失败的概率 P_f 由圈闭风险分析得到；圈闭资源价值 R_e 由圈闭期望可采资源量和国际油价决定；钻井费用与地区和钻井深度有关。

计算出每个圈闭的 EMV 之后，再统计不同区带的圈闭 EMV 值门限（EMV 门限值对应的是圈闭的经济有效性），利用圈闭 EMV 值与 EMV 门限值的比值将圈闭分为四个等级：规模圈闭、有利圈闭、经济圈闭和非经济圈闭。其中规模圈闭的 EMV 值是 EMV 门限值的 10 倍以上，有利圈闭为 5～10 倍，经济圈闭为 1～5 倍，非经济圈闭的 EMV 值小于 EMV 门限值。

3. *典型实例*

乍得 H 区块是 Conoco、Exxon、壳牌公司（Shell）和雪佛龙公司（Chevron）等国际石油公司经过 30 多年的勘探和综合评价后放弃的区域，CNPC 进入时 H 区块的二维地震测线密度不足 0.2km/km^2、探井密度仅 2.5 口 $/10^4\text{km}^2$，勘探程度非常低。

CNPC 进入后，运用低勘探程度裂谷盆地规模目标优选技术，在 H 区块内共发现未钻（层）圈闭 176 个，经过目标初选、地质风险评价、储量估算和经济评价多个方面的综合评价，优选出规模目标 29 个。自 2007 年以来 CNPC 针对优选出的规模目标开展钻探工作，陆续发现了一批高产富油气圈闭，探井成功率达 65.6%，评价井成功率 82.5%，累计发现三级石油地质储量约 $3\times10^8\text{t}$。

五、低勘探程度裂谷盆地快速经济评价技术

海外油气勘探是一项高风险、高投入的投资，由于地质规律的认识和勘探技术的局限，即使对油气勘探项目进行了科学严密的论证，在评价和实施过程中也可能出现难以预测的情况。尤其是低勘探程度裂谷盆地，其地质评价和经济评价参数的不确定性以及不同合同模式的影响，都将直接影响项目的评价结果。

1. *技术思路*

针对海外低勘探程度裂谷盆地地质、经济评价参数的不确定性，全面统计并对比中西非裂谷系已进入中等勘探程度—成熟勘探阶段的裂谷盆地（包括穆格莱德盆地、迈卢特盆地和多巴盆地）的地质参数及资源评价参数，通过参数分布特征分析及地质、经济条件类比，提高取值的合理性。针对不同合同模式，采用折现现金流法开展经济评价，利用多方案比较，优选出较为合理的方案。

2. *关键技术*

油气勘探项目经济评价的方法主要有折现现金流法（也称净现值法）、实物期权法、勘查费用法、级差地租法等，目前应用最为广泛、最具可操作性的是折现现金流法[20—22]。该方法通过计算油气勘探项目的净现值、内部收益率、投资回收期等指标来判断项目的可行性（表 4–5），并以此为基础提供决策指标和决策依据。

表 4–5　低勘探程度裂谷盆地快速经济评价主要参数表

参数名称	计算公式或说明
净现值（NPV）	$NPV=\sum_{t=0}^{n}(C_I-C_O)_t(1+i_0)^{-t}$
最小商业储量规模（MEFS）	令 NPV(*Q*)=0 时的 *Q*
内部收益率（IRR）	$\sum_{t=0}^{n}R_t(1+IRR)^{-t}-\sum_{t=0}^{n}I_t(1+IRR)^{-t}=0$
投资回收期（P_t）	$\sum_{t=1}^{P_t}(C_I-C_O)_t=0$
期望净现值（ENPV）	期望净现值 = 商业成功率 ×（商业储量均值分布的 NPV）– 商业失败的概率 ×（勘探失败的净成本）

折现现金流法是建立在以下假设基础上的：投资决策是一次性完成的、投资项目是完全可逆的。项目在其寿命期内各年产生的净现金流量是可以精确估计的或预计的，并能够确定相应的风险调整贴现率。项目是独立的，即其价值以项目所预期产生的各期净现金流大小为基础，按给定的贴现率计算，不存在其他关联效应。项目在整个寿命期内，投资的内外部环境不会发生预期以外的变化。在投资项目的分析、决策以及实施过程中，公司决策者扮演的是被动的角色，只能坐视环境的变化，而不能采取相应的对策，即企业管理者进行投资决策时，只能采取刚性策略。

按照折现现金流法建立的经济评价模型如下：

$$NPV=\sum_{t=0}^{n}(C_I-C_O)_t(1+i_0)^{-t} \tag{4–6}$$

式中　NPV——油气勘探项目的净现值，即项目合同期内每年发生的净现金流量按一定的折现率折现到初时的现值的累加值；

C_I——现金流入；

C_O——现金流出；

（C_I–C_O）t——第 t 年的净现金流量；

n——项目合同期；

i_0——基准折现率。

不同合同模式下 C_I 和 C_O 的构成不同：对于产品分成合同，石油公司的现金流入包括成本回收、利润油分成和回收的流动资金；石油公司的现金流出包括勘探开发投资、操作成本和合同规定的定金、矿区使用费、税费等。对于矿税制合同，石油公司的现金流入包括可回收成本、税后利润和回收的流动资金，现金流出同上。服务合同中现金流的确定取决于石油公司参与作业的性质，现金流入主要是服务费，现金流出依照实施的工作量和合同规定的费用估算。

在评价勘探项目在经济上是否可行时，若 NPV≥0，则项目可行；NPV<0，项目不可行。NPV 的经济意义是表示投资者投资于某项目所获得的超额收益；若 NPV=0，投资者只能获得最低期望的收益。

3. 典型实例

2004 年在评价乍得 H 区块时，由于乍得地处非洲内陆，原油将通过 CCDP 管道外输到喀麦隆 Kribi 港口（图 4-11），需新修管道 208km 以连接位于多巴盆地 Kome 油田的 CPF。

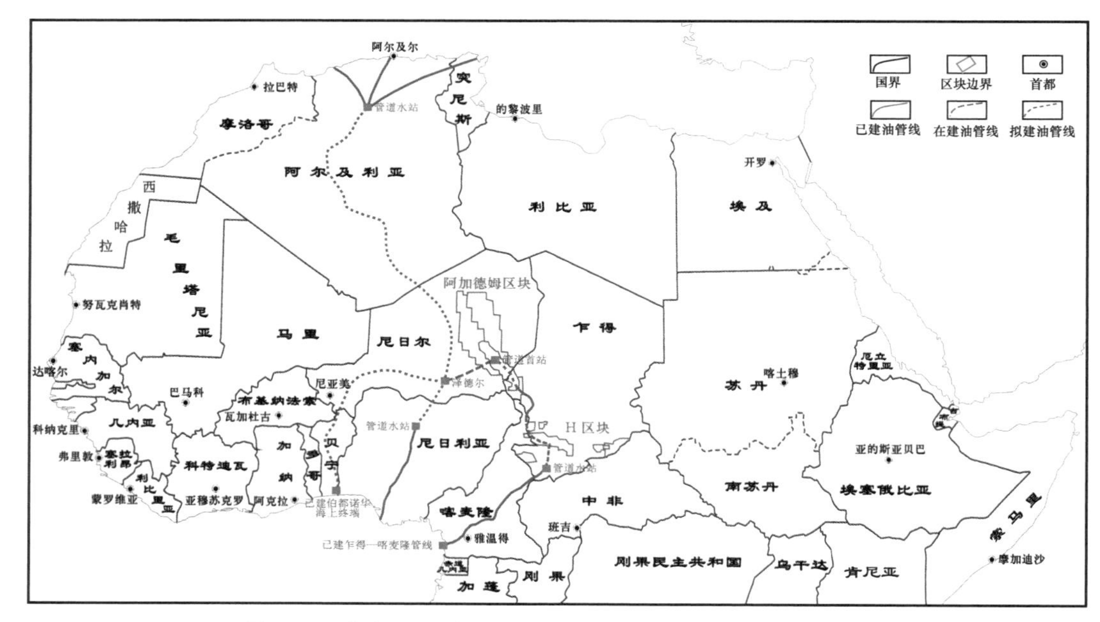

图 4-11　乍得 H 区块和尼日尔 Agadem 区块原油外输路线图

方案一：尼日尔油田区块（毕尔马 / 特勒瑞 / 阿加德姆）—尼日利亚卡杜纳全长 1100km

方案二：尼日尔油田区块（毕尔马 / 特勒瑞 / 阿加德姆）—贝宁伯都诺华港全长 1900km

方案三：尼日尔油田区块（毕尔马 / 特勒瑞 / 阿加德姆）—阿尔及利亚查尼特全长 1450km，沿线均为戈壁滩与沙漠，局部山区，最高海拔 1600m 左右

方案四：尼日尔油田区块（毕尔马 / 特勒瑞 / 阿加德姆）—乍得多巴全长 1100km

经济评价方案基准内部收益平均取 12%，折现率为 10%。经济评价结果显示乍得 H 区块原油外输到喀麦隆 Kribi 港口的最小商业储量规模为 3570×10^4～4285×10^4t，项目实现年产量 200×10^4t 产量以上就有经济效益，若能实现年产量 300×10^4t，项目可实现非常好的经济效益（表 4-6）。

表 4-6　乍得项目不同方案下经济指标对比表

经济指标	300×10^4t	400×10^4t	500×10^4t	600×10^4t
IRR，%	14.09	17.95	21.07	21.03
NPV（i_c=10%），10^8\$	7.82	16.59	29.67	28.93
中国石油投资回收期，年	9.57	8.72	8.75	8.80

第二节　低电阻率油气层测录试配套技术

根据非洲地区勘探和开发资料证实，无论是已开发的油田（如苏丹 1/2/4 区的 Heglig 油田和 Neem 油田、3/7 区的 Adar-Yale 油田），还是勘探区块（如尼日尔 Agadem 区块、乍得 Baobab 等区块、苏丹 6 区 Fula、Sufyan 等凹陷），均普遍存在低电阻率油气层。本节基于目前非洲地区钻遇的低电阻率油气层为对象，研究其成因机理和测井、录井响应特征，建立低电阻油气层测井、录井识别方法和试油配套技术，为低电阻油气层成功识别和产出提供技术依据。

一、低电阻率油气层测井响应特征及分类

基于在非洲地区的研究以及前人对低电阻率油气层的定义，将在相同的沉积环境下，使用相同测井系列测得的油气层的电阻率与邻近水层电阻率相差不大的油气层（电阻率之比一般小于 2～3）定义为低阻油气层，而将油气层的电阻率与邻近泥岩层电阻率相差不大的油气层定义为低对比油气层。根据非洲地区钻遇的低电阻率油气层的电阻率特点，总结出 10 种典型的低电阻率油气层的理论模式图（图 4–12），即：

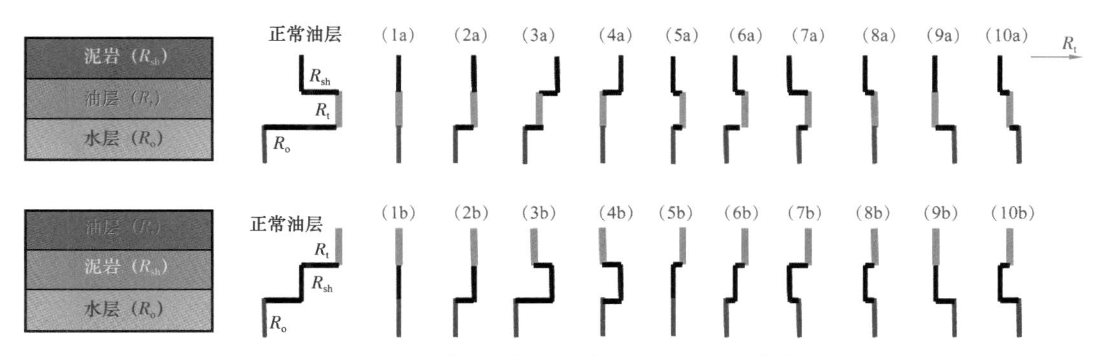

图 4–12 10 种典型的低电阻率油气层的理论模式图

（1）油层、水层和泥岩的电阻率接近（$R_{油}≈R_{泥}≈R_{水}$）；

（2）油层与泥岩电阻率接近，且略高于水层电阻率（$R_{油}≈R_{泥}>R_{水}$）；

（3）油层电阻率低于泥岩电阻率，且略高于水层电阻率（$R_{泥}>R_{油}>R_{水}$）；

（4）油层电阻率低于泥岩电阻率，且与水层电阻率接近（$R_{泥}>R_{油}≈R_{水}$）；

（5）油层电阻率略高于泥岩电阻率，而水层电阻率与泥岩接近（$R_{油}>R_{泥}≈R_{水}$）；

（6）油层电阻率略高于泥岩电阻率，而水层电阻率略低于泥岩（$R_{油}>R_{泥}>R_{水}$）；

（7）油层电阻率略高于水层电阻率，且泥岩电阻率略低于水层（$R_{油}>R_{水}>R_{泥}$）；

（8）油层电阻率与水层电阻率接近，且均高于泥岩电阻率（$R_{油}≈R_{水}>R_{泥}$）；

（9）油层电阻率与泥岩电阻率接近，且均低于水层电阻率（$R_{水}>R_{油}≈R_{泥}$）；

（10）油层和水层电阻率均高于泥岩电阻率，且油层电阻率低于水层（$R_{水}>R_{油}>R_{泥}$）。

以此理论模式图可以对目标区的低电阻率油气层进行有效的分类。

非洲地区中国石油合同区块目前钻遇的主要低电阻率油气层的测井响应基本涵盖了以上 10 种类型。

二、低电阻率油气层成因机理及测井响应特征

低电阻率油气层的成因复杂、类型多样。理论上可形成于储层沉积、油气成藏、成岩作用和裸眼钻探等不同过程。按微观机理和宏观成因可归纳为两类，沉积和成岩作用属于微观成因，油气藏类型和钻井工程属于宏观成因。根据岩心、岩屑、测井和试油等资料的

综合分析研究结果表明，非洲地区低电阻率油气层的成因包括微观机理和宏观影响因素。微观机理主要是岩性细、黏土含量高、孔隙结构复杂等因素导致束缚水饱和度增高，以及阳离子附加导电性引起的油气层电阻率降低。宏观影响因素为薄砂层（或砂泥岩薄互层）、钻井液侵入和低幅度油藏导致的油气层电阻率降低。实际工作中，上述各类成因往往同时存在，从而将低阻油气层成因复杂化。

1. 低电阻率油气层的微观成因机理及测井响应特征

1）高束缚水饱和度引起的低电阻率油气层

储层岩石颗粒细、黏土含量高及孔隙结构复杂、微孔隙发育，岩石具有较强的亲水性，均能导致束缚水饱和度增高，从而形成低阻油气层。研究区域内，上述因素均存在，且相互交织。

（1）岩石颗粒细、黏土含量高导致束缚水饱和度增高。

研究结果表明，岩石颗粒越细，黏土含量越高，颗粒比表面积越大。颗粒比表面越大，束缚水饱和度越高，油层电阻率值越低[23]。由压汞、铸体薄片、黏土矿物分析、孔隙度、渗透率、粒度 SEM、X 射线衍射等岩心实验数据的研究分析认为，这类油层储层岩性主要由细砂、细粉砂岩组成，孔隙度中等，渗透率偏低，属于中孔—低渗储层。黏土含量较高，一般高于 15%，测井响应表现为自然电位幅度中—低，自然伽马值略高，密度、中子计算为中—低孔隙度，中子孔隙度明显大于密度孔隙度，电阻率值接近于邻近水层或泥岩层的电阻率值。

图 4–13 为苏丹 3/7 区 Adar–Yale 油田 A20–22 井低电阻率油层的录井及薄片分析结果。由图 4–13 可见，该井岩性细、黏土含量高达 20.5%，黏土矿物以高岭石为主。油层电阻率低，电阻率值为 5～10Ω · m，低于邻近泥岩电阻率值，为一典型的岩性细、泥质含量高导致束缚水含量高，引起的低阻油层。

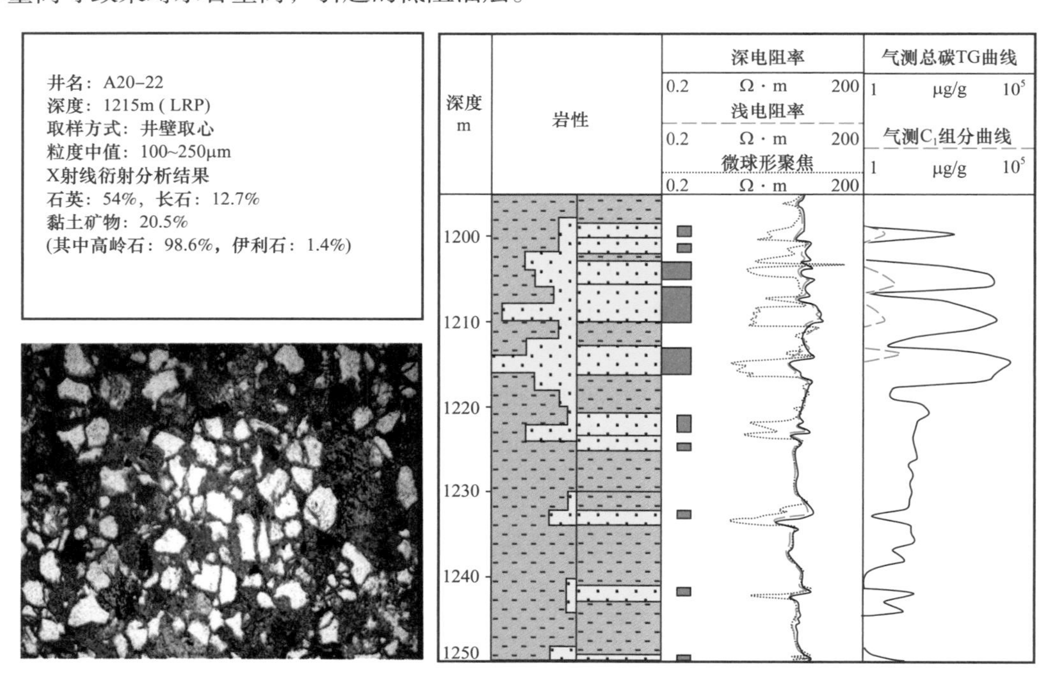

图 4–13 Adar–Yale 油田 A20–22 井低电阻率油层录井及薄片分析结果

（2）微孔隙发育导致束缚水含量增高。

当油气从生油层运移到砂岩储层时，由于油、气、水对岩石的润湿性差异和毛细管力的作用，会有一定量的水残存在岩石孔隙中。这些水多数分布和残存在岩石颗粒接触处角隅、微细孔隙中或吸附在岩石骨架颗粒表面。岩石细粒成分（粉砂）增多和（或）黏土矿物的充填富集，易导致地层中微孔隙发育。显然微孔隙发育的地层，束缚水含量明显增大，引起油层电阻率值降低[23，24]。图 4–14 为尼日尔 Agadem 区块 Agadi–2 井低阻油层毛管压力曲线图。由图可见，孔喉半径小，排驱压力大，束缚水饱和度大于 20%，表明储层小孔喉半径发育，残存的束缚水含量高。

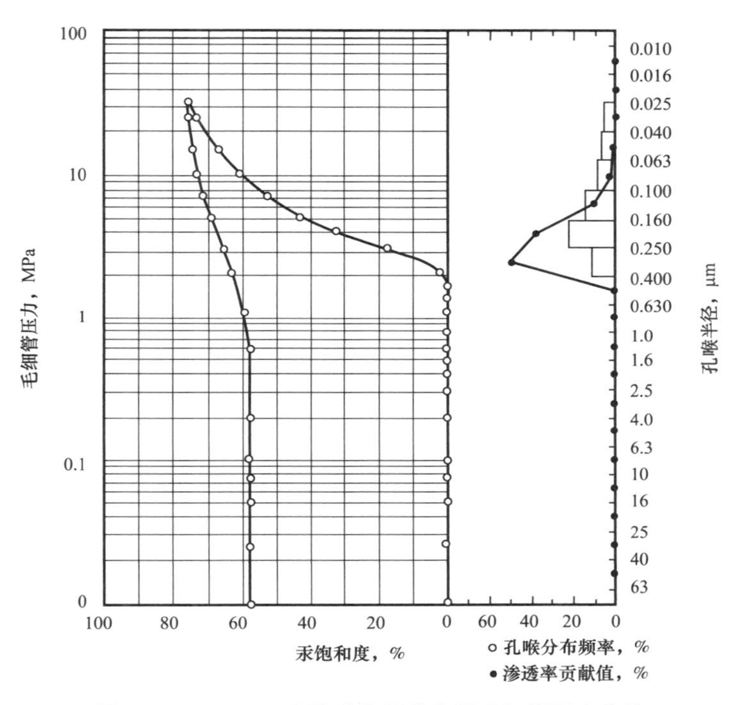

图 4–14 Agadi–2 井孔喉半径分布及毛细管压力曲线

（3）孔隙结构复杂导致的低电阻率油气层。

岩石所具有的孔隙和吼道的几何形状、大小、分布及其相互连通关系等孔隙结构是反应储层渗流特征的重要参数。复杂孔隙结构是由组成岩石骨架的颗粒分布、排列方式及黏土的充填方式决定的。因颗粒分选不均匀、成岩次生作用、胶结物和方式等形成大、小孔隙并存的双孔隙系统[24]。复杂孔隙结构一般具有颗粒较细，泥质含量高，孔喉半径小，毛细管半径小，弯曲度大等特点，微小孔隙越多，孔喉半径越小，毛细管压力和流体的表面张力越大，平均含水饱和度也越高，毛细管束缚水越多，导致油层电阻率偏低，从而形成低电阻率油气层。

图 4–15 为苏丹 6 区 Sufyan 凹陷 Suf–2 井低电阻率油层测井资料、薄片鉴定和孔喉半径分布图。图 4–15 中可见，油层电阻率 13～15Ω · m，下部水层电阻率为 10～18Ω · m，为一典型的低电阻率油层。储层发育有原生孔隙（PBP）及局部钾长石溶解产生的次生孔

隙（SWP）。多种喉道半径并存于该储层中，造成储层孔隙结构复杂，毛细管束缚水含量高，导致低电阻率油层的产生。

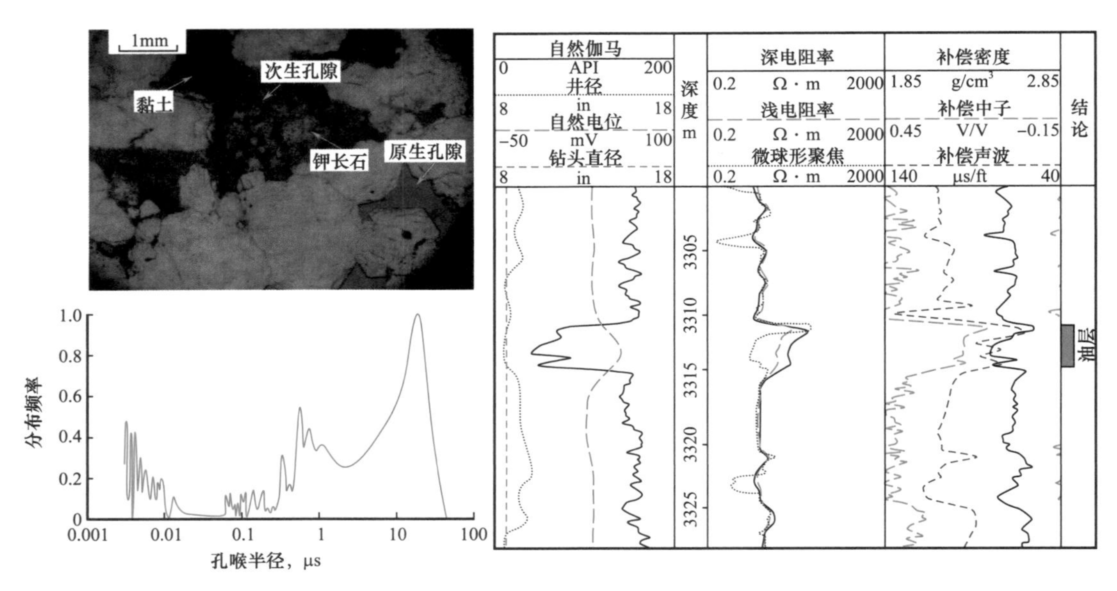

图 4-15　Suf-2 井低电阻率油层测井资料、薄片鉴定和孔喉半径分布图

2）黏土矿物的阳离子交换作用

黏土矿物除具有吸水特性，引起束缚水饱和度增大外，还具有吸附着某些阳离子和阴离子并保持于交换状态的特性，即吸附在黏土矿物表面的阳离子和层间游离态的阳离子发生交换。黏土矿物的种类不同，阳离子交换吸附的容量有很大不同。一般来说蒙皂石的比表面积大，阳离子交换容量大，伊利石次之，高岭石最弱，这种交换吸附作用的产生，形成了离子导电网络，导致整个储层电阻率降低，形成低电阻率油气层[25]。图 4-16 为苏丹 6 区 Fula 凹陷的 AradW-1 井 Aradeiba 组测井综合图。图中取心段电阻率小于 10Ω · m，下部邻近储层电阻率大于 20Ω · m。由取心段 X 射线衍射资料（表 4-7）显示，该段储层黏土含量较高，最高达 24.33%，黏土矿物中蒙皂石含量高，最高达 82.9%。由此可见，该段储层黏土矿物的阳离子交换作用是造成电阻率降低的重要因素之一。

2. 低阻油气层宏观影响因素及测井响应特征

1）薄砂层（砂泥岩薄互层）导致的低电阻率油气层

常规测井仪测量电阻率值是探测范围内储层及围岩电阻率的综合响应，得到的并非是地层的真电阻率，而是视电阻率[26]。油层越薄，围岩影响越大，视电阻率越低，容易导致对该类油气层的误判。图 4-17 是 Yogou-3 井古近系 Sokor 1 组测井曲线图。图 4-17 中两层油层测井响应特征如下：下部油层厚度是上油层厚度的近 2.5 倍，岩性测井响应值 GR、SP 和三孔隙度测井响应值 DT、NPHI、RHOB 均相似，但下部油层电阻率是上部油层的 3 倍以上。因此，储层厚度薄是该套低阻油层形成的宏观影响因素之一。

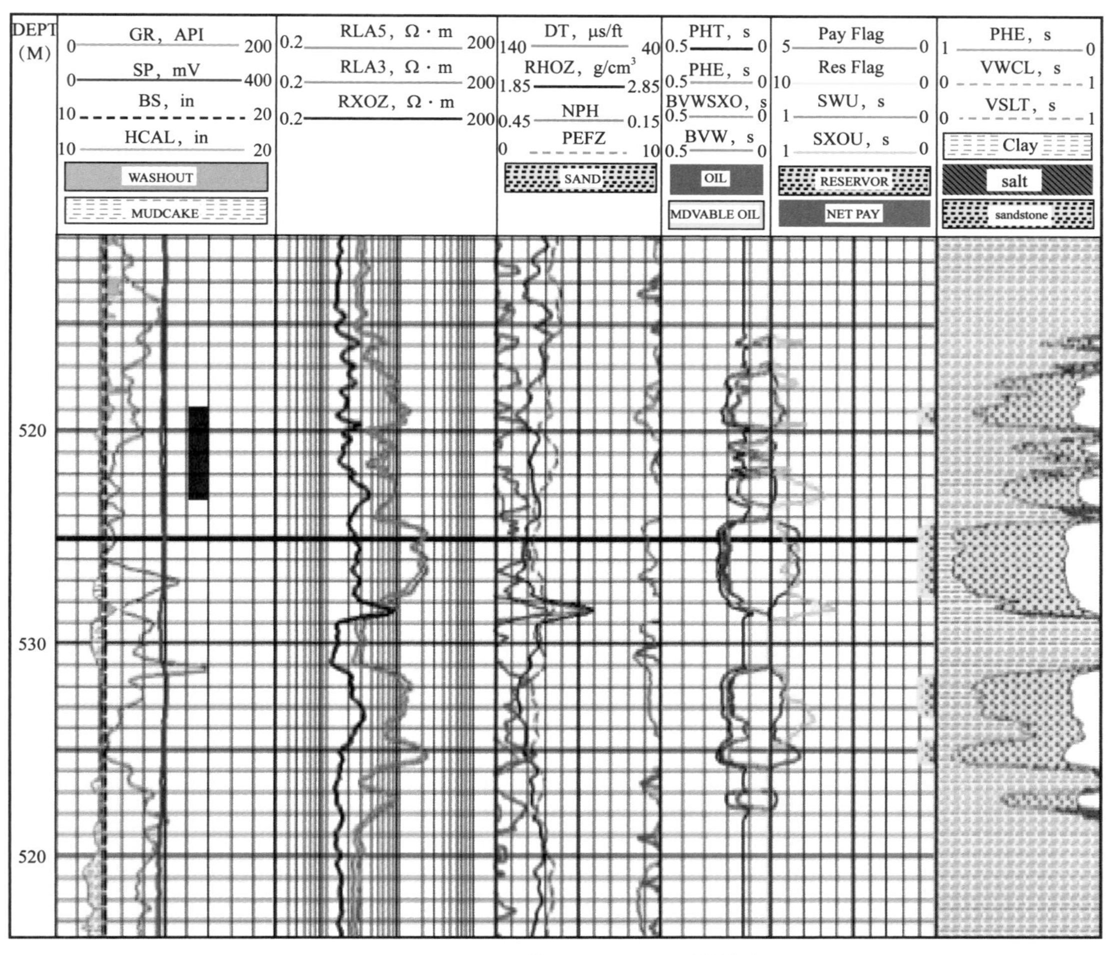

图 4-16　Arad W-1 井 Aradeiba 组测井综合图

表 4-7　Arad W-1 井 Aradeiba 组 X 射线衍射黏土矿物分析表

样品深度，m	黏土矿物含量				
	高岭石，%	蒙皂石，%	伊利石，%	绿泥石，%	混层伊利石 / 蒙皂石，%
519.10	68.80	16.10	0.30	14.40	0.40
519.45	52.90	37.60	0.30	8.90	0.30
519.80	30.50	56.60	2.20	10.10	0.60
521.20	14.50	82.8	2.20	0.10	0.40
523.50	75.80	0.70	3.60	19.70	0.20

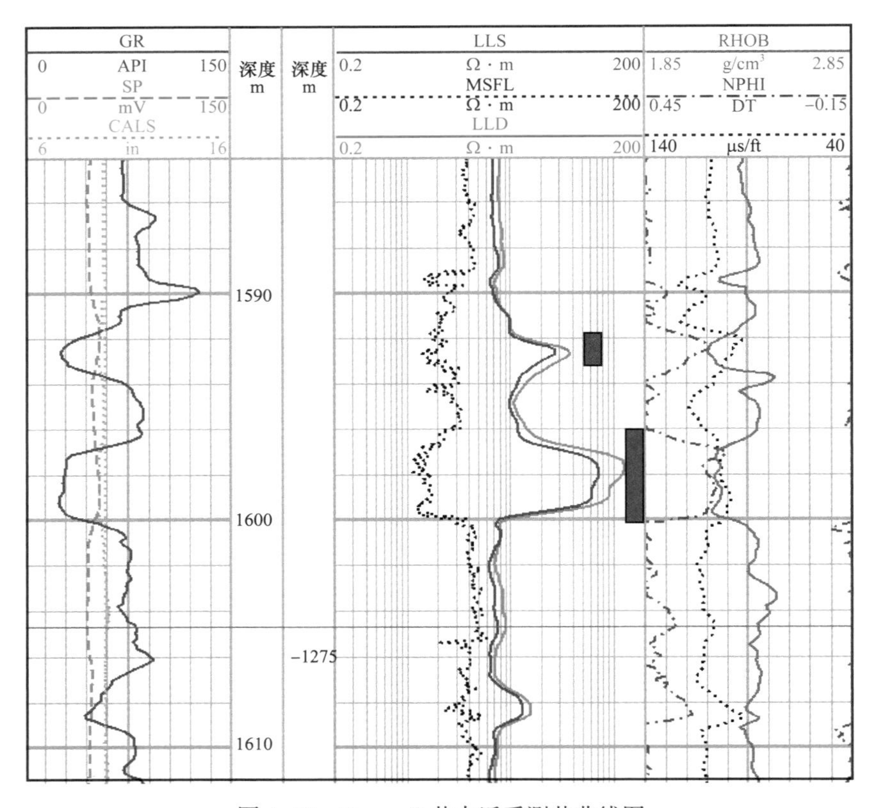

图 4–17　Yogou–3 井古近系测井曲线图

2）钻井液侵入导致的低电阻率油气层

钻井过程中，由于钻头对泥饼的反复破坏作用，使得钻井液滤液侵入储层中，驱赶并替代孔隙中油气，形成侵入带，引起油气层电阻率的降低。受钻井液性能、浸泡时间、泥饼的破坏程度等因素的影响，侵入带半径不同。钻井液失水率越大，浸泡时间越长，侵入半径越大，对储层电阻率值的影响越大。根据文献资料可知，咸水钻井液滤液的侵入可造成油气层电阻率下降 30%～50%，而且钻井液矿化度相对于地层水矿化度越高、物性越好，侵入影响越大。

非洲地区钻井过程中普遍使用咸水钻井液，钻井液滤液矿化度约为 30000μg/g，约为原始地层水矿化度的 10 倍左右，油气层电阻率受影响严重，以至于有些油气层电阻率与水层相同。图 4–18 为尼日尔特米特盆地 Dinga 地堑的一口探井，该井进行了两次时间推移测井，前后测井时间相隔 19 天。图中实线的为第一次测井采集的曲线，点状线为第二次测井采集的曲线。由图 4–18 可见，在渗透层处，除深电阻率、浅电阻率、自然电位曲线发生变化外，其他测井曲线两次测井基本重合，说明钻井液侵入只对反应储层含油饱和度的电阻率曲线形成侵入环带，对因离子扩散产生自然电动势的自然电位曲线产生影响。图 4–18 中，气层第一次测得的深电阻率值为 $RT_1 \approx 980\Omega \cdot m$，第二次 $RT_2 \approx 275\Omega \cdot m$，$RT_1/RT_2 \approx 3.6$ 倍；水层第一层测得的深电阻率值为 $RT_1 \approx 40\Omega \cdot m$，第二次 $RT_2 \approx 20\Omega \cdot m$，$RT_1/RT_2 \approx 2$ 倍。对于气、油、水层，咸水钻井液侵入对深电阻率产生的减阻侵入的影响不同，气层影响最大，其次为油层，水层最小。

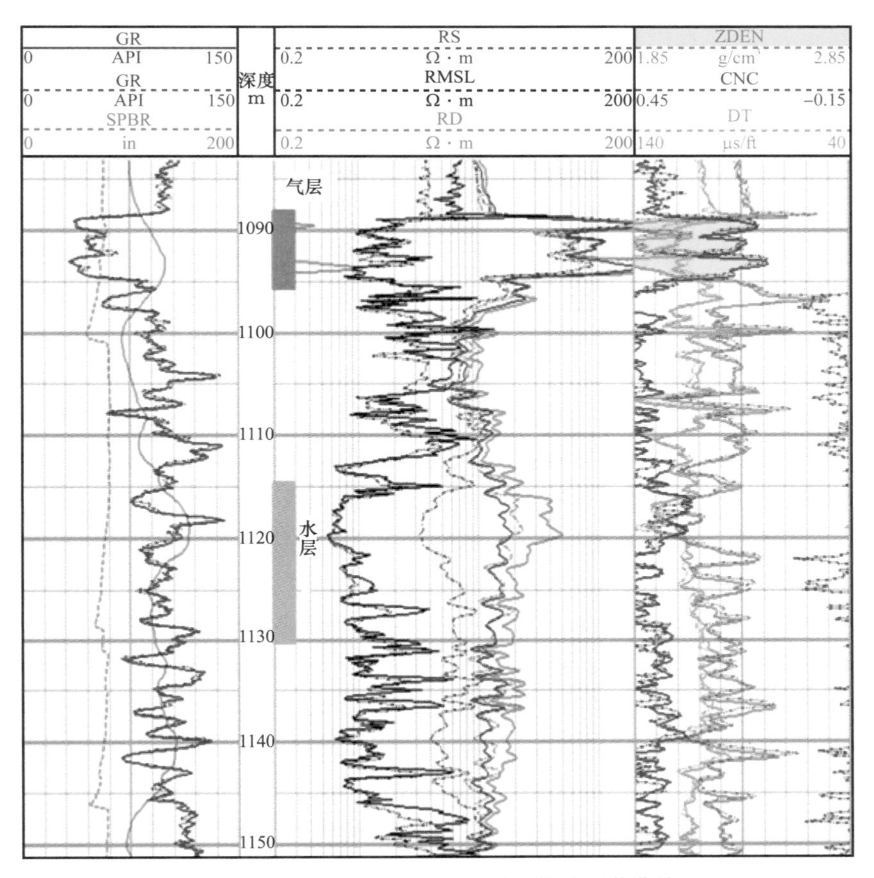

图 4-18　Dougoule NW-1 井时间推移测井曲线

3）低幅度油气藏

油藏形成的过程中，油首先进入较大的孔隙喉道，随着烃类驱替力的增加，油将逐步进入较小的孔隙喉道中。油藏中的油、水分布反映毛细管压力与油、水两相压力差平衡的结果，距自由水平面之上越高的位置油气饱和度越大，即油柱高度越大（油气藏幅度越大），测井电阻率越高，反之则越小。油藏内不同位置处的含油饱和度受自由水平面之上的高度、孔隙结构以及油、水密度差等因素的控制[23, 27, 28]。

尼日尔特米特盆地古近系与白垩系共同的特点是构造幅度低、储层薄、多套油水系统，普遍发育低阻油气层。图 4-19 显示该盆地白垩系 70% 以上的油层油柱高度小于 4m。图 4-20 为尼日尔 Agadem 区块白垩系油柱高度与电阻率关系图，由图 4-20 可见，随着油柱高度的增大电阻率增大，低阻油层普遍发育于油柱高度小的储层中。由此可知，低幅度构造、多套油水系统造成的油柱高度低是该盆地低阻油气层的影响因素之一。

三、低电阻率油气层的测井识别方法

由于目标区低电阻率油气层的形成是微观机理和宏观影响因素等多种成因共同作用的结果，为此基于低电阻率油气层测井响应和成因机理研究，提出了不同成因类型低电阻率油气层流体识别方法。

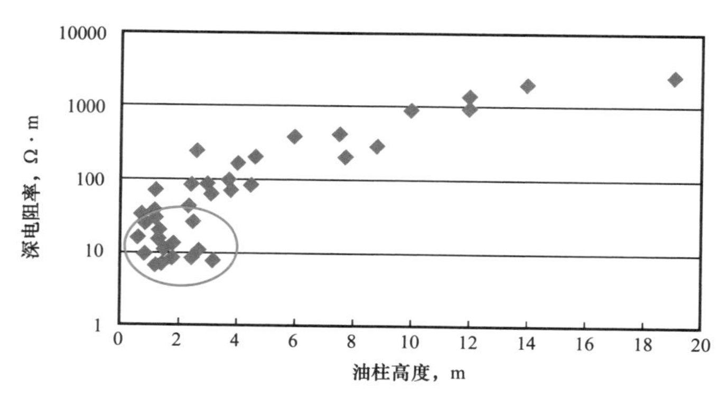

图 4-19　尼日尔 Termit 盆地白垩系油柱高度与电阻率交会图

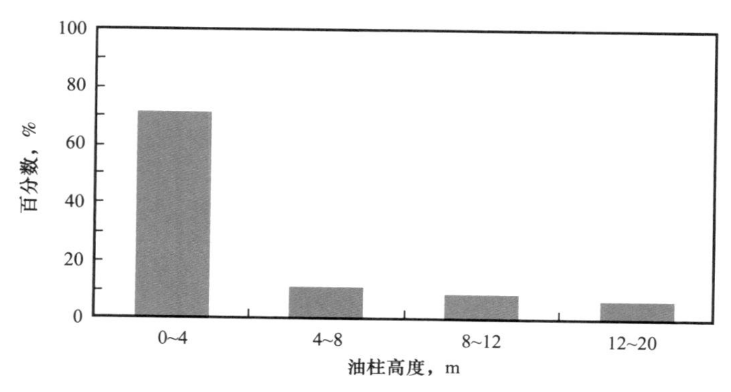

图 4-20　尼日尔 Termit 盆地白垩系油藏油柱高度统计图

1. 高束缚水饱和度低电阻率油气层识别方法

对于颗粒细、泥质含量、复杂孔隙结构导致的高束缚水饱和度低电阻率油气层，常规的孔隙度与电阻率（深侧向 RLLD、深感应 RILD）交会图有时不能很好地识别储层的流体性质，需要在分析测井响应对该类油气层敏感性的基础上，借助于其他参数和方法进行优选、组合，从而达到有效识别低电阻率油气层的目的。

1）RDSP 识别法（RDS—ϕ 交会图法）

针对复杂孔隙结构导致的低电阻率油气层，RDSP 识别法能够有效识别。即 RDS—ϕ 交会图法（图 4-21），其中 RDS 定义为深、浅探测电阻率之比（RDS=LLD/LLS）。该方法是对 LLD—ϕ 交会图的有效补充。当 RDS 大于 1.15 时为水层，RDS 不大于 1.15 时为油层。该识别方法在苏丹 3/7 区 Adar-Yale 油田的低电阻率油气层识别中明显好于传统的 LLD—ϕ 交会图法。

2）改进的 Pickett 图版法

改进的 Pickett 图版法，就是根据研究区的试油、测井及毛细管压力等资料，首先建立深电阻率与孔隙度的交会图，利用毛细管压力曲线得到的每个油水层自由水界面以上的地层高度，将其集成到 Pickett 图版中（图 4-22），从而达到识别储层流体的目的。同时，在没有取心资料的情况下，利用该图版可估算地层水电阻率和含水饱和度，从而提高了图版应用的范围和精度。图 4-22 为苏丹 3/7 区 Adar-Yale 油田改进的 Pickett 图版，图中绿色圆点为油层点，浅蓝色三角为水层点，蓝色直线为等含水饱和度线，红色直线表示自由水界面以上的地层高度。由图 4-22 可知，油层电阻率的高低不仅取决于孔隙度的大小，而且取决于所处的自由水界面以上的高度。如果一个油层所处的位置距自由水界面越高，且孔隙度越高，含油饱和度越高，电阻率就越大。

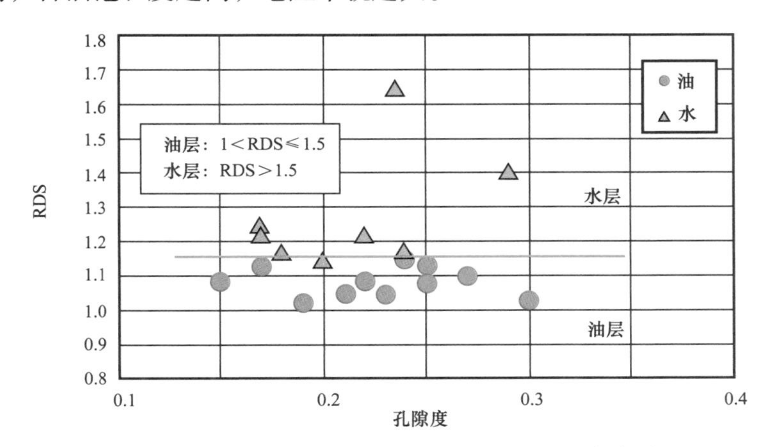

图 4-21 苏丹 3/7 区 Adar-Yale 油田 RDS-ϕ 交会图

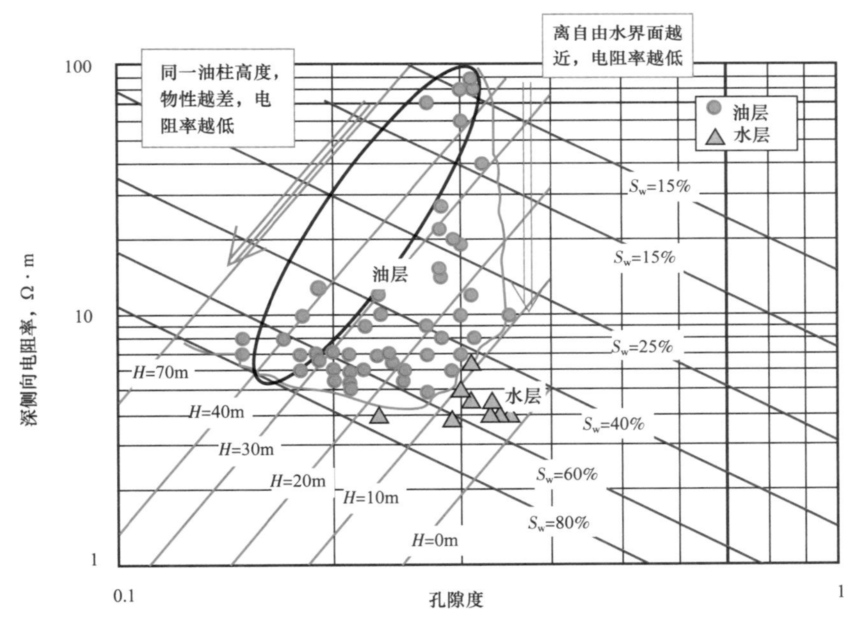

图 4-22 苏丹 3/7 区 Adar-Yale 油田改进的 Pickett 图

改进的 Pickett 图版不仅可用于油、水层的定性识别，而且可直接用于定量解释，即根据油层孔隙度和电阻率的高低，可直接得到含水饱和度的大小。

3）电阻率与自然伽马交会图

电阻率与自然伽马交会图能够有效识别颗粒细、泥质含量高导致的低电阻率油层。通过对 Agadem 区块岩屑分析粒度中值和自然伽马值对应关系的分析，粒度中值与自然伽马测井值成负相关，粒度越细自然伽马值越高。同时，结合对低电阻率油层测井曲线敏感性分析结果显示，储层中自然伽马曲线与深电阻率曲线之间存在着一定的关系。图 4-23 中

①号、②号、③号显示，随着自然伽马值的升高电阻率降低，岩性细的储层在测井响应上为自然伽马值高、电阻率低，①号和③号层为岩性细、束缚水饱和度高引起的低电阻率油层。针对此类油气层，细分小层建立测井响应敏感的电阻率与自然伽马交会图能够有效被识别（图 4–24）。

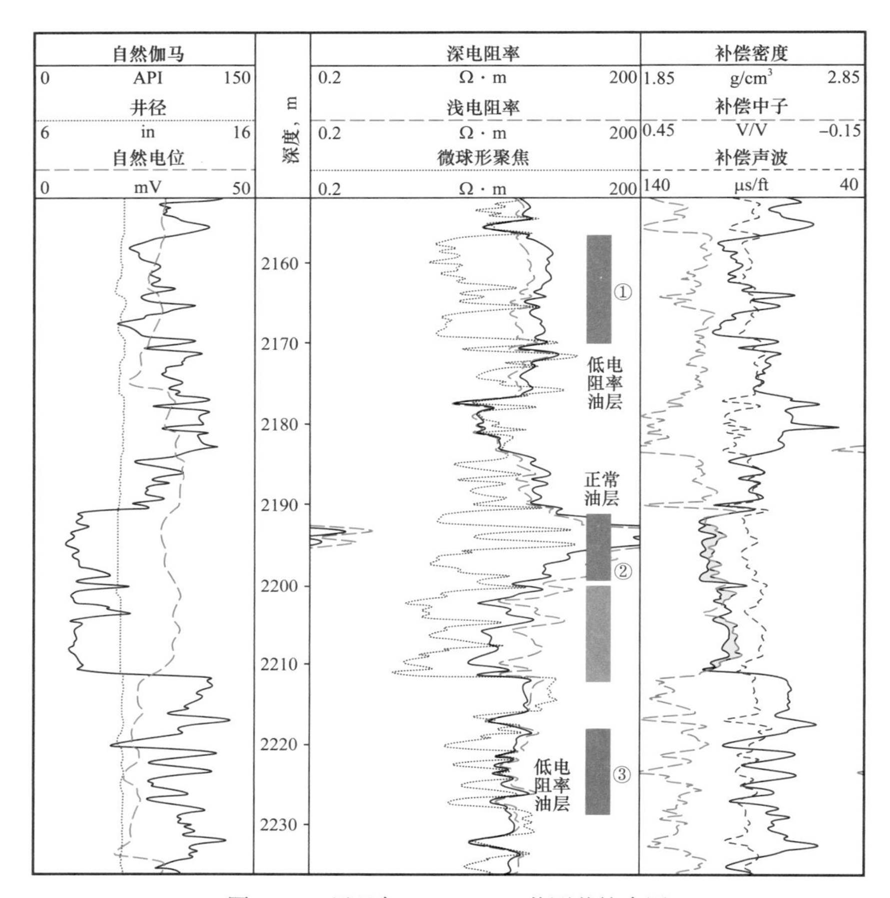

图 4–23　尼日尔 Yogou W–1 井测井综合图

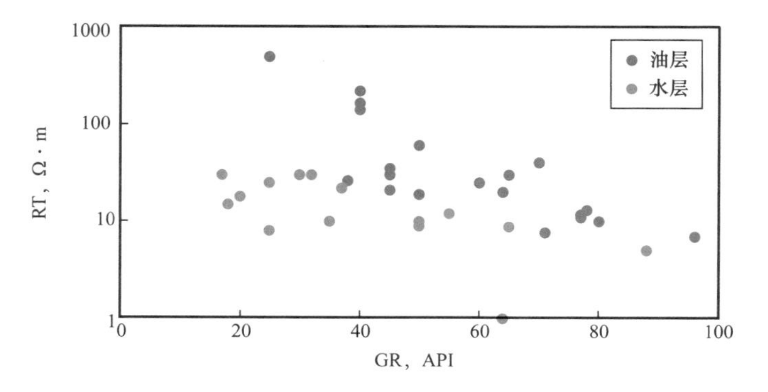

图 4–24　Agadem 区块 Yogou 组 RT 与 GR 交会图

4）补偿中子与自然伽马交会图识别低阻气层

补偿中子与自然伽马交会图能够有效识别颗粒细、泥质含量高导致的低电阻率气层。随着岩石颗粒变细、泥质含量的增加，气层在测井、录井资料中的响应特征不再明显，中子、密度值越来越大，中子—密度挖掘效应逐渐减弱，定性识别较为困难，补偿中子（NPHI）与自然伽马（GR）交会图可以有效地评价这类低电阻率气层。图 4–25 显示油层、气层区域界限清晰。

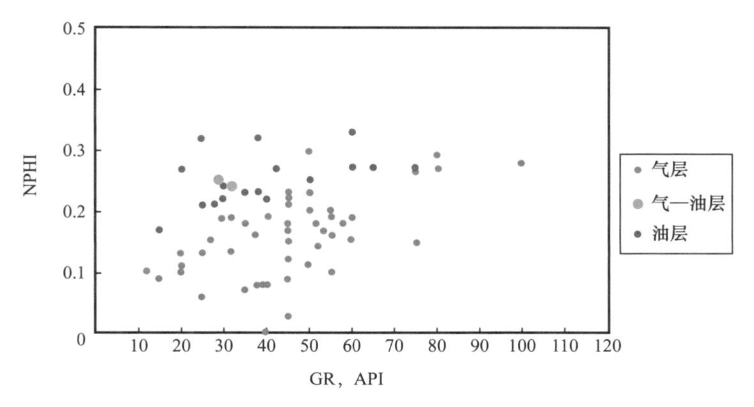

图 4–25 Agadem 区块 NPHI 与 GR 交会图

图 4–26 为尼日尔 Madama NW–1 井 E_2 砂组低电阻率气层评价图。图 4–26 中低电阻率气层自然伽马值高，电阻率值低，自然伽马、电阻率值与邻近泥岩层接近；中子、密度值均增大，挖掘效应消失，定性识别较为困难，在补偿中子（NPHI）与自然伽马（GR）交会图（图 4–25）可以有效地被识别。

2. 咸水钻井液侵入引起的低电阻率油气层

1）深电阻率与静自然电位交会法

由于咸水钻井液侵入型低阻油层主要发生在岩性纯、物性好的储层中，测井响应表现为低自然伽马、低电阻率值，与相同岩性、物性的水层特征相似，但自然电位幅度值小于邻近相同物性的水层。利用这类低电阻率油层的测井响应特征，分油田、分层系建立的电阻率与静自然电位交会图（图 4–27），图中油水分区明显。图 4–28 为尼日尔特米特盆地 Koulele CN–1 井白垩系测井综合图，图中低电阻率油层为一典型的侵入型低电阻率油层，在交会图中很容易被识别出。可见 RT 与 SSP 交会图识别钻井液侵入型低电阻率油气层效果显著。

2）FMT（MDT）资料识别法

电缆地层测试（FMT、MDT）获取的压力数据点可以估计地层压力、油 / 气、油 / 水、气 / 水接触面等。利用地层压力数据与深度建立的压力曲线，根据其压力梯度（每米的压力降）的变化情况，以及利用压力梯度与流体密度的计算公式可得到地层流体密度，进而判断油、气、水层[29]。

在苏丹、尼日尔各油田中应用压力梯度识别油水界面，识别咸水钻井液侵入型低电阻率油层效果显著。图 4–29 为苏丹 4 区 Neem–1 井测井曲线图和 FMT 压力曲线图。可以看出，A 层与 B 层电阻率相近，但 FMT 压力曲线显示 A 层在油水界面以上，分布在油线上，计算的流体密度 0.79g/cm^3，解释为油层。B 层分布在水线上，计算密度 0.97g/cm^3 为水层。A 层试油获自喷折合日产 125t（1/2in 油嘴）、密度 0.841g/cm^3 的纯油。

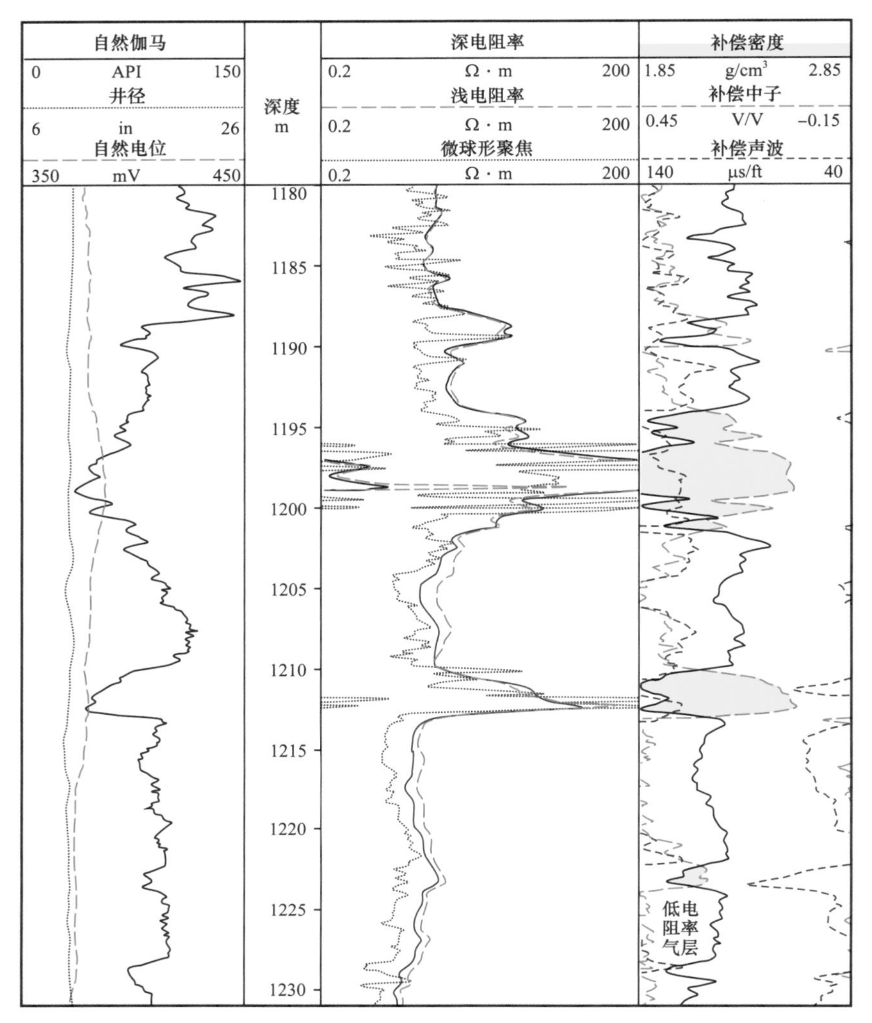

图 4-26 尼日尔 Madama NW-1 井 E_2 砂组低电阻率气层评价图

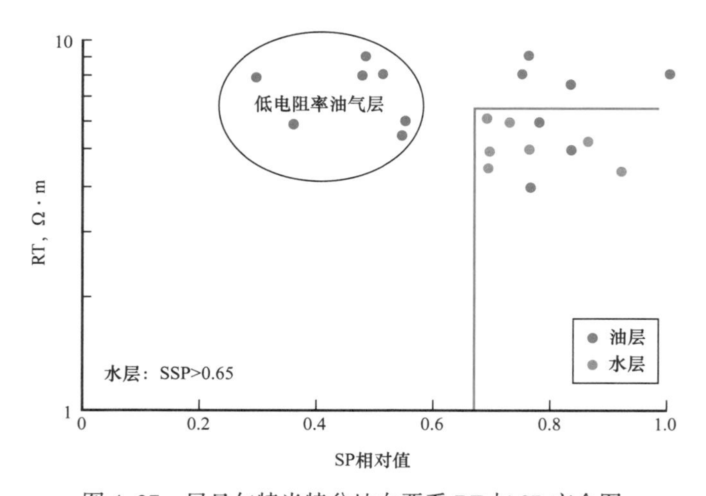

图 4-27 尼日尔特米特盆地白垩系 RT 与 SP 交会图

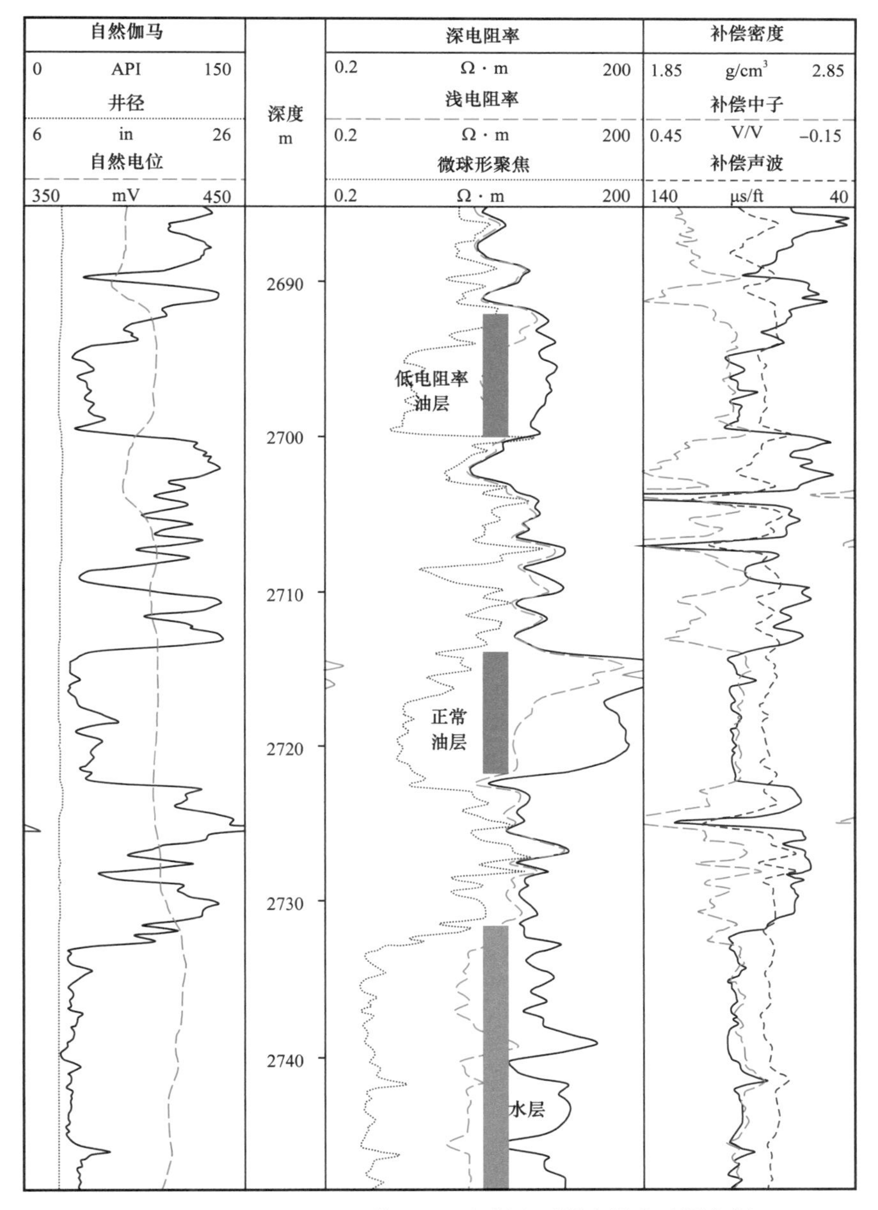

图 4–28　Koulele CN–1 井 Yogou 组侵入型低电阻率油层实例

3. 薄砂层导致的低电阻率油气层

薄层砂岩储层本身的电阻率并不低，由于常规测井仪测量电阻率值是储层及围岩电阻率的综合响应，泥质围岩影响而导致油气层测量电阻率大大降低，得到的并非是地层的真电阻率，而是视电阻率。油层越薄，围岩影响越大，视电阻率越低。对于这类低电阻率油气层识别，重点是求取地层真电阻率，一是通过阵列感应等技术的应用测量到储层真实的电阻率值；二是对地层的视电阻率进行围岩校正以获得地层真电阻率。利用地层真电阻率与其他测井曲线建立各种交会图，能够有效识别此类油层。

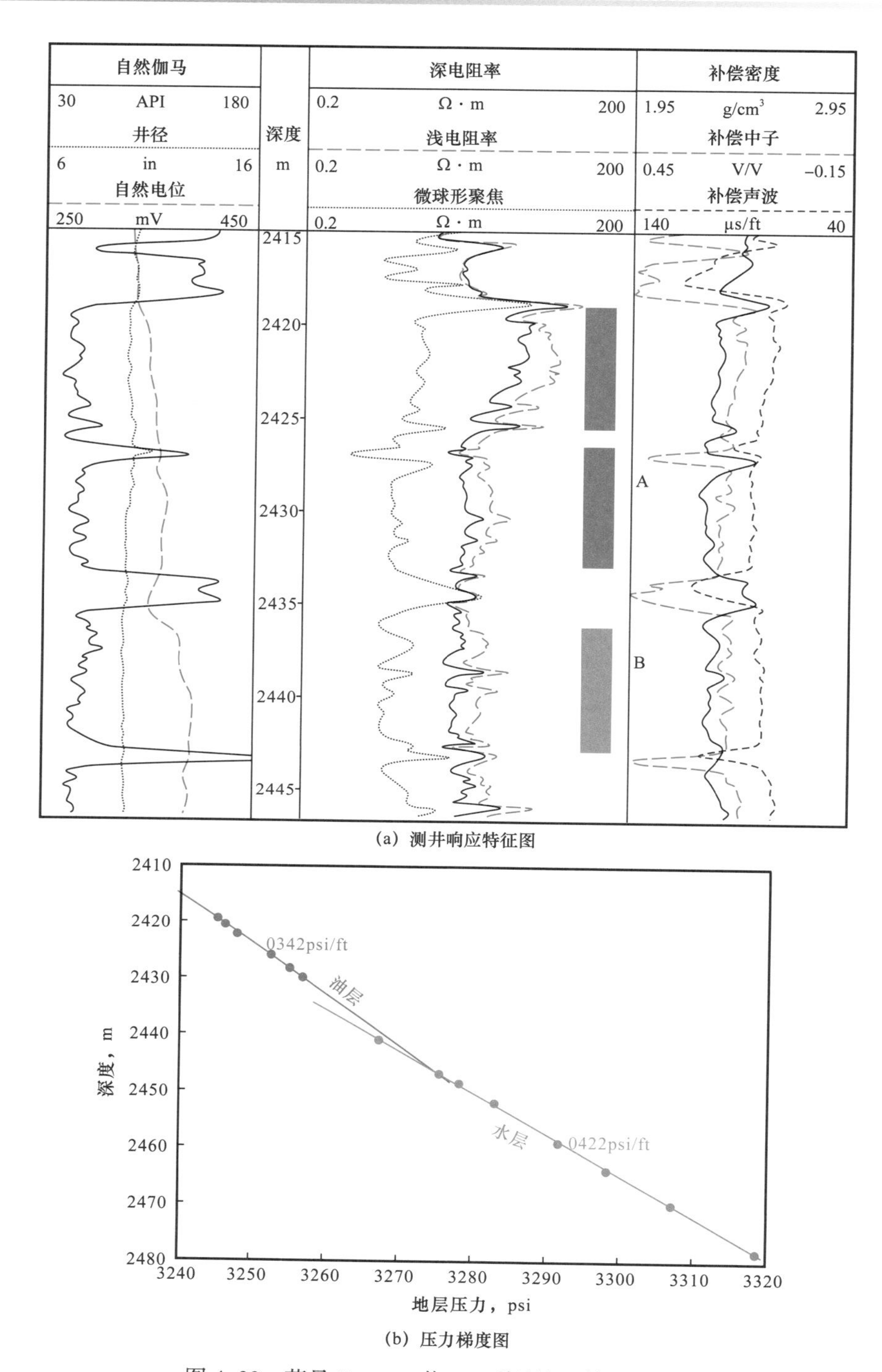

(a) 测井响应特征图

(b) 压力梯度图

图 4-29　苏丹 Neem-1 井 FMT 资料识别低阻油层

低阻薄层电阻率校正是利用微电阻率的纵向分辨率，深电阻率的横向分辨率互相匹配，求取油层真电阻率[30, 31]。图 4-30 是苏丹 6 区 Nahal E-1 井薄层处理结果显示，图中 A、B 两层深电阻率由原来的 20Ω · m 提高到 35Ω · m，提高了 1.75 倍。

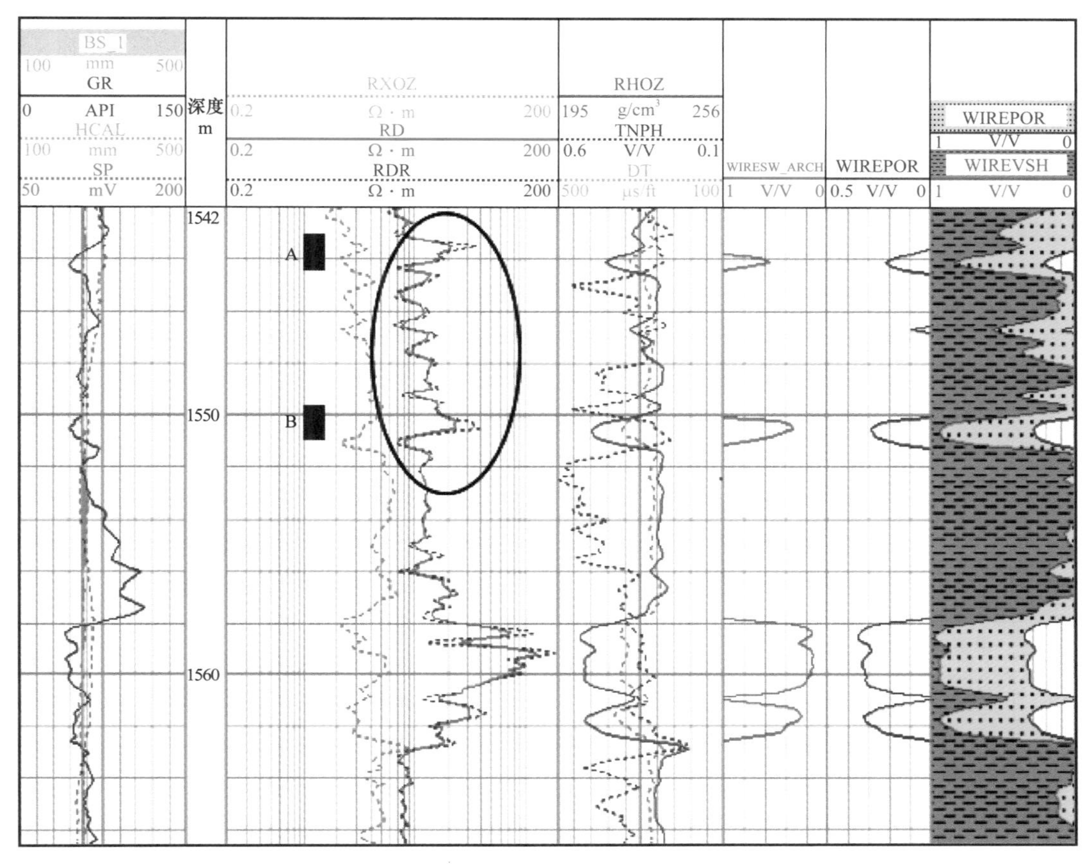

图 4-30　Nahal E-1 井低电阻率薄层处理成果

四、低电阻率油气层的录井、气测识别方法

综合录井、气测资料作为油气评价的第一手资料，对于油气显示能够提供很多的直接信息。首先，根据荧光级别的好、中、差显示，直接指示了含油概率的大小；其次，利用气测组分比确定油、气、水层[32]。但是，实际上由于受油气密度、采样密度、井况、人为识别误差等诸多因素的影响，往往不能像理论描述那样直接识别油气层，尤其是低电阻率油气层。因此需要建立录井、气测、测井资料的综合判别方法对低阻油气层进行有效的识别。

根据资料情况，非洲地区低电阻率油气层录井资料解释方法的研究是建立在荧光和气测录井基础上进行的。

1. 常规荧光录井资料解释方法

在使用荧光资料评价油气储层时，将荧光定性描述进行量化处理[33]，生成表征油气显示级别的综合指数 GEOFI，可以综合反映单井含烃丰度的变化。定性描述量化处理依据表 4-8 进行，通过将含油面积、直接荧光、溶剂荧光产状等几项数值化的原始值与分值之间建立数学关系进行计算。含油岩屑百分比的分值、直接荧光岩屑百分比的分值按式（4-7）、式（4-8）计算，其他单项按照表中的对应关系取其分值。

表 4–8　常规荧光录井定性描述资料量化处理分值表

分值	油味	自然光下的描述			紫外光下的描述			溶剂荧光描述	残余油描述
		含油岩屑比例	含油性描述	原油颜色	荧光岩屑比例	荧光颜色	荧光强度	溶剂荧光产状	
0	无	0	无可见油	—	0	—	—	—	无
1	—	3%	痕量		3%	棕色	很弱	慢速溪流状扩散	痕量
2	—	5%		黑色	5%	橙棕色	弱		
3	淡	10%	星点状	深棕	10%	橙色		中速溪流状扩散	薄环状
4	—	20%		棕色	20%	金色	中等		中等环状
5	—	30%	斑状分布	浅棕	30%	黄色		快速溪流状扩散	良环状
6	—	40%		黄棕	40%	浅黄	中等—强	慢速开花状扩散	厚环状
7	中等	50%	带状分布	棕黄	50%	奶黄			
8	—	60%		黄	60%	黄白色	强	中速开花状扩散	薄膜状
9	—	70%	片状分布		70%	白色			
10	强	80%		浅黄	80%	蓝色	很强	快速开花状扩散	厚膜状
11	—	90%			90%				
12	—	100%	均匀分布	透明	100%			瞬间开花状扩散	

注：颜色和强度参照紫外光下的描述。

含油岩屑百分比的分值

$$M_{\text{stain}}=0.5966\cdot[\text{OilStaining}\%]^{0.6412} \tag{4-7}$$

直接荧光岩屑百分比的分值

$$M_{\text{dirfluo}}=0.5966\cdot[\text{DirFluo}\%]^{0.6412} \tag{4-8}$$

依据试油资料建立 GEOFI 值划分油水层的截止值，建立评价流体性质的标准，进而判断储层的含油气性质。

2. 气测综合指数解释评价方法

根据气测检测的 C_1、C_2、C_3、iC_4、nC_4、iC_5 和 nC_5 等烃类参数，定义并计算出气测综合指数 I_1［式（4–9）］。鉴于非洲地区气测资料的特点，气测综合指数 I_1 能够有效划分油品性质。

$$I_1=\frac{C_1}{C_1+C_2+C_3+C_4+C_5} \tag{4-9}$$

通过参考国内外关于轻烃解释的文献以及工区内的实践数据资料，I_1 划分流体性质的原则为：（1）$I_1>99.5\%$ 为极干气；（2）$82.5\%<I_1<99.5\%$ 为天然气；（3）$75\%<I_1<82.5\%$ 为轻质油；（4）$67.5\%<I_1<75\%$ 为中质油；（5）$60\%<I_1<67.5\%$ 为重质油。

3. 改进的 Pixler 法

根据气测检测的 C_1、C_2、C_3、C_4 和 C_5 等烃类参数，将 Pixler 图版的解释定义为储层性质表征指数 I_p 的系列指数，见式（4–10）、式（4–11）、式（4–12）。

$$I_{p1}=\left(\frac{C_1}{C_4}\right)-\left(\frac{C_1}{C_3}\right) \tag{4-10}$$

$$I_{p2}=\left(\frac{C_1}{C_3}\right)-\left(\frac{C_1}{C_2}\right) \tag{4-11}$$

$$I_{p3}=\left(\frac{C_1}{C_5}\right)-\left(\frac{C_1}{C_4}\right) \tag{4-12}$$

根据试油资料建立识别油、水层判断原则：（1）（I_{p1}，I_{p2}，I_{p3}）$\geqslant 0$，为油层；（2）（I_{p1}，I_{p2}，I_{p3}）<0，为含水层、非产层。

4. 测井、录井、气测资料综合识别方法

以上阐述了利用单一的录井、气测资料识别低电阻率油气层的方法。由于实测资料受油气藏性质、钻井条件、人为经验等多种因素影响，导致录井、气测资料井与井之间差异较大，使用单一的资料和方法有时难以满足识别低电阻率油气层的需要。因此，本书采用了气测总烃 TG 与荧光录井油气显示级别综合指数 GEOFI、深电阻率 RT 与 GEOFI、总烃 TG 与钻时 ROP、气测综合指数 I_1 与总烃 TG 等多种交会图进行综合识别低电阻率油气层[34]，在非洲地区的勘探开发中得到了广泛应用，并取得了良好的应用效果。

（1）气测总烃（TG）与油气显示级别的综合指数（GEOFI）交会图、电阻率（RT）与油气显示级别的综合指数 GEOFI）交会图。

图 4–31 和图 4–32 分别为苏丹 3/7 区 Adar–Yale 油田 Yabus 油层组 TG 与 GEOFI、RT 与 GEOFI 交会图。由图可见，运用综合指数 GEOFI 能够较好识别储层的流体性质。同时得到油水层的测井和录井解释标准：（1）正常油层：RT>10.6Ω·m；（2）低阻油层：RT<10.6Ω·m，GEOFI>53，TG>200μg/g；（3）水层：RT<10.6Ω·m，GEOFI<53，TG<200μg/g。

（2）气测总烃（TG）与钻时（ROP）交会图、气测综合指数（I_1）与总烃（TG）交会图。

图 4–33 为尼日尔 Goumeri 油田总烃 TG 与钻时 ROP 的交会图，TG 大于 20000μg/g 的油气显示层，基本上是油气层。而 TG 小于 20000μg/g 的油气显示层其储层性质需要详加斟酌。水层及致密层的 TG 大多小于 15000μg/g，多数致密层的钻时大于 10min/m。水层的钻时小，TG 显示值也低。

图 4–34 为 Goumeri 油田总烃 TG 与气测综合指数 I_1 交会图。油层和气层的 I_1 值大于 92.5%。

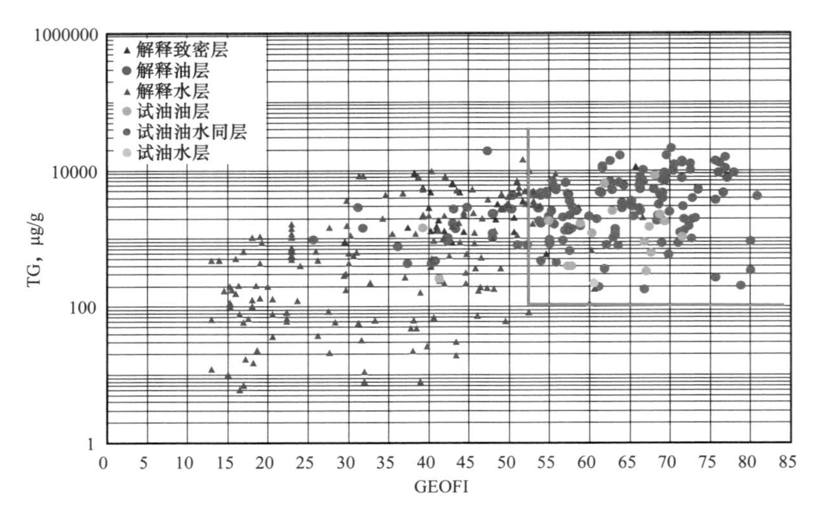

图 4-31　Yabus 油层组不同性质储层 TG 与 GEOFI 交会图

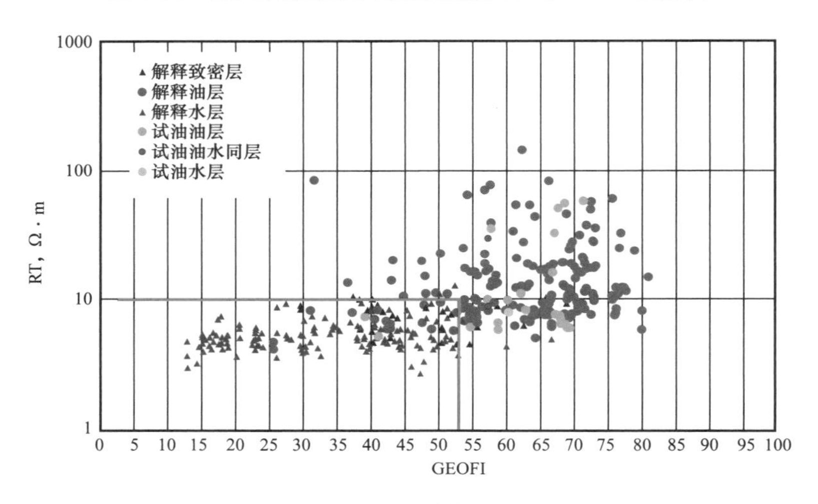

图 4-32　Yabus 油层组不同性质储层 RT 与 GEOFI 交会图

五、试油配套技术

低阻油层因地质成因与常规油藏存在着区别，在测井、录井识别上存在难点。但从试油的角度而言，低阻油层在非洲地区的主要特征表现为复杂油质砂岩油藏，即在一口井的不同层段出现稠油、常规油、高凝油或凝析气的产出。这种复杂的油藏环境给试油测试带来了新的挑战，以下主要介绍与低电阻率油气层测井、录井、试油配套的复杂油质砂岩油藏试油测试技术。

复杂油质砂岩油藏试油技术包括试油测试技术及其配套技术。在试油过程中可能出现稠油、常规油、高凝油或凝析气，因此复杂油质砂岩油藏的基本测试方法如下：对于稠油出砂油藏，采用射孔、测试、螺杆泵（PCP）求产联作工艺技术；对于正常油，采用射孔、测试、ESP 求产工艺技术；对于能自喷的高产油层和凝析气藏，采用油管传输射孔（TCP）+ 油套环空压力响应（APR）联作工艺技术。

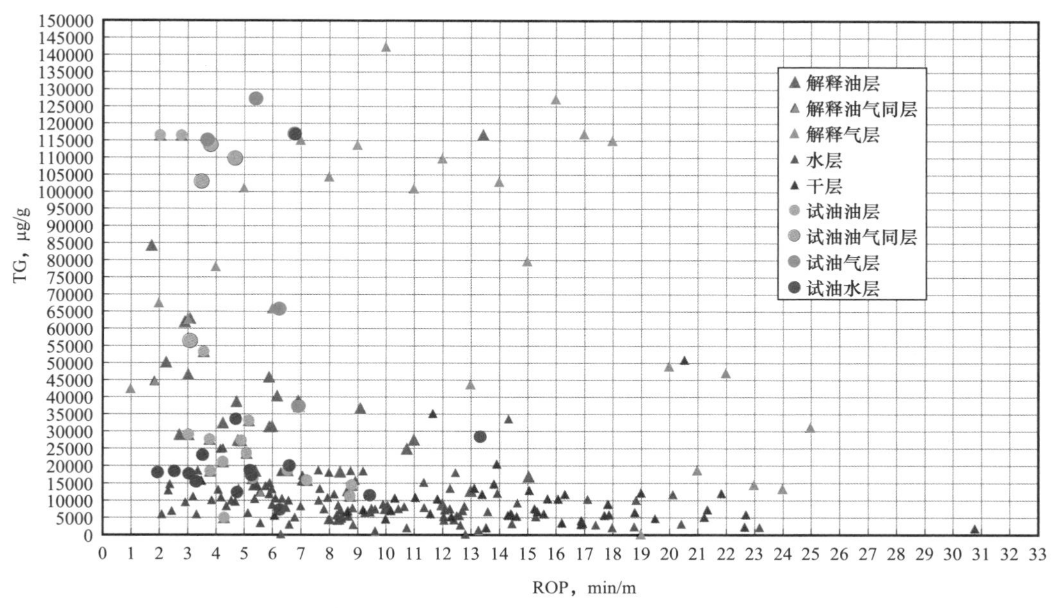

图 4-33　Goumeri 油田 TG与ROP 交会图

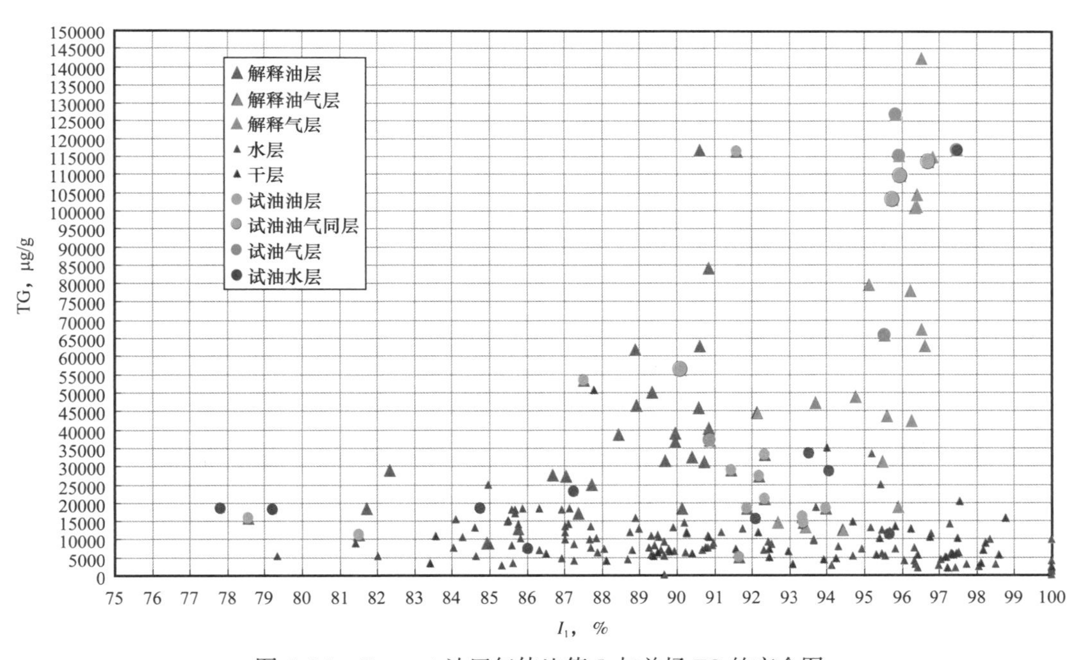

图 4-34　Goumeri 油田气体比值 I_1 与总烃 TG 的交会图

1. 射孔、测试、螺杆泵（PCP）求产联作工艺技术（稠油出砂低阻油层）

射孔、测试、螺杆泵（PCP）求产联作工艺技术主要适用于一定深度下的稠油和出砂地层。其主要优点在于可减少作业时间、降低多次压井造成的储层污染，提高作业实效。现场实施存在两种情况：联作或分开测试。图 4-35 为 PCP 测试管柱示意图。其主要结构为：测试采油树 + 油管挂 + 油管 + 抽油杆 + 抽油杆扶正器 + 螺杆泵 + 油管锚 + 单流阀 + 筛管 + 压力计。为适应油井产量变化，同时保证平稳启动，每口井配套一台螺杆泵扭矩传感及变频控制系统[35]。

PCP泵（progressive cavity pump）实际上就是螺杆泵，按驱动方式分为电动潜油螺杆泵和地面驱动井下螺杆泵。它是一种容积泵，没有阀件和复杂的油流通道，油流扰动小，排量均匀，受气体影响小，而且液体中的砂粒和杂质不易沉积，最适合于开采高黏度油和含砂、含气量大的原油。也适合于井斜小于3°的油井地面。此外，螺杆泵结构简单，易于管理，设备投资及安装费用少，单井地面设备投资约为抽油机有杆泵采油系统的1/3～1/2，节能效果显著，相同工况下的用电量约为有杆泵的一半。

乍得探区的浅层主要是黏度从几十到几百的正常稠油，而地层胶结相对疏松，存在出砂倾向。采用螺杆泵排液求产的系统效率高，出砂不存在类似于电泵或抽油机卡泵的问题，是较适宜的试油人工举升方式。

2. 射孔、测试、ESP求产工艺技术（正常油品低阻油层）

ESP泵(electrical submersible pump)实际上就是潜油电泵。射孔、测试、ESP求产联作工艺技术主要适用于常规原油，产量相对较高，但在试油过程中又无法自喷的井。潜油电泵排量大，在$5^1/_2$in套管中可达698t/d，适应中高排液量、高凝油、定向井和中低黏度油井[36]，扬程可达2500m，具有工作寿命长、地面工艺简单、管理方便、经济效益明显等特点，是油田人工举升的重要手段之一。

潜油电泵工艺管柱主要测试采油树由滑套、安全接头、扶正器及电子压力计、气液分离器、筛管等组成，如图4-36所示[37]。为适应油井产量变化，同时保证电泵机组的平稳启动，每口电泵井配套一台变频调速器。

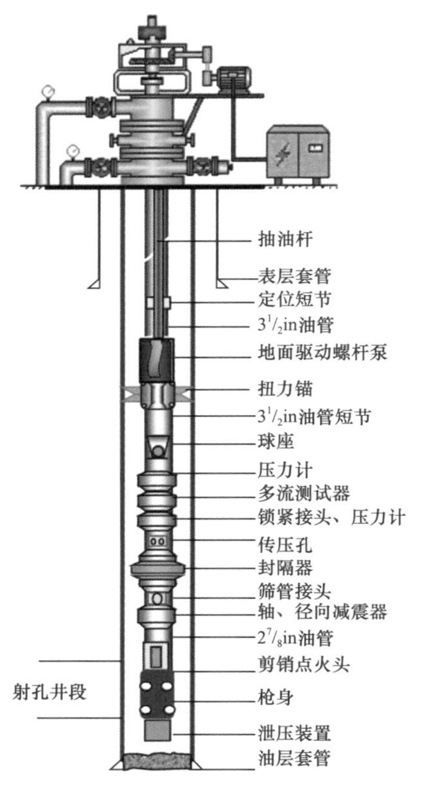

图4-35 螺杆泵PCP试油联作管柱结构示意图

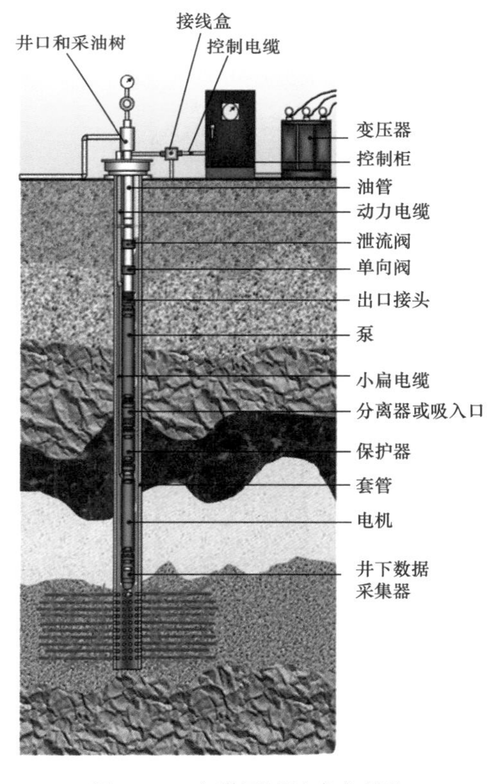

图4-36 电潜泵试油求产管柱结构示意图

3. 油管传输射孔（TCP）+油套环空压力响应（APR）联作工艺技术（物性好、自喷能力强低阻油层）

TCP（tubing conveyed perforation）油管传输射孔，APR（annular pressure response）油套环空压力响应。为减少作业工序，降低施工成本，有自喷能力的试油井推荐采用油管传输射孔—测试—生产联作技术，在射孔试油测试的同时下入自喷生产管柱，射孔、测试、自喷生产联作。“TCP+APR”的测试联作工艺技术适用于物性较好、有自喷能力的复杂油质砂岩油藏的试油。其特点和优点在于：适用于复杂井的测试，如含 H_2S、斜井、稠油井等；具有联合作业的简便、节约费用的特点；比常规工具安全、可靠。

“TCP+APR”的测试管柱自上而下基本组合为采油树 + 油管 + 校深短节 +RD 安全循环阀 + 压力计托筒 +RD 循环阀 + RTTS 安全接头 +RTTS 封隔器 + 筛管 + 减震器 + 油管 + 筛管 + 点火头 + 安全枪 + 射孔枪 + 枪尾丝堵（图 4–37）[38]。

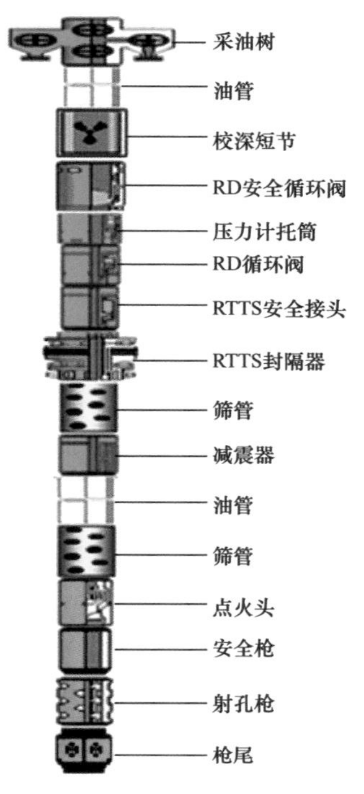

图 4–37　“TCP+APR”自喷联作管柱结构示意图

第三节　复杂油气藏勘探评价技术

中西非裂谷系盆地类型多样，主要以叠合型、反转型裂谷盆地为主。主要油气藏包括苏丹穆格莱德盆地的 Helig、Unity、Bamboo、Neem、Fula–Mago 等，迈卢特盆地的 Palogue、Moleeta、Gumry、Ruman 等，乍得邦戈尔盆地的 Ronier、Baobab、Daniela 等，尼日尔特米特盆地的 Dibeilla、Gololo、Fana 等。主力油气产层包括穆格莱德盆地下白垩统 Bentiu 组、Abu Gabra 组和上白垩统 Darfur 群，迈卢特盆地古近系 Yabus 组和 Samaa 组，乍得邦戈尔盆地的 P 组和基岩，尼日尔特米特盆地的古近系 Sorkor 组，油气藏类型主要以断块油气藏为主，其次为潜山油气藏和岩性油气藏，为此，针对这些油气藏开展综合评价是中西非裂谷系油气勘探的工作的重点。

一、复杂断块精细刻画技术

中西非被动裂谷盆地构造圈闭类型主要以反向断块为主，其次为顺向断块、断垒、断背斜和滚动背斜。中国石油自 1996 年陆续进入这些盆地以来，累计发现石油地质储量 30 多亿吨，其中断块油气藏占已发现油藏的 80% 以上。目前，中西非被动裂谷盆地随着勘探程度的加深，断块油气藏勘探仍为该地区主要增储领域，但剩余断块具有“少、小、碎、深”的特点，为此提高断块圈闭刻画精度，尤其是小断层的识别精度是寻找这类油气藏的关键，对保障油田的稳产和增产具有重要的现实意义。

中西非裂谷系断裂发育、断层系统复杂，且断裂发育带地震成像差、分辨率低，断层解释与组合难。同时，由于断裂发育的复杂性和多期性、储层横向变化和断层封堵的差异性造成油水关系复杂，圈闭有效性评价难。为此，针对上述特点，“十一五”以来，重点开展了小断层的精细梳理，逐步形成了以构造导向滤波为基础，结合相干、曲率、谱分解、能量差异滤波、“蚂蚁”追踪等技术为一体的复杂断块精细刻画技术。该技术通过构造导向滤波，沿地震反射界面的倾角和方位角，利用有效的滤波方法去除噪声，增加横向的连续性。在构造导向滤波基础上，依次开展相干体、曲率、“蚂蚁”追踪等处理手段，在噪声消除后的地震剖面上，以识别不同级别的断层和裂缝发育带，可以有效提高断裂的识别精度。此外，针对构造导向滤波与相干体、曲率和“蚂蚁”追踪分析基础上，针对性开展谱分解和能量差异滤波等属性计算，也可以将多种体属性组合或融合使用，进一步提高对微小断层的识别精度。其关键技术详述如下。

1. 构造导向滤波技术

构造导向滤波技术是在各向异性弥散平滑算法基础上[39]针对低信噪比地震资料充分发挥相干技术的优势而形成的一种滤波技术。该项技术的平滑只发生在平行于反射层面，而垂直于反射层面则不发生平滑。构造导向平滑滤波由三个部分组成：（1）导向分析（局部反射导向的确定），（2）边缘探测（探测可能的反射终止形式），（3）边缘保存导向平滑（在局部进行导向平滑而不对探测的边缘进行平滑）（图4–38）。

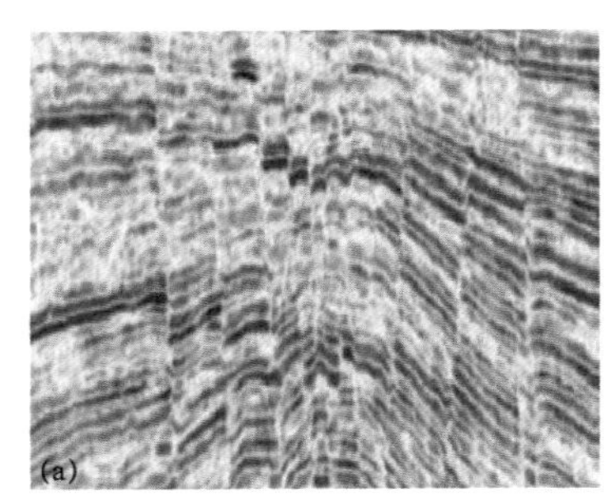

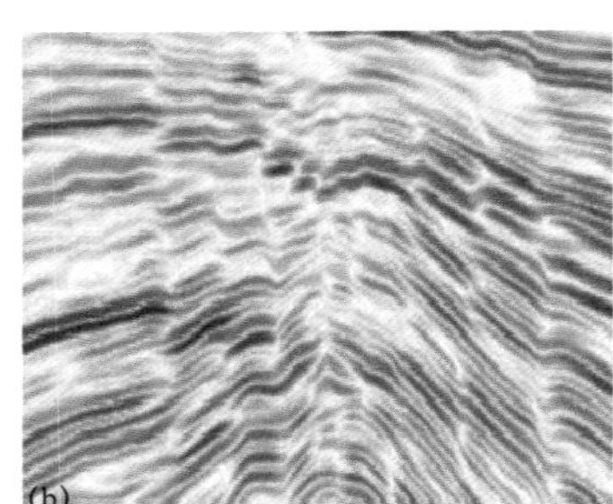

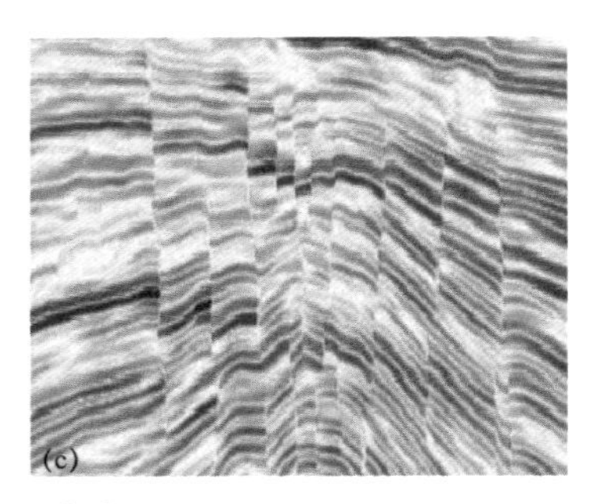

图4–38　构造导向滤波前后地震数据对比图[39]

（a）构造导向滤波前的地震数据；（b）做构造导向滤波（未做边界保护）的地震数据；

（c）用各向异性扩散算子做构造导向滤波的地震数据，断层边界得到有效保护

构造导向滤波的目的就是沿着地震反射界面的倾角和方位角方向将有效信号、随机噪声、反射轴交叉的其他方向的相干噪声区分开，并沿着反射轴增强有效信号、增加反射的横向连续性。构造导向滤波在不改变地震数据基本特性的前提下，一方面使常规地震剖面上同相轴为硬拐弯或膝折的部分在同相轴上呈明显错断，另一方面也使得小断层更加清晰，易于识别。

图4–39剖面图所示，构造导向滤波处理后断面更清晰，更利于小断层的解释。

2.“蚂蚁”追踪技术

“蚂蚁”追踪是一种基于种群的启发式仿生算法，该算法遵循蚂蚁在巢穴和食物之间，利用可吸引蚂蚁的信息素（一种化学物质）传达信息，以寻找最短食物搬运路径[40]。该算法通过把常规地震数据体处理成“蚂蚁”属性体，形成一种强化断裂特征的新属性，从而建立了一种突出断裂面特征的断层和裂缝解释新技术。

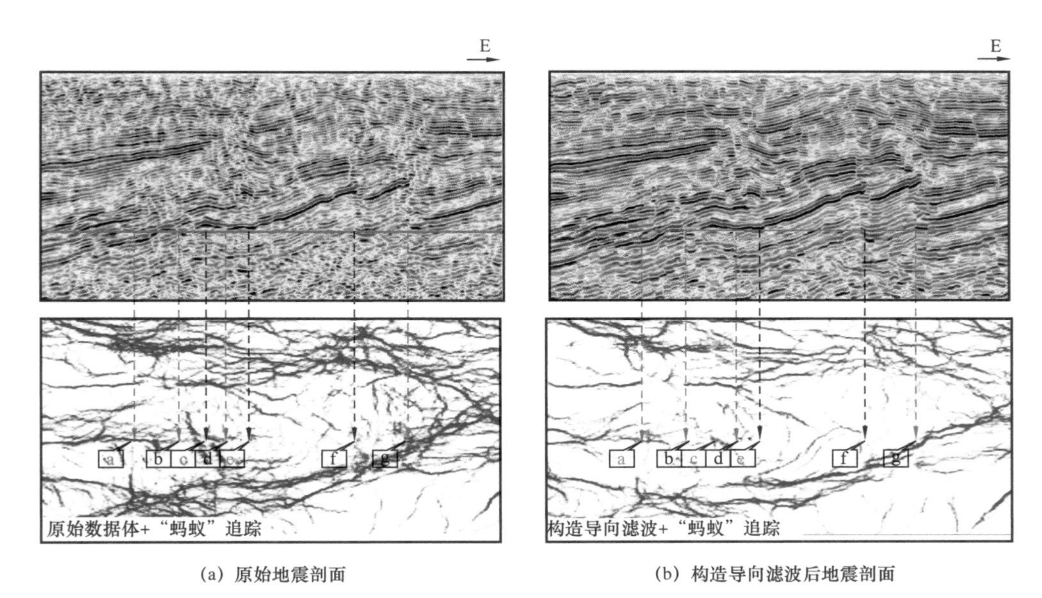

(a) 原始地震剖面　　(b) 构造导向滤波后地震剖面

图 4-39　构造导向滤波处理前后“蚂蚁”追踪处理效果对比

为了获得一个具有清晰裂缝或者微断裂的蚂蚁属性体，第一步，需要对地震资料进行预处理。采用边缘保存平滑等技术增强地震反射的连续性，以降低噪声的影响。第二步，对数据体进行精确“边缘”探测，即探测数据体中的不连续点。精确“边缘”探测是通过相干类属性对地震数据的不连续性进行强化而实现的。第三步，对探测到的边缘进行增强，其核心是“蚂蚁”追踪技术，即在地震体中设定大量的电子“蚂蚁”，并让每个“蚂蚁”沿着可能的断面或者裂缝向前移动，若遇到预期的断裂面将用“信息素”做出非常明显的标记。通过“蚂蚁”属性体可以直接对断层、裂缝进行解释或者应用。

受制于地震资料品质的影响，相干类属性体中经常伴有大量非断裂因素的干扰噪声，“蚂蚁”追踪算法过于敏感，追踪后的结果往往过于破碎，不利于断层或裂缝的识别。断层因素和干扰因素的相干数值明显不同，断层因素数值较低，而干扰因素数值较高，因此利用两种因素数值的不同，即可将干扰因素滤除。

从图 4-40 中可以看出，受非断层干扰因素影响，常规“蚂蚁”追踪数据体中断层非常破碎，难以进行精细断层解释，而改进算法后的“蚂蚁”追踪数据体中断层识别效果明显提高，断层之间的连接关系更清晰。

3. 能量差异滤波技术

由于“蚂蚁”追踪算法过于敏感，追踪后的结果往往过于破碎，不利于断层或裂缝的识别。研究认为，经“构造导向滤波 + 相干 + ‘蚂蚁’追踪”处理后过于破碎的原因，主要是相干数据体中，中等相干值的干扰因素过多，“蚂蚁”追踪算法过于敏感所致。将断层因素和干扰噪声归一化后在直角坐标系中进行数值分析（图 4-41），可以看出断层因素和噪声干扰因素的相干数值明显不同，断层因素数值较低，而干扰因素数值较高。因此，只要利用两种因素数值的不同，即可将干扰因素滤除。但由于断层因素和干扰因素并没有一个明显的门槛值分界，利用恒定的相干值将会滤除掉较多的断层因素。

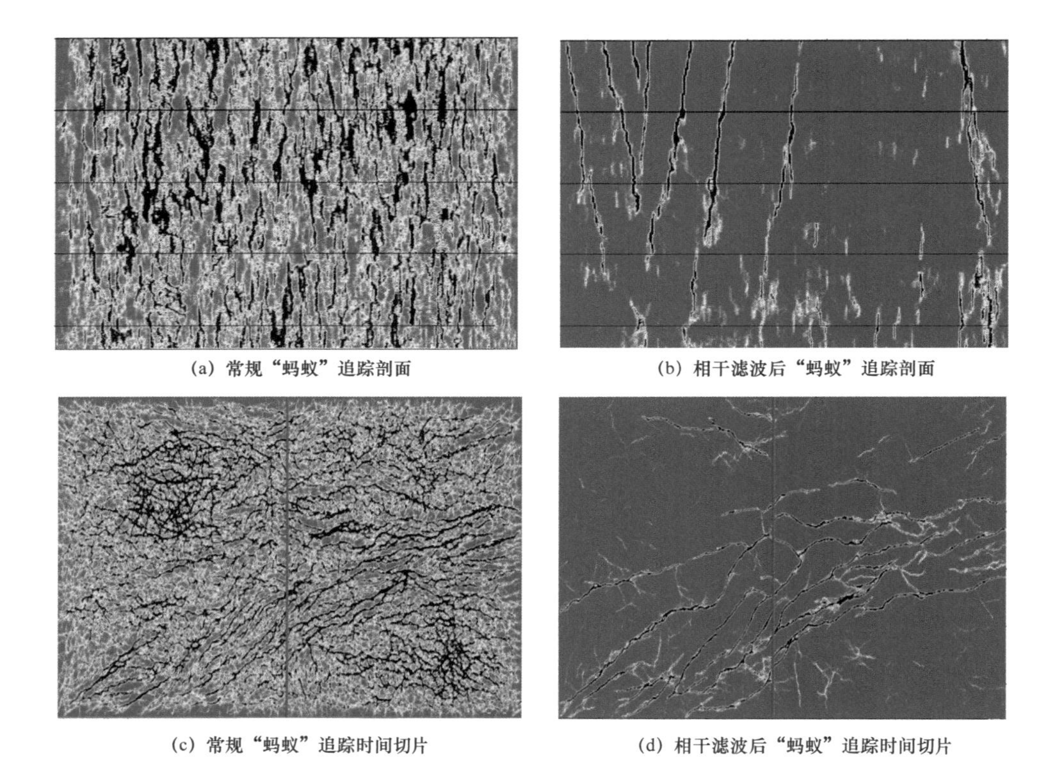

图 4-40　新、老“蚂蚁”追踪算法效果对比图

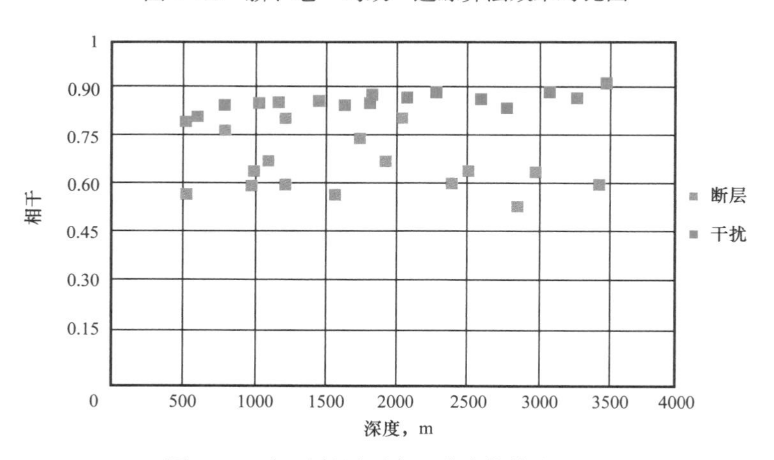

图 4-41　相干断层因素和噪声数值交会图

根据地震勘探原理，地震波反射强度通常认为地震波是一种解析信号 $A(t)$，地震处理中称 $A(t)$ 为复数道。设实部地震道为 $x(t)$，虚部地震道为 $y(t)$，那么复数道就可以写成如下解析式：

$$A(t)=x(t)+iy(t) \tag{4-13}$$

其中虚部地震道是实部地震道的正交道，可由希尔伯特变换求得。实部地震道 $x(t)$ 可以被认为是一个缓慢变化的余弦振动：

$$x(t)=R(t)\cos\theta(t) \tag{4-14}$$

式中　$R(t)$——振动的振幅包络；

　　$\theta(t)$——振动的相位。

虚部地震道 $y(t)$ 可用下式表示：

$$y(t)=R(t)\sin\theta(t) \tag{4-15}$$

实部道和虚部道已知，可求得瞬时振幅 $R(t)$，也叫反射强度或振幅包络，即：

$$R(t)=|(A)(t)|=\sqrt{x(t)^2+y(t)^2} \tag{4-16}$$

在地震波反射强度中存在反射强度交流分量和低频分量（图 4–42）。图 4–42 中的蓝色波形代表数据体的反射强度或振幅包络，红色线条为其趋势线或低频分量，反射强度的交流分量为反射强度与低频分量的差，即图中的蓝色曲线与红色曲线的差值。将相干数据体进行反射强度交流分量运算后，相干数据体中相对高相干值的干扰因素为正值，相对低相干值的断层因素为负值，此时只要将代表干扰因素的正值全部充零，即实现了干扰因素的滤除，本书将这一方法称为能量差异滤波。这一方法经在多块三维地震区的测试应用，达到了小断层预测的目的（图 4–43）。

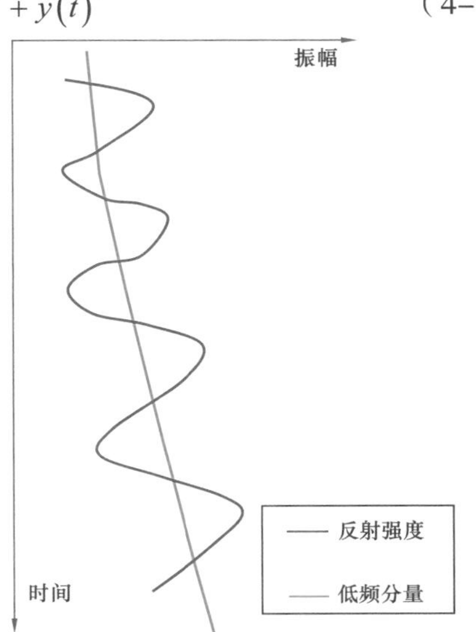

图 4–42　反射强度交流分量原理示意图

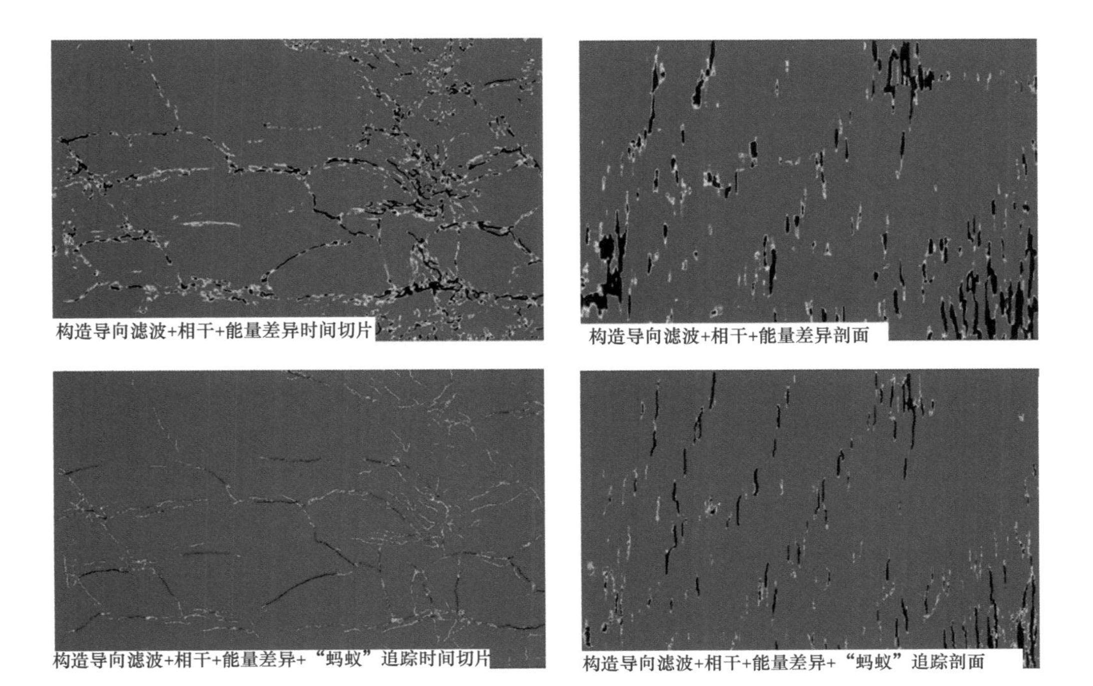

图 4–43 “构造导向滤波 + 相干 + 能量差异 + ‘蚂蚁’追踪”技术小断层识别效果

二、岩性圈闭勘探评价技术

岩性地层油气藏在国内已经成为成熟探区增储的重要来源，其探明储量占中国石油新增储量的50%以上，且已经形成了包含地质理论、评价方法、关键技术、软件系统四大核心的岩性地层油气藏勘探评价技术。而海外岩性地层圈闭勘探基本处于起步和探索阶段，除了在乍得邦戈尔盆地北部斜坡发现了Baobab岩性油气藏和五大基岩潜山油藏外，在南苏丹迈卢特盆地北部凹陷、苏丹穆格莱德盆地Fula凹陷均有少量发现。由于海外探区勘探期有限，早期的地震采集主要针对构造油气藏勘探进行部署，随着勘探目的层的加深，深层地震资料品质普遍偏差、信噪比偏低，而海外勘探的时效性又决定了很难按照国内的方式进行地震资料二次、三次采集。为此在中西非裂谷系针对低信噪比地震资料条件下，岩性地层圈闭勘探除了按照国内标准开展沉积背景分析、层序划分与对比、沉积相综合分析等内容外，重点针对储层预测方法开展了技术攻关，形成了针对性的储层预测关键技术。

针对中西非裂谷系低信噪比地震资料的特点，重点针对地震储层预测方面进行攻关，形成了以“相带研究定方向、分频属性定靶点、储层反演定厚度、烃类检测定边界”的“四定”储层预测方法。首先以地震波形分类为手段，针对主要目的层，初步筛选有利地震相带和沉积体系发育区，确定沉积体系的空间展布特征，确定岩性目标的总体勘探方向。其次，针对筛选出来的主要沉积体，以频谱分解为工具，落实分流河道、河口坝、三角洲前缘等沉积微相分布范围，定性预测薄厚砂体在不同频率域的空间响应特征，分析不同砂体的厚度分布特征，初步确定目标的靶点位置。再次，以地质统计学等高分辨率地震反演为手段，定量预测储层分布范围，确定储层的发育厚度。最后，聚焦有利砂体，针对性开展流体活动性和烃类检测，预测优质储层的分布范围，确定流体的分布边界。综合运用上述方法，结合沉积背景分析及层序划分和对比，开展岩性地层油气藏目标优选与部署，在地震低信噪比地区，可以有效提高地震储层预测精度，丰富了岩性地层油气藏勘探技术手段，在中西非被动裂谷盆地取得了显著成效。其关键技术详述如下。

1. 频谱分解技术

谱分解技术是通过短时窗离散傅里叶变换（DFT）、最大熵（MEM）或小波变换法等方法，将地震资料从时间域转换到频率域，利用频率域振幅的调谐响应解释各种隐蔽的沉积现象以及薄层的厚度变化，使地层尖灭线、沉积体空间展布特征更加清晰和容易识别，显著提升了储层预测的针对性。

需要注意的是，运用频谱分解技术时，对研究区地震资料的评价和频谱特征的分析最为关键，对合理的选择处理参数，提高谱分解处理成果解释的可靠性至关重要。

运用该技术在乍得Baobab N三维地震区P组MⅢ砂岩厚度的定量预测中取得了很好的效果（图4-44），从钻及砂层的7口钻井统计表明，以小于5%厚度预测误差为标准，储层预测准确率达到71%（表4-9）。

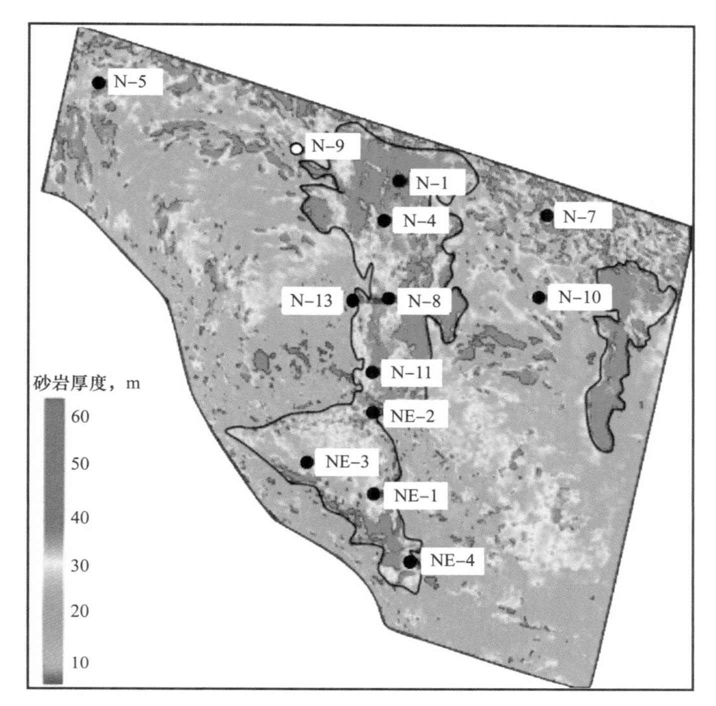

图 4–44　乍得 Baobab N 三维地震区 P 组 M Ⅲ砂层谱分解技术预测薄层砂岩厚度图

表 4–9　乍得 Baobab N 三维地震区 P 组 M Ⅲ砂层厚度与钻井结果误差统计表

井号	N–1	N–4	N–8	NE–3	NE–2	NE–1	NE–4
M Ⅲ砂岩厚度，m	50	20.5	40	29	30	25	35
预测厚度，m	50	20.2	40.3	28.1	29	26.4	29.3
误差，m	0	0.3	–0.3	0.9	1	–1.4	5.7
相对误差，%	0	2	–1	3	3	–6	16

2. 流体活动性分析技术

流体活动性属性是美国加利福尼亚大学劳伦斯伯克利国家实验室（AGL）提出的一种属性。2004 年 D. B. Silin 等在低频域流体饱和多孔介质地震信号反射的简化近似表达式基础上，开发了一套饱和多孔介质储层流体预测技术。D.B.Silin 等在研究中发现所得的方程与 Biot 理论的多相介质弹性模型有相关性，也与在试井分析中常规的压力扩散模型有相关性。于是他们将多孔弹性理论与滤波理论放在一个平台对比研究，获得了一个反射系数的频率相关组分与一个依赖于信号频率和储层流体活动性的无量纲参数的近似比例式：

$$\text{Mobility} \approx A\left(\frac{\rho_{\text{fluid}}}{\eta}\right)K \approx \left(\frac{\partial r}{\partial f}\right)^2 f \tag{4-17}$$

式中　Mobility——流体活动属性（因子）；

$A\left(\frac{\rho_{\text{fluid}}}{\eta}\right)$——流体函数；

ρ_{fluid}——流体密度；

η——流体黏度；

K——储层渗透率；

f——地震频率；

r——地震振幅。

即低频域流体饱和多孔介质储层中，流体的活动性近似与储层渗透率、流体密度与流体黏度函数成正比。也就是流体的活动性近似与反射系数频率相关组分和信号频率分量的平方成正比关系[41]（图4-45），因此流体活动性反映了岩石的渗透性和流体性质。国内外应用实例证明相对于常规地震资料与反演剖面，流动性活动属性可以更好地反映储层质量，有效预测储集体中的优质储层[42]。

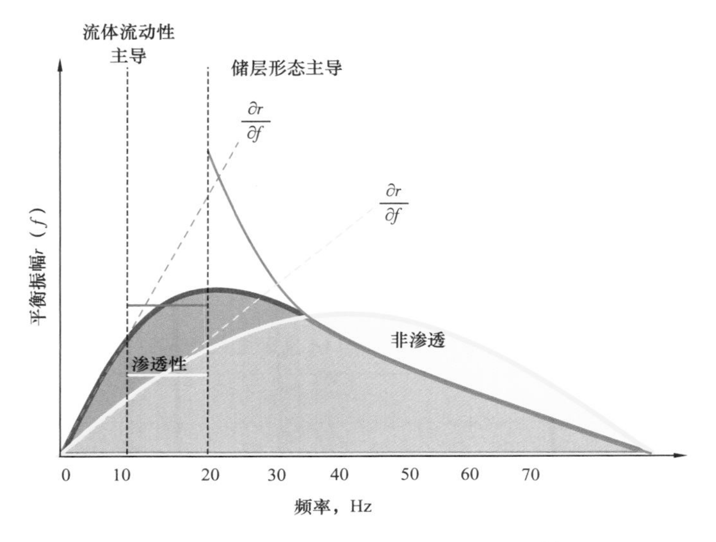

图4-45　流体活动属性算法示意图[41]

流体活动性技术在乍得邦戈尔盆地Baobab N的P组MⅢ岩性圈闭预测中发挥了关键作用，通过流体活动性处理，定性预测了有效砂体的分布（图4-46），与前后钻探的13口井结果对比，预测成功10口井，成功率约77%。

3. 叠后油气检测技术

现代油气勘探和开发，要求地震信息具备高分辨的能力，从而能够解决地质体的几何形态、油气藏开发特性参数和状态参数等问题。Biot根据潮湿土壤的电位特性和声学中声波的吸收特性，将孔隙介质视为双相介质，认为弹性波在双相介质中传播受弹性力、惯性力和黏滞力三个分力作用；并预言在孔隙介质中存在慢纵波，其速度既低于构成孔隙介质的固相物质的弹性波速度，也低于孔隙流体的声波速度；并导出一对联立方程，揭示出第二纵波，即慢纵波（compressional wave）的存在，预测其速度；提出黏滞力控制孔隙流体的相对运动是弹性波在孔隙介质传播过程中发生衰减的主要机理。

撒利明、梁秀文等对Biot模型做了一系列正演数值模拟试验分析后，认为地震波通过流体储层时，具有“低频共振、高频衰减”的特性。其中低频共振的振幅大小主要取决于储层孔隙度的大小和流体的性质，孔隙度越大低频共振振幅越强，而当孔隙度一定时，油

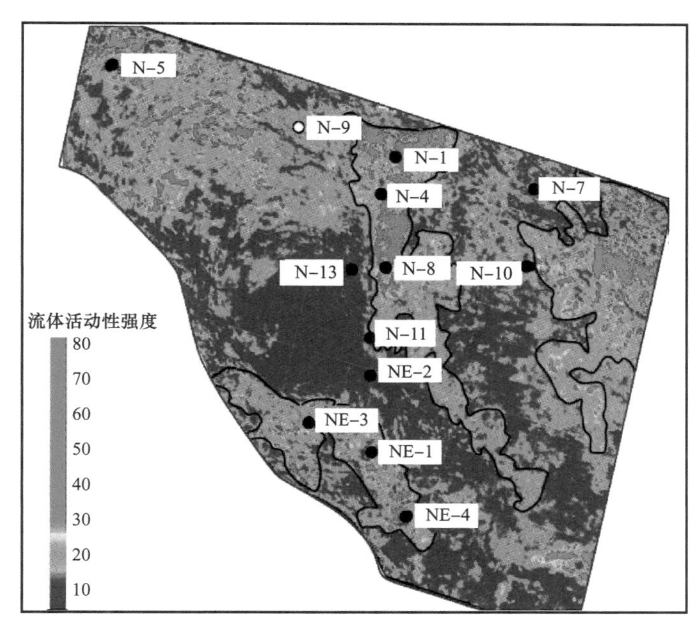

图 4-46　乍得 Baobab N 三维地震区 P 组 M Ⅲ砂层流体活动性砂岩有效性预测平面图

气储层的低频共振较强，水层较弱。高频衰减的程度与油气渗透率 K 有关，高频衰减越大，储层油气渗透率越高，而水层基本不衰减。为此，双相介质的低频共振、高频衰减特性为利用地震资料直接寻找油气奠定了基础。

低频共振、高频衰减特征同时存在是油气储层存在的重要标志。理论研究表明，低频累积能量的大小可以定性描述可动油气占总孔隙度的比例，而高频衰减是对油气渗透能力的描述，二者之比是油气富集程度的定性表示。

基于双相介质理论的油气检测技术在海外油气勘探中得以广泛应用。在乍得 Baobab N 三维地震区 P 组 M Ⅲ砂层岩性圈闭预测中，成功预测 Baobab N 砂体与 Baobab NE 砂体有利含油砂体面积为 7.67km^2，同时还在 Baobab N 砂体的东侧发现面积 1.25km^2 的新砂体（图 4-47）。

三、基岩潜山油气藏勘探评价技术

中西非裂谷系基底为 4 亿～6 亿年前泛非运动时期形成，岩性以花岗岩、花岗片麻岩和片麻岩为主，经历了古生界和中生界早期长达 3 亿年左右的风化，具备形成基岩潜山油气藏的基本条件。自 2008 年苏丹 3/7 区迈卢特盆地 Ruman 潜山取得发现以来，中西非裂谷系基岩潜山勘探逐步得到重视。2013 年 1 月在邦戈尔盆地北部斜坡带东南 Lanea 潜山率先取得突破，开启了邦戈尔盆地基岩潜山油气藏勘探的序幕。中西非裂谷系基岩潜山勘探面临基底顶面和潜山内幕地震成像差、测井油气层评价难、潜山裂缝发育预测难等问题，“十二五”以来，以花岗岩潜山油气成藏模式研究为基础，针对“两宽一高”地震采集处理、花岗岩潜山测井评价、花岗岩潜山地震裂缝预测及有效性评价，形成了中西非裂谷系基岩潜山油气藏勘探评价技术。

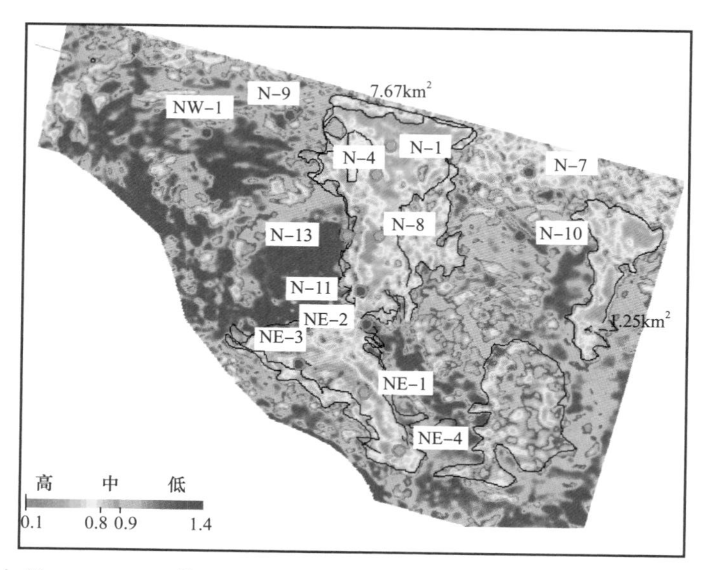

图 4-47 乍得 Baobab N 三维地震区 P 组 M Ⅲ砂层油气检测技术预测油气富集区平面图

通过“两宽一高”地震采集技术，获得了丰富保真的地震资料，经过宽频、OVT 域、各向异性等处理后得到高信噪比、高分辨率、高保真的三维地震数据体，提高了潜山顶面的成像精度和潜山内幕深层反射能量，提高了刻画潜山地质细节特征和内幕变化的能力。基于不同岩心薄片资料及测井响应特征，开展潜山测井岩性识别，建立岩性识别图版，综合评价潜山储层及裂缝发育情况。基于 OVT 域叠前地震道集处理与属性分析，结合花岗岩岩心及测井裂缝研究成果，开展叠前裂缝储层预测研究，预测优势储层分布范围，指导花岗岩潜山目标优选和井位部署，提高花岗岩潜山勘探成功率。其关键技术详述如下。

1. “两宽一高”地震采集处理技术

“两宽一高”是地球物理勘探新技术，宽方位能够提高照明度，提高高陡潜山顶面成像精度，同时为分方位处理、预测潜山内幕断裂或裂缝发育特征提供基础；高密度能够大幅度提高地震数据的采样密度、信噪比与激发（接收）能量，避免地震资料假频出现，实现对潜山内幕小尺度地质现象弱反射、弱绕射的充分采样，使之更好收敛成像，有利于高陡潜山顶面成像；低频信息具有穿透力强、抗噪声污染能力强、能量稳定性高等特征，拓展低频可提高潜山内幕深层反射能量，提高刻画潜山地质细节特征和内幕变化的能力（如潜山顶风化壳、小断层，潜山内幕缝洞发育带等很难用常规地震资料完成识别和描述）。

“两宽一高”地震采集技术主要包括观测系统优化设计技术、宽频（低频）激发技术、可控震源高效采集及其配套技术、高精度静校正技术。测试各观测系统对各种噪声的压制响应，计算目标体 PSTM 响应，测试最佳成像效果（偏移响应），选取具有最佳的噪声压制、对称和聚焦的 PSTM 响应的观测系统。将扫描频宽从 8～80Hz 扩展到 4～80Hz，提高地震信息的保真程度和分辨率。采用可控震源滑动扫描等高效采集方法，提高地震采集效率。

“两宽一高”地震处理形成了以高精度静校正、保真叠前去噪、低频信号保护为代表的提高基岩潜山顶面和内幕成像质量处理技术；以地表一致性振幅补偿、井约束反褶积技术为主的识别P组薄砂体高分辨率处理技术；以OVT域叠前时间偏移、方位各向异性校正等为代表的高精度偏移成像技术。通过针对性技术措施的实施及扎实基础工作、严格处理过程质量控制，乍得"两宽一高"地震资料处理为后续解释开展潜山裂缝预测、落实P组薄砂体油层分布规律等工作提供了高品质的基础资料。

图4-48是常规三维地震与"两宽一高"地震资料的成果对比图，"两宽一高"三维地震成果断层和潜山顶界面成像得到改善，构造形态更准确，波组特征更清楚。

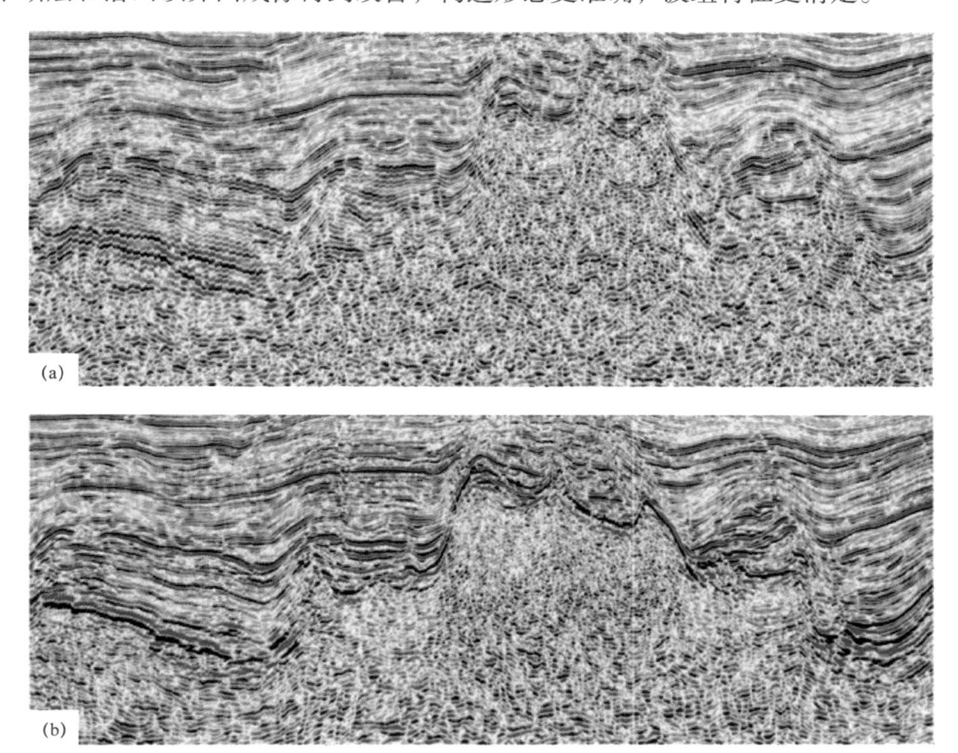

图4-48　乍得邦戈尔盆地Phoenix地区常规三维地震（a）与"两宽一高"三维地震成果（b）对比图

2. 花岗岩潜山测井评价技术

根据岩石学研究结果，乍得邦戈尔盆地潜山岩性可分为变质岩和岩浆岩两大类共计40多种岩石类型，潜山复杂岩性的测井响应特征是岩石的矿物成分、孔隙结构、裂缝与孔隙的发育程度以及孔隙中流体性质的综合反映。花岗岩潜山主要的储集体为裂缝和溶蚀孔洞，对潜山裂缝和孔洞的综合评价是花岗岩潜山测井综合评价的重要内容。

常规测井中，深浅双侧向、声波时差、三孔隙度测井等都能够对裂缝发育情况进行识别，但由于受钻井环境、测井方法等方面的限制，其对裂缝和溶洞的识别程度不一。如声波时差对水平、低角度缝及网状缝发育的层段会有变化、中子测井可以直接反映裂缝和溶洞的发育程度。由于储层段裂缝发育在钻时录井中出现一定的特征，结合这些特征可初步判断裂缝的发育程度。

图4-49为Baobab C-5井综合测井曲线图。该井揭露潜山厚度781m；试油井段1306.9～1549.95m，合计32m/4层；用124/64mm油嘴抽吸123次后自喷；日产油

154.84bbl，累计产油 388.55bbl；试油结论为油层。证实该井储层发育，12 号层岩性为混合花岗岩；钻井钻速高，由上部临近地层的 3m/h 上升到 8m/h；录井显示 1375～1407m 井段漏失钻井液 1200bbl。从测井曲线看，有“高阻背景下的低阻”特征；“三孔隙度增大”的井段储层较为发育。

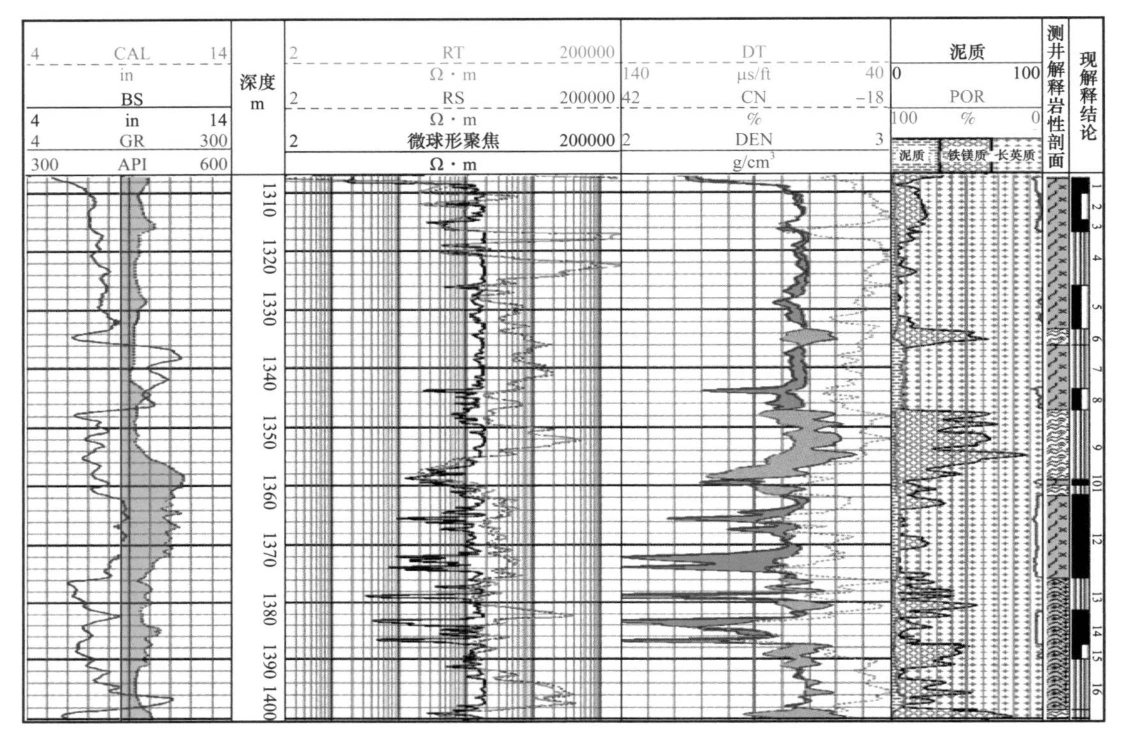

图 4–49　Baobab C–5 井测井综合解释图

井壁微电阻率扫描成像测井以微电阻率阵列测量方式对井壁地层进行成像，较直观地反映井壁地层的特征，是潜山裂缝性地层或复杂岩性中分析裂缝和评价裂缝的重要手段之一，在发现裂缝型储层方面有其他资料无法比拟的优势。井壁微电阻率图像的色彩和灰度反映的是岩性、孔隙度和流体性质的变化。其中，高角度缝在图像表现为低电阻的暗色条纹，形成高幅度的正弦或余弦波形，切割整个井眼；低角度裂缝在成像图上表现为低电阻的暗色低幅度的正弦或余弦波形，切割层理或井眼；网状缝由于裂缝相互交织在一起，相互切割，在成像图上表现为暗色网状形态；溶蚀孔洞在图像上表现为小的斑点状低电阻的暗色圆点；高阻裂缝在图像上表现为高电阻的亮色条纹（图 4–50）。

多极子阵列声波测井识别裂缝主要是由于岩石骨架和裂缝中的流体之间的声阻抗差别较大而造成的纵波、横波及斯通利波能量的衰减。在低角度缝和高角度缝发育井段，横波能量衰减明显，纵波衰减不明显；在斜交缝发育段，纵波衰减明显，横波衰减不明显；在网状裂缝发育段，纵波、横波能量均衰减明显。而斯通利波是一种低频散的导波，在井筒内沿井壁传播，当斯通利波与井眼裂缝相交时，由于裂缝造成的较大的声阻抗反差使部分斯通利波能量被反射，造成能量的衰减。斯通利波可以分解为直达波、上行反射波和下行反射波，可计算出各深度点上的中心频率 f_c 和反射系数曲线。根据这些参数能很好地确定裂缝的位置，评价裂缝带的渗透性（图 4–51）。

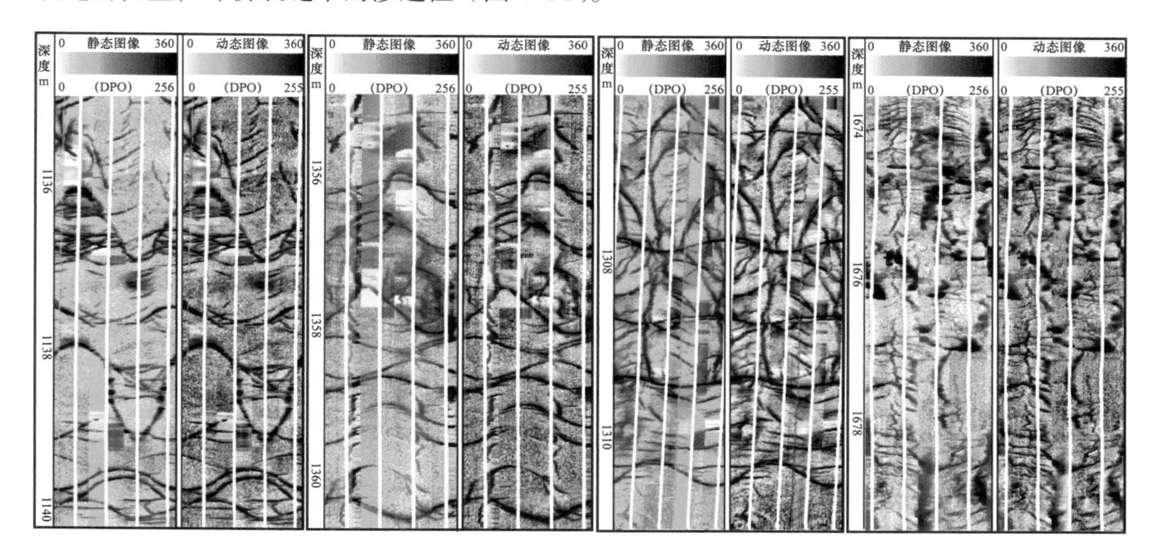

图 4–50 低角度、高角度、网状裂缝和溶蚀孔洞在成像上响应特征

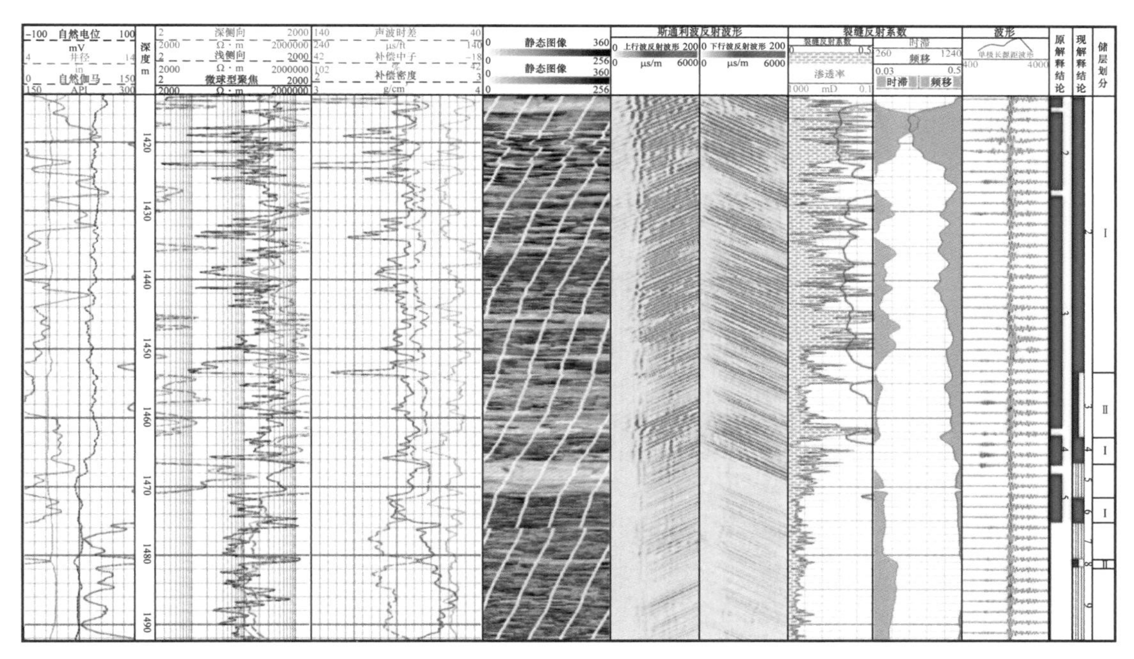

图 4–51 Raphia S–11 斯通利波处理成果

3. 叠前地震裂缝预测技术

叠前地震裂缝预测的理论依据是当地层存在一定规模的平行—准平行分布的高角度裂缝时（图 4–52），地层呈现出明显的方位各向异性。当地震波沿垂直裂缝走向的方向传播时，随着炮检距的增大地震反射波上呈现出振幅最强且不均匀变化、速度最小和振幅—频

率衰减最强的特征，这些变化特征随方位角的变化而表现出一定的周期性。而当地震波沿平行裂缝走向的方向传播时，地震反射波随着炮检距的增大呈现出振幅最弱且均匀变化、速度最大、振幅—频率衰减最弱的特征。这些变化特征随方位角的增大（0°～360° 之间）呈现出一定的周期性变化，利用这个原理分析地震资料的分方位地震属性就可以检测出裂缝的延伸方向和裂缝发育区带。

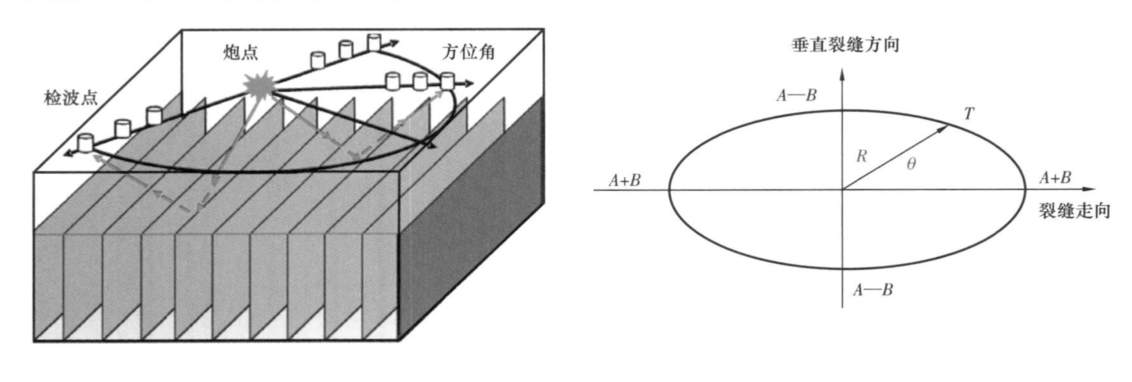

(a) 地震波在裂缝介质传播示意图　　(b) 地震反射系数随方位角变化图

图 4-52　地震裂缝预测原理图

Snail 道集是“两宽一高”地震勘探技术特有的地震数据记录和显示方式，它不仅记录和显示了地震反射随炮检距的变化特征，也包含了随方位角的变化特征（图 4-53）。因此，通过对 Snail 道集的分析，根据振幅的强弱和反射时间的周期性变化可以确定裂缝的延伸方向的方位角，同时为 OVT 域处理技术流程的制定和参数优选提供依据。通过对 Snail 道集数据的系统对比分析，结合目的层地质特征，优选地震资料信噪比高的偏移距参数，确定裂缝预测的主要叠前道集范围，分析地震属性随炮检距、方位角的变化特征，优选能够最大限度反映裂缝发育特征的方位角。

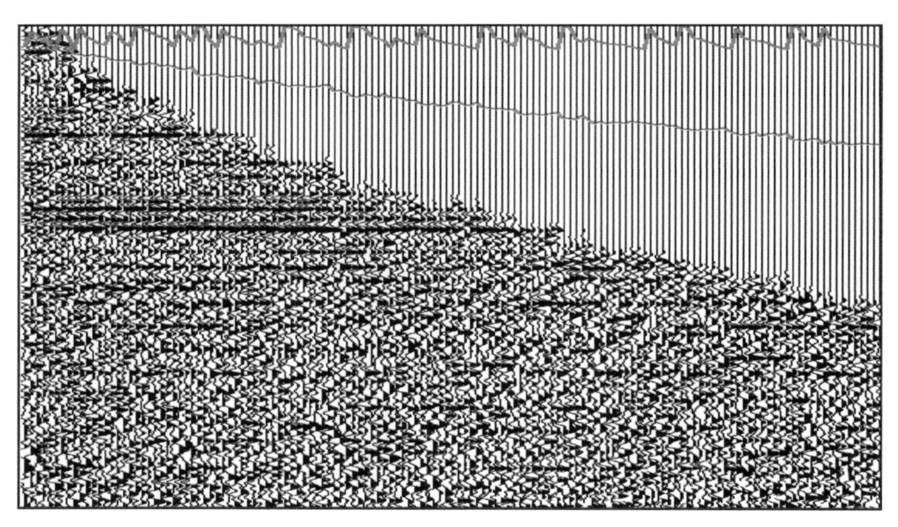

4-53　Baobab C 三维地震区 Snail 道集

红线：炮检距；绿线：方位角

与构造相关的高角度裂缝通常走向与断层平行或小角度相交，且具有一定的规模，平面分布上呈条带状，是地震裂缝预测的主要研究对象。在裂缝预测前，对 OVT 域 Snail 道集根据目的层的埋深确定炮检距的范围，剔除信噪比不高、静校正存在一定残余的近道和远道地震资料，优选出信噪比高、静校正残余少、深浅层影响小的炮检距资料，开展裂缝预测拟合研究。裂缝模拟结果的可靠性对炮检距范围的变化非常敏感，样点越集中且均匀分布在椭圆线上或附近，表面模拟结果可靠，集中程度越高，预测结果越可靠（图 4-54）。

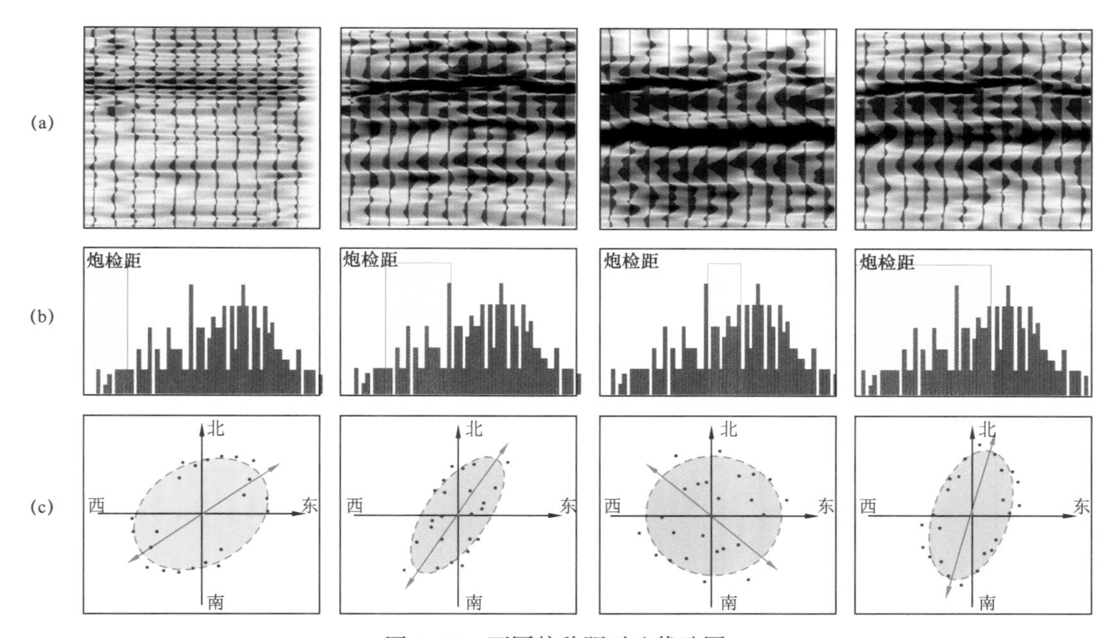

图 4-54　不同偏移距对比优选图

（a）0～900～2300～3000m 不同炮检距道集和 0～3000m 道集；
（b）0～900～2300～3000m 不同炮检距振幅特征和 0～3000m 振幅特征；
（c）0～900～2300～3000m 不方位角振幅分布和 0～3000m 振幅分布

井震协同裂缝模拟充分利用岩心、FMI 成像测井、倾角测井和常规电缆测井、试油试采和"两宽一高"地震等资料，开展多学科裂缝预测，为全区裂缝预测与评价提供必要的参数。以乍得邦戈尔盆地 Phoenix 地区 Raphia S-3 井为例开展井震协同裂缝模拟技术研究与分析（图 4-55）。该区在 900～2300m 炮检距范围内，地震资料信噪比高，FMI 成像测井识别裂缝延伸方向与地震振幅变化特征对应关系最明显，裂缝方位角预测结果（图 4-55c 左）与成像测井识别裂缝方位结果（图 4-55c 右）具有较高的一致性，在 Raphia-S-10 井和 Raphia-S-8 井具有同样的效果，说明叠前地震裂缝预测技术的可行性和预测结果的可靠性。

乍得邦戈尔盆地花岗岩潜山叠前地震裂缝预测结果表明（图 4-56），裂缝的分布均与断层相关。在裂缝发育强度平面图上，红色的高值区均分布在断层附近，两组断层交会区域断层强度最大，说明裂缝预测结果符合构造裂缝形成的力学机理和地质特征。

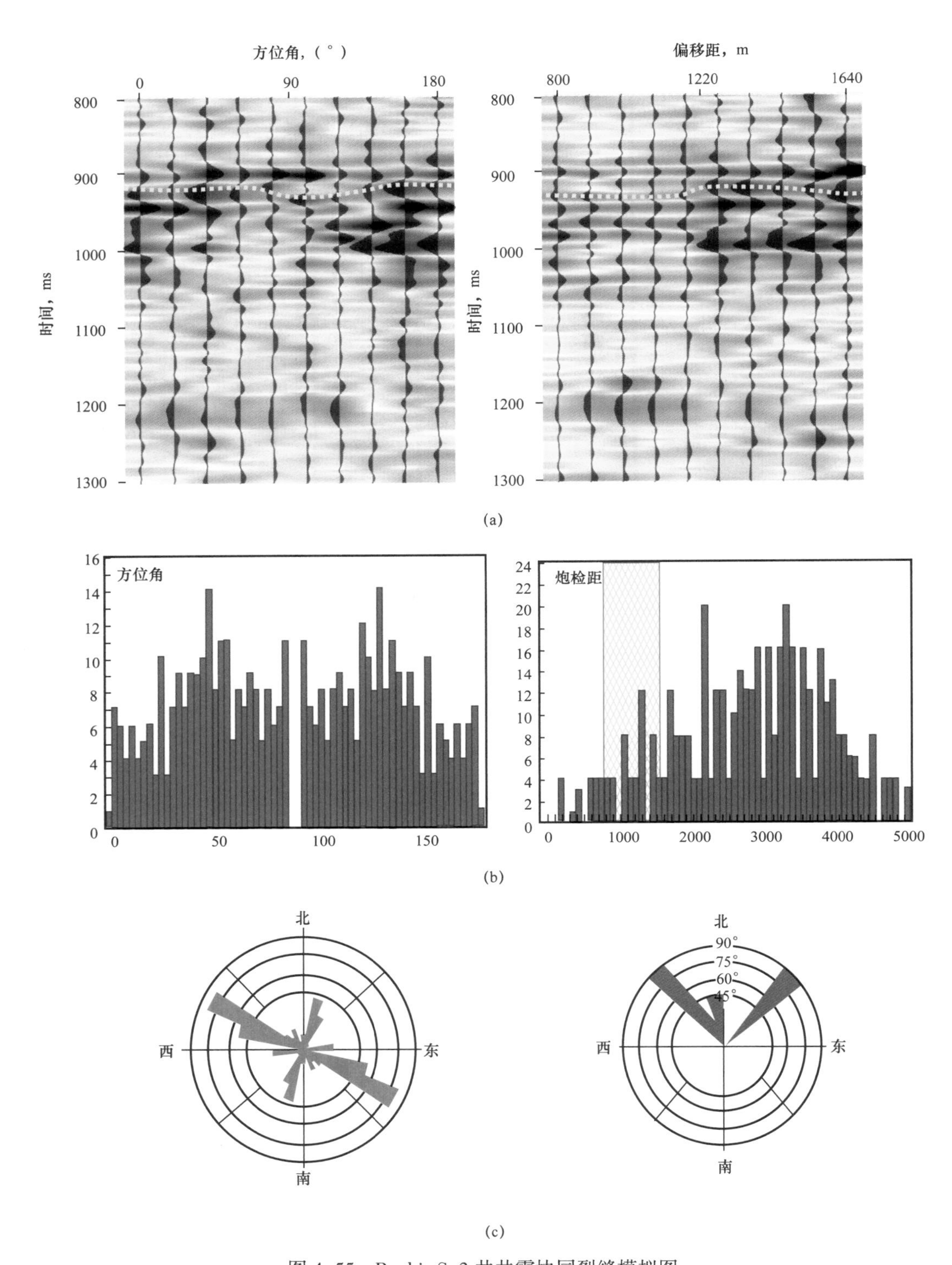

图4-55 Raphia S-3井井震协同裂缝模拟图

（a）方位角域和炮检距域优选道集；（b）优选的炮检距和方位角参数；（c）地震裂缝预测结果（c左）与FMI成像统计结果（c右）对比

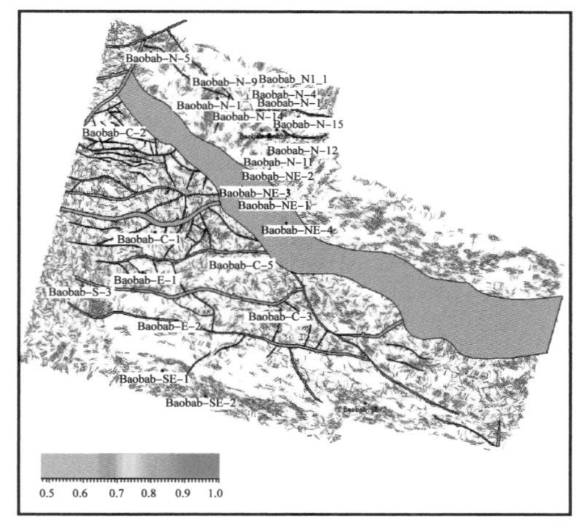

（a）裂缝展布

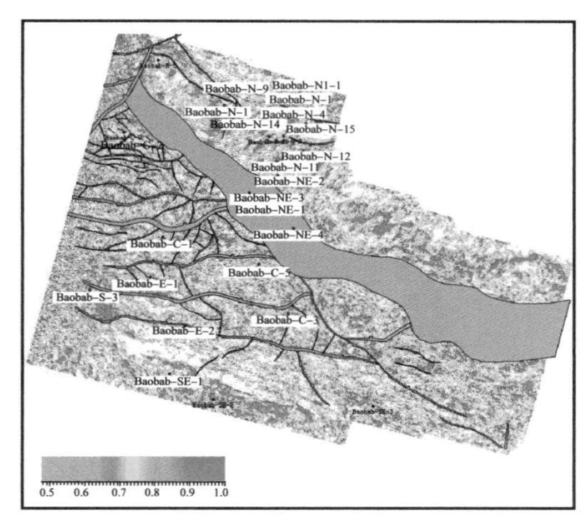

（b）裂缝强度

图 4-56　Baobab C 地区裂缝预测成果图

潜山顶面之下 200m

参考文献

［1］Sneider R M，Meckel L D.Exploration in Mature Basins［J］.AAPG Convention，1988，short course: 1-70.

［2］查全衡，何文渊．中国东部油气区的资源潜力［J］．石油学报，2003，24（5）：1-3.

［3］郭建宇，张大林，邓宏文，等．低勘探程度区域油气资源评价方法［J］．油气地质与采收率，2006，13（6）：43-45.

［4］刘震，常迈，赵阳，等．低勘探程度盆地烃源岩早期预测方法［J］．地学前缘，2007，14（4）：159-167.

［5］王方雄，侯英姿，夏季．烃源岩测井评价新进展［J］．测井技术，2002，26（2）：89-93.

［6］张寒，朱光有．利用地震和测井信息预测和评价烃源岩——以渤海湾盆地富油凹陷为例［J］．石油勘探与开发，2007，34（1）：55-59.

［7］曹强，叶加仁，石万忠，等．低勘探程度盆地烃源岩早期评价——以南黄海北部盆地东北凹为例［J］．石油学报，2009，30（4）：1-3.

［8］童晓光，李浩武，肖坤叶，等．成藏组合快速分析技术在海外低勘探程度盆地的应用［J］．石油学报，2009，30（3）：317-323.

［9］吴青鹏，吕锡敏，李平，等．低勘探程度盆地勘探技术与评价方法——以玉门探区为例［J］．天然气工业，2008，28（8）：15-18.

［10］克拉克·A L，张维亚．未发现的油气资源量评价方法汇编［M］．北京：地质出版社，1982.

［11］赖斯·D D，翟光明．油气评价方法及应用［M］．北京：石油工业出版社，1992.

［12］程顺国，侯读杰，肖建新．利用测井与地震技术评价优质烃源岩［J］．西部探矿工程，2009（1）：69-72.

［13］朱光有，金强．烃源岩非均质性的控制因素研究——以东营凹陷为例［J］．矿物岩石，2003，23（4）：95-100.

［14］连承波，钟建华，李汉林，等．气测参数信息的提取及储层含油气性识别［J］．地质学报，2007，

81（10）: 1439-1443.

[15] 侯平，史卜庆，郑俊章，等. 利用气测录井简易参数法判别油、气、水层［J］. 录井工程，2009，20（1）: 21-24.

[16] 佘明军，郑俊杰，李胜利. 气测录井全烃曲线异常的判断及应用［J］. 录井工程，2010，21（1）: 48-50.

[17] 王贵文，朱振宇. 烃源岩测井识别与评价方法研究［J］. 石油勘探与开发，2002，29（4）: 50-52.

[18] 张志伟，张龙海. 测井评价烃源岩的方法及其应用效果［J］. 石油勘探与开发，2000，27（3）: 84-87.

[19] 陈丽华. 生储盖层评价［M］. 北京: 石油工业出版社，1999.

[20] 马宏伟. 海外油气勘探项目经济评价方法差异分析［J］. 当代石油石化，2008，16（3）: 30-33.

[21] 罗东坤，俞云柯. 油气资源经济评价模型［J］. 石油学报，2002，23（6）: 12-15.

[22] 金之钧，石兴春，韩保庆. 勘探开发一体化经济评价模型的建立及其应用［J］. 石油学报,2002,（3）: 1-5.

[23] 郑佳奎，王江，李红燕. 台北凹陷低电阻率油气层成因及识别方法研究［J］. 吐哈油气,2007,12（4）: 379-383.

[24] 付建伟，彭承文，李庆. 复杂孔隙结构低阻成因及测井评价方法研究［J］. 当代化工,2014,43（6）: 1046-1048.

[25] 曾文冲. 油气藏储集层测井评价技术［M］. 北京: 石油工业出版社，1991.

[26] 洪有密. 测井原理与综合解释［M］，东营: 石油大学出版社，1993.

[27] 欧阳健. 测井地质分析与油气层定量评价［M］. 北京: 石油工业出版社，1999.

[28] 欧阳健. 油藏中饱和度—电阻率分布规律研究［A］. 石油勘探与开发，2002，29（3）: 44-47.

[29] 耿全喜，钟兴水. 油田开发测井技术［M］. 东营: 石油大学出版社，1992.

[30] 潘保芝，房德斌. 侧向测井曲线分辨率匹配方法及其在松辽盆地的应用［J］. 石油物探,2004,43（3）: 306-308.

[31] 刘美杰，申辉林，吴健. 薄层电阻率测井的校正方法研究［J］. 内蒙古石油化工，2010，8: 197-199.

[32] 侯平，史卜庆，郑俊章，等. 应用录井资料综合判别油、气、水层方法［J］. 录井工程,2008,19（3）: 1-8.

[33] 骆福贵. 定量荧光录井解释方法研究及应用［J］. 录井工程，2006，3: 43-46.

[34] 惠卓雄，王小鄂，王俊芳. 综合解释评价低阻油气层方法研究［J］. 录井工程，2004，15（4）: 26-29，46.

[35] 吴九辅，李化龙，吴尽. PCP（泵控泵）原理及应用［J］. 工业仪表与自动化装置，2008，3: 51-55.

[36] 周立果，姜红军. 电泵井生产测试配套技术在塔河油田的应用［J］. 油气井测试，2004，13（4）: 64-66.

[37] 师世刚. 潜油电泵采油技术［M］. 北京: 石油工业出版社，1993，12: 44-47.

[38] 卢中原，赵启彬，钱大伟，等. TCP、PCP 电加热与 APR 三联作工艺在渤海稠油测试中的应用［J］. 中国石油和化工标准与质量，2011，31（11）: 168-169.

[39] Fehmers G C，Hoecker C F W. Fast structural interpretation with structure-oriented filtering［J］. Geophysics，2003，68（4）: 1-1.

[40] 张欣. 蚂蚁追踪在断层自动解释中的应用——以平湖油田放鹤亭构造为例［J］. 石油地球物理勘探，

2010，45（2）: 278–281.

[41] Goloshubin G M，Korneev V A，Vingalov V M.Seismic Low–frequency Effects From Oil–saturated Reservoir Zones [J] .Seg Technical Program Expanded Abstracts，2002，21（1）:1813.

[42] David Gray，张荣忠，李霞 . 在 Manderson 油田用 3D AVAZ 法进行裂缝探测的实例 [J] . 石油物探译丛，2001，2: 43–47.

第五章　中西非被动裂谷盆地油气勘探实践

第一节　苏丹／南苏丹穆格莱德盆地勘探实践

穆格莱德盆地在苏丹/南苏丹境内被划分成了1、2、4、5a、5b、6、B、C等多个合同区块，中国石油在苏丹1/2/4区和6区拥有作业权。中国石油进入前，1/2区发现了一定规模储量，处于滚动勘探阶段；而4区和6区仅发现零星的出油点，尚处于区域勘探阶段。随着深化石油地质认识，开展含油气系统评价、区带和成藏组合优选，以及以复杂断块精细刻画为手段的圈闭评价等石油地质综合研究与技术攻关，建立了中西非被动裂谷盆地地质模式和成藏模式，在1/2区的精细勘探和4区、6区的风险勘探均获得重大突破。中国石油在1/2/4区和6区分别建成了1500×10^4t、300×10^4t产能规模的油气产区，为中非油气合作树立了典范。

一、1/2区复杂断块精细勘探

1. 滚动与甩开并进，Bamboo-Unity凹陷两侧含油连片

前作业者在1/2区以"凹中隆"为目标，发现Unity、Heglig等13个油田或含油构造，探明地质储量2.1×10^8t。油田基本围绕Bamboo-Unity凹陷西侧大型构造带分布，凹陷东侧和凹陷之间的构造转换带勘探程度低。中国石油进入后，开展高精度航磁和重力勘探，落实区内的基底埋深、断裂系统、二级构造带展布，按照"定凹选带"的思路大力部署二维/三维地震，以期快速打开局面，明确勘探方向。

1997年，预探井的部署思路为滚动与甩开相结合。既注重已知油气聚集带的滚动和扩展，又在区域上兼顾甩开勘探，共部署8口探井、2口评价井。1区4口探井均部署于已知油气聚集带上，体现了滚动和向外扩展的思路，新发现El Harr油田，Umm Sagura和Umm Sagura East两个含油断块，使得1区Unity-Heglig油气聚集带含有范围扩大，1A区El Toor含油构造带范围向南进一步延伸，为后续发现Munga油田奠定了基础。2区部署3口探井，发现Bamboo West油田，拓展了Bamboo稠油带的范围。

1998年，除继续在1/2区交界处Unity油田和Heglig油田之间滚动钻探的同时，还在Khairat地区和El Toor-Umm Sagura构造带向南延伸的地区继续甩开，新发现Wizeen-1、Garaad-1两个含油构造以及Khairat含油构造带。

1999年加大钻探力度，继续在1/2区已知油气聚集带或油田间滚动扩展，见到良好成效。1区El Toor-Umm Sagura构造带向南发现Munga含油构造带，并在西侧，发现了Umm Sagura South含油断块；Talih油田西侧新发现Talih West油田；Khairat含油构造带范围进一步扩展，发现Khairat West含油断块。2区探井Umm Batutu-1井在Bamboo油田和Heglig油田之间发现Bentiu组和Aradeiba组稠油，与Bamboo油田连片构成2A区稠油带。

2000年进一步加大了滚动甩开勘探的力度，探井部署四面出击。滚动勘探取得良好效果，已知油区周围部署的探井获得一系列新发现，如1区Khairat East-1、El Nar West-1、El Sarqa North-1和Munga Central-1等均获成功。Khairat、Munga含油构造带范围进一步扩大，特别是El Sarqa North-1钻获当年最大的油气发现，证实了一个潜力较大的含油断块。2A区Bamboo South-1、Bamboo East-1和Umm Batutu East-1等探井的成功也进一步扩展了Bamboo-Umm Batutu稠油带分布的范围。但甩开勘探效果不佳。1区东部斜坡带边缘、2A区北部Kelaik次凹部署的探井，要么失利，如Zafir-1井，要么仅见到油气显示或油藏规模小，如El Toor East-1和El Toor North-1、Jamouse-1等井。

2001年1区和2区的钻探活动仍然十分活跃，滚动勘探收效仍然显著。1区的Khairat Central-1、Wizeen North-1、El Nar North-1和Faras East-1成功地在已知油田的周围找到新的含油断块，特别是Wizeen North-1和El Nar North-1试油连破大尼罗石油作业公司（GNPOC）单层试油最高产能纪录，分别达到500t/d和570t/d的高产。另外1区Umm Bariera-1井在盆地东部边缘找到最浅的油层——Aradeiba组埋深仅970m。2A区稠油带也有较大收获，Koda-1井和Nimir-1井分别在稠油带西侧和东北方向发现新的含油断块，稠油带进一步向外扩展。

1/2区的滚动与甩开勘探以复杂断块精细刻画为基础，中国石油接管后在不到5年的时间里发现20多个油田，实现Bamboo-Unity凹陷两侧含油连片，新增石油地质储量6.5×10^8t，是前作业者累计发现储量的3倍，取得了良好的经济和社会效益。

2. 突破传统油气成藏模式，2区Heglig西断阶带发现亿吨级油田

1）断块复杂理不清，油区西侧成禁区

Heglig西断阶带位于苏丹1/2区Heglig-Unity油田西侧，面积约5000km^2。2009年之前该带钻井15口，仅5口井有少量发现，没有规模突破（图5-1），而其东部的Unity-Heglig构造脊已有大量的油气发现，是苏丹1/2区主力油田群所在地。这些油田油气源主要来自东部Bamboo凹陷和Unity次凹，主要目的层为下白垩统Bentiu组河流相块状砂岩储层，上白垩统Aradeiba组湖相泥岩为区域盖层，主要圈闭类型为反向断块，圈闭的有效性取决于控制断层的断距大小和区域盖层Aradeiba组泥岩厚度。Heglig油田以西，断层断距逐步变大，使得主要目的层Bentiu组侧向封堵条件变差，勘探上面临断裂系统复杂、地震资料品质差、主要成藏组合不明朗等技术挑战。2005年以来，油田群西侧的断阶带一直成为勘探禁区。

2）三维地震连片断块明，大胆探索新模式

为打开勘探局面，研究人员解放思想，着手新一轮石油地质综合研究。重点突出5个方面：一是全区构造成图，重新认识盆地结构和构造带；二是重点目的层精细层序地层学研究，细分层系编制沉积相图，落实有利区带；三是重点区带三维地震构造解释和断裂刻画，梳理复杂断块；四是三维地震连片重新处理和解释，评价落实目标；五是成藏主控因素分析，大胆预测Bentiu组下段和Abu Gabra组上段层间泥岩为顶部盖层、Aradeiba组作为断层侧向封堵层的新油气成藏组合，指导目标优选。上述研究取得了丰硕成果，为2区Heglig油田西断阶带勘探提供了坚实的技术保障（图5-1）。

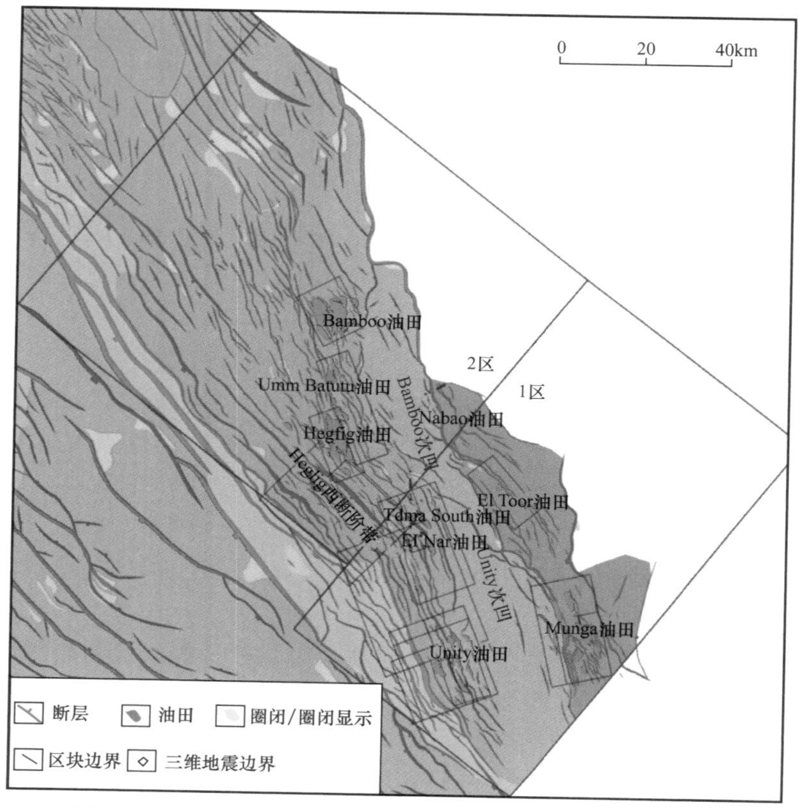

图 5-1 苏丹穆格莱德盆地 Heglig 西断阶带和周边发现的油田

Bentiu-Aradeiba 反向断块组合是苏丹穆格莱德盆地主要的成藏组合，以区域盖层 Aradeiba 组泥岩侧向封堵 Bentiu 组上段砂岩而成藏。“十五”以来该组合勘探取得了巨大成功，在 1/2/4 区发现的储量占比 73%。Heglig-Unity 隆起带西侧靠近大断层，断距普遍大于 500m，Aradeiba 组泥岩不能侧向封堵 Bentiu 组上段储层，Bentiu 组顶部的圈闭侧向封堵条件堪舆。别的组合是否存在侧向封堵成藏的可能？

大量地震资料和钻井信息分析认为，在该区断层断距较大的情况下，Bentiu 组顶部虽然缺乏侧向封堵条件，但断层上升盘的反向断块，Aradeiba 组泥岩可以侧向封堵 Bentiu 组下段或 Abu Gabra 组上段砂岩，在这些砂岩具备局部顶盖层的条件下也能形成有效圈闭成藏；而在断层下降盘的顺向断块，Aradeiba 组泥岩也可侧向封堵 Darfur 群砂岩成藏。由此预测了该区大断层控制下复杂断块新的油气成藏模式，与已知主力成藏组合成藏模式具有明显的区别（图 5-2）。

3）勘探成效

在新的油气藏成模式的指导下，2010 年以来，Simbir-Hamra 地区 Bentiu 组下段和 Abu Gabra 组上段油气勘探接连获得突破。Simbir N-1 井首开先河，实现 1/2 区 Abu Gabra 组勘探突破，测试获得 180t/d 的高产油流，Bentiu 组下段试油自喷日产原油 675t；Hamra SW-1 井在 Bentiu 下段试油自喷日产原油 243t。

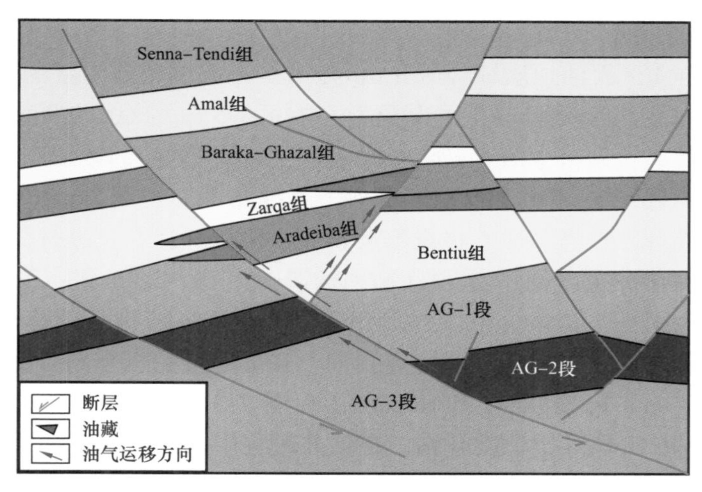

图 5-2 大断层控制下复杂断块油气成藏模式

Simbir-Harma 地区的勘探成功，激活了 Heglig-Unity 隆起带西侧面积约 5000km² 的潜力区，为大断距区油气勘探带来广阔的前景。该区还有 20 多个类似圈闭，预计圈闭地质资源量 5700×10^4t。由于靠近已有油田设施，新油田的发现有利于快速投产，弥补老油田递减，对老区稳产具有重要意义。

二、4 区东部 Neem-Azraq 地区风险勘探

4 区东北部 Neem-Azraq 隆起带面积约 2000km²，西南为 Kaikang 槽北部凹陷，东北毗邻 6 区 Fula 坳陷，东南与 Shelungo 隆起相望，构造复杂。中国石油进入之前二维地震测网密度为 4km × 7km，仅有 Chevron 公司 1979 年完钻的 Azraq-1 一口探井，Bentiu 组顶部录得微弱油气显示，勘探程度低。由于多期构造活动影响，整体构造抬升，Bentiu-Aradeiba 组主力成藏组合盖层条件与保存条件变差，难以形成规模油气聚集。通过石油地质与地球物理综合研究，明确以下白垩统 Abu Gabra 组源内砂体为主要目的层展开勘探，快速发现了 Neem-Azraq 油田。

1. 多种地球物理资料相结合，助推 Neem 油田发现

1）勘探突破与失利

1997—1998 年 4 区开展了高精度重力和航磁测量，1999—2000 年在东北部采集 515km 二维地震。2000 年通过勘探部署论证会，确定 Shelungo 地区是 4 区勘探突破的有利地区并加大该区地震部署，依据新的二维地震资料确定了 Shelungo-1 井。该井在 Zarqa 组、Aradeiba 组和 Bentiu 组中见到较好油气显示，Aradeiba 砂岩试油自喷日产原油 76t，首次钻探即实现了 4 区勘探的突破。

Shelungo-1 井的成功，刺激加大了 Shelungo 地区的后续勘探部署：（1）采集约 685km 二维地震；（2）完成 2080 km² 高精度航磁；（3）滚动部署 4 口探井（Assal-1、Lebn-1、Shelungo N-1、Shelungo E-1）和 1 口评价井（Shelungo-2），同时向北在 Azraq 隆起带最高部位部署甩开探井 Azraq S-1。结果 6 口井或多或少见到油气显示，全部为干井，评价落实的 Shelungo-1 断块油藏规模小，可采储量仅约 28.6×10^4t，无法投入商业开发。

4 区东北部勘探，由突破后的喜悦迅速转入失利后的被动。

2）勘探转移与发现

钻后分析结合 4 区石油地质综合研究认为，4 区东北部钻遇丰富油气显示和油气藏，说明附近存在有效的生油凹陷，油气能够运移至本区，失利的原因是圈闭遭受断裂和火山活动破坏；浅表火成岩分布少的 Neem 地区可能是 4 区有利的油区聚集区。为此在 Neem 地区采集了 454km 品质较高的二维地震资料，二维测网加密到 2km × 3km。对新、老二维资料重新精细处理，提高品质，将重磁资料加入地震解释系统进行综合解释，搞清了 Neem 地区的构造面貌，编制了 7 层顶面精细构造图（Abu Gabra 组、Bentiu 组、Aradeiba 组、Zarqa 组、Ghazal 组、Baraka 组、Amal 组）。理清隆凹结构后，综合分析认为从南向北抬升的重力异常高是油气运移的主要指向，在隆起带的三个断阶上部署了 4 口重点探井：Sunut-1、Neem-1、Hilba-1 和 Hubara-1（图 5-3）。2003 年 2 月开始，Sunut-1、Neem-1、Hilba-1 和 Hubara-1 依次开钻，在钻井过程中都见到良好的油气显示，显示井段长达 1500～2200m。Neem-1 井成为 1/2/4 区项目首次在 Abu Gabra 地层中发现并试油获得高产油气流的井，当年上报可采储量 310×10^4t。

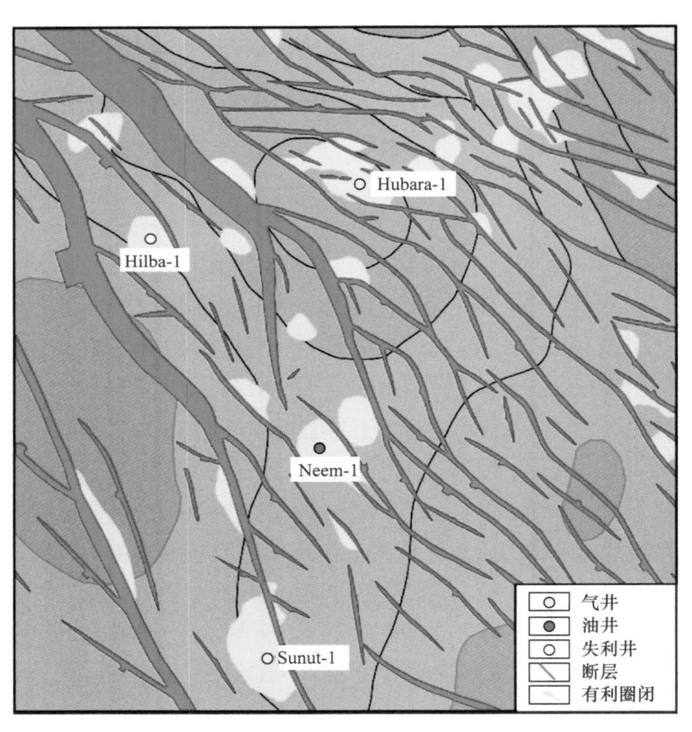

图 5-3 Neem 地区首批探井部署图

随后，Hilba-1 井在 Abu Gabra 砂岩、Aradeiba 砂岩、Zarqa 砂岩、Ghazal 砂岩、Amal 砂岩和 Nayil 砂岩（深度从 2716m 到 896.5 m）中共发现了 12 层厚 108m 的油层，但 8 个油层经过测试均为稠油。Hubara-1 井在 Abu Gabra 砂岩测试 5 层，全部为纯二氧化碳气藏，全井二氧化碳气层共 14 层总厚 72m。稠油和二氧化碳气给该区勘探带来了新的课题，显示了 Neem 地区勘探的复杂性。

对二氧化碳气进行碳同位素测定分析，认为二氧化碳气与岩浆活动有关，是从地壳深部沿深大断裂以纵向运移方式向上运移进入圈闭的。综合航磁资料和构造分析，初步确定了二氧化碳主要气源和分布范围。Neem-1 井周围 Aradeiba 组以下地层受二氧化碳影响较小，Neem 地区仍然具有很好勘探前景，可以作为重点地区实施大规模勘探。基于以上认识，2004 年部署大面积三维地震（$531km^2$）、7 口预探井和 2 口评价井，Neem 地区的勘探从此大规模展开，实施的 5 口预探井（Neem East-1、Neem North-1、Hilba East-1、Neem West-1、Neem South-1）和 2 口评价井（Neem-2、Neem East-2），全部获得成功。

2006 年以来，在 4 区 Neem 地区共发现 20 多个断块油藏，探明石油地质储量超过 1×10^8t，为 4 区巨额勘探投资的回收和最终赢利奠定了基础。

2. 坚持勘探下白垩统源内组合，发现 Azraq 油田

Azraq 地区位于 Neem 油田上升盘（图 5-4），构造破碎、沉积相变化快，地质条件非常复杂。研究人员应用叠前时间偏移技术和叠前深度偏移技术，获得了相对准确的地下地层和构造反射形态，通过与 Neem 地区开展精细的层位对比，开展构造成图，识别和梳理小断层，得到较为准确的构造图。储层的发育情况成为目标评价时需重点关注的因素。

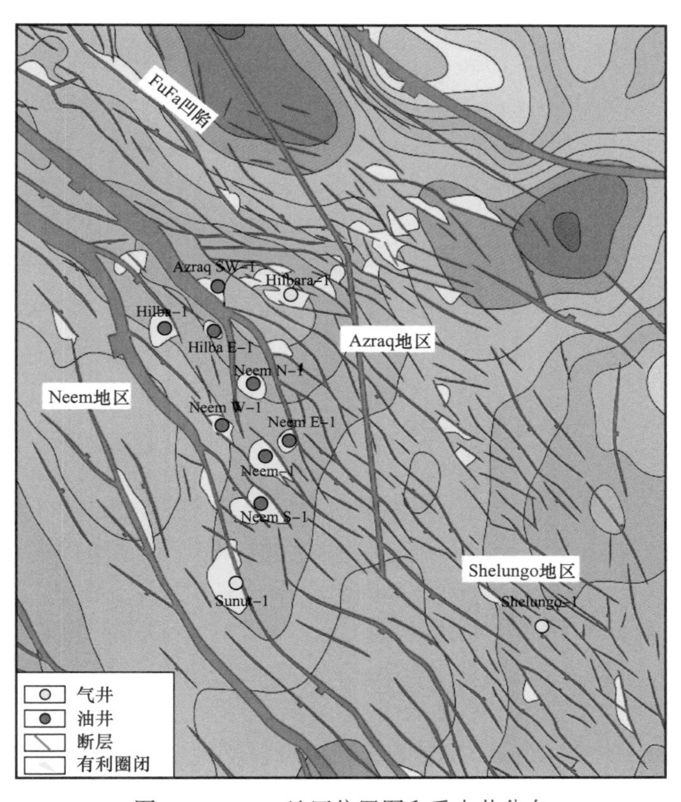

图 5-4　Azraq 地区位置图和重点井分布

与 Neem 地区连片开展沉积相研究，发现本区 Abu Gabra 组沉积时期为从北向南展布的扇三角洲。AG-1 段可以细分为 6 个向上变粗的旋回，物源来自东北部的 Azraq 隆起。北部 Azraq-El Sandal 地区以扇根沉积为主，砂岩含量高，没有稳定的泥岩盖层；中部 Neem 和 Neem 北地区为扇中沉积，发育块状砂岩和稳定的泥岩沉积，储盖组合良好；南部的 Neem 南部地区为扇端沉积，砂岩含量减少，泥质增加。AG-2 段主体以泥岩为主，

向东北部砂岩含量增加。AG-3段重新以砂岩为主，北部砂岩含量增加，缺乏稳定的泥岩。总体来看，Azraq地区Abu Babra组主体处于扇根—扇中位置，需要以扇中微相为重点，结合断块解释开展目标优选。

为此，在Azraq隆起主体位置优选首口探井Azraq SW-1，在Abu Babra组钻遇油层30m，试油累计产量128.6t/d，揭开了Azraq地区的勘探潜力。2008年以来，通过沉积微相研究与复杂断块刻画，开展精细滚动勘探，发现10多个含油断块，新增石油地质储量近8000×10^4t、新增天然气可采储量$80 \times 10^8 m^3$，证实了一个新的油气富集带。

三、6区Fula坳陷风险勘探

Fula坳陷位于6区的最东侧，穆格莱德盆地东北部，东西宽约41km，南北长近120km，面积约5000km^2。凹陷整体形状呈反“S”形，主体部位呈长条形，近南北走向，具有明显的剪切走滑特征。

Fula坳陷的勘探工作始于1979年。1979—1990年间，美国Chevron公司先后开展了重力、磁力、地震等工作。重磁资料覆盖全区（1：5万），二维地震86条，累计2387.5km，测网密度（2×2.5）km～（4×4）km。1985年在坳陷东南部钻探Baleela-1井，进尺3219m，仅在Abu Gabra组3181.5～3189.7m井段录井见8.2m/1层油斑显示，井壁取心见油气显示。1989年在坳陷东南端与凯康坳陷交接处又部署了Azraq-1井（现属于4区块），该井在Bentiu组944.9～972.3m见27.4m/1层的油斑显示，Abu Gabra组1149～2237.2m见39m/5层的油斑显示。后由于Chevron公司退出苏丹石油勘探市场，Fula坳陷勘探工作停止。1996年中国石油进入该区勘探以来，在系统研究和综合评价基础上，优选凹陷中央构造带为突破口，在Fula1号背斜开钻的Fula-1井取得重大突破，Bentiu组测试获得226.8m^3/d的高产油流，Aradeiba获得42.19m^3/d的工业油流，从而拉开了凹陷大规模勘探的序幕。

1. Fula坳陷中央构造带亿吨级油田的发现

1）中央构造带为最有利构造带

Fula坳陷经历了三期裂谷作用，分为早白垩世、晚白垩世末和古近纪三个阶段。不同时期和不同地区其活动强度是不同的，前两期较为强烈，古近纪的裂陷作用弱。第一期裂谷是Abu Gabra组沉积时期裂陷活动及Bentiu组沉积时期坳陷。裂陷期的Abu Gabra组泥岩为主力生油岩，Bentiu组砂岩为主要的储层，其上的Aradeiba组泥岩为区域性的盖层。第二期裂谷是Darfur群沉积时期的裂陷活动及Amal组沉积时期的坳陷。第三期（Nayil/Tendi-Adok组沉积时期）裂陷作用在该区不发育，主要对前两期构造进行较弱的改造，而在4区北部Kaikang地区该期裂谷改造作用很强。Fula坳陷由于第一、第二期裂谷强烈的构造运动，形成了Abu Gabra组（优质的烃源岩）- Bentiu组（好储层）- Darfur群（区域盖层）良好的生储盖组合。第三期裂谷的弱运动，使新生代地层沉积薄，Fula坳陷整体上呈“皮薄肉厚”的特点。

Fula坳陷主体近南北走向，主要发育南北向和北北西向两组断裂，南北向断裂控制着凹陷格局，北北西向的断裂控制构造带的形成和发育。凹陷内部二级构造带和断裂走向均为北西向，以北西—南东向对角线为界，东北部的断层以东倾系统为主，西南部的断层则主要是西倾断裂系统，中部构造带是两组断裂的交会处。主要断层均为正断层，控制着

Fula 坳陷的主体格局及构造圈闭的分布。凹陷自西南向北东依次发育南部断阶带、南部凹陷、中部构造带、北部凹陷和北部断阶带“三正两负”5 个二级构造带，呈斜列展布，结构简明（图 5–5）。

（1）中部构造带：位于南部凹陷以东、Fula East 断层以西，北西端倾没于南部、北部凹陷之间，长 50km，宽 20km，面积为 1000km^2。区内发育 Fula 1 号断层、Fula 2 号断层及次生断层。受 Fula1、Fula2 号断层控制，形成了大 Fula 滚动背斜、Moga 断鼻构造以及其他断背斜、断垒等构造。

（2）南部断阶带：位于坳陷南部，北接南部凹陷，南与凯康凹陷呈断阶接触关系。该带长 35km、宽 20km，面积约 700km^2，在区域地层东倾的背景上，发育了一系列西倾反向断层，形成断阶。主要圈闭类型为断鼻、反向断块。

（3）南部凹陷：由 Fula West 断层、Fula 1 号断层夹持，走向以南北为主，南端转为北西，长 75km，宽 18km，面积 1350km^2。该凹陷是 Fula 坳陷最大沉降中心所在地，沉积岩最大厚度约为 9000m，地层向东、向北抬升减薄。其整体结构为一简单不对称向斜，圈闭主要分布在 Fula West 断层下降盘，沿断层带状展布，以断鼻、断块为主。

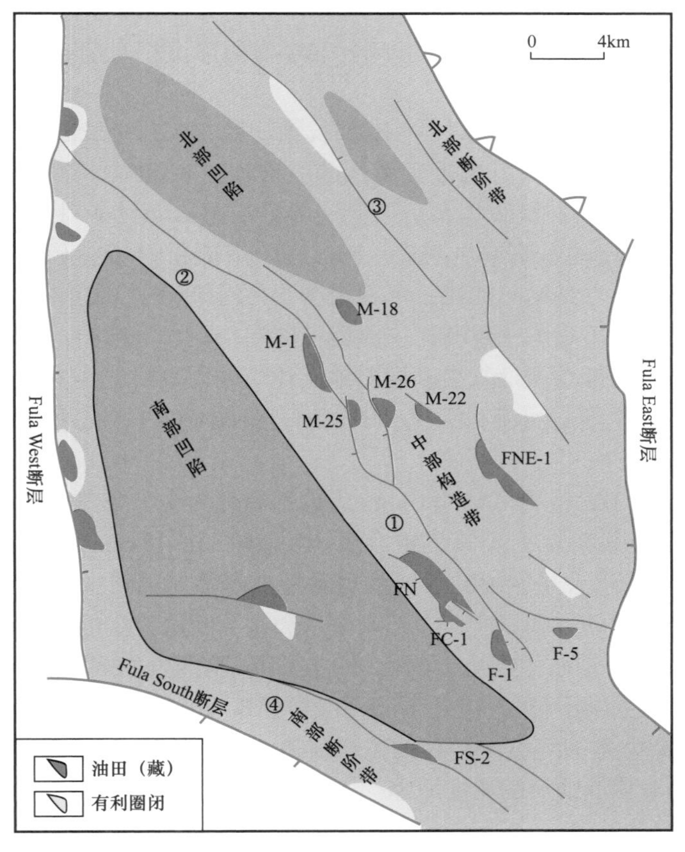

图 5–5 Fula 坳陷构造单元图

（4）北部凹陷：由 Fula West 断层、Fula 2 号断层、Fula 3 号断层所夹持。呈北北西向展布，长 67km，宽 16km，约 1070km^2。地层向东、向北抬升减薄，最大沉积岩厚度为

7500m，区内圈闭主要以反向断块、断鼻为主。

（5）北部断阶带：指Fula 3号断层以东地区，长60km、宽13km、面积约800km²。主要由一系列北西走向、东倾断层控制的断块组成。圈闭以断鼻、反向断块为主。地层向东、向北抬升减薄，存在白垩系与古近—新近系角度不整合，Fula 3号断层较大，控制该带构造及沉积发育。

中部构造带紧邻南部凹陷和北部凹陷，并与缓坡断阶与南部凹陷衔接过渡，是油气运移最有利的指向，因而是油气勘探最有利的构造带。

2）Abu Gabra组划分为5个三级层系，以AG-1和AG-2为主力勘探层系

Fula坳陷Abu Gabra组可划分为5个三级层系，对应于5个沉积基准面变化旋回和3个坳陷演化阶段。AG-5层序和AG-4层序形成于盆地初始裂陷早期，地层厚度大，分布范围小，内部地层反射杂乱，反映沉积物快速堆积的特点。AG-3层序和AG-2层序形成于湖盆发育的鼎盛期。尽管西部陡岸边界有沉积物源发育，形成水下扇体系，但规模小。主要的物源来自东南沟槽和东部断阶缓坡带方向，在坳陷东南的Baleela-1井附近和东部断阶斜坡带上，继承性的发育规模较大的三角洲或扇三角洲沉积体系，各个层序的下部表现为前积—加积结构，顶部表现为前积—顶超结构，后者形成的环境较前者更靠近坳陷边缘。由于坳陷内同沉积断层强烈活动的影响，AG-2层序沉积时期，断阶下部发育滑塌浊积扇。

AG-1层序发育期物源相当发育，东南部长轴物源、东部缓坡断阶带及东北部缓坡带物源起主导作用，形成规模大、推进距离远的大型河流相沉积体系，只在东部缓坡断阶带发育了规模较小的三角洲沉积体系。西侧边界断层下降盘继承性的发育了水下扇，比AG-3层序和AG-2层序的水下扇更明显。Fula坳陷南部和中部主干剖面上，由东部缓坡断阶带到南部凹陷中心再到坳陷陡侧，沉积相演变为河流相—（扇）三角洲相—浅湖—深湖相，或者是河流相—（扇）三角洲相—浅湖—深湖相—水下扇相，而坳陷北部主干剖面上Fula 2号和Fula 3号断层及缓坡带断层对地层控制作用减弱，甚至消失，由坳陷中心向斜坡带发育浅湖—滨浅湖—河流相沉积。中央构造带的AG-1层序和AG-2层系为最有力的勘探层系。

3）以Bentiu组—Darfur群和Abu Gabra组内部组合为主力成藏组合

坳陷存在四套成藏组合（或储盖组合），其中Bentiu-Darfur组合是主要的含稠油层系，Abu Gabra组内部组合是主要的含稀油层系。油藏控制因素主要有：（1）长期继承发育的构造带是油气聚集的有利场所；（2）调节带和调节断层控制的局部构造（背斜、反向断块和断鼻）是油气富集的主要构造单元；（3）Darfur群泥岩的侧向封堵是形成Darfur群、Bentiu组油藏最主要控制因素，决定着Darfur群、Bentiu组油藏规模和质量；（4）切入Abu Gabra组的大断裂是油气纵向运移的主要通道；（5）靠近大断裂，断层活动期长，保存条件差是浅层形成稠油油藏的主要原因。

4）亿吨级油田的发现

1998年坳陷中部构造带部署二维地震273km，构造成图后落实Fula 1号背斜。2000年6月8日，该构造上实施Fula-1井取得重大突破，Bentiu组测试获折算226.8m³/d的高产油流，Aradeiba获42.19m³/d的工业油流，从而拉开了苏丹6区大规模勘探的序幕。

2001年，中部构造带完成三维地震348km²，并在发现井北部实施Fula North-1井。

该井在 Aradeiba 组和 Bentiu 组发现了近 60m 厚的油层。为探明整个中部构造带的资源潜力，随后甩开钻探的 Moga-1 井在 Bentiu 组和 Aradeiba 组喜获工业油流，证实了中部构造带为一大型整体含油区带，带动了 Moga 三维地震的实施。尤为可贺的是，2002 年 5 月完钻的 Fula North-4 井在 Abu Gabra 组上部发现 101m 油气显示，电测解释气层 35.4m/16 层，油层 7m/2 层。测试发现了 Abu Gabra 组的高产气层和稀油层。同时，发现了 Bentiu I 厚油层，含油高度达 80m，油层有效厚度 49.8m/10 层，使 Fula 北部储量有了较大增长。Fula North-4 井的重大突破，宣告了 Fula 北部亿吨级油田的发现，拉开了 Fula 坳陷油气开发的序幕。通过集中勘探，在凹陷中央构造带发现了 Great Fula、Great Moga 和 Fula NE 三个油田，圈闭钻探成功率和探井成功率均为 77%，探明石油地质储量超过 1×10^8t。

2. Fula 坳陷西部陡坡带勘探突破

Fula 坳陷中部构造带相继发现 Fula、Moga 和 Fula NE 油田后，西部陡坡带的勘探提上日程，但因边界大断层识别困难，圈闭落实和沉积相研究等受到制约，勘探一直没有突破。研究团队持续开展针对性的技术攻关，以改善地震资料品质为突破口，以点带面提升地质认识，终获勘探突破，首次在坳陷 Bentiu 组钻遇厚层正常原油并首次在 Ghazal-Zarqa 目的层发现商业油流，探明 Keyi、Jake 和 Bara 等油田，建成了 100×10^4t 规模的产能。

1）明确勘探瓶颈，主攻地震采集技术

西部陡坡带位于坳陷西侧，往西为隆起区，往东接南部凹陷，呈长条形分布，南北长约 70km，东西宽 5～7km，面积约 400 km^2，由南北走向的大断层控制（图 5-6）。大断层断面产状陡直，下降盘圈闭以断块、断鼻和断背斜为主[1]。

大断层给勘探带来的负面影响是多方面的，主要包括：长期活动导致破碎带和次生断层发育，构造复杂，圈闭破碎；地层产状陡，沉积相变化快，岩性尖灭明显，有利储层预测难度大；尤其是地震资料品质普遍较差，导致各项研究多解性强，认识难以统一，是勘探突破的瓶颈。

针对这一瓶颈，西部陡坡带勘探采取地震先行，严把采集质量关，以地震资料品质提升带动地质认识提升的策略，取得良好效果。地震采集质量控制的具体措施包括：针对目的层埋藏深，资料信噪比低的问题，采取优化施工设计，提高覆盖次数，增加激发药量，震检组合等措施；针对近地表岩性变化大的问题，跟踪激发岩性，选择耦合条件好、地震响应效果佳的岩性激发；针对潜水面深、低降速带沉积厚的问题，选择低速层和降速层的结合部位激发；针对干扰波发育的问题，采取组合检波，确保检波器个数，增大组合基距等措施，同时采用组合激发，提升井数，增大组合基距；针对环境噪声大的问题，加强现场质量控制，检波器坑埋 10cm。上述措施，结合先进的处理技术，大幅提升了西部陡坡带地震资料的品质。美国 Chevron 公司老二维地震资料仅能大致判断边界断层的走向，下降盘反射不清，难以开展合理的构造解释，而新采集的资料不仅能用于构造解释，而且对沉积储层的研究、预测也大有裨益。

2）地震部署稳妥推进，地质认识同步提升

2001—2003 年，陡坡带新采集二维地震测线 23 条，累计 429km，加上老资料，测网密度达到（1.5×2）km～（2×2）km，目的是普查西部陡坡带构造发育情况。经联合构造解释，发现南北两个构造发育带，见多个构造显示，包括南部的 Keyi 和 Keyi 北，以及北部 Jake 和 Jake 南等断块或鼻状构造。但因普查阶段新资料控制程度不够，这些构造落实程度不高。2004—2006 年针对南北两个构造带加密二维地震测线，完成二维地震 270.1km，测网密度达到（1×1）km～（1×2）km，局部达到了（0.5×1）km。在 Fula 西断层下降盘从北向南依次落实了 Jake、Jake 南、Keyi 北、Keyi，Keyi 南和 Bara 等多个断鼻或断块构造（图 5–6）。

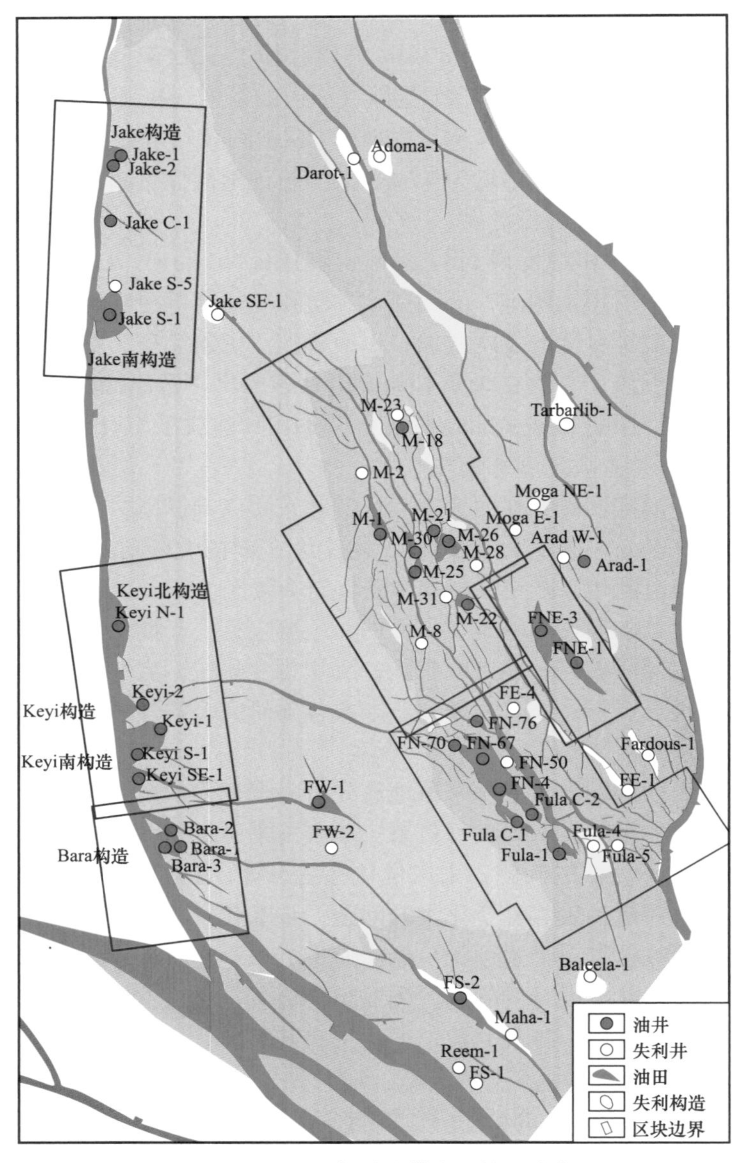

图 5–6　Fula 西部陡坡带主要构造分布

利用新资料开展构造和沉积储层分析，陡坡带优越的成藏条件逐步明确。一是西部陡坡带南北两个构造发育带紧邻南北两个凹陷的生烃中心，油源充足，都处于油气运移指向位置。二是西部边界大断层长期继承性活动，直接沟通 Abu Gabra 组烃源岩和上覆 Bentiu 组、Darfur 群储层[1–3]。三是区域盖层 Darfur 群分布稳定，Abu Gabra 组内部砂泥岩互层发育，形成有利的储盖配置，利于油气成藏。四是继承性发育的大断层，控制白垩系至新近系的沉积，下降盘隐约可见裙带分布、直接入湖的冲积扇或扇三角洲，与烃源岩直接接触，与这些扇体配置良好的反向断块、断背斜等成为最有利的圈闭。

3）滚动与甩开并举，快速探明 3 个油田

地质认识的提升，坚定了陡坡带勘探的信心。经过充分的井位论证，陡坡带第一口探井选定坳陷主力生烃中心西侧的 Keyi 构造作为钻探突破口。该井 2004 年 9 月开钻，下白垩统 Abu Gabra 组发现油层 18.6m，2835～2841m 井段测试自喷日产油 223.7t，从而揭开了陡坡带勘探发现的序幕。Keyi-1 井发现后，向北甩开 40km，第二口探井部署在北部构造带上的 Jake 断鼻上。Jake-1 井主要目的层为 Abu Gabra 组和 Darfur 群，2005 年 1 月开钻，Abu Gabra 组发现油层 5.3m，2098～2100m 井段测试为含水油层。虽然 Jake-1 井测试效果不理想，但证实了北部凹陷也是一个生烃凹陷，扩大了陡坡带的勘探领域；对比分析发现，该构造南部的 Jake S 构造具有滚动背斜背景、构造落实、圈闭规模更大，值得上钻探索北部构造带的潜力，由此落实了 Jake S-1 井井位。该井 2006 年 5 月开钻，Bentiu 组解释油层 46.6m，油柱高度达 120m，Abu Gabra 组解释油层 10.1m，气层 20m，气柱高度 102.7m，经测试全部证实为油层或气层，Bentiu 组和 Abu Gabra 组测试累计日产油 $100m^3$ 以上，天然气 $20\times10^4m^3$ 以上。Jake S-1 井的发现，是苏丹 6 区第一次在 Bentiu 组发现正常油品的商业油流，展现了凹陷 Bentiu 组良好的勘探前景。

随着 Keyi 油田和 Jake 油田的发现，2004—2007 年间陡坡带陆续部署 Keyi、Jake 和 Keyi S 三维地震采集，累计三维地震覆盖面积 $440.2km^2$。三维地震资料的使用使得陡坡带进入快速勘探评价阶段，勘探成果不断呈现，储量规模不断扩大，开发基础不断夯实。Keyi S 三维地震采集不久，在 Keyi 油田之南，又发现陡坡带第三个油田——Bara 油田，Bentiu 组和 Abu Gabra 组都有油气发现。尤其值得一提的是，在评价 Keyi 油田的过程中，Keyi-3 井在 Darfur 群 Zarqa-Ghazal 组钻遇良好油气显示，电测解释油层 18.7m，可能油层 15.6m，测试成功获得商业油流，首次在 Fula 坳陷突破出油关，极大丰富了 Fula 坳陷的勘探成果和勘探思路。

自 Keyi-1 井发现以来，仅用 3 年的时间，Fula 坳陷西部陡坡带发现并探明 Keyi、Jake 和 Bara 3 个油田，新增石油地质储量 3000 多万吨，为在 Fula 坳陷西部 100×10^4t 产能建设奠定了储量基础，也为 Fula 坳陷上产 300×10^4t、实现稀油出口销售、提升 6 区项目价值做出了贡献。

第二节　南苏丹迈卢特盆地勘探实践

迈卢特盆地是苏丹 / 南苏丹境内的第二大沉积盆地，面积约 $3.3\times10^4km^2$，也是中国石油在海外首个针对完整盆地进行勘探作业的盆地。前作业者 Chevron 公司在盆地内勘探 10 余年仅发现一个小油田，探明地质储量只有 2400×10^4t；后来国内外多家石油公司对该盆地进行了评价，均认为其资源潜力不大而放弃。中国石油进入之初面临以下难题：盆地的勘探程度很低；二维地震平均测网密度只有（4×6）km 左右；仅有钻井 5 口；地震、钻井资料少；地震资料品质差。如何利用有限的资料快速预测主力生烃凹陷是勘探面临的第一个难题；盆地的主力勘探层系尚不明确；盆地的油气勘探潜力究竟有多大，能否发现规模储量一概不清；盆地的有效勘探时间很短，初始勘探期仅 3 年，而每年可作业时间只有

半年。因此，如何快速高效地发现盆地中赋存的规模储量是勘探所面临的巨大挑战。

中国石油在迈卢特盆地的勘探历程也几经周折，勘探理念几经转变。基于地质认识创新，果断实现战略转移，锁定北部凹陷，一举发现 Palogue 世界级大油田。其后通过快速评价，进一步认清油气成藏规律，累计发现 15 个油田，探明地质储量 8.7×10^8t，最终形成了北部凹陷“满凹含油”的格局（图 5-7）。

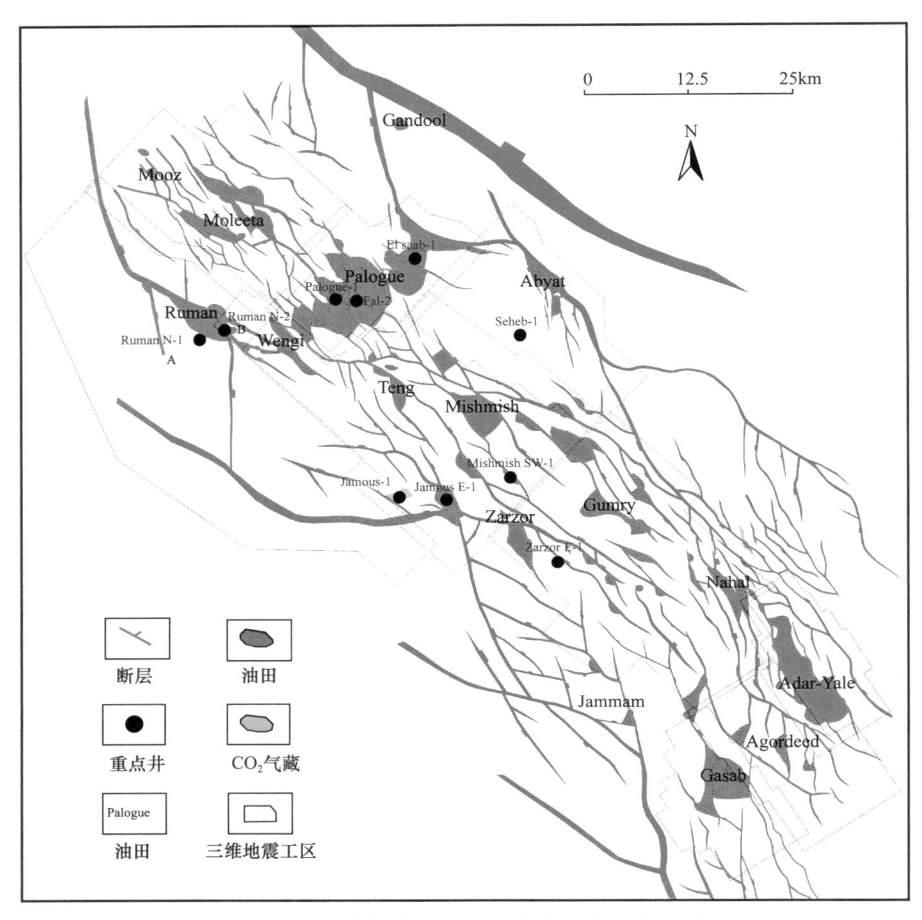

图 5-7　迈卢特盆地北部凹陷主要油田分布图

一、Palogue 大油田的发现

1. 借鉴穆格莱德盆地勘探经验

迈卢特盆地与穆格莱德盆地同属于中西非裂谷系，为同期形成的被动裂谷盆地。中国石油在苏丹穆格莱德盆地的勘探已经取得重要突破，并形成了一系列地质认识。借鉴这些地质认识，在迈卢特盆地勘探的初期阶段，勘探工作者们相信盆地早白垩世第一期断陷沉积的湖相泥岩是优质的烃源岩、晚白垩世坳陷期良好的储盖组合是勘探的主要目标、古近系储盖组合是次要的成藏组合。

为此，勘探部署上围绕已获发现的 Adar 油田，在“凹中隆”上探索白垩系、兼探古近系，发现了 Agordeed 油田。虽然白垩系和古近系均有测试出油，但探明地质储量仅

1800×10^4t。后续围绕Agordeed油田和前作业者发现的Adar油田钻探5口探井，均告失利，勘探一度陷入僵局。钻后分析认为失利的主要原因是构造不在油气运移的主要路径上，且白垩系目的层储层薄、物性差，难以形成规模聚集。摆在勘探工作者面前的问题，是主力凹陷不清、主力成藏组合不清（究竟是白垩系还是古近系）、有利成藏带不清。开展了迈卢特盆地和穆格莱德盆地地质差异性对比研究，重新评价迈卢特盆地的成藏条件和资源潜力，成为重开钻井之前必须补足的功课之一。

2. 跨世代成藏新认识指导勘探大发现

1）北部凹陷是重点勘探区

盆地北部凹陷最大重力异常值为–88mGal，南部凹陷为–82mGal，明显低于其他凹陷（重力最大异常值–74～–60mGal）。北部凹陷面积3500km²，南部凹陷面积1300km²，也明显大于其他凹陷（300～800km²不等）。据此明确北部凹陷和南部凹陷基底埋深大、沉积岩厚度大，是最有利的油气远景区。

地震剖面分析表明北部凹陷在白垩系中存在密集反射段，与中非剪切带内相邻的已知含油气盆地的生油岩反射特征相似，很可能存在白垩系烃源岩。该密集反射段埋藏深度大于双程旅行时为2s所对应的深度，考虑被动裂谷盆地早期地温梯度低的特点，液态烃的排烃期较晚，排烃高峰大约在古近系沉积之后，北部凹陷很可能是一个以液态烃产出为主的凹陷。Adar–Yale和Agordeed油田的成藏条件分析也认为油源来自北部凹陷。

2）构造调节带和基岩隆起带是有利的油气聚集区

迈卢特盆地在白垩—古近纪受伸展—右旋走滑作用，不仅发育大规模的张性断裂构造，而且还发育大量伸展构造调节带。北部凹陷至少发育4个区域性构造调节带，以宽缓的斜向低凸起为特征。凹陷内部还存在基岩隆起带，是白垩纪早期或之前就已形成的长期继承性隆起带，后期沉积披覆于上，在剩余布格重力异常图和重力垂向一阶导数异常图上都有反映，如Palogue一带的鼻状基岩隆起。古近纪末期的构造反转作用使上述正向地形单元更有利于形成圈闭。构造调节带和基岩隆起带与生油洼陷相邻，是油气运聚的长期指向，因此是有利的成藏带。尤其是Palogue地区发育在大型基岩隆起背景之上的披覆背斜带，走向与盆地走向近垂直，其西侧、南侧和东侧三面紧邻生油洼陷，是油气运聚的最优势方向。

3）古近系Adar组—Yabus+Samma组是一套优质的储盖组合

古近系Adar组泥岩厚度大、分布稳定，大套空白反射段特征易于全区追踪，构成了全盆地油气运移的唯一区域屏障。其下伏的Yabus+Samma组砂岩尤其是Yabus–Ⅳ砂组以下为高孔高渗或特高孔特高渗储层，孔隙度22%～30%，渗透率几百毫达西到几千毫达西，成岩作用弱，埋藏浅，一般在1000～2000m之间。而Adar组泥岩以下一直到白垩系疑似烃源岩的密集发射段，超过1000m的地层范围内，钻井所见一直以砂岩为主少见像样的厚层泥岩。因此Adar组盖层、Yabus–Samma组储层可能是迈卢特盆地最为理想的储盖组合，也即最主要的勘探的目的层。这与邻区穆格莱德盆地等中非裂谷系的主力储盖组合为上白垩统组合截然不同。产生这种现象的主要原因，在于穆格莱德盆地发育3期裂谷，其中晚白垩世裂谷深陷期发育了一套区域盖层，而迈卢特盆地晚白垩世这一期裂谷不发育，白垩系顶部缺乏盖层。前作业者美国雪佛龙公司发现的Adar–Yale油田以及早期发现的Agordeed、Luil、Jobar等小型油田，油气大多分布在Adar组—Yabus+Samma组这套储盖组合内，但储量丰度较低，属于“边际油田”，这种现象可能掩盖了该套组合是主力成藏组合的事实。因此迈卢特盆地的勘探思路应据此做出重大的调整。

4）凹陷缓坡带发育大型辫状河三角洲砂体

在Adar组—Yabus+Samma组储盖组合内发现大规模经济储量的关键是寻找有利的储层发育带。迈卢特盆地在古近纪Yabus-Samma组沉积时期地形高差不大，湖平面浅，斜坡带缓，发育以辫状河三角洲为主的沉积体系，地震上以丘状反射为特征，不具有明显的前积反射特征。同期盆地构造迁移性不强，周边物源相对固定，盆地缓坡带复合叠置了多个大型辫状河三角洲沉积砂体，砂岩成分较单一。北部凹陷受共轭伸展作用和构造调节作用的影响，南北两侧缓坡带斜向对置。中南部的缓坡带位于西侧，由西向东辫状河三角洲砂体逐渐变薄，Adar-Yale、Agordeed、Jobar和Luil等小型油田基本上都位于砂体厚度变薄区；北部的缓坡带位于东北侧，正好位于Palogue地区的重力异常高上，具有沉积和构造的双重配置。因此，Palogue地区发育的大型辫状河三角洲砂体是寻找大型油气田有利区。

5）跨世代油气成藏模式

（1）两期裂谷控制主力烃源岩与区域盖层的发育。

裂谷盆地幕式活动的阶段性与活动强度直接控制着盆地沉积层序的发育。迈卢特盆地经历了两期裂谷—坳陷的叠置，分别是早白垩世裂谷、晚白垩世坳陷以及古近纪裂谷和新近纪坳陷。早白垩世裂谷期断裂活动幅度较大，基底持续差异沉降，物源供给充分，发育深湖相沉积体系，形成了沉积范围广阔的富含有机质的细粒沉积，为油气的生成提供了优越的烃源岩；晚白垩世坳陷期断裂活动强度相对较小，形成的烃源岩规模有限；古近系Adar-Lau组沉积时期为第二期裂谷深陷期，以悬浮沉积作用为主的湖相泥岩广泛发育，沉积持续时间较长，形成了大套稳定分布的泥岩，从而为油气藏提供了良好的区域盖层条件。

（2）下白垩统烃源岩生排烃期晚，为古近系成藏组合提供了充足的油源。

早白垩世裂谷期盆地岩浆活动较弱，地温梯度较低。与迈卢特盆地近邻的穆格莱德盆地早白垩世地温梯度仅为2.8℃/100m，推测迈卢特盆地早白垩世古地温梯度与之类似。由于地壳均衡作用的影响，上白垩统地温梯度有所增加，到古近系Adar组沉积时期，盆地岩浆活动剧烈，地温梯度增加，部分地区可达4.0℃/100m以上。这种古地温背景，使得下白垩统上段主力烃源岩成油期晚，生烃高峰期在古近纪Adar组沉积末期，此时正当第二期裂谷裂陷作用强烈期，油气沿着活化的断层大规模运移充注。油气生排烃高峰期与圈闭的定型期形成良好匹配。

（3）上白垩统地层砂/地比高，缺乏区域盖层。

古近系Yabus-Samma组优质砂岩储层与Adar组区域有效盖层的配置决定了盆地主力成藏组合在古近系。

盆地晚白垩世处于早白垩世的裂谷作用之后的坳陷沉降背景，裂陷作用不明显，上白垩统主要以砂泥互层沉积为主，缺乏区域分布的大套泥岩盖层。上白垩统地层砂泥比高，上段地层砂泥比最高达4.0，一般在2.0以上，代表了以砂岩为主夹薄层泥岩的岩性组合；下段地层砂泥比也在1.0左右，为砂岩和泥岩基本等厚互层的岩性组合。泥岩单层厚度一般在10～30m之间，而且分布不稳定，不能构成良好的区域盖层。

古近系 Yabus 组下段—Samma 组沉积时期，盆地基本呈现坳陷型特征，地形高差不大，Yabus 组下段—Samma 组沉积缓慢，形成分选好、泥质含量低的块状砂岩，以特高孔特高渗及高孔高渗为主。始新世—渐新世的第二期裂谷，裂陷作用强烈，形成的 Adar 组厚层泥岩为 Yabus 组下段—Samma 组优质储层提供了良好的区域盖层。这种构造和沉积特点决定了盆地的主力成藏组合为古近系，上白垩统内油气成藏条件较差，体现了后期叠置裂谷发育程度控制主力成藏组合发育层位的特点。

（4）两期裂谷的叠置使得早期构造破碎化，降低了白垩系油藏的规模。

古近纪的伸展和断裂作用使得早期的断裂持续活动，早白垩世裂谷与坳陷期形成的圈闭发生强烈改造，白垩系圈闭破碎，上白垩统以反向断块圈闭为主，不利于油气大规模的聚集。古近纪裂谷作用之后定型的圈闭更有利于油气藏的形成。

（5）后期活化的断层为油气垂向长距离运移提供了通道。

深层的烃源岩生成油气后，断层为油气的运移提供了良好的通道。古近纪裂谷作用不仅形成了一系列深大断层，同时还使白垩纪裂谷和坳陷期形成的断层进一步活化开启，为油气运移提供了良好的通道，使得深层油气跨越上白垩统垂向运移进入古近系圈闭形成油气藏。

基于上述认识，建立了迈卢特盆地油气跨世代运聚的预测模式，其核心思想是：早白垩世裂谷控制烃源岩的发育，古近纪裂谷控制区域盖层的发育，被动裂谷盆地早期的低地温梯度使得烃源岩成熟晚，油气在区域盖层沉积之后，经两期裂谷作用形成的断裂系统垂向运移，跨越白垩系近 1000m 厚的地层，在古近系区域盖层之下的断块圈闭中聚集成藏，缓坡大型辫状河三角洲是有利储集相带。

以这一模式为指导，勘探重点果断向盆地北部凹陷缓坡带 Palogue 地区转移，经过地震部署侦查、加密，落实构造，快速实现了 Palogue 大油田的发现。2001 年在该地区西北侧部署 5 条二维地震测线约 102.5km，发现了不太落实的背斜圈闭；2002 年在构造的主体部位加密 22 条二维测线共 538.3km 落实构造，据此部署 Palogue-1 井。2002 年 10 月 Palogue-1 井开钻，该井在 Yabus-Samma 组测井解释油层厚度 83.1m，古近系 Yabus 组 1312～1333m 测试最高产量达 $810m^3/d$，突破了迈卢特盆地勘探历史以来最大油柱高度、最大油层厚度和最高测试产量纪录。随后又在北侧断块钻探 Fal-1 井，试油证实油层 90m、单层最高日产原油 $520m^3$。2003 年 3 月，完成 $308.88km^2$ 的三维地震采集，并随后集中力量钻探评价 Palogue 三维地震区。2003 年 10 月，地质储量超过 5×10^8t 的 Palogue 世界级大油田宣告发现和探明[4]。

Palogue 油田发现后，盆地石油地质条件和勘探主攻方向基本明确，北部凹陷证实为“富油气凹陷”。后续围绕北部凹陷实施整体勘探，在凹陷深洼带、外围、基岩潜山、深层和浅层岩性等领域接连获得勘探突破，发现了 Moleeta 亿吨级油田以及 Gumry、Zarzor、Teng-Mishmish 和 Nahal 等五千万吨级油田和一系列中小型油气田，累计发现油藏百余个，探明石油地质储量占整个盆地的 99% 以上。2006 年 8 月迈卢特盆地 1000 吨级油田投产，2009—2011 年实现年产 1500 万吨以上。2009 年 11 月苏丹 3/7 区项目实现投资回收，勘探的成功带来了巨大经济效益。

二、北部凹陷整体勘探

在北部凹陷斜坡带勘探取得巨大成功、Palogue油田和Moleeta油田相继发现和基本探明之际，3/7区项目或者说迈卢特盆地的勘探面临一个现实的问题，即接下来勘探究竟向何处去？此时盆地还有许多地区石油地质条件和勘探潜力并不明确，真正明确的只有两点：盆地的主力成藏组合是古近系Adar组—Yabus+Samma组组合；北部凹陷经勘探证实为“富油气凹陷”。但北部凹陷的勘探也面临两个问题：一是油气最富集的北部斜坡带主要目的层系勘探程度相对较高，规模圈闭储备不足；二是凹陷成藏主控因素虽基本明确，但油气分布规律尚未完全揭示。如何顺利实现勘探战场的转移是勘探家们不得不考虑的问题。为此，中国石油的勘探工作者们坚持探索，不断丰富油气成藏地质认识，锁定“富油气凹陷”不放松，实施整体勘探，陆续在北部凹陷深洼带、外围、基岩潜山、新层系等领域获得勘探突破，继大发现之后续写了储量快速增长的完美篇章。

（1）围绕“富油气凹陷”整体部署、分步实施，场面不断扩大。

研究发现，迈卢特盆地自早白垩世发生裂谷作用以后，一直处于裂后坳陷演化期，地表稳定的剥蚀与沉积充填占据主导地位，直到古近纪再次发生裂谷作用。到古新世—始新世时北部凹陷地形高差不大，呈准平原化的特征，凹陷湖泊内水体能量较弱，广泛发育了大型浅水辫状河三角洲沉积。相对稳定的构造格局使得物源供给具有继承性，岩石成分相对单一，有利于厚层优质储层的形成，推测主要目的层Yabus+Samma组砂体可延伸至凹陷深洼带形成油气聚集。这一认识与传统湖相盆地凹陷带内储层变薄、泥质含量增大、埋深增加导致物性变差的普遍认识存在较大差异，需要探井实钻检验。

恰逢2005年初，北部凹陷中央深凹带构造成图研究发现一个面积超过12km^{2}的构造，中国石油天然气勘探开发公司海外研究中心推荐为有利勘探目标。经充分论证，该目标被一致同意作为探索深凹带勘探潜力的突破口。2005年3月7日，北部凹陷中央深凹带部署的第一口探井Gumry-1井获得重大成果，古近系发现油层近50m，单层畅喷最高日产量近710t，累计折合日产量近2850t。Gumry-1井的成功直接促进了北部凹陷大范围连片三维地震的部署，从而拉开了北部凹陷“整体勘探、满凹含油”的序幕。

根据整体勘探的部署，2005年以来北部凹陷累计部署Gumry、Teng、Abyat和Ruman四块三维地震，总面积达4655km^2，并得以分步实施，为北部凹陷构造圈闭落实与井位优选提供了坚实的资料基础。基于连片三维地震资料，开展复杂断块精细评价，北部凹陷滚动发现了Zarzor、Teng-Mishmish、Nahal等高产油田群，探井成功率达81%，新增地质储量近2×10^8t。

（2）基岩勘探获突破，外围勘探潜力初现。

北部凹陷深凹带逐渐探明之后，勘探的战场逐渐迁移到凹陷边缘的外围地带。研究发现，北部凹陷西南发育Ruman次凹，沉积岩最大深度可达双程旅行时为4s时所对应的深度，推测该次凹下白垩统烃源岩层系依然存在，有一定的生烃潜力。次凹东北侧发育Ruman潜山，与北部凹陷主凹分割。潜山西侧地层整体向潜山披覆减薄，易于形成地层上倾尖灭的岩性地层圈闭，而东侧地层与潜山直接对接，可以形成断块圈闭，因而Ruman潜山及其周缘具备油源与圈闭条件。但是Adar组沉积之后的区域不整合使得Adar区域盖层剥蚀减薄，潜山顶部缺乏Adar组封盖，顶部封堵条件堪舆。经钻井与地震资料对比分析，浅层新近系 Miadol 组发育一套局部泥岩，可作为潜山及其周缘的局部盖层。由此认定 Ruman 次凹东侧潜山及其周缘具备寻找岩性及潜山等新类型油藏的勘探潜力。

2007 年 2 月 22 日，在 Ruman 凸起带部署的 Ruman N–1 井，新近系 Jimidi 组解释油层 2.6m、白垩系 Galhak 组解释油层 2.2m，抽汲获得了 0.7～2.3t 的稠油，证实潜山之上新近系和白垩系可以成藏，具备进一步勘探的潜力。该井虽钻遇基岩，但构造部位偏低，未见油气显示。为了进一步探索基岩潜力，2008 年 6 月 5 日，部署的评价井 Ruman N–2 井获得重要发现，基岩测井解释油层 56.5m，抽汲获得日产 54t 的高产，宣告了苏丹地区首个基岩潜山油藏的发现。

随后围绕 Ruman 潜山两翼及周缘继续探索，东侧陡坡部署探井，侦查古近系和白垩系岩性圈闭潜力，也先后获得成功。在该带累计实施探井 14 口，其中 10 口井获得成功，累计探明地质储量 5000×10^4t 以上，证实了一个多层系、多类型、立体含油的构造带（图 5–8）。

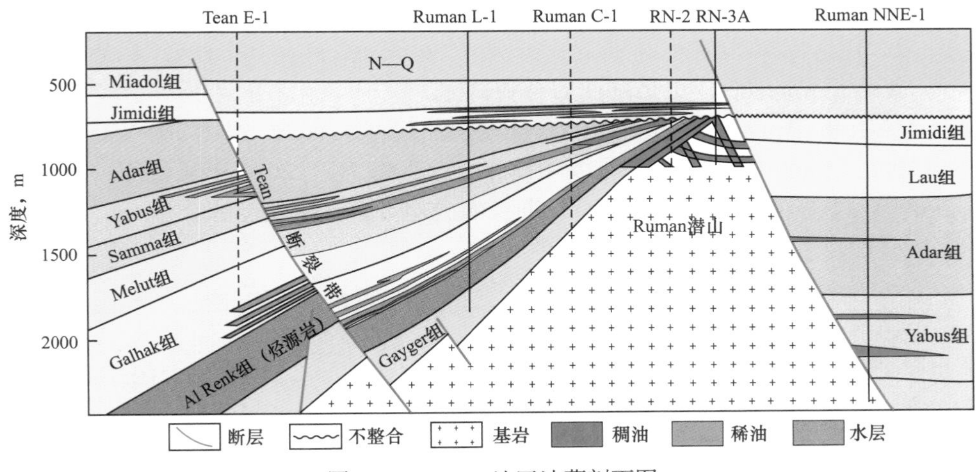

图 5–8 Ruman 地区油藏剖面图

（3）深化地质认识，白垩系深层不断有发现。

穆格莱德盆地白垩系发现的储量占比超过 95%，而迈卢特盆地 98% 以上的储量都是来自古近系。如何准确评价白垩系潜力、释放深层资源，逐步成为勘探工作重点。

分析表明，白垩系虽然顶部缺乏区域盖层，不是迈卢特盆地的主力目的层系，但在总体砂质地层发育的背景下，若特定地区某个层段泥岩相对发育，仍然有可能提供局部盖层条件，与圈闭条件配合形成一定规模的油气聚集。从勘探层位来看，北部凹陷下白垩统烃源岩发育的层位，是自生自储油藏勘探的有利目标，但埋深普遍超过 4500m，勘探难度大，而上白垩统下段 Galhak 组发育砂泥岩互层，存在局部盖层发育的条件，Galhak 组发育的断块圈闭或岩性圈闭均可作为勘探目标。区带的选择上，凹陷周缘的斜坡带 Galhak 组埋藏相对较浅地方，尤其是 Moleeta 油田、Palogue 油田深层具有一定的构造背景，是有利勘探区。

2008 年，在 Moleeta 构造上针对白垩系钻探 Moleeta G–1 井，不仅发现了 Galhak 组油藏，证实该区存在上白垩统成藏组合，而且该井揭示出 Galhak 组发育大套暗色泥岩，说明北部凹陷在北部斜坡带较高部位仍发育有上白垩统烃源岩，更加坚定了在坳陷边缘开展外围环凹勘探以及深层白垩系勘探的信心。2009—2010年，在Palogue油田深层及周边、Moleeta地区、Abyat斜坡、Adar隆起、Mishmish古隆等地区针对白垩系部署的11口探井连续获得成功，新增地质储量超过1500×10^4t。

（4）浅层岩性勘探展现良好苗头。

古近系Adar组是盆地的区域盖层，在北部凹陷大部分地区泥岩含量较高，但钻井揭示局部地区其内部发育砂泥岩互层。精细层序地层学研究发现Adar组可以分为上、下两大段，下段泥岩含量最高，上段在局部地区沉积了薄层砂岩、粉砂岩体，形成潜在的勘探目的层。同时，古近系Yabus组辫状河三角洲前缘相、平原相、水上分支河道和水下分流河道亚相在平面上复合叠置，形成了不同的宏观沉积体几何形态和砂体组合类型，为发育河道砂体和上倾尖灭圈闭提供了沉积背景。只要这些砂体具备构造背景，且有油源断层与之沟通，均可以在凹陷内聚集成藏。

2009年，在北部凹陷东部陡坡带Abyat地区针对Yabus组岩性上倾尖灭圈闭部署探井Sehab-1，在目的层累计见油气显示28m，其中有3个流体样品见到1%～3%的油，揭示出古近系地层圈闭的勘探潜力。2006年，Zarzor E-1井在Adar组首次发现商业油流，证实了Adar组盖层内部的砂体也是勘探的有利目标。

经过十多年的艰苦探索，北部凹陷累计发现油藏百余个，探明石油地质储量占整个盆地的99%以上。2006年8月千万吨级油田投产，2009年至2011年实现年产1500×10^4t以上，2009年11月项目实现投资回收，勘探的成功带来了巨大经济效益。

第三节　乍得邦戈尔盆地勘探实践

乍得是非洲最大的内陆国家，位于浩瀚的撒哈拉沙漠以南，大部分国土为沙漠覆盖，西部和南部分布有多个中—新生代裂谷盆地。自20世纪60年代以来，先后有Conoco、Exxon、Shell和Chevron等国际大石油公司在乍得进行油气勘探。1996年11月Exxon联合体保留Doba和Doseo以及Lake Chad盆地发现的8个油田、3个含油气构造后，将剩余的合同区归还，乍得政府将其与东北部的Erdis盆地一起形成一个新的H区块。H区块面积$43.924\times10^4\mathrm{km}^2$，覆盖了邦戈尔盆地全部以及Lake Chad、Madiago、Doba、Doseo、Salamat和Erdis等盆地的一部分[5-8]。这些盆地既有裂谷盆地，又有克拉通盆地，地质情况非常复杂[9-13]。初始合同区仅有探井9口，评价井1口，二维地震1.11×10^4km，勘探程度低。

项目组在苏丹3/7区低勘探程度盆地快速发现大油田勘探配套技术的基础上，结合中国东部裂谷盆地油气资源分布特征，建立了海外高风险勘探项目“选盆、定带、快速发现”的勘探评价方法，总结出10项低勘探程度盆地评价指标。通过凹陷结构分析、烃源岩快速评价、成藏组合快速评价以及圈闭评价，从成藏条件、资源潜力和经济评价3个方面系统对比区内的7个盆地。明确Erdis盆地和Madiago盆地成藏条件差、资源潜力小，不可能获得商业油气发现；南乍得盆地Doseo和Salamat有一定成藏条件、资源潜力中等，有希望获得商业发现；邦戈尔盆地、南乍得盆地西Doba和乍得湖（Lake Chad）盆地获得商业油气藏的可能性最大，并将邦戈尔盆地作为勘探的突破口，主要依据有以下4点：

（1）区块面积大（近$44\times10^4\mathrm{km}^2$）、盆地多（7个沉积盆地），其中乍得湖盆地、Doba和Doseo等已证实油气发现。

（2）EnCana 在邦戈尔盆地的勘探发现虽然油层薄、油品差、规模小，但资料显示盆地烃源岩条件极为优越，烃源岩 TOC 含量高达 25.6%，成熟烃源岩最大厚度超过 800m；且盆地勘探程度低，$1.8 \times 10^4 km^2$ 的勘探面积内仅钻井 2 口。

（3）H 区块临近正在运营的输油管线，如西 Doba 离管线不到 100km，邦戈尔盆地离管线约 200km。参照苏丹 3/7 区的经验，项目只要建成 $200 \times 10^4 t$ 产能就能达到经济门槛。在新项目评价的初始阶段，中国石油技术专家对在邦戈尔盆地发现 $1.5 \times 10^8 t$ 稠油和 $1.5 \times 10^8 t$ 稀油充满信心。最终系统评价后认为 H 区块风险后圈闭资源量为 $7 \times 10^8 t$，其中邦戈尔盆地达 $5.8 \times 10^8 t$。

（4）邦戈尔是唯一整体属于 H 区块的盆地，其他 4 个盆地的主体均不在 H 区块。从盆地地质条件对比看，Doba 凹陷无疑是最好的，但 H 区块内的西 Doba 位于盆地西部尾端，不在盆地富油气区带；Lake Chad 盆地和 Doseo 凹陷成藏条件也不错，但离管线距离远，最小商业规模储量门槛高。

截至 2015 年，乍得项目 PSA 合同正式生效，将原 H 区块面积剔除开发区块之后整合成新的区块转入新的运作模式。

整个团队通过科学选盆定带，将邦戈尔盆地作为勘探重点，实施多层系立体勘探，实现了“7 个跨越式”发展，从上组合到下组合、从构造到岩性、从沉积地层到基岩潜山，获得一个又一个突破，彻底打开了邦戈尔盆地的勘探局面。邦戈尔盆地的勘探发现，是中国石油海外继苏丹裂谷盆地发现后，在中西非裂谷系油气勘探的又一次跨越。邦戈尔盆地勘探的成功，也是中国石油海外高风险自主勘探成功的典范。

一、上部成藏组合勘探

邦戈尔盆地紧邻中非剪切带，经历张、剪、扭复合应力改造和后期强烈反转，盆地结构异常复杂，盆地内不同凹陷、不同区带间的构造样式、沉积特点以及油气富集规律均存在较大差异，总体特征表现为“稠、贫、散、浅”，上缺盖、下缺储。20 世纪 60—80 年代前人借鉴邻盆 Doba 油田勘探经验，立足盆地凹中隆（Naramay-1）和主凹陷陡坡带（Semigin-1）勘探遭受挫折；2002—2006 年前作业者主攻裂谷盆地缓坡带，并采取优选大圈闭、多盆、多带甩开钻探的勘探策略，勘探效果甚微。

2007 年，中国石油成为作业者，通过深入分析邦戈尔盆地结构、构造样式和沉积的控制作用，逐步明确盆地东西分段、南北分带的结构特征，认为盆地“早期拉分、中期走滑、晚期反转”形成多个北断南超与南断北超箕状凹陷间互拼合的特点。开展原型盆地恢复、储层演化及稠油成因分析，明确盆地经历两期强烈反转，地层剥蚀 500～2000m，油气现早期成藏、后期调整破坏，但盆地东部凹陷具有烃源岩质量好、成熟烃源岩广布的有利条件。据此提出“储集砂体、保存条件、构造形成早晚”三大控油关键因素，明确邦戈尔盆地东段以东部凹陷为主力凹陷，其北部斜坡为首选有利勘探区，快速锁定斜坡上的 Ronier 地区。2006 年整体部署 $503 km^2$ 三维地震，落实了 Ronier 构造。分析认为该构造具有古隆背景，为后期构造反转形成的大型复式断背斜，位于物源注入通道区，目的层埋深适中（900～1500m），储集物性与保存条件较好，具垂向与侧向双向供油条件，是盆地内中浅层圈闭资源量最大的构造。中国石油力排异议于 2007 年 1 月完钻的 Ronier-1 井日产原油 37.9t，成为邦戈尔盆地首口突破商业油流关的井。

Ronier-1井之后，沉积、成岩作用研究相结合，判定盆地快速深埋后反转抬升，中深层整体储层物性变差，但原始优质储集相带在中深层仍可保留较好物性，突破了前人对残留盆地储层下限浅的认识，部署Ronier-4、Ronier CN-1等井探索中深层，在下白垩统K组下段和M组相继获得高产稀油，展示出亿吨级正常原油规模储量区（后命名Ronier油田）。截至2016年底，该油田完钻井20余口，其中19口井获得油气发现，10口井均获商业油流，单井测试折算最高日产油394m^3，日产气$14.69\times10^4m^3$。

Ronier-4、Ronier CN-1等井的发现坚定了勘探重点转向稀油的信心。在相关地质认识支持下，快速展开了下白垩统M组的构造成图与目标优选工作，并依据盆地构造经多期改造、二维地震资料较难落实圈闭形态等实际情况，在Maye地区超前部署三维地震。2008年底—2009年初，基于三维地震资料解释，部署3口探井均获成功。其中Prosopis-1测井解释油层72.9m/45层，气层6.5m/3层，测试最高日产油1061t、产气超过$50\times10^4m^3$，成为中国石油进入乍得项目以来的首口试油产量超千吨的探井。3年勘探奠定了邦戈尔盆地100×10^4t上下游一体化项目的储量基础，之后经过两年建设，2011年正式投产，帮助乍得实现了石油自给。

二、下部成藏组合勘探

邦戈尔盆地的勘探在Ronier地区先后突破商业油流关和稀油关后，仍然面临如何继续扩大储量规模的难题。针对该盆地的反转和早期裂谷盆地特征，项目组精细分析其石油地质和成藏条件，通过地质和地球物理综合研究，建立了邦戈尔盆地强反转裂谷盆地的地质模式，明确下部成藏组合为主力勘探层系；建立了区带快速评价与目标优选技术，用以评价盆内有利区带；集成了地震勘探配套技术和构造精细解释技术来识别优选有利圈闭；建立了储层精细预测技术，精细预测储集砂体空间展布，为圈闭评价和岩性油藏勘探奠定基础；完善了测井综合解释技术，用以精确评价油气水层、烃源岩及盖层。通过以上研究和技术集成应用，在2011年获得了Great Baobab和Daniela两个区块勘探的重大突破，为盆地二期开发奠定了储量基础。

1. 综合研究把好脉，厘清反转影响

邦戈尔盆地在早白垩世强烈断陷后于晚白垩世经历了一期较大规模的整体抬升剥蚀，其中北部斜坡带平均剥蚀量在1200～1500m之间。反转对盆地石油地质条件的影响主要体现在以下几个方面：

（1）反转抬升前北部斜坡带烃源岩埋深较深，已成熟并大量生烃。地球化学分析表明，泥岩样品的热演化程度普遍高于现今埋深和地温所对应的成熟度，部分泥岩样品在1000m左右的埋深就已达到生烃门限；（2）储层成岩演化阶段高于现今埋深所对应阶段，盆地快速抬升剥蚀有利于原始孔隙的保存，本区储层以中成岩A—中成岩B期为主，具备原生孔隙和次生孔隙大量发育的条件；（3）由于反转抬升剥蚀，中浅层的下白垩统R组和K组成藏组合保存条件差，油品普遍偏稠，不排除部分油藏被破坏。

2. 转变思路开药方，重心转向下组合

为突破上部成藏组合油层薄、油品稠、规模小等制约项目经济效益的瓶颈问题，项目组将目标转向下组合，认为由于强烈反转的影响，邦戈尔盆地下部成藏组合应作为勘探重点层系。主要原因如下：

（1）构造反转前盆地经历了早期深埋作用，烃源岩已经进入生烃门限并大量生烃，且下组合的P组和M组泥岩单层厚度大、有机质丰度高、干酪根类型以II_1型为主，具备形成大油藏的基础。

（2）下组合储层虽然经历了早期深埋压实，但在白垩纪晚期迅速抬升，经历的强压实作用时间较短，部分原生孔隙得以保存，早期的油气充注也对破坏性成岩作用有一定的迟滞作用。

（3）构造反转虽然使得油气藏保存条件变化，甚至于破坏原生油气藏，但是客观上也使得下组合油气藏埋深变浅，使其更易于钻探，局部地区反转构造加强加大了原有圈闭，更有利于油气聚集。

3. 稳步实施结硕果，下组合再获大突破

通过重新评价已钻圈闭，大胆探索下组合这一新层系，发现Great Baobab和Daniela两个下组合高产油田，揭开了下组合勘探的序幕。其中Daniela油田三级石油地质储量达1.02×10^8t，成为2011年中国石油在海外的最大发现。

Baobab S构造带位于邦戈尔盆地北部构造带中段Baobab构造群的西南、Mimosa构造北侧约6km处，整体上与Mimosa构造近于平行。前作业者于2006年2月完钻Baobab–1井，认为以稠油为主，未予重视。2009年，中国石油在新三维地震连片解释的基础上部署了Baobab S–1井，探索下组合勘探潜力。该井解释油层累计厚度23.1m，试油日产稀油991m^3，其后部署的评价井Baobab S–2井和Baobab S–4井均钻遇油层且试油获高产稀油。2010年发现Baobab NE含油构造，该构造位于Baobab构造带东北部，处于在Baobab构造带北侧低凸起北翼洼槽，为一北倾断层下降盘的断鼻构造，构造形态从深层至浅层具有良好的继承性。基于Baobab S构造的发现，认为Baobab NE构造下组合具有良好的油气潜力。2010年7月通过三维地震资料的解释，部署了Baobab NE–1井，该井解释油层厚度190m，试油合计日产稀油470m^3。

Daniela构造位于盆地东部凹陷的北部斜坡带东端，距Great Baobab油田约42km。该构造具有明显的基底隆起背景，其南部和东部紧邻凹陷的生烃区，地层埋藏较深，是油气的主要供给区，其北部和西部地层埋藏较浅。Daniela构造是受控于两条不同期次的NW走向主干断裂所形成的复杂断背斜构造，北倾主干断裂控制构造的形成，南倾断裂对构造进一步改造定型。古构造恢复表明，该构造在早白垩世已具有雏形，在强烈断陷期末，由于区域不均衡应力作用，使构造幅度加强；晚白垩世末期的强反转构造运动对主力目的层P组构造形态影响不大，但K组构造形态则更加破碎。Daniela–1井于2011年钻探，测井解释油层137m，试油获日产411t，评价井Daniela–2井证实油层46m，随后钻探的Daniela E–1井、Daniela–3井和Daniela–4井均钻遇油层（图5–9）。

三、岩性油气藏勘探

2010年采集Kubla三维地震，前三束线处理结果出来后，按照快速找油要求，前后方完成了主要目的层的构造成图，并从8个目标（图5–10）中优选出A和B两个有利目标，针对B目标部署的Baobab N–1井获重大发现，揭开了盆地岩性油气藏勘探的序幕。

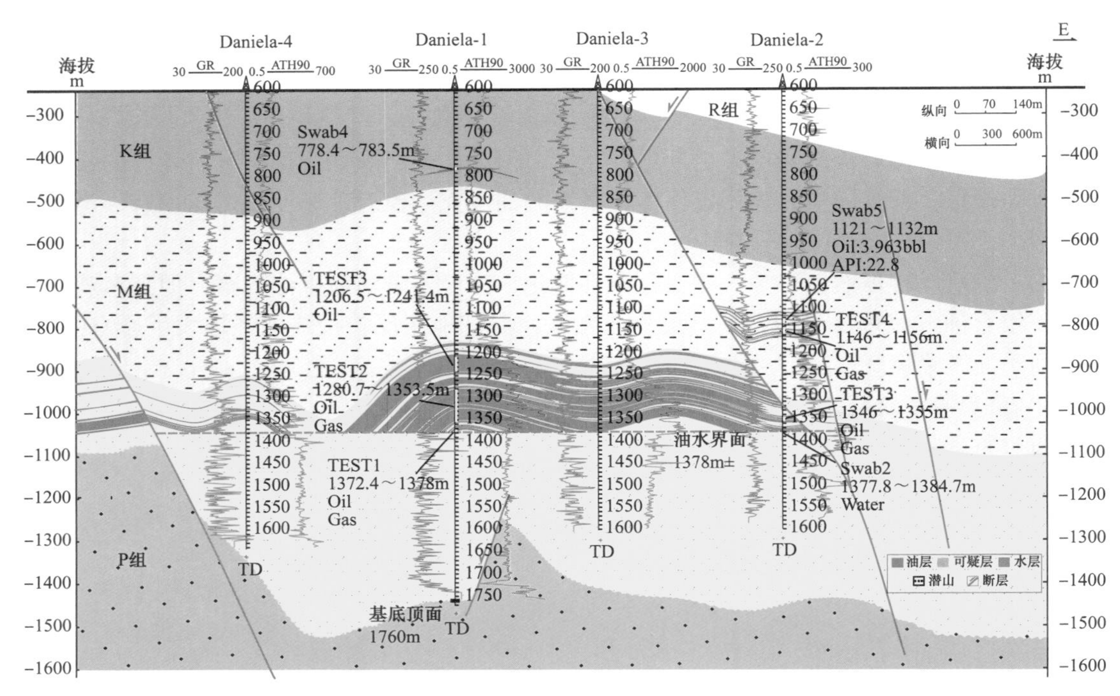

图 5-9　Daniela 油藏特征

图 5-10　P 组北洼陷分频属性有利砂体预测图

1. 首钻突破，区带现良好前景

B 目标 Baobab N 凹陷的东北部，该凹陷长 10～20km，宽数千米，面积仅 93km^2，现今埋深最大埋深不过 3000m。凹陷是否发育规模烃源岩、烃源岩能否成熟等是勘探面临的两大挑战。通过类比发现 Baobab N 凹陷与邻近的 Mimosa 凹陷类似，基底之上分布有大套的连续反射，推测存在厚层泥页岩。此外，根据构造恢复结果，该区白垩纪末期的剥蚀厚度接近 2000m，因此只要存在烃源岩，在反转之前就已经成熟并生烃。2010 年 11 月，针对 B 构造部署 Baobab N-1 井完钻，该井测井解释油层厚度 127m/28 层，试油 5 层，累计日产原油 1611t、天然气 1.87 × 10^{4}m^3。

2. 山重水复，构造勘探遇难题

Baobab N-1 井成功后，抱着极大的信心与期待，研究人员在该构造东西两侧分别选取 Baobab N-2 井、Baobab N-5 井上钻，但这两口井的钻探却以失利告终，研究工作面临新的难题。整个 Baobab N 油藏成藏的主控因素是什么？是构造不够落实？是断层侧向封堵问题？还是该油藏是岩性油气藏？针对以上疑问，项目组开展了两项针对性研究：一是深化构造研究，细分层，针对主要油层组顶、底面开展精细构造解释；二是开展地震相分析及简单的地震属性反演。尽管受资料所限，无法准确预测储层，但属性分析结果初步展现出该区储层的发育特征，储层呈北东向展布，近乎垂直于凹陷的边界断层，不同的储集体之间以泥岩墙相隔，储层是控制成藏的关键因素。

3. 转变思路，岩性勘探获突破

项目组重新对生、储、盖等主要成藏要素进行了分析，认为该凹陷是富油气凹陷，不管是构造圈闭还是岩性圈闭均具有成藏条件。据此，研究组及时对地震资料提出了保幅处理的要求，改进地震资料品质；同时决定按照岩性油气藏的勘探思路，重点应用了 3 项针对性技术：一是层序地层学，二是“分频属性定靶点，立体透视定边界，储层反演定厚度”储层预测技术，三是沉积相分析技术。在此基础上于 Baobab N-1 井的下倾部位部署 Baobab N-4 井、Baobab N-8 井，两口井均成功钻遇巨厚油层。Baobab N-4 井钻遇油层厚度达 177m，Baobab N-8 井钻遇油层厚度达 288m，成功发现了 Baobab N 超高丰度岩性油气藏，探明石油地质储量 4095×10^4t。

4. Baobab N 区沉积体系的认识与 Raphia S-8 的发现

Baobab N 地区已钻井显示，该地区 P 组沉积相变快，各井之间差别较大。结合该地区地震振幅三维立体透视及已钻井砂岩厚度统计，发现该地区各个砂体相互独立，呈南北向展布，以北部物源为主，南部物源为辅，各砂体展布纵向上具有一定的继承性。

随着对 Baobab N 区沉积体系认识深化，项目组坚持岩性勘探这一思路，在邦戈尔盆地北部斜坡带积极探索，在 Raphia-Phoenix 次凹钻发现 Raphia S 岩性体，部署 Raphia S-8 井获成功，该井在 P 组发现油层 154.6m，试油获日产 972t 高产（图 5-11），目前该发现已建成年产 50×10^4t 产能油田。

显然，勘探思路的转变、针对性技术的集成创新以及对油气藏的准确把握是成功发现并探明岩性油气藏的关键，也为后续发现奠定基础。

四、基岩潜山勘探

邦戈尔盆地由于强烈反转，地层抬升、遭受剥蚀，缺失了上白垩统—新近系近 30Ma 的沉积，以下白垩统为勘探目的层，油气成藏特征复杂。2007—2012 年，下白垩统上、下组合勘探取得了重大成功，发现多个亿吨级油田，在下组合勘探的同时，部分井在基底也见到了弱显示，那么基岩潜山是否具有勘探价值呢？从理论上讲，近洼的成熟烃源岩长期供油，基岩潜山经过长期的风化淋滤及构造抬升，裂缝发育，很可能发育储层，凸起上巨厚的泥岩覆盖于基岩潜山之上，为潜山油藏的保存提供了厚厚的“被子”，上述有利的生储盖条件使基岩潜山成为潜在的勘探目的层。然而，基底地震资料信噪比低的“顽症”横亘在勘探工作者面前，潜山成像不清、基岩顶面标定及断裂体系展布无法准确识别，潜山构造顶面成图存在不确定性。潜山类型多样，有高有低，有早埋，有晚埋，有利的潜山类型不明。通过系统分析钻探中取得的少量潜山资料，结合邦戈尔盆地已证实的两套优质烃源岩，大胆创新勘探理念。明确潜山勘探必须立足北部连片三维地震区（图 5-12），认为该区是油气富集的“聚宝盆”，早埋型潜山要优于晚埋型潜山，并优选 Lanea E-2 井重新探索 Lanea E 构造及其基岩潜山，2012 年底针对基岩潜山的第一口探井获得巨大突破，在基岩裸眼试油获得高产商业油气流，随后 Baobab C-1 井潜山段历经两年试采，累计产量达到 1.37×10^6bbl，这是中西非裂谷系第一次在花岗岩潜山获得商业突破。

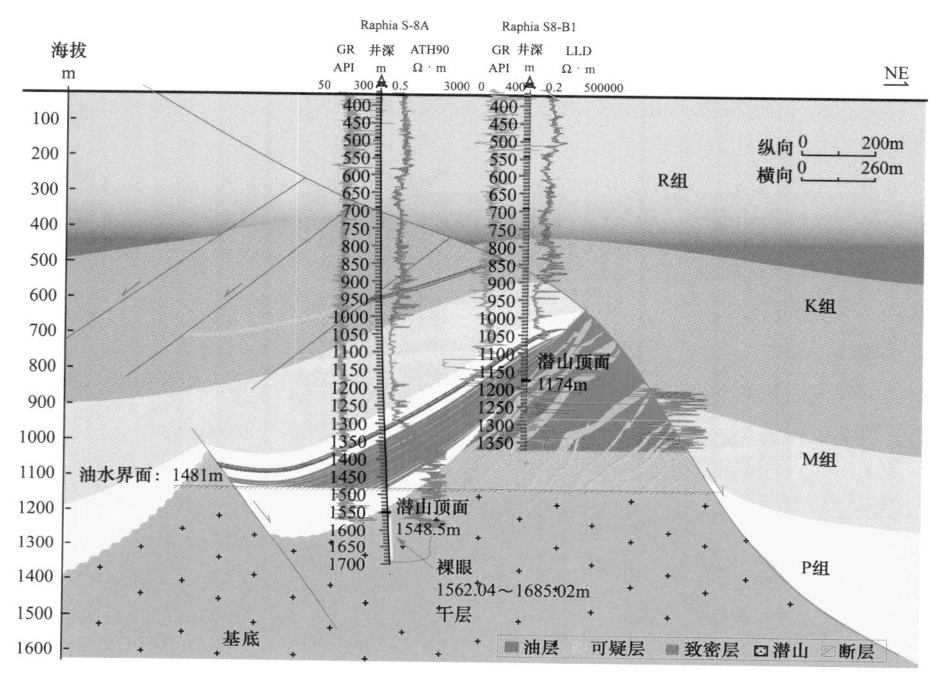

图 5-11　Raphia S 油藏特征

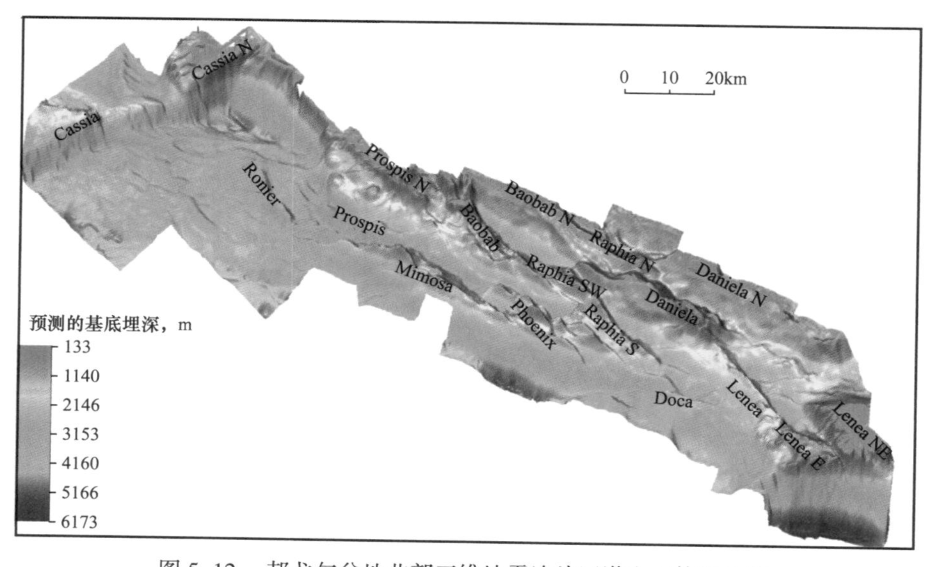

图 5-12　邦戈尔盆地北部三维地震连片区潜山立体显示图

1. 兼探潜山，未识真面目

中国石油成为乍得项目作业者以来，在探索下白垩统上、下成藏组合的同时，积极对前寒武系基底进行兼探。2008—2012 年共有 64 口井进入基岩，潜山总进尺约 1500m，但单井揭示基岩的地层厚度薄，绝大部分不足 30m，钻进过程中偶见钻井液漏失及好的油气显示，但当时因为有上、下组合良好的油气发现，没有引起太多关注。

2012 年之前为什么没有把基岩作为主要目的层，有三大原因：其一是 2012 年以前，下白垩统上、下成藏组合连续获得勘探突破，特别是下组合连续发现高丰度—超高丰度的构造油藏、岩性油藏，基岩勘探没有那么迫切；二是基底地震资料品质差，基岩顶面不好识别；三是受苏丹穆格莱德盆地和南苏丹迈卢特盆地基岩勘探长期没有突破的影响，认为中西非裂谷系前寒武系基底是铁板一块，不发育储层。

2. 转变理念，首攻 Lanea E-2

截至 2012 年底，盆地东北部连片三维地震区（满覆盖面积 3262.5km^2）已完钻探井 74 口，评价井 73 口，3km^2 以上的有利圈闭基本钻探完毕，还有多大的勘探潜力？新的储量接替领域在哪里？

项目组通过分析盆地潜山成藏的条件，指出强烈断陷期箕状断陷与古隆相间展布的盆地格局奠定了古潜山雏形，强烈断陷期之后沉积了巨厚的 M 组湖相泥岩，大部分潜山被其覆盖，封盖条件良好；M 组本身也是优质烃源岩，潜山烃源岩条件优越；长期的风化淋滤作用导致古隆基底顶面发育大面积风化壳，早白垩世中非剪切带的左旋走滑拉张作用，导致潜山基底内幕裂缝发育，极大地改善了基岩的储集性能；近源早期成藏，富油气凹陷、顶面盖层及基岩风化壳 / 裂缝储层为潜山油气藏成藏的三大主控因素；临近富油气凹陷的早埋型高潜山为最有利的勘探目标。

基于上述认识，项目组对全盆地 32 个潜山开展分级分类研究，明确了潜山勘探必须立足北部连片三维地震区，早埋型潜山要优于晚埋型潜山，并优选出 Lanea E 等 12 个有利的潜山勘探目标[14-16]。

2012 年 12 月，盆地北部斜坡部署 Lanea E-2 井探索 Lanea E 构造及其基岩潜山的勘探潜力。该井钻井过程中好油气显示不断，钻井液也不断漏失，同时槽面出现大量原油。该井钻入基岩 130m，在基岩上覆的 P 组发现油层 66.3m/25 层，基岩发现油层 88.9m/26 层，基岩段试油日产油 494.78m^3，揭开了邦戈尔盆地最古老地层的神秘面纱，拓宽了地质学家的视野，拉开了中西非裂谷系基岩潜山勘探的大幕（图 5-13）。

图 5-13　潜山钻进钻井液槽原油及试油高产油流

3. 老井复查，再获新突破

潜山勘探首战告捷，给勘探工作者带来了思想上的新启示，坚信北部斜坡带还有规模潜山油气田的存在。Lanea E-2 井成功后，梳理已钻井的基岩资料及其油气显示，认真开展老井复查工作。对比发现 Baobab C-1 等 13 口钻遇潜山的探井气测组分全，也存在钻井液漏失情况，但油气显示弱。进一步分析发现，潜山段钻进时用的钻井液密度达 $1.32g/cm^3$，较高的钻井液密度是导致潜山油气显示弱的主要原因。

复查后优选构造落实的高潜山上两口已钻老井重新测试，均获高产商业油流，证实基岩存在以裂缝为主的有效储集空间。随着试油工作的逐渐铺开，“一山一藏”的潜山油藏特征清晰展示出来。

4. 攻坚克难，终获大场面

潜山油气藏受构造控制明显，高潜山和裂缝发育程度是控藏的关键因素，要想获取规模大场面，必须先实施“占山头”策略。为此制定了“整体研究、整体部署、稳步推进、分步实施”的潜山勘探部署思路。为克服潜山钻速慢的难题，引入欠平衡钻井设备，大幅提高钻井速度，缩短钻井周期，减少钻井液漏失和地层流体溢出及储层污染。2013 年，潜山进尺近 9000m，喜讯频传，连获重大突破，一举发现五大高产潜山，四大潜山试油，日产量超 150t，累计有利勘探面积超过 $400km^2$。邦戈尔盆地基岩潜山的勘探成功打开了中西非裂谷盆地一个新的勘探领域，为乍得项目迈上新台阶奠定了坚实的基础（图 5-14）。

图 5-14　潜山试油点火

邦戈尔盆地的勘探发现，是中国石油海外继苏丹裂谷盆地发现后，在中西非裂谷系油气勘探的又一次跨越。邦戈尔盆地勘探的成功，也是中国石油海外高风险自主勘探成功的典范。中国石油成为邦戈尔盆地作业者以来，实施多层系立体勘探，实现了“七个跨越式”发展。其成功不是偶然，是海外石油勘探人集体智慧的结晶，也是中国石油海外勘探配套技术的又一次升华，更是中国石油海外项目高效组织管理的成功典范。

第四节　尼日尔特米特盆地勘探实践

特米特盆地经过埃索石油公司（ESSO）等国际石油公司勘探 36 年发现 7 个油藏，认为没有经济效益而放弃。2008 年中国石油进入时，盆地探井密度仅为 0.058 口 $/100km^2$，属于典型的低勘探程度区。进入之初在前作业者发现油藏的 Dinga 断阶带开展滚动勘探，通过叠合裂谷盆地成藏组合快速评价和复杂断块精细刻画，迅速打开了局面。2009 年首钻告捷，发现 Faringa W 千万吨级油藏，随后又发现 Gololo、Dougoule 和 Dinga Deep 3 个千万吨级油藏；同时积极评价前作业者发现的 Goumeri 油藏，通过评价井 G2、G3 和 G8 井的钻探，落实了该油藏的地质储量。Dinga 断阶带由此成为盆地第一个亿吨级含油气区带。

2010 年开始，在“基于海相烃源岩的叠合型裂谷盆地油气成藏模式”的指导下，逐步开展盆地新区带甩开勘探和新层系探索，先后发现了 Dibeilla 构造带、Fana-Koulele 构造带和 Moul 坳陷—Yogou 西斜坡 3 个亿吨级新区带（图 5-15），并在上白垩统新层系勘探中取得重要突破，上白垩统新增石油地质储量 1.1×10^8t，整个 Agadem 区块累计自主勘探探明石油地质储量 5.15×10^8t。

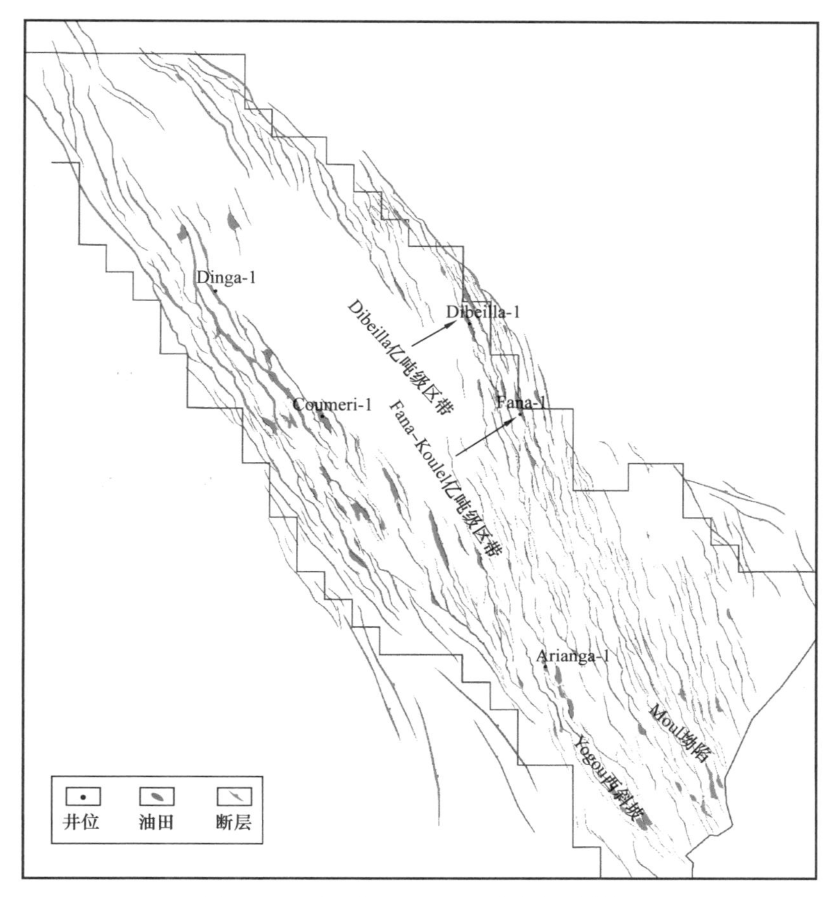

图 5-15　尼日尔 Agadem 区块勘探形势图

一、Dibeilla 构造带勘探

“基于海相烃源岩的叠合型裂谷盆地油气成藏模式”是总结特米特盆地石油地质综合研究和 Dinga 地堑的勘探成果，借鉴中国石油在苏丹穆格莱德和迈卢特盆地的勘探实践于 2010 年创新性提出来的。该模式的核心思想是，特米特盆地经历早白垩世和古近纪两期裂谷—坳陷演化，其中第一期裂谷坳陷期（晚白垩世）海相烃源岩全盆分布，第二期裂谷深陷期（古近纪）发育盆地的区域盖层，与初陷期湖相—三角洲砂体形成良好的储盖组合，油气沿两期裂谷断裂体系向上运移，在断层和砂体配置良好的古近纪反向断块圈闭聚集成藏。这一模式突破了传统的陆相裂谷“定凹选带”的区带评价和油气勘探思路，认为在烃源岩全盆分布的前提下，成熟烃源岩所及的范围，都是主力成藏组合的有利勘探区。这一模式不仅丰富了裂谷盆地的油气成藏理论，也为特米特盆地勘探潜力评价和甩开勘探奠定了理论基础，为下一步勘探指明了方向。

Araga 地堑位于特米特盆地 Dinga 凹陷东侧的斜坡带，勘探面积约 3500km^2，发育 Dibeilla、Madama、Araga 等多个构造带。前作业者在 Araga 地堑及周边共钻探井 4 口，除 Madama-1 井发现少量稠油之外，其余均为干井，认为该区远离油源，勘探潜力有限。在“基于海相烃源岩的叠合型裂谷盆地油气成藏模式”指导下，通过盆地模拟研究，认为 Araga 地堑之下白垩系 Yogou 组烃源岩正处于生烃窗口，油气通过断层向上运移，可以在古近纪 Sokor 成藏组合形成聚集。2010 年经精细的构造成图和目标评价，在 Araga 地堑的 Dibeilla 构造带大胆部署一口甩开探井 Dibeilla-1 井。该井测井及试油证实油层 65m，累计日产油 1103t，重度为 26°API，是特米特盆地勘探有史以来发现的油层最厚的一口探井。2010 年 8 月，Dibeilla 构造北部的第二口探井 Dibeilla N-1 井也钻探成功，钻遇油层 42.3m，自此特米特盆地 Dinga 坳陷东部斜坡的勘探获得重大突破（图 5-16）。

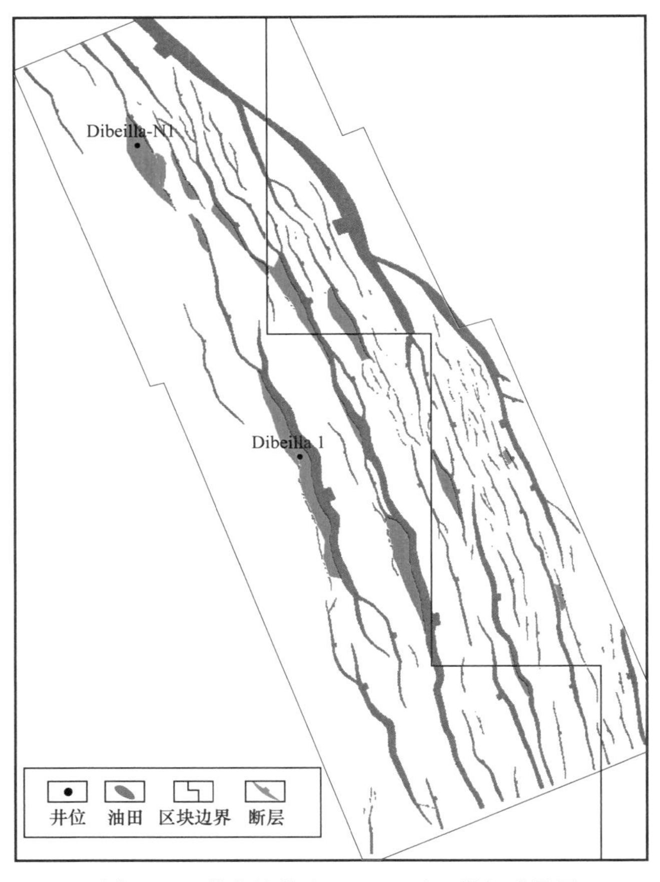

图 5-16　特米特盆地 Dibeilla 油田勘探成果图

2011 年，Dibeilla 构造带完成三维地震采集。在三维构造研究的基础上继续进行滚动勘探和油田评价，到 2016 年底，Dibeilla 构造带共完钻探井 10 口，评价井 9 口，成功率

100%，累计新增石油地质储量 1.26×10^8t。

二、Fana–Koulele 构造带勘探

Fana 低凸起位于特米特盆地 Dinga 坳陷和 Moul 坳陷之间，面积约 2200km^2。该带发育一系列北北东—南南西走向的断裂，局部构造走向与断裂的走向一致，构造之间呈侧向斜列展布。前作业者在 Fana 低凸起东西两侧钻探 2 口探井均失利。

通过含油气系统模拟，认为盆地古近系裂谷范围内白垩系主力烃源岩均处于生烃窗内，运聚模拟表明沟通烃源岩的油源断层是油气运移的主要通道，垂向短距离运移是主要运移方式。Fana 低凸起为长期发育的低幅度隆起，夹持于南部 Moul 坳陷和北部 Dinga 坳陷之间，其整体构造背景为两期斜向叠置裂谷形成的“中央斜向背斜”，具有优越的油气富集条件。

2011 年，在二维地震解释的基础上发现了 Koulele、Fana 等构造，部署了 Koulele–1、Fana E–1、Fana–1 等 3 口探井（图 5–17），均钻探成功，在古近系获得重大突破。2012 年在 Fana 低凸起部署三维地震，基于三维构造解释和储层预测的结果开展了滚动勘探和评价。截至 2016 年底，在 Fana–Koulele 含油区带共完钻探井 18 口、成功率 94%，完钻评价井 9 口、成功率 100%，新增石油地质储量 1.68×10^8t。

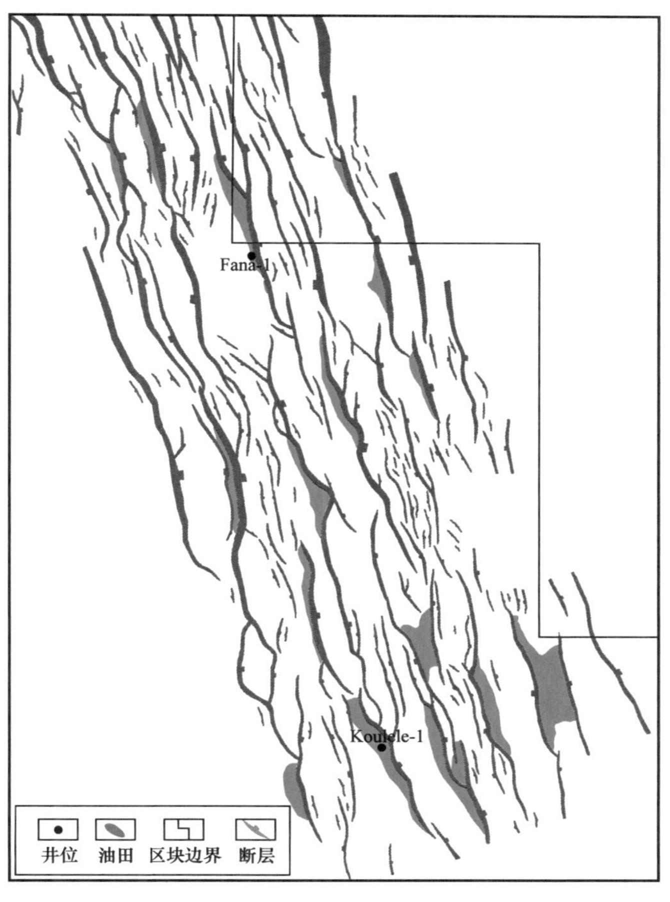

图 5–17　特米特盆地 Fana–Koulele 油田勘探成果图

三、Yogou 西斜坡勘探

Moul 坳陷位于特米特盆地南部，面积约 8000km^2，自西向东依次为 Yogou 斜坡、Moul 凹陷和 Trakes 斜坡。前作业者在 Moul 坳陷共钻井 5 口，只发现了 Yogou-1 井一个出油点。结合失利井分析和盆地模拟结果，认为失利原因为侧向封堵和圈闭不落实，Moul 坳陷 Yogou 组烃源岩现今凹陷内大面积成熟，具备油气成藏的物质基础。构造建模揭示 Yogou 斜坡西侧的古构造高点能够提供稳定物源，储层较发育。本区断裂继承性发育，断距较大，且紧邻 Moul 生油凹陷，油气易于垂向和横向运移至白垩系和古近系圈闭中聚集成藏。基于上述认识，在该区带部署探井 26 口、成功率为 73%，部署评价井 6 口、成功率为 100%，新增石油地质储量 1.7×10^{8}t（图 5-18）。

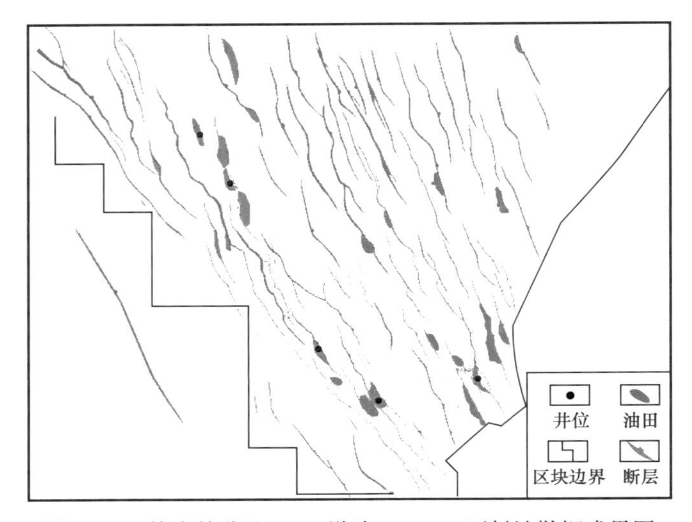

图 5-18　特米特盆地 Moul 坳陷—Yogou 西斜坡勘探成果图

四、下白垩统新层系勘探

前作业者针对下组合白垩系完钻探井 6 口，仅发现 1 个油藏（Yogou-1 油藏），探井成功率 16.7%。中国石油自 2008 年进入后，通过对钻遇白垩系钻井的钻后分析、烃源岩地球化学分析、油源对比以及沉积相分析，认为上白垩统上部组合（Yogou 3 段）发育主力烃源岩，具备较好的生油条件。但由于缺乏顶部盖层，储层发育与侧向封挡条件是油气聚集成藏的关键控制因素，滚动背斜、反向断块是有利的勘探目标。基于此，提出“围绕物源区、源内找砂体”的勘探策略，结合区域构造和沉积相研究，优选出 Dinga 断阶、Yogou 斜坡和 Fana 低凸起 3 个“近物源有利储层发育区”。2013 年开始下组合油气勘探，取得了以 Sokor SD-1 和 Trakes N-1 井为代表的一系列发现，见到了良好效果。截至 2016 年底，共完钻探井 17 口、成功率 76%，发现 13 个油气藏，新增地质储量 1.10×10^{8}t，占特米特盆地总储量的 12%，展示了良好的勘探前景。

1. Dinga 断阶

Dinga 断阶邻近西北和西南凸起物源区，砂体发育，断阶背景，发育一系列背斜和反向断块圈闭；仅发育少量的低幅度背斜或断背斜。虽然 Dinga 断阶为最早发现的含油区带，但下组合白垩系 Yogou 组鲜有商业发现。

2014 年针对下组合白垩系 Yogou 组部署的 Sokor SD-1 井首次获得突破。该井于 2014 年 2 月 17 日开钻，4 月 2 日完钻。Yogou 组 DST2（3245.6～3255.1m）试油 20/64in 油嘴自喷，日产油 61t，试油后更新测井解释 Yogou 组 19.3m/8 层油层。

2. Yogou 斜坡

Yogou 斜坡邻近西南凸起物源区，Yogou 组发育三角洲前缘砂体，圈闭以一系列背斜和顺向断块为特征，是较有利的下组合勘探区带。前作业者在该斜坡曾钻探 Yogou-1 井，在白垩系 Yogou 组钻遇 5.8m 油层，后在其附近钻探 Yogou-2 井未获发现，因而停止了该地区对白垩系的探索。

2012 年在 Yogou 斜坡下组合白垩系部署风险探井 Yogou W-1 井，首次获得重大突破。该井位于 Yogou 斜坡南部，离 Yogou-1 井 20km，所钻圈闭在白垩系 Yogou 组顶面积约 $10km^2$，圈闭幅度 40m，Yogou 组见 33m/9 层好显示，RFT 在 2198m 取得 7L100% 油样，设计试油 3+1 层，其中 DST3（2067.3～2069.3m）测试自喷，折合日产油 259t，测井解释和试油证实油层 23.6m/9 层。

2014 年，构造成图发现前作业者所钻一口老井 Achigore-1 井针对古近系 Sokor 组没有发现，但白垩系存在 Yogou 组背斜圈闭，面积约为 $1.3km^2$，幅度约 30m。为此决定开展老井加深钻探，基于 Achigore-1 井部署 Achigore Deep-1 井，目的层为白垩系 Yogou 组。Achigore Deep-1 井在 Yogou 组钻遇多套油气层，利用中子和自然伽马交会图法综合解释油气层和油层 29.2m/7 层（图 5-19）。在 3167.9～3173.7m 试油，日产油 165t，重度为 42°API，证实为凝析油气层。Achigore Deep-1 井的成功进一步增加了 Yogou 斜坡带白垩系的储量规模，对该区白垩系的勘探具有重要意义。

3. Fana 低凸起

Fana 低凸起晚白垩世时为特米特盆地东部物源三角洲前缘沉积区，为低凸背景，砂体发育，圈闭以一系列小断距反向断块为特征，也是有利的下组合勘探区带。

Fana 低凸起 2013 年开始针对白垩系 Yogou 组进行探索，部署 Koulele Deep-1、Koulele CN-1 等探井并获得商业发现。Koulele Deep-1 井位于 Fana 低凸起 Koulele 三维地震区南部，主要目的层 Yogou 组顶圈闭面积 $3km^2$，Donga 组顶圈闭面积 $15.2km^2$，设计井深 4300m。该井于 2013 年 5 月 10 日开钻，2013 年 7 月 23 日于井深 4300m 完钻，井底地层为白垩系 Donga 组。测井解释白垩系 Yogou 组和古近系 Sokor 组油气层 10.5m/1 层，油层 20.6m/8 层，差油层 5.2m/3 层，可疑油层 5.9m/1 层，孔隙度 16%～32%。针对白垩系试油 2 层，其中 DST1（3011.3～3022.3m）自喷日产油 48t，重度 61.6°API，日产气 $6.25\times10^4m^3$；DST2（2884.5～2891.5m），自喷日产油 141t，重度 44.7°API。Koulele Deep-1 井是该区带在白垩系 Yogou 组获得商业发现的第一口探井。

Koulele CN-1 井位于 Koulele Deep-1 井北部，主要目的层 Yogou 组顶圈闭面积 $6.6km^2$，Sokor 组顶圈闭面积 $5km^2$，设计井深 3400m。该井于 2013 年 8 月 17 日开钻，2013 年 9 月 28 日于井深 4300m 完钻，完钻层位为白垩系 Yogou 组。测井解释白垩系 Yogou 组和古近系 Sokoe 组油层 36.8m/13 层，差油层 6.6m/4 层，可疑油层 6.8m/6 层，孔隙度

13%～31.5%。针对白垩系试油2层，其中DST1（2713.5～2721.5m）自喷日产油353t，重度40.5°API；DST2（2694～2700m）自喷，日产油49t，重度22.6°API。Koulele CN-1井是Fana低凸起区针对白垩系Yogou组获得的第二口商业发现探井。

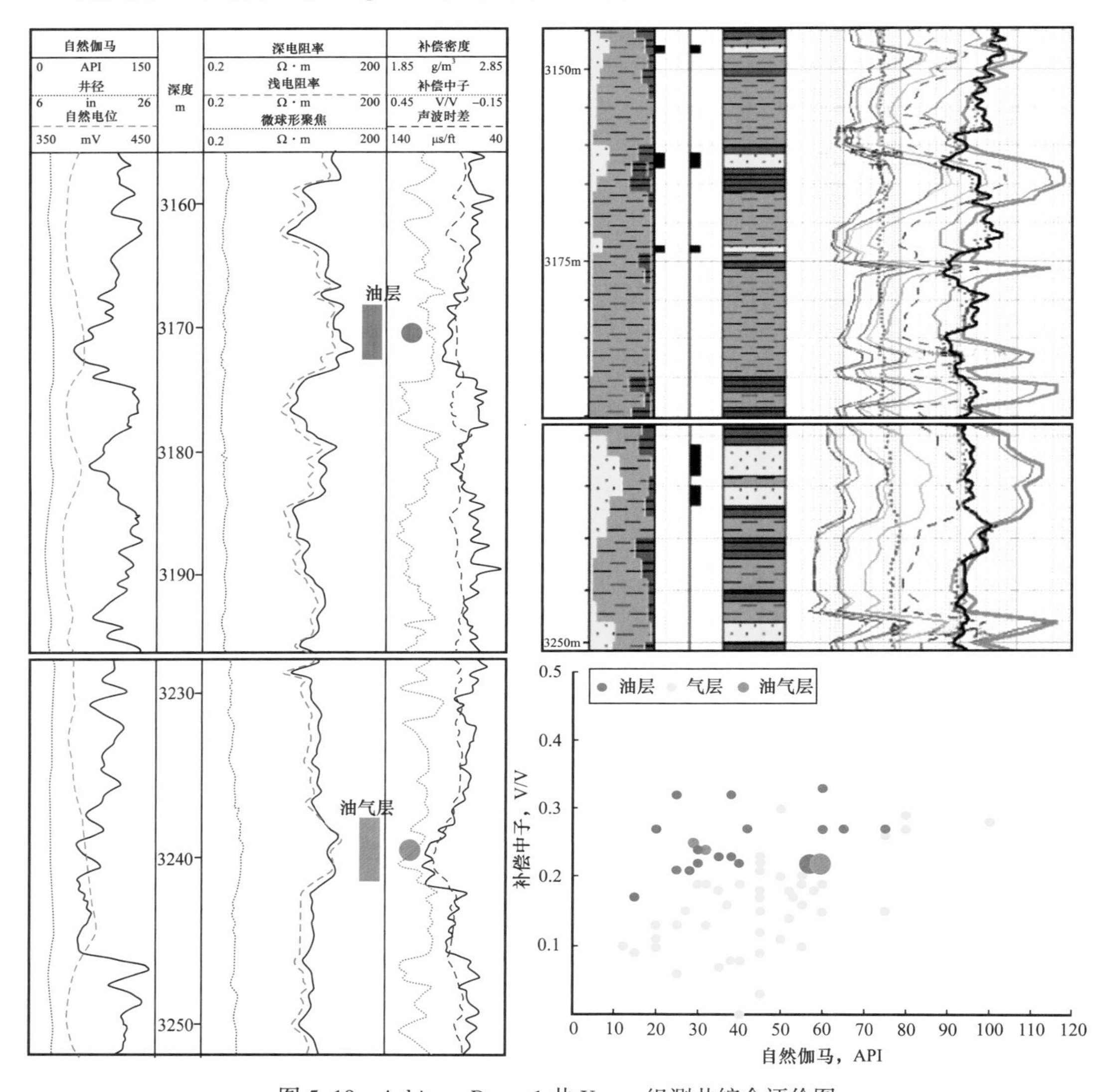

图5-19 Achigore Deep-1井Yogou组测井综合评价图

参考文献

[1]张志伟，潘校华，汪望泉，等.苏丹福拉凹陷陡坡带构造地质特征及勘探[J].石油勘探与开发，2009，36（4）：480-486.

[2]汪望泉，窦立荣，张志伟，等.苏丹福拉凹陷转换带特征及其与油气的关系[J].石油勘探与开发，2007，34（1）:124-126.

[3]黄先雄，汪望泉，聂昌谋，等.苏丹六区复杂断块油气田勘探开发经验与探索[J].中国石油勘探，2005，10（5）:67-72.

[4] 童晓光，徐志强，史卜庆，等. 苏丹迈卢特盆地石油地质特征及成藏模式［J］. 石油学报,2006,（2）: 1–5.

[5] 肖坤叶，赵健，余朝华，等. 中非裂谷系 Bongor 盆地强反转裂谷构造特征及其对油气成藏的影响［J］. 地学前缘，2014，21（3）: 172–180.

[6] 宋红日，窦立荣，肖坤叶，等.Bongor 盆地油气成藏地质条件及分布规律初探［J］. 石油与天然气地质，2009，30（6）: 762–767.

[7] 余朝华，肖坤叶，肖高杰，等. 乍得邦戈尔盆地反转裂谷盆地中生界剥蚀厚度恢复及勘探启示［J］. 中国石油勘探，2013，18（5）: 45–54.

[8] 赵健，肖坤叶，童晓光，等. 乍得邦戈尔盆地构造反转的油气地质意义［J］. 地质科技情报，2013，32（2）: 105–111.

[9] Biro P.Petroleum developments in central and southern Africa［J］.AAPG Bulletin，1975，59: 1904–1949.

[10] Peterson J A.Assessment of undiscovered conventionally recoverable petroleum resources of northwestern，central，and northeastern Africa（including Morocco，northern and western Algeria，northwestern Tunisia，Mauritania，Mali，Niger，eastern Nigeria，Chad，Central African Republic，Sudan，Ethiopia，Somalia，and southeastern Egypt）［P］: U.S.Geological Survey Open File Report 83–598，1983，1–26.

[11] Fairhead J D.Geophysical controls on sedimentation within the African rift systems //Frostick LE，Renault RW，Reid I，Tiercelkin J J.Sedimentation in the African rifts［M］. Geological Society of London Special Publication 25，1986：19–27.

[12] Wilson M，Guiraud R.Magmatism and rifting in Western and Central Africa，from Late Jurassic to Recent times［J］.Tectonophysics，1992，213: 203–225.

[13] Genik G J.Petroleum geology of Cretaceous–Tertiary rift basins in Niger，Chad，and Central African Republic［J］.AAPG Bulletin，1993，77（8）:1405–1434.

[14] 窦立荣，魏小东，王景春，等. 乍得 Bongor 盆地花岗质基岩潜山储层特征［J］. 石油学报，2015，36（8）: 898–904.

[15] 陈志刚，徐刚，王景春，等. 乍得 Bongor 盆地东、西部构造差异及其对油气富集的影响［J］. 石油地球物理勘探，2016，36 增刊: 113–119.

[16] XuejunWang，Lirong Dou，Yuguang Zhao，et al.Fractured Granite Basement Reservoir in the Bongor Basin of Chad［J］.AAPG Annual Convention and Exhibition，2015.

第六章　被动裂谷盆地勘探前景展望

除了中西非被动裂谷盆地外，全球还有其他类型的被动裂谷盆地，它们的地质成因非常复杂，油气地质认识有待深化。随着中西非被动裂谷盆地油气地质认识和勘探技术的进步，未来被动裂谷盆地的油气勘探将逐步扩展到全球其他地区。本章对未来被动裂谷盆地油气勘探理论和技术做了展望，剖析了中西非地区的穆格莱德、迈卢特、特米特、邦戈尔和南乍得盆地五个主要被动裂谷盆地的油气勘探潜力和勘探方向，并基于中国石油全球油气资源评价（2016）结果，系统分析了全球其他被动裂谷盆地的油气资源潜力和勘探领域。

第一节　被动裂谷盆地勘探理论与技术发展趋势

全球还有大量的被动裂谷盆地，它们的成因类型非常复杂，油气勘探潜力有待进一步深化。在被动裂谷盆地勘探理论方面，盆地成因机理深化研究、不同类型被动裂谷盆地地质特征共性和差异性、油气成藏规律和勘探潜力研究等需要进一步深化；在勘探技术方面，需要高精度地震采集和处理技术、复杂断块精细刻画、岩性圈闭预测以及基岩潜山评价等技术进一步向精细化和定量化方向发展，大幅提高目标的刻画精度和储层预测符合率。

一、被动裂谷盆地勘探理论发展趋势

本书基于中西非裂谷盆地勘探实践提出了被动裂谷盆地地质成因及其分布，从盆地热史、裂陷期沉降史、控盆主断裂构造样式、坳陷构造层结构和沉积相展布等方面研究了被动裂谷地球动力学与地质特征，并梳理出被动裂谷盆地油气地质分布规律，建立了中西非裂谷系叠合和反转盆地油气成藏模式，有效指导了勘探实践，丰富和发展了裂谷盆地石油地质理论。随着中西非裂谷系勘探程度和认识程度日益提高，早期的地质认识将不断深化和完善，未来被动裂谷盆地地质理论研究将围绕以下三个方面展开。

1. 盆地成因机理深化研究

被动裂谷成因机理研究将从走滑断裂相关的中西非裂谷系逐步拓展到全球其他地区，不同类型被动裂谷盆地的成因物理模拟和数值模拟成为主要发展趋势。将更清晰地在时空上揭示被动裂谷盆地形成全部过程，进一步明确盆地地球动力学特征和成盆机理，为盆地石油地质条件和油气成藏规律研究提供基础。

2. 不同类型的被动裂谷盆地地质特征共性和差异性研究

前文已述，被动裂谷盆地可以分为 5 种成因类型。目前的研究仅基于走滑相关的中西被动非裂谷系，全球其他类型被动裂谷盆地地质特征的研究将逐步成为重点，通过不同类型被动裂谷盆地的地质特征共性和差异性研究，将进一步丰富和发展裂谷盆地地质理论。

3. 不同类型被动裂谷盆地油气成藏规律和勘探潜力研究

仅就中西非走滑相关型被动裂谷而言，其油气成藏规律仅限于主力成藏组合，其他组合勘探潜力还需进一步深化。此外，被动裂谷裂陷层系发育厚层砂泥岩互层，近源层系的地层岩性油气藏富集规律和勘探潜力需深化研究。由于被动裂谷裂陷层系埋藏往往比较深，储层较致密物性偏差，未来在裂陷层系的致密油气勘探潜力不可忽视。

二、被动裂谷盆地勘探技术发展趋势

被动裂谷盆地往往多期裂陷活动叠加，断裂非常发育，主要圈闭类型为断块，断块往往与一条或多条断层相关，主控断层倾角较陡，断层的识别和解释是关键。此外，被动裂谷盆地内通常发育多种类型的构造带，除了构造圈闭外，岩性圈闭和潜山圈闭也是重要的勘探目标。受多期叠置裂谷发育的影响，常规方法采集的地震资料信噪比较差，尤其是深部地震资料反射不清，严重制约了对盆地结构的认识，也影响了层位追踪、断层解释和构造图的准确性。盆地的勘探早期以断块油气藏勘探为主，中后期则主要以岩性圈闭和潜山油气藏为主。因此未来依靠高精度地震采集和处理技术，在复杂断块精细刻画、岩性圈闭精准预测以及基岩潜山预测等方面需要进一步攻关，提高目标刻画精度和储层预测符合率，精细化和定量化表征复杂目标将是被动裂谷盆地未来勘探技术的发展方向。

1. 复杂断块精细刻画技术

随着断块复杂性进一步增加，控制断块的断层断距越来越小（断距小于双程旅行时为10ms时对应的深度），复杂断块精细刻画将从以地球物理手段为主逐步向地质—地球物理综合方向发展。在地质研究方面，以盆地应力与应变分析为基础，利用骨干地震剖面建立盆地构造模型，搞清盆地的断坳结构、构造演化及断裂发育期次；利用玫瑰花图、应变椭球体分析盆地的主应力场，研究断层和裂缝展布规律，建立拉张、张扭、走滑等应力下的构造样式，理清断层分级、分期平面展布，为复杂断块的成因和地球物理解释提供基础。在地球物理技术方面，综合地质、测井和试油等多种资料，在三维空间利用地震波的振幅、频率、相位和空间信息全方位刻画地质体面貌、断裂展布和岩性体，实现复杂断块内部结构的三维可视化和精细雕刻。

2. 岩性圈闭精准预测技术

随着勘探程度的提高，被动裂谷盆地将会全面进入岩性或低幅度构造等隐蔽油气藏勘探阶段，需要深化不同类型岩性油气藏成藏规律认识，完善从岩相、岩性、物性到流体识别的地震预测技术系列，提高岩性油气藏的勘探成功率。识别和刻画岩性圈闭主要方法包括地震反演技术（Strata 测井约束反演、地质统计反演、Jason 反演、ISIS 反演）、属性提取技术（振幅、总能量、波峰数等）、相干体切片技术等。随着高密度地震采集技术与全波场地震采集技术的发展，地震资料品质的提高必将带来岩性圈闭识别精度的提高。以叠前地震资料为核心，开展岩石物理、叠前地震保真处理、叠前地震属性分析、叠前地震反演和叠前地震流体识别等地震—地质一体化研究。

3. 基岩潜山预测技术

被动裂谷盆地基岩潜山储层各向异性强，裂缝预测仍将是研究的重点和难点。未来基岩潜山的储层预测主要关注复杂的地震正演、各向异性裂缝预测、流体检测等方面。复杂的波动方程正演模拟将从理论上验证潜山地震响应，利用宽方位资料和横波信息进行叠前裂缝预测、考虑潜山各向异性特点的流体预测等将是未来的发展趋势。

4. 高密度、全波场地震采集技术

随着油气勘探开发的不断深入，地质目标变得越来越复杂，表层和地下构造复杂导致地震成像困难、成像精度低，需采用更高精度的地震技术来准确落实勘探目标。高密度、全波场地震采集技术将成为主要地球物理勘探手段[1]，成为被动裂谷盆地最有效的勘探技术之一。

第二节　中西非裂谷盆地油气勘探潜力

经过20多年的勘探，中西非裂谷系主要沉积盆地勘探程度较高，主力凹陷内主要成藏组合的剩余构造圈闭数量少、规模小。研究表明，以穆格莱德盆地、迈卢特盆地、特米特盆地、邦戈尔盆地和南乍得盆地为代表的主力含油气盆地待发现圈闭可采资源量 8.6×10^8t，未来潜力领域主要集中在外围新区、深层、岩性和基岩等。

一、穆格莱德盆地勘探潜力与领域

1. 油气资源潜力

穆格莱德盆地已发现油气可采储量超过 4×10^8t，最高原油年产规模到达 1500×10^4t[2]。根据探区构造成图发现的圈闭综合评价结果，盆地剩余未钻圈闭373个，总待发现圈闭可采资源量为 2.68×10^8t，32% 位于Abu Gabra组，43% 位于Bentiu组，19% 位于Darfur群，其余位于古近系。

按照不同坳陷 / 含油气系统分析，45% 待发现资源量来自Kaikang坳陷、20% 待发现资源量来自Nugara凹陷、18% 待发现资源量来自Bamboo-Unity凹陷、10% 待发现资源量来自Sufyan凹陷、7% 待发现资源量来自Fula凹陷。

2. 有利勘探区带

从成藏组合分析，盆地Bentiu-Aradeiba组合仍然是最具潜力的组合，待发现资源量占总资源潜力的43%；其次为Abu Gabra组源内组合，待发现资源量占32%；Darfur群组合待发现资源量占19%。未来在加大Bentiu-Aradeiba组主力成藏组合勘探的同时，应该加强盆地源内Abu Gabra组和源上Darfur群的研究和勘探，源内Abu Gabra组除了构造圈闭外，地层岩性圈闭也是重要的勘探方向[3]。

盆地存在两大勘探领域，一是低认识程度新区带，主要有苏丹6区萨加低凸起带、苏丹6区Nugara东部凹陷、苏丹6区Kaikang北凹陷、南苏丹4S区、苏丹4区Kaikang槽、苏丹4区西部斜坡带等；二是新类型，如苏丹6区Fula、苏丹2区Bamboo、南苏丹1区Unity等“富油气凹陷”深层下组合岩性地层与基岩潜山。近期重点领域主要为萨加低凸起带、Kaikang槽和Fula凹陷深层下组合岩性地层与基岩潜山。

1）萨加低凸起带

萨加低凸起带位于苏丹6区西部Nugara东部凹陷和西部凹陷之间，面积 $2300km^2$，目前已钻30口井。其中美国Chevron公司在1983年之前在该区钻探了17口，仅有2个边际油田发现，无效益而放弃。CNPC进入之后围绕两个已发现油田开展评价，在该区东南部发现了Shoka含油构造，但因油稠、规模小而搁置了该区的勘探活动。凸起带内共有油井 10 口，含油层系以 Abu Gabra 组为主，东南部的 Shoka 地区含油层系主要为 Bentiu 组；东西两侧断阶带各有 1 口油井，含油层为分别为 Darfur 群和 Bentiu 组；Abu Gabra 组为轻油，Darfur 群和 Bentiu 组为重油。

该区勘探难度较大，构造复杂、断层后期活动强烈，油气纵向和平面上分布规律不清楚，区域盖层 Darfur 群厚度变薄、砂岩含量增加，主力成藏组合不清楚，Abu Gabra 组储层物性变化快，有利地区难以预测。萨加低凸起带处于 Nugara 西部凹陷和 Nugara 东部凹陷之间，具备基本油气成藏条件，且区内 80% 钻井在上白垩统、下白垩统和古近系均有油气显示，预计圈闭地质资源量 2.1×10^8t。未来需要确定主力成藏组合，在近源 Abu Gabra 组寻找有利储层。

2）Kaikang 槽

位于穆格莱德盆地中部，是一个完整的构造单元，横跨苏丹 6 区和 4 区，面积达 16500km^2，槽内已钻 18 口探井，仅发现 Kaikang 含油构造，地质储量仅 330×10^4t。1975—1992 年 Chevron 在 Kaikang 槽内钻井 4 口，仅发现一个含油构造后放弃；1997—2000 年 CNPC 延续 Chevron 的勘探思路，围绕 Kaikang 槽继续探索，钻探 5 口井均失利；2001 年之后 Kaikang 槽探索停滞，在边缘钻探几口井也失利，2014 年在北部近洼第一排断阶带 Hilba 地区多层系勘探获突破，给 Kaikang 槽的勘探带来曙光。

钻井揭示存在古近系和上白垩统两套烃源岩，但主力成藏组合埋藏过深、主力成藏组合不清，未来勘探应着重对原型盆地恢复、有效生烃灶分布、主力成藏组合和区带优选进行研究。

3）Fula 凹陷深层下组合岩性地层与基岩潜山

Fula 凹陷位苏丹穆格莱德盆地 6 区东部，面积 3300km^2，已发现 5 个油田，3 个含油气构造，地质储量 2.6×10^8t，已建成年产 300×10^4t 的生产能力，为典型的“富油气凹陷”；但源上主力成藏组合勘探程度较高，源内岩性和源下基岩潜山勘探程度低。

凹陷源内具有岩性地层油气藏成藏条件，针对源内 Abu Gabra 组钻探的岩性圈闭见好苗头，下白垩统源内 Abu Gabra 组二段（AG-2）是有利的岩性地层圈闭发育层位，重点区为西部陡坡水下扇和东部扇三角洲前缘。基岩岩性复杂，岩性以花岗岩、石英岩和变质岩为主。Fula 凹陷内钻遇基岩的井有 11 口，其中 7 口井见弱油气显示；3 口井测试，其中 2 口为干层，1 口井在变质岩基底抽汲获低产原油。凹陷内盖层和储层是主要风险，较有利部位为近凹古隆起和盆缘凸起。

源内和基岩地震资料品质差给勘探带来了更多难题，需要开展地震资料的攻关与处理、沉积体系与沉积微相精细刻画、岩性地层圈闭评价、潜山储层预测与盖层评价等攻关研究。

二、迈卢特盆地勘探潜力与领域

1. 油气资源潜力

迈卢特盆地已发现油气可采储量近 2.45×10^8t，发现油田 13 个，主要集中分布在北部凹陷和 Adar 鼻隆，占已发现储量的 98% 以上。根据探区构造成图发现的圈闭综合评价结果，盆地剩余未钻圈闭 198 个，总待发现圈闭可采资源量为 2.27×10^8t，54% 待发现圈闭可采资源量位于潜山组合、26%待发现圈闭可采资源量位于古近系组合、15%待发现圈闭可采资源量位于白垩系构造圈闭，5%待发现圈闭可采资源量位于岩性圈闭。按照不同凹陷/含油气系统分析，剩余待发现圈闭资源量的78%位于北部凹陷、14%分布在中部凹陷、6%来自南部凹陷、2%位于东部凹陷。

2. 有利勘探区带

盆地主力成藏组合古近系剩余圈闭大多数面积较小、地质风险较大，白垩系构造圈闭主要的地质风险是缺乏稳定的区域盖层、成藏规模较小，部分地区因埋藏较深储层物性变差。岩性圈闭和基岩仅在勘探程度较高的北部凹陷有零星发现，基岩总的特点是圈闭面积大，但地质风险较高。岩性和基岩潜山是北部凹陷未来重点勘探领域[4]。

从勘探领域分析，北部凹陷白垩系岩性圈闭和基岩潜山、南部凹陷新区和北部凹陷油田周边复杂断块是重点勘探方向。

1）北部凹陷白垩系岩性圈闭

白垩系Galhak组为早白垩世晚期盆地区域性大规模湖泛后水退时期的沉积产物，总体上为一套砂泥互层沉积。Galhak组沉积时期，北部凹陷主要发育Palogue、Kaka及南部东侧斜坡三大辫状河三角洲沉积体系，三角洲前缘、水下分流河道、河口坝和远沙坝等砂体发育。Galhak组紧邻下伏的Renk组烃源岩，具有优越的油源条件，是岩性油藏勘探的重要潜力层系。北部凹陷白垩系发育斜坡区上倾尖灭、近凹砂岩透镜体及陡坡扇体三种岩性油藏类型（图6-1）。

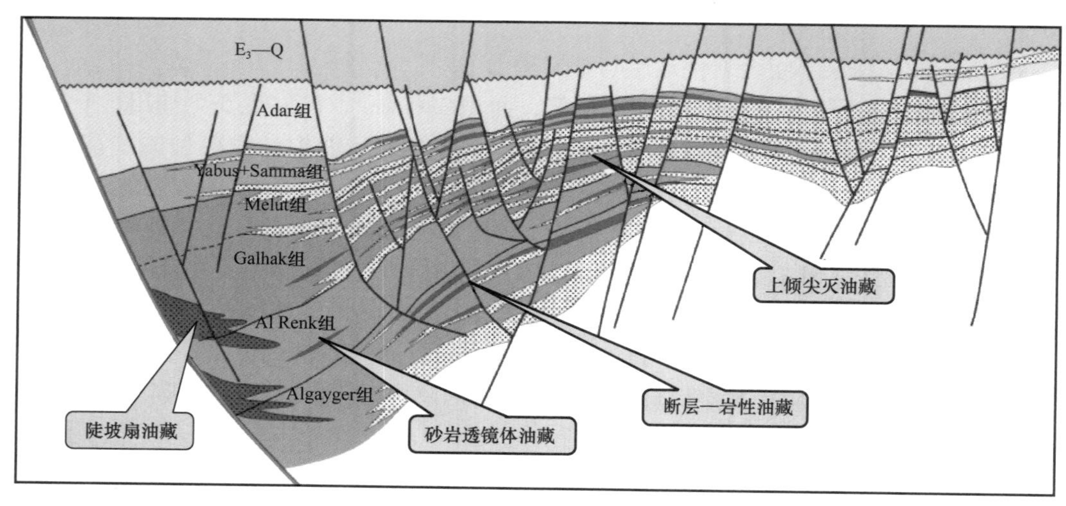

图6-1 迈卢特盆地北部凹陷白垩系岩性油藏类型示意图

2）南部凹陷

南部凹陷面积近5000km^2，已钻探井16口，仅4口成功，探明地质储量200×10^4t。少量的油气发现证明该区存在含油气系统，但由于古近系内部发育火成岩，地震资料品质差，影响白垩系和古近系地层和构造认识，且白垩系原型盆地认识不清，制约了南部凹陷的勘探部署。下步攻关方向是加强地震资料处理，深化白垩系构造和沉积体系分析，开展主力生烃灶评价以及有利区带优选。

三、特米特盆地勘探潜力与领域

1. 油气资源潜力

特米特盆地已探明油气可采储量超过 1×10^8t，发现 3 个亿吨级和 5 个千万吨级油田，古近系主力成藏组合勘探程度较高。采用圈闭加和法对剩余圈闭资源量预测结果表明，盆地剩余未钻圈闭 72 个，风险后可采资源量 1.54×10^8t，其中古近系组合占 30%，白垩系组合占 70%，主要分布在 Dinga 断阶带、Fana 低凸起和 You-Moul 构造带。

2. 有利勘探区带

早期勘探以古近系组合为主，未来主要勘探领域为下组合白垩系。目前已有 42 口井钻遇白垩系，18 口井有油气发现。白垩系发育三套成藏组合，以上白垩统上部和上白垩统下部成藏组合为主，下白垩统成藏组合埋深大（超过 4500m），潜力有限[5]。对上白垩统成藏组合而言，存在的主要问题是有利区带认识不清，需要加强白垩系原型盆地恢复与主力生烃灶评价、白垩系层序地层和沉积体系研究、有利区带评价、储层预测和目标优选等攻关研究。

四、邦戈尔盆地勘探潜力与领域

1. 油气资源潜力

邦戈尔盆地已探明油气可采储量超过 1×10^8t，发现 3 个亿吨级和 8 个千万吨级油田，五大基岩潜山勘探取得突破。采用圈闭加和法对盆地剩余圈闭资源量评价结果显示，待发现油气可采资源量 2.12×10^8t，其中上组合占 38.7%，下组合占 61.3%。

2. 有利勘探区带

邦戈尔盆地除东北部斜坡带探明程度较高之外，盆地南部、东部和西部凹陷均有零星发现，但没有规模突破，总体勘探程度较低[6]。有利区带位于盆地西南部 Delo-Vitex 地区、东南部 Mango-Moul 地区和 Chari 河东 Pavetta 地区。此外，邦戈尔盆地仍有 32 个潜山目标，北部斜坡带潜山构造群最具勘探前景，包括 Baobab C 潜山、Lanea 潜山、Mimosa 潜山、Phoenix 潜山和 Raphia 潜山，这些潜山周边有多个洼陷环绕，隆洼相间，形成良好的空间配置关系。

五、南乍得盆地勘探潜力与领域

1. 油气资源潜力

南乍得盆地包括多巴、多赛欧和萨拉麦特 3 个坳陷，除 Exxon 公司在多巴坳陷有规模发现外，其余 2 个盆地勘探程度极低。多巴坳陷主体部位已发现 Kome、Miamdoum、Bolobo、Belanga 和 Mangara 五个油田，可采储量 1.7×10^8t，上白垩统油藏较稠，下白垩统为轻质油。类比法对南乍得盆地资源评价结果显示，待发现可采油气资源量为 1.2×10^8t，主要分布在多巴坳陷和多赛欧坳陷近洼构造带。

2. 有利勘探区带

多巴坳陷上白垩统向西逐渐减薄，且剥蚀严重，圈闭封盖条件变差。目前在盆地凹中隆 Figuier 构造上发现了 Figuier 油气藏。有利区带为 Kedeni 背斜构造带和 Ficus 构造带等。萨拉麦特坳陷位于多赛欧以东，储层发育，但储盖配置不佳，有利区带为坳陷西部与多赛欧接壤的转换带。

第三节 全球被动裂谷盆地勘探前景与展望

被动裂谷盆地油气资源丰富，勘探和认识程度不一。本节系统分析了全球主要被动裂谷盆地待发现油气资源量潜力，指出了不同勘探程度被动裂谷盆地的分布、勘探领域与方向。

一、全球被动裂谷盆地油气资源潜力

2016年中国石油全球油气资源评价结果显示[7]（表6-1），全球（不含中国国内）86个主要裂谷盆地中被动裂谷有43个，占裂谷盆地总数的50%，43个被动裂谷盆地常规已发现原油可采储量240.9×10^8t、天然气$15\times10^{12}m^3$，合计363.6×10^8t油当量，占裂谷盆地已发现油气资源的25.3%、占全球已发现油气资源的5.8%。从常规待发现油气资源（含已发现油气田储量增长）来看，被动裂谷盆地待发现原油87.6×10^8t、天然气$8.0\times10^{12}m^3$，合计153.3×10^8t油当量，占裂谷盆地待发现油气资源的15.3%、占全球待发现油气资源的3.1%。从总油气资源量分析，被动裂谷盆地原油总资源量为330.3×10^8t、天然气$23.1\times10^{12}m^3$，合计519.6×10^8t油当量，占裂谷盆地总油气资源的21.5%、占全球总油气资源的4.6%。

表6-1 全球主要被动裂谷盆地常规油气资源汇总表

（据中国石油全球油气资源项目组，2016年）

对比指标		类型					
		全球	裂谷	被动裂谷	被动裂谷占裂谷比例	被动裂谷占全球盆地比例	裂谷占全球盆地比例
沉积盆地，个		468.0	86.0	43.0	50.0%	9.2%	18.4%
已发现油气资源	原油，10^8t	3689.5	713.7	240.9	33.8%	6.5%	19.3%
	天然气，$10^{12}m^3$	315.7	86.5	15.0	17.3%	4.8%	27.4%
	油气合计，10^8t油当量	6320.1	1434.7	363.6	25.3%	5.8%	22.7%
待发现油气资源量	原油，10^8t	2401.9	422.0	87.6	20.8%	3.6%	17.6%
	天然气，$10^{12}m^3$	313.1	69.3	8.0	11.5%	2.6%	22.1%
	油气合计，10^8t油当量	5011.8	999.7	153.3	15.3%	3.1%	19.9%
总油气资源	原油，10^8t	6091.4	1135.7	328.5	28.9%	5.4%	18.6%
	天然气，$10^{12}m^3$	628.8	155.8	23.0	14.8%	3.7%	24.8%
	油气合计，10^8t油当量	11331.9	2434.4	516.9	21.2%	4.6%	21.5%

裂谷盆地的油气资源受烃源岩、古地温和盆地规模影响，被动裂谷盆地早期地温梯度低、烃源岩单层厚度小、盆地规模有限、后期构造活动频繁，因此，相对主动裂谷而言，被动裂谷的油气资源丰度偏低。此外，受勘探地质认识的局限，那些盆地规模小、资源丰度低、成藏条件复杂的被动裂谷盆地不是勘探家的首选。因此，全球部分被动裂谷盆地勘

探和认识程度仍然较低，需要进一步深化地质认识才能完全揭开它们的潜力。

二、全球被动裂谷盆地勘探方向

全球裂谷盆地整体勘探程度较高，被动裂谷也不例外，但也有些盆地资源潜力大、勘探程度低。以盆地油气资源发现率（已发现油气资源占总油气资源百分比）为依据，将被动裂谷盆地分为三类。

第一类为资源发现率大于 60% 的盆地，勘探程度较高。此类盆地主要勘探方向除了主要成藏组合的精细勘探外，还有近源层系的岩性地层圈闭、深层 / 浅层新的成藏组合等新领域。需要充分利用已有钻井和地震资料，从盆地整体角度精细解剖各成藏要素，重新认识盆地油气地质规律，寻找新的勘探领域。主要有北美的圣华金、萨克拉门托，南美的圣乔治、瓜吉拉、麦哲伦，欧洲的北海、潘农、英荷、东爱尔兰海，非洲的锡尔特、穆格莱德，亚洲的图尔盖，中东的阿曼和也门等盆地。

第二类为资源发现率 40%～60% 的盆地，勘探程度中等。此类盆地主力成藏组合没有完全探明，仅在主力凹陷有发现，外围其他凹陷或构造带勘探程度低。主要勘探方向为主力凹陷主要成藏组合精细勘探、外围新区新带、深层 / 浅层等新层系。需要系统解剖已发现油气藏、寻找油气富集规律，开展外围凹陷或构造带与已探明凹陷或构造带的类比，强化油气成藏主控因素研究，大力开拓勘探新区带和新层等领域。主要有非洲的迈卢特、阿布加拉迪、邦戈尔、东尼日尔，南美的库约等盆地。

第三类为资源发现率小于 40% 的盆地，勘探程度较低。此类盆地内还没有发现大型油气田，待发现油气资源潜力较大，主力成藏组合或主要的生油气凹陷还不明朗或存在多个有效的生烃凹陷，处于风险勘探阶段。需要通过系统的“选凹定带”研究，优选出有利的生烃凹陷和富油气区带，在此基础上确定主力成藏组合，配合地震部署开展目标优选。主要有南美的湄南、欧洲的波罗的、亚洲的科佛里、大洋洲的坎宁等盆地。

参考文献

[1] 刘振武，撒利明，董世泰，等，中国石油高密度地震技术的实践与未来［J］. 石油勘探与开发，2009，36（2）：129−135.

[2] 童晓光，窦立荣，田作基，等 . 苏丹穆格莱特盆地的地质模式和成藏模式［J］. 石油学报，2004，25（1）: 19−24.

[3] 窦立荣，潘校华，田作基，等 . 苏丹裂谷盆地油气藏的形成与分布［J］. 石油勘探与开发，2006，33（3）:255−261.

[4] 童晓光，徐志强，史卜庆，等 . 苏丹迈卢特盆地石油地质特征及成藏模式［J］. 石油学报，2006，（2）:1−5.

[5] 薛良清，潘校华，史卜庆，等 . 海外油气勘探实践与典型案例［C］. 北京：石油工业出版社，2014:53−67.

[6] 赵健，肖坤叶，童晓光，等 . 乍得邦戈尔盆地构造反转的油气地质意义［J］. 地质科技情报，2013，32（2）:105−111.

[7] 穆龙新，万仑坤，温志新，等 . 全球油气勘探开发形势与油公司动态（勘探篇 · 2017）［C］. 北京：石油工业出版社，2017:1−10.